【米国公文書】

ゾルゲ事件資料集

白井久也［編著］
Shirai Hisaya

社会評論社

第1回マルクス主義研究週間の記念写真（1922年夏）。
最後列右から3人目がゾルゲ。ルカーチ、コルシュ、
ゾルゲの最初の妻クリスチャーネの顔が見える。

【米国公文書】ゾルゲ事件資料集＊目次

まえがき　11

第一部　米国の赤狩り旋風とゾルゲ事件
――米国下院非米活動調査委員会の全記録

【解題】歴史資料として利用価値の高い吉河検事証言――白井久也　16
ニューヨーク市立図書館で全文をコピー　16／「米ソ冷戦」で吹き荒れる米国の「赤狩り旋風」　17／ウィロビー報告糾弾の声明を発表したスメドレー　20／公聴会での吉河証言を利用しようとするHUAC　21／真珠湾奇襲攻撃作戦計画を知らなかったゾルゲ課報団　23／ゾルゲの課報活動に協力した在ハルビン米領事館員　25

米国にとってのスパイ・ゾルゲ事件に関する聴聞
――吉河光貞検事およびチャールズ・A・ウィロビー少将の証言
第八二議会第一会期　一九五一年八月九、二二、二三日開催　27

米国下院非米活動調査委員会の構成　27

吉河光貞検事の証言　27
検察官の機能と責務　29／ゾルゲ逮捕の端緒　30／尾崎秀実は近衛首相の相談役　31／ゾルゲ逮捕で近衛内閣総辞職　32／独ソ両国と真珠湾攻撃計画　33／日本の攻撃計画を知っていたソ連　36／ゾルゲ、陸軍参謀と強いつながり　37／シンガポール攻撃作戦計画とオット駐日大使　38／スパイ活動と政治的策動　38／オット駐日独大使、ゾルゲとの面会求める　39／押収された多数の証拠品　42／片言のドイツ語と英語で取り調べ　43／三つあるゾルゲの供述調書　45／リュシコフ亡命とノモンハン事件　46／過去の履歴調査を恐れたゾルゲ　47／ゾルゲ、タイプ打って供述書を作成　50／米国に帰りたかった宮城与徳　55／待ち合わせの合い言葉は「求む浮世絵版画」　56／米国の上海領事館がゾルゲに協力　57／ゾルゲの諜報活動の後任者はポール　58／レガッテンハインの役割　59／在ハルビン米国領事館が諜報活動の拠点　61／自由国家同士に必要なスパイ捜査協力　61／逃れられないと覚ったゾルゲ　63／一九五〇年の登録済み日共党員は一二万人　64

チャールズ・A・ウィロビー少将の証言(1)　79

兵役四一年、痛恨の思いで陸軍を去る　80／ウィロビー、米陸軍省にゾルゲ関連書類を提出　81／共産系新聞からの攻撃を覚悟　82／ゾルゲ事件テーマの聴聞目的は二つ　84／コミンテルンの国際謀略の一端　85／上海は国際的謀議や諜報の中心地　86／アグネス・スメドレー、聴聞逃れ離米　87／上海市警察ファイルの相当部分を入手　88／評価された吉河光貞検事の証言　90／スメドレーが米陸軍省公表の差し止めを要求　91／吉河検事に自白を全うしたゾルゲ　94／ソ連との中立関係攪乱を避けた日本　94／尾崎秀実はゾルゲに最も近い腹心　96／詳細かつ長大なゾルゲの供述　99／赤軍第四部の命令で中国に派遣されたゾルゲ　101／日本占領に伴う政治恩赦で釈放　102／ゾルゲの無線局を運営したG・シュタイン　104／プラウダーがコミンテルン地下組織を創設　109／正体不明の人物は今も捜査中　109／クラウゼン、上海と東京に無線通信局設置　111／解放を心待ちした囚われのゾルゲ　112／コミンテルンが創った国際赤色支援活動　114／上海に共産主義者の実体を示す鍵　116／警察監視下のフローリッヒ・グループ　119／ヌーラン以外は口つぐむゾルゲ　121／中共党不平分子粛清のためGPU《ゲペウ》部員を派遣　123／PPTUSは高度に組織された労働運動機構　125／ヌーラン事件とアイスラー事件の共通点　127／米共産党の活動に関する宮城与徳証言　129／素早く身を隠したギュンター・シュタイン　134

チャールズ・A・ウィロビー少将の証言(2) ——— 148

日本、南方進出で米英との衝突が不可避に 154／日本の真珠湾攻撃に一切触れない日独文書 156／最初の日米衝突はフィリピンと考えた米国 158／内閣での相談役の立場を利用した尾崎秀実 161／長距離無線局設置偽装で設立した通信器具店 173／スメドレーの遺灰は朱徳将軍の手に 183／ゾルゲと関係を持つユージン・デニス 207／コミンテルンのアパラタス（機構）と上海の出先 211／東独高官になったゲアハルト・アイスラー 214／共産主義者が支配する米国作家同盟 215／信頼性が最高度の上海市警察 217／極東軍司令部の責任範囲は日本とその周辺の島々 219／国際的策謀で次々と倒れる国家 221／コミンテルン・グループについて語るゾルゲ 224／ゾルゲと交流があったギュンター・シュタイン 226／望まれるＦＢＩの積極的な支援 255／日本の捜査当局、クラウゼンの無電を傍受 258

【証言の分析】吉河光貞検事報告と事件関係者の証言 ——— 渡部富哉 280

はじめに 280／ＧＨＱによるゾルゲ事件調査の開始 280／ソ連大使館の手引きで国外脱出したクラウゼン夫妻 281／ＣＩＣの防諜教材に使われるゾルゲ事件 282／全文三万二〇〇〇語の『ウィロビー報告』発表の余波 284／ゾルゲ事件関係者の証言と資料の収集 285／『ゾルゲ―ソビエトの大スパイ』の刊行 287／日本の新聞各社『ウィロビー報告』を大々的に報道 288／スメドレー糾弾の証人になった川合貞吉の苦渋の弁明 289／川合貞吉、「スメドレーはゾルゲ諜報団の重要メンバー」と供述 290／背景としてのマッカーシー旋風――世界史の中の冷戦 292／「赤狩り」の網にかかったアメリカ人の総数は二二〇万人 293／尾崎秀実《ほつみ》が参加した太平洋問題調査会の国際会議 295／東大新人会の活動家だった吉河光貞の華麗な転身 297／司法省に買われた学生時代の左翼活動の経歴 298／ゾルゲ情報の何が歴史をリアルに動かしたか？　300／尾崎の諜報能力は共産主義イデオロギーと合致　301／死刑確定囚尾崎に対する小林健治予審判事の回想　302

【証言の分析】ウィロビー証言の意義とその限界——来栖宗孝　305

はじめに　305／ウィロビー少将は極め付きの反共主義者　305／朝鮮戦争と原子爆弾、マッカーサーとトルーマン　306／『ウィロビー証言』はどう構成されているか　307／上海市警察の調査資料に依拠　309／スメドレーが米国国防省に強硬な抗議　310／左翼系組織・団体とその関係人士　312／ワシントン・上海・東京　314／国民党敗北の陰謀説は非常な偏見　316／上海時代はゾルゲの諜報工作の練習・習熟機関　317／結語——ウィロビー証言の不可解な部分　318

第二部「ゾルゲ事件」報告書
連合国軍最高司令官総司令部（GHQ）民間諜報局（CIS）編

序　文——322
「ゾルゲ事件」報告書出典——322
一　探知、逮捕、裁判——323
二　リヒアルト・ゾルゲ——327
三　ブランコ・ド・ブケリチ——345
四　宮城与徳——350
五　尾崎秀実《ほつみ》とその政治的見解——357
六　マクス・クラウゼンとアンナ・クラウゼン——385

七　脇役を務めた人たち――400
八　ゾルゲが使った暗号――411
九　ゾルゲの狙い――415
一〇　教訓と結論――433

【解題】米国の国益擁護と対ソ戦略の形成に利用された「報告書」――来栖宗孝　491
空襲で多数焼失したゾルゲ事件関係資料　491／本報告書の内容上の検証　493

リヒアルト・ゾルゲ及び尾崎秀実に対する死刑執行命令書――514

あとがき　515

索　引――巻末

『【米国公文書】ゾルゲ事件資料集』正誤表

ページ	誤	正
72（注35）	本書四四五ページ（注60）参照	本書四四六ページ（注60）参照
77（注53）	東京多区裁検事	東京区裁検事
78（注56）	「浮世絵を求む」広告を出せた	「浮世絵を求む」広告を出した
123下段14行目	国家政治保安部（GPU《ゲペラ》）	国家政治保安部（GPU《ゲペウ》）
137（注2）	ダクラス	ダグラス
141（注28）	「一九五七年日本侵略軍が	「一九三七年日本侵略軍が
143（注33）	「ツァイトガイスト書店」の	「（g）ツァイトガイスト書店」の
146（注52）	国民教代運動…宮内者	国民教化運動…宮内省
146（注55）	九州民富党	九州民憲党
147（注56）	五二年から衆議院委員	五二年から衆議院議員
147（注58）	東大の河上肇	京大の河上肇
265（注22）	本書六六ページ（注10）参照	本書六七ページ（注10）参照
267（注33）	本書一三九ページ（注31）参照	本書一四一ページ（注28）参照
274（注67）	二二六ページ下段ならびに二四九ページ	二二八ページ下段ならびに二五一ページ
276（注76）	統一理の確立に	統一理論の確立に
288 6行目	共産主義は容易に	共産主義者は容易に
319（注）	オーストリア人技師レウィ・アレイ	ニュージーランド人技師レウィ・アレイ
436（注4）	本書三五一〜三五七ページ	本書三五〇〜三五七ページ
436（注6）	（執行猶予二年）の判決	（執行猶予三年）の判決
447（注68）	未知舎から新版が出た	未知谷から新版が出た
463（注53）	本書四四四ページ（注50）参照	本書四四五ページ（注52）参照
464（注56）	本書六六ページ（注10）参照	本書六七ページ（注10）参照
464（注58）	本書四四四ページ（注51）参照	本書四四五ページ（注53）参照
501 Ⅲ 3	夫の下獄中に	夫の下獄前に
511 11行目	この引用側の場合は	この引用例の場合は
篠崎努紹介	訳書に…。現在…英訳中。…英訳。	共訳書に…。現在…共訳中。…翻訳。

郵 便 は が き

料金受取人払

本郷局承認

6344

差出有効期間
2009年3月19日
まで

有効期間をすぎた
場合は、50円切手を
貼って下さい。

113 - 8790

（受取人）

東京都文京区
本郷2-3-10

社会評論社 行

ご氏名	（　　　）歳
ご住所	TEL.

◇購入申込書◇　■お近くの書店にご注文下さるか、弊社に送付下さい。
本状が到着次第送本致します。（送料310円）

（書名）	¥	（　）部
（書名）	¥	（　）部
（書名）	¥	（　）部

●今回の購入書籍名

●本著をどこで知りましたか

□(　　　　)書店　□(　　　　)新聞　□(　　　　)雑誌

□インターネット　□口コミ　□その他(　　　　)

●この本の感想をお聞かせ下さい

上記のご意見を小社ホームページに掲載してよろしいですか?

□はい　□いいえ　□匿名なら可

●弊社で他に購入された書籍を教えて下さい

●最近読んでおもしろかった本は何ですか

●どんな出版を希望ですか(著者・テーマ)

●ご職業または学校名

凡例

一　リヒアルト・ゾルゲの人名表記については、リチャード・ゾルゲ（英語）、リハルト・ゾルゲ（ロシア語）、リヒャルト・ゾルゲ（ドイツ語）、リヒアルト・ゾルゲ（同）などいろいろの呼び方があるが、本書では日本で最も一般的に使われているリヒアルト・ゾルゲに統一した。

二　ゾルゲ事件に関する「米国下院非米活動調査委員会公聴会」の聴聞については、喚問された人物が他者の発言を引用したり、宣誓や証拠書類などに言及したとき、関連事項の解説などは、該当箇所を枠で囲って読みやすくした。

三　本書を構成するゾルゲ事件に関する二編の米国公文書、すなわち「米国下院非米活動調査委員会公聴会全記録」と「連合国軍最高司令官総司令部（ＧＨＱ）民間諜報局（ＣＩＳ）編ゾルゲ事件調査報告書」は、いずれも読みやすくするため、適宜、中見出しを挿入した。

四　本文中の読みづらい人名や固有名詞、熟・単語などは、適宜、ルビを振って読みやすくした。

五　本文に出てくる注はすべて、その都度《つど》原注が＊印、訳注が［　］で括って区別し、混同を避けた。それ以外の注は、それぞれナンバーを付して、各章末もしくは巻末にまとめた。

六　コミンテルン（共産主義インタナショナル）関係の国際諸組織・機関の日本語表記は原則として、Ｂ・ラジッチほか著、勝部元ほか訳『コミンテルン人名辞典』（至誠堂、一九八〇年）に記載されている表記に拠《よ》った。原文の英語表記は、参考に供するためそのまま記載した。

七　本文ならびに各種注に出てくる数字は、原則として漢数字を使用した。

八　本書の記述全般と人名・事項索引の点検ならびに、訳注の一部の記述に当たっては、いちいち明記しなかったが、古賀牧人編著『ゾルゲ・尾崎事典』（アピアランス工房）を参照した。

まえがき

太平洋戦争開戦前夜の日本で、現在判明しているだけでも特高警察によって三五人もが赤色スパイ容疑で大量摘発される事件が起きた。その首謀者と目されたリヒアルト・ゾルゲと日本人協力者尾崎秀実《ほつみ》は、非公開の秘密裁判で死刑の宣告を受けて、処刑された。一般に「ゾルゲ事件」と呼ばれるこの赤色スパイ事件は戦時中だけではなく、戦後も何十年にもわたって続いた「東西冷戦構造」の狭間にあって、反共政策に利用されてきた。このため、未だに「謎」の部分がたくさんあって、真相の完全解明が成されていないのが現状である。

筆者が代表を務める日露歴史研究センターは一九九七年四月の創立以来、この点に着目して、民間の任意の研究組織としては初めて、ゾルゲや「ゾルゲ事件」に焦点を絞って、真相解明の系統的な研究を積み重ねてきた。海外の研究機関や研究者・専門家の協力を得て、過去四回にわたって次のような「ゾルゲ事件国際シンポジウム」を開催して、共同研究や文献・資料の交換などを行ってきたのは、その良い例である。

◆「二十世紀とゾルゲ事件」（一九九八年一一月七日、東京）
◆「リヒアルト・ゾルゲとその盟友たち」（二〇〇〇年九月二五日、モスクワ）
◆「ゾルゲ事件――戦争、革命、平和、愛」（二〇〇二年一一月三〇、一二月一日、ドイツ・ザールラント州オッツェンハウゼン）

二〇〇六年はモンゴル建国八百年を記念して、その首都ウランバートルで五月二五日に、「ゾルゲ事件とノモンハン・ハルハ河戦争」というテーマで、四回目の国際シンポジウムを開いて、大きな成功を収めることができた。

当センターはこれ以外にも独自の調査活動によって、ゾルゲ事件関係の外国語文献・資料の収集を行っている。これらの中には未公開であったり、極秘の情報を含むものがたくさんある。しかし、何分にも外国語で書かれているため、外国語に堪能な人は別にして読みこなせる人は限られており、大部分は埃をかぶって死蔵されていた。実に、勿体無い話である。

元来、情報というものは、特定の人たちによる独占を排して、関心のあるすべての人々に対して公開され、かつまた共有・利用されなければならない。そこで、当センターとしては保管している文献・資料の中から、会員・協力者が興味を抱きそうなものを取捨選択して、日本語に翻訳・編集して冊子を発行することになった。『ゾルゲ事件関係外国語文献翻訳集』(以下『翻訳集』—巻末に会員・協力者による日本語研究論文を収録)である。毎号ページ建ては異なるが、A４判で四六ページから七六ページになる。発行は不定期とは言え、二〇〇三年一〇月に第一号を出して以来、ほぼ三カ月に一回の割合で刊行、〇七年五月には第一五号を配布した。

さて、本書を構成する第一部の「米国下院非米活動調査委員会公聴会全記録」(「米国の赤狩り旋風とゾルゲ事件」)と、第二部の「連合国軍最高司令官総司令部(ＧＨＱ)民間諜報局(ＣＩＳ)編ゾルゲ事件報告書」(「ゾルゲ諜報団の活動の全容」)は二つとも、当センター発行のこの『翻訳集』に連載されたものである。その入手経路については、それぞれの「解題」に詳細な記述があるので、ここでは省略するが、日本の研究者・専門家にとっては、かねてからその存在が知られながら、英語が達者な人以外は読みこなす人はなく、長年にわたって手付かずのまま放置されてきた貴重な資料である。当センターはその歴史的意義を配慮して、大急ぎで翻訳・編集して『翻訳集』に掲載、日本人はもちろん日本語ができれば外国人でも、読むことができるよう、便宜を図ったのであった。

第二次大戦後の世界は、米国とソ連がそれぞれ盟主となった資本主義陣営と社会主義陣営がイデオロギーを巡って対立。ともに体制の優劣を競い合った「米ソ冷戦」の激化によって、国際関係がかつてない緊張を生んだ時期である。敗戦国・日本を占領統治したＧＨＱの諜報部門ＣＩＳは、戦前、ソ連が送り込んだ軍事諜報員リヒアルト・ゾルゲをリーダーとする国際諜報団「ラムゼイ機関」の諜報活動に関する膨大な資料を、警視庁や検察庁から押収して分析を行い、「ゾルゲ事件報告書」をまとめた。

この報告書は、共産主義思想に支えられた「ゾルゲ・グループの高度な諜報活動が資本主義体制にとっていかに危険なものであるか」暴露したものである。「ゾルゲ事件のようなものはどこの国でも起こり得るのだ」として、米国や同盟国の共産主義に対する警戒心を呼び起す一方、米国自身が冷戦に打ち勝つため、共産主義の脅威を封じ込め、体制を引き締めて、イデオロギー的にも圧倒的な強味を発揮する必要が強調されている。ゾルゲが東京で組織した国際諜報団「ラムゼイ機関」の諜報活動の実態について、事実を事実として客観的な記述が行われているため、なかなか説得力があるのが、大きな特徴と言えよう。

一方、「米国下院非米活動調査委員会公聴会の全記録」は、戦後の米ソ冷戦の激化と、米ソの「代理戦争」と言われた朝鮮戦争の勃発が引き金となった、「マッカーシー旋風」に代表される「狂気の赤狩り」が行われた同公聴会の聴聞の模様を、一部始終記録したものだ。米国の赤狩りが、いかに凄《すさ》まじいものであったか、半世紀をへた今日も背筋が冷たくなる迫力に溢れている。

米下院の公聴会に、ゾルゲ事件を摘発した吉河光貞検事やＧＨＱの諜報部門の親玉であったチャールズ・ウイロビー少将らが喚問されたことは、日本でもよく知られていた事実である。しかし、彼らが公聴会で何を詰問されて、それにどう答えたか、具体的な問答の内容はこれまで皆目分からなかった。それがこの全記録の翻訳によって、日本人に初めてその全容が明かになった意義は、極めて大きいと言えよう。

公聴会が吉河検事とウィロビー少将を証人喚問したのは、彼らの証言によって「アカ」と特定されるアメリカ人の姓名を割り出して、公職から追放するとともに、広く全米に反ソ・反共ムードを掻き立てて、米ソ冷戦に打ち勝つことに、最大の狙いがあった。この思惑は必ずしも成功したとは言えなかったが、とりわけウィロビー少将が聴聞の過程で長年、米軍諜報機関の長として、情報収集や秘密諜報工作に従事した結果得た豊富な知識・体験を洗いざらいぶちまけたことは、広く一般に知られていない内容だけに、非常に読みごたえがある。

その中でも圧巻は、一九三〇年代初めに上海で展開された中国革命工作の模様を、上海市警察の未公開資料を使って暴き出したことだろう。世界革命を標榜するコミンテルン（共産主義インタナショナル）はこの時期に、革命工作の担い手として、ゾルゲをはじめ、アグネス・スメドレー、ギュンター・シュタイン、ゲルハルト・アイスラー、ポール&イレーヌ・ルエグ（ヌーラン夫妻）ら、有能なコミュニストを多数同地に送り込んだ。彼らは当然のことながら現地の租界警察当局の監視の対象となったが、ウィロビー証言によって、彼らの活動の軌跡や人間関係が初めて明るみに出て、読む者を飽きさせないのは出色の出来栄えである。

「米ソ冷戦」が、一九九一年のソ連崩壊という歴史的な大事件によって、米国の一方的な勝利に終わってから、早くも一〇数年――。最早、冷戦は遠い昔の出来事となった。だが、今日の国際政治の展開とその帰趨を占ううえからも、冷戦とそれにつながるゾルゲ事件の研究・解明は、歴史的な意義があるというのが、われわれの考え方である。本書がその意味で、大いに活用されることを期待したい。

二〇〇七年四月

日露歴史研究センター代表　**白井久也**

第一部

米国の赤狩り旋風とゾルゲ事件

米国下院非米活動調査委員会の全記録

【解題】歴史資料として利用価値の高い吉河検事証言

白井久也

ニューヨーク市立図書館で全文をコピー

二〇〇四年は、極東の小国・日本が、欧州の軍事大国・ロシアと朝鮮半島の覇権を巡って争った「日露戦争」の開戦一〇〇周年になる。翌二〇〇五年はこの戦争の戦勝国となった日本が、敗戦国のロシアと、米国東海岸に面した港町ポーツマス市（マサチューセッツ州）で、ポーツマス平和条約を締結した記念すべき年に当たる。

日露歴史研究センター代表を務める筆者は、かねてから日露戦争をテーマに研究を重ねた結果、一九九七年に刊行した『明治国家と日清戦争』の続編として『明治国家と日露戦争』を書く計画を立て、その執筆に必要な取材を進めてきた。二〇〇三年六月に、ポーツマス平和条約が締結されたポーツマス市を訪れて、現地での聞き取り調査を行ったのは、この一環であった。

これに先立って、ニューヨーク市へ立ち寄ったとき、筆者はたまたま思い立ってニューヨーク市立図書館へ行き、同市在住の亡友川仁《かわに》宏《ひろし》氏の遺児川仁《かわに》央《おう》氏の協力を得て、何かゾルゲ事件関係の文献や資料がないものか、とコンピューターで検索を試みた。そうしたら、米国で「赤狩り旋風」が吹き荒れた一九五一年八月に、ワシントン市で開かれた米国下院非米活動調査委員会（ＨＵＡＣ）公聴会の聴聞記録（英文）の目録が出てきた。

それによると、このとき証言を行ったのは、「世紀の国際スパイ・ゾルゲ」を逮捕して取り調べを行った主任検事を務めた吉河光貞氏と、敗戦日本を占領した連合国軍最高司令官総司令部（ＧＨＱ）の諜報機関、参謀第二部（Ｇ２）部長ウイロビー少将であった。

ＨＵＡＣ公聴会で、吉河検事とウイロビー少将がゾルゲ事件について証言を行ったことは、日本でも広く知られていたが、吉河検事がエッセイやインタビューなどでその一部について言及している程度であった。吉河検事はもちろんウイロビー少将が証言台に立って具体的に何を語ったのか、その全容はこれまで「闇の中」に埋もれてきて、日本のゾルゲ事件研究者にとってさえも未知のまま、今日に至っている。そこで、筆者は聴聞記録のすべてをコピーして、日本に持ち帰り、その全文を日本語に翻訳して一般に公開することにした。

こうして、ニューヨーク市立図書館でコピーした枚数は、Ｂ５判で約一五〇ページにのぼった。本書に収録したＨＵＡＣ公聴会聴聞記録は、このとき吉河検事及びウィロビー少将が行った証言記録の全文である。

「米ソ冷戦」で吹き荒れる米国の「赤狩り旋風」

戦後の「米ソ冷戦」が華やかなりしころ、米国では猛烈な「赤狩り旋風」が吹き荒れたが、実は米国の赤狩りの歴史はこれよりももっと古い。

戦前の一九三八年五月、米国にとって当時の仮想敵国であったナチス・ドイツの宣伝・スパイ活動を調査・摘発する目的で、米下院に非米活動調査委員会（現在のＨＵＡＣの前身）が設けられた。当初は暫定委員会として発足した組織であったが、いざ蓋を開けると、赤狩りとニューディール（新規蒔き直し）政策などの反対に狂奔した。やがて、第二次大戦が連合国側の勝利に終わる見通しがついた一九四五年一月になって、突如、ゲリラ的手法で常設委員会に衣替えが行われて、引き続き赤狩りを推進する半恒久的な体制が築かれた。もちろん戦後の「米ソ対立」をいち早く見越しての措置であった。その主たる目標は、労働組合、マスメディア、映画界、大学や研究機関などに巣食うとされた「アカ」の大々的な摘発と追放であった。

「米ソ冷戦」が激化した五〇年代になると、上院でもＨＵＡＣと同様の思想警察的な調査・摘発活動をやる「政治活動委員会」（マッカーシー委員会）や「国内治安委員会」（マッカラン委員会）が発足して、気狂いじみた赤狩りの典型的な舞台となって、悪名を馳せた。この両委員会はＨＵＡＣと連携プレーを組んで、ＨＵＡＣが主として共産主義者個人を追及したのに対して、マッカラン委員会とその後身のジェンナー委員会は、共産主義組織を暴《あば》いた。また、マッカーシー委員会は政府部内の共産主義者だけではなく、共産主義者とその同調者の温床として、大学とくに民主的な色彩の濃いハーバード大学に狙いを定めて、「アカ」の摘発と追放を行ったのであった。

こうした中で、米国の国内政治で非常に大きな問題となったのは、俗に言う公務員の「忠誠審査」であった。反共政治家のトルーマン大統領は一九四七年三月、連邦政府職員に合州国に対する忠誠心と、国家秘密保持を求める大統領命令九八三五号を発表した。これに基づいて、設置された「忠誠審査委員会」が、連邦政府の諸機関や国際機関に勤務する全職員について、司法省が破壊団体と指定した約八〇の団体や機関と関係がないかどうか、その実情を調べる「忠誠審査」なる魔女狩りを実施した。その結果、「五一年末までに三〇〇万人以上の政府職員が審査に合格し、二〇〇〇名以上が辞任し、二一二名が解職になった」（清水博編〈増補改訂版〉『世界各国史八 アメリカ史』山川出版社）そうで、米国の反ソ・反共ヒステリーの度合いは相当ひどいものだったことがうかがわれる。

だが、赤狩りを推進する反共政治家たちは「政府の赤狩りはまだ手緩い」として、最初に米国外交の桧舞台で活躍した元国務省高官アルジャー・ヒスを血祭りにあげた。また、「原爆製造の秘密をソ連に流した」という英国の科学者、クラウス・フックスの証言によって、逮捕されたジュリアス・ローゼンバーグ夫妻は、「祖国を裏切ったスパイ」として処刑されてしまった。

朝鮮戦争の勃発によって、米国内に高まった反共の感情を利用して「赤狩り」の鬼と化したのが、四六年の上院議員選挙でウイスコンシン州から選出されたジョー・マッカーシーにほかならなかった。無名の上院議員に過ぎなかったマッカーシーが、一躍名をあげたのは、「国務省内に多数の共産主義者がいる」という五〇年二月の赤狩り演説であった。国務省に対するマッカーシーの非難の中には、極東問題専門家のオーエン・ラティモアやアチソン国務長官（後任はジョン・フォスター・ダレス）らまでが含まれていた。

マッカーシーのアカ狩り調査は、何ら根拠がないものがほとんどで、上院議員の中には彼のやり方に反発する者も少なくなかった。それでも、マッカーシーが上院内で根拠のない糾弾を続けることができたのは、「一つには、上院内の共和党指導者であるタフトが、マッカーシーを民主党攻撃に利用し、一九五二年の選挙を有利に運ぼうとした」（同上）からで、マッカーシーの赤狩りが、共和党の「党利党略」によるものであったことが、今日ではよく知られている。

それにしても、米国内では「マッカーシズム」の猛威が、米国民の間に共産主義への恐怖を掻き立てる大きな政治的な要因となったことは、否定できない事実であった。

ウィロビー報告糾弾の声明を発表したスメドレー

これに先立つ一九四九年二月一〇日、米陸軍省は「極東におけるスパイ事件の真相に関する報告書」（ウィロビー報告）を発表。その中で「アグネス・スメドレー女史はゾルゲ・スパイ団の一員として協力していた女」と名指しで、彼女がいかにもスパイ行為を働いていたかのように取り扱った。

同省が発表したこの報告書は、GHQのG2部長ウィロビー少将が配下の諜報機関員や日本の旧特高を使ってゾルゲ事件の裏付捜査をし、事件の全貌の発掘と解明に努めた結果を、三万二〇〇〇語の文書にまとめたものだった。

スメドレーは正規の共産党員ではなかったが、コミンテルン（共産主義インタナショナル）の同調者で、中国共産党のシンパとして、人民解放軍による「中国革命」を支援してきた米国人女性ジャーナリスト。中国滞在歴は一二年に及んだ。その間にゾルゲや尾崎秀実と知り合って親交を結んで、この二人の仲を取り持った縁がある。

ゾルゲ事件そのものは、戦前に日本の特高警察によって摘発された国際スパイ事件で元来、米国とは直接の関係がない。それがわざわざこの時期を選んで陸軍省のセンセーショナルな発表が行われたのは、次のような理由による。

すなわち、米ソ冷戦下の政略的な宣伝攻勢の一環として、進行中の赤狩りと歩調を合わせて、「共産主義者としての同調者はいつでも国際スパイになる」こと、同時に、「一般市民のスパイに対する恐怖心を利用して、反ソ・反共の敵愾心《てきがいしん》を煽り立てる」ことに、大きな狙いがあった。スメドレーのような人物に「ソ連スパイ」の烙印を押して、社会的に葬り去ることは、トルーマン政権の反ソ・反共政策に合致していて、スメドレーは言わば米ソ冷戦の格好の「スケープゴート」（生贄《いけにえ》の山羊）にされてしまったのであった。

事実無根のスパイ呼ばわりに激怒したスメドレーは、「ウイロビー報告」を直ちに厳しく糾弾する声明を発表。さらに、身の潔白を証明するため、「虚偽の報告を作成させた」として、ウイロビーの上司マッカーサー元帥を相手取って、断固、法廷闘争を行う決意を固めた。スメドレーの強硬態度に慌てふためいたのはほかならぬ米陸軍省であった。ウイロビー報告発表の一〇日後に、米陸軍省情報部は、「アメリカ人作家アグネス・スメドレー女史をソ連スパイと摘発したことは、事実に反し、誤りとして認める」との謝罪文を発表。その中で、「ウイロビー報告は日本の官憲の資料に基づいたものであり、公表に当たってこのことを明記すべきであった」こと、また、「発表の仕方に重大な手落ちがあった」ことを確認した。

スメドレーに対するスパイ嫌疑事件はこうして、陸軍省の明白な謝罪によって一件落着することになった。だが、この謝罪に関する新聞報道は人目につかない小さい記事であった。このため、「ソ連スパイ」の汚名は払拭《ふっしょく》されずに彼女について回り、以後、原稿の依頼もぱったり途絶えて、スメドレーは経済的にも苦境に追い込まれてしまったのであった。

公聴会での吉河証言を利用しようとするＨＵＡＣ

ＨＵＡＣが五一年八月九、二二、二三日開催した公聴会による吉河光貞検事とウイロビー少将の証人喚問は、米国のこうした過去の赤狩りと軌を一にするものだった。つまり、ゾルゲ事件に関係のあるこの両名の聴聞を通じて、新たに追放すべき「アカ」の姓名を割り出すとともに、ゾルゲのような大物ソ連スパイの諜報活動の実態を暴《あば》いて、広く全米に反ソ・反共ムードを盛り上げることに大きな狙いがあったのだ。

吉河検事のHUAC聴聞記録によると、吉河検事を証人に喚問した委員会の調査の狙いの焦点は、同検事の尋問に答えたゾルゲ自身の供述を、再び吉河検事の口を通じて再現することによって、①独ソ両国は日本の真珠湾攻撃を事前に知っていたかどうかを明らかにする②米国の在外公館勤務の外交官で、ゾルゲの諜報活動に協力した者はだれか、その姓名を割り出すことなどにあった。

吉河検事はもともとゾルゲ事件の検挙を指揮するとともに、ゾルゲ事件の主犯ゾルゲを取り調べて、求刑通り死刑判決を引き出した腕利きの検察官。戦後、最高検検事や公安調査庁長官を務めた人物である。同時に、学生時代に東大新人会で共産主義思想の洗礼を受けるが、のちに転向した反共主義者でもある。そのような人物から、上記二点について、真相を聞き出すことができれば、赤狩り推進の桧舞台となったHUACとしては、大手柄となって、その声価が著しく上がると考えたことはほぼ間違いない。

吉河検事に対する証人喚問は、このような背景の下に行われたことを、まず指摘しておく必要がある。さて、それではその結果いかなることになったのであろうか？

まず、独ソ両国が日本の真珠湾奇襲攻撃計画を知っていたかどうかという問題について、吉河検事はゾルゲの取り調べ中に「そういうことはなかった」と答えて、ウォルター委員の追及をかわしている。このため、ウォルター委員は再度、ゾルゲ取り調べの過程で、「独ソ両国が日本の真珠湾攻撃計画の情報を知るようになったかどうか」と問い詰めた。だが、吉河検事の返答は「真珠湾攻撃の件は浮かび上がってこなかった」と確答を避けて、ゾルゲが知っていたとも知らなかったとも答えていない。しかも、聴聞記録を読む限り、この件について吉河検事がゾルゲに尋問したのかどうかもよく分からない。ゾルゲは果たして日本の真珠湾攻撃の計画を知っていたのか、それとも知らなかったのか？　歴史の事実はどうなっているのか、以下で検証してみよう。

日米開戦となった場合、「日本海軍が最大の関心を寄せたのは、飛行機と特殊潜航艇を以って敢行した真珠湾奇襲攻撃作戦」(服部卓四郎著『大東亜戦争全史』原書房)にほかならなかった。同書によれば、「元来ハワイ方面に在る米国主力艦隊を、開戦初頭に攻撃するという構想は、早くから日本海軍にあった。しかし、それは潜水艦を以って行う小規模のものであった」のだ。ところが、「その後、航空母艦の発達に伴い、航空奇襲の考えが台頭し、これが大規模な実施に着眼したのは、聯合艦隊司令長官山本五十六海軍大将であった」と述べ、山本司令長官の提言によって、真珠湾奇襲攻撃作戦計画に大幅な手直しが加えられたことが明らかとなっている。

四一年八月、日米関係の緊迫化に対応して、ハワイ(真珠湾)奇襲攻撃の具体的な作戦計画の研究が進展を見て、山本司令長官は海軍軍令部に対して、ハワイ攻撃に関する策案の正式な採用を申し入れた。この計画の最大の難点は、米国の索敵警戒網をくぐり抜けたとしても、米主力艦隊がハワイに在泊しているか、出航しているか予測しえないことにあった。このため、索敵に万全を期して、奇襲の達成とその成功を図ることが決まった。こうして、四一年一〇月二〇日に「帝国海軍作戦方針」が内定を見て、同月二九日に連合艦隊に通達された。その中で機動部隊による真珠湾奇襲攻撃作戦計画が正式に採用されていたことは、言うまでもない。

真珠湾奇襲攻撃作戦計画を知らなかったゾルゲ諜報団

日本の特高警察がゾルゲ事件を摘発したのは、太平洋戦争が始まるほぼ二ヵ月前のことであった。ゾルゲ諜報団の主要メンバーの中では、最初、宮城与徳が一〇月一〇日に逮捕された。これに続く尾崎秀実の逮捕は、同一五日だった。その三日後の同一八日に今度は、ゾルゲ、クラウゼン、ブケリチと一味の逮捕が芋蔓式に行われた。

このゾルゲ諜報団一味が一網打尽に捕縛された当時、日米開戦を回避する狙いで、日米交渉が同時進行していた。逮捕前のゾルゲたちは当然のことながら、日米交渉の成り行きに最大の関心を持って見守っており、その具体的な内容に関する情報の入手に文字通り躍起となっていた。

しかし、大本営海軍部内で極秘裏に検討されていた真珠湾奇襲攻撃作戦計画については、さすがのゾルゲ諜報団も諜報工作の網にかけることができないで、その対象外になっていた。それどころか、ゾルゲ自身、日本は「北進」せず「南進」するという御前会議の決定（四一年七月二日）に関する日本の最高機密情報を尾崎から入手して、モスクワへ打電することに成功して有頂天になっていた。ゾルゲはこれによって、八年間にわたる日本での諜報活動の目的が達成できたとして、日本での役割に終止符を打つ腹を固めていた。このため、このころには諜報活動そのものに手を抜いていたことも否めない。

しかも、真珠湾奇襲攻撃作戦計画が正式な決定を見た一〇月末の段階では、ゾルゲ諜報団の一味はすでに全員捕らわれて獄中にあった。このため、時系列的に見ても真珠湾奇襲攻撃作戦計画をゾルゲや尾崎が入手することは不可能であった。尾崎自身も東京刑事地方裁判所判事高田正に提出した四三年六月八日付の助命嘆願上申書（Ｉ）の中で、「戦争の発展についてもハワイの奇襲は全く予想外でした」と書き記していて、この事実を裏付けている。死刑囚が書き残した上申書なので、記された内容がどこまで真実なのか他人がその心の中までのぞくことはできない。だが、この記述がまったくの嘘とも思われない。

ＨＵＡＣとしては、ソ連が真珠湾奇襲攻撃作戦計画を事前に知っていたことをゾルゲを取り調べた吉河検事が公聴会の場で証言し、その事実が確認できれば、ソ連のスパイがいかに敏腕か客観的に証明することができる。そうすれば共産主義の脅威を米国民に吹き込むにはもってこいであると考えたに違いない。しかし、委員会側はそれを裏付ける証言を吉河検事から遂に引き出すことができずに終わって、この目論見はあっけなく挫折してしまった。

ならば、外地に勤務する米国の在外公館館員の中で、ゾルゲの諜報活動に対する協力者の姓名を割り出そうという試みの方には、どんな収穫があったのだろうか？

ゾルゲの諜報活動に協力した在ハルビン米領事館員

吉河検事の公聴会での聴聞記録によると、満州（現在の中国東北地方）の在ハルビン米国領事館館員が、ゾルゲの諜報活動に協力していたことが、吉河証言によって初めて確認された。具体的にはハルビンの米国領事館内に秘密の無線通信局が設置され、三一年から三二年にかけて、ゾルゲの息のかかった赤軍参謀本部第四部（ゾルゲが所属する諜報機関）のハルビン・グループのメンバーが、モスクワに暗号電報を送るため使用していた事実が、明らかにされたことだ。それは一人もしくは複数の人間なのか？吉河検事自身「記憶がない」ので、はっきり答えることができなかった。

このことについて、ゾルゲ諜報団の中でいちばん詳細に通じているのは、無線技師のマクス・クラウゼンであった。そこで、吉河検事はクラウゼン担当の伊尾宏検事に調査を依頼、「伊尾検察官はその米国人の名前を報告にきたが、彼の名前をはっきり覚えていない」ため、吉河検事はタベナー委員の質問に正確に答えることができなかった。一度、網に引っかかった魚を取り逃がしたみたいなもので、「赤狩り」に躍起となっていたＨＵＡＣとしては、かえすがえも残念であったに違いない。結局、吉河検事の聴聞に関する限り、ゾルゲの諜報活動やゾルゲ事件に絡む米国人の協力や関与について、満足すべき結果を得て、それが大きな得点につながる白星を稼ぐことはできなかった。

しかし、ＨＵＡＣの席で国際共産主義活動に関連した捜査では、世界の自由国家が相互に情報を交換して、助け合いによって協力する方向が確認され、日米間で諜報活動を通じた国際共産主義の脅威に断固立ち向かう合意ができた。このことは、自由陣営の重要メンバーである日米両国にとっては、米ソ冷戦激化という当時の国際情勢下にあって、誠に時宜に適った結末であったということができよう。そういう意味で、吉河検事がＨＵＡＣ公聴会で述べた証言をまとめたこの聴聞記録は、歴史的価値が極めて高い文書であると言っても、過言ではないだろう。また、ゾルゲ事件研究者にとっても、この聴聞記録にある吉河証言は、ゾルゲを取り調べた主任検察官の生々しい声が反映されているだけに、その利用価値はすこぶる高いように思われる。

米国にとってのスパイ・ゾルゲ事件に関する聴聞

――吉河光貞検事およびチャールズ・A・ウィロビー少将の証言

第八二議会第一会期　一九五一年八月九、二二、二三日開催

米国下院非米活動調査委員会の構成

委員長
J・S・ウッド（ジョージア州）
委員
F・E・ウォルター（ペンシルベニア州）
H・H・ベルデ（イリノイ州）
M・M・モールダー（ミズーリ州）
B・W・カーニー（ニューヨーク州）
C・ドイル（カリフォルニア州）
D・L・ジャクソン（カリフォルニア州）
J・B・フレージィア、JR.（テネシー州）
C・E・ポッター（ミシガン州）
委員会スタッフ
F・S・タベナー、Jr.（法律顧問）
L・J・ラッセル（上級審査官）
J・W・キャリントン（委員会書記）
R・J・ニクソックス（調査部長）

吉河光貞検事（注1）の証言

非米活動調査委員会は召集に従い、オールドハウス・オフィスビルディング内二二六号室で、F・E・ウォルター氏の主宰により、一九五一年八月九日午前一〇時三〇分に開会された。

出席した委員　下院議員―F・E・ウォルター、C・ドイル、B・W・カーニー、D・L・ジャクソン、C・E・ポッター

出席したスタッフ　F・S・タベナーJr.（顧問）、C・E・オーエンス（捜査官）、R・I・ニクソン（調査部長）、J・W・キャリントン（書記）、A・S・プーア（編集人）

午前の部

ウォルター　本委員会を開催します。通訳の方はおられますか、黒田さん？

黒田　はい。

ウォルター　それでは起立して右手を上げてください。あなたは本委員会で、提議される質問を真実かつ正確に日本語に翻訳すること、また証人が日本語で行う答弁を真実かつ正確に英語に翻訳することを、厳粛に誓いますか？

黒田　誓います。

タベナー　委員長、証人の宣誓に先立ってそこにおります若い女性の方に、傍証人として宣誓していただいたらと思いますが？日本語に正確にあてはまる英語を探し出すのは難しいので、相違があった場合に傍証人の解釈を述べさせるために傍証人を配置しておくことは、一般に行われていることです。

ウォルター　彼女は通訳として宣誓して貰った方が良いでしょう。あなたは本委員会で提議される英語による質問を真実かつ正確に日本語に翻訳すること、また証人が日本語で行う答弁を真実かつ正確に英語に翻訳することを、厳粛に誓いますか？

竹下・L・かつよ　誓います。

ウォルター　証人は起立してください。（黒田氏に向って）では、繰り返してください。

黒田　私は聴聞の過程で、私になされる全ての質問に答弁をする際に、自分の良心に従い何事も付け加えることなく、また隠すこともなく真実を述べることを誓います。

吉河　（黒田氏を介して）そういたします。

（傍証人竹下・L・かつよの助言を得て、アンドルー・Y・黒田の通訳による）

タベナー　あなたの姓名を述べてください。

吉河　吉河光貞です。

タベナー　あなたの名前は吉河光貞ですね？

吉河　そうです。

タベナー　吉河さん、あなたは現在、日本政府の命を受けて米国におられると思っておりますが、それでよろしいでしょうか？

吉河　結構です。

タベナー　あなたは生来の日本人ですね？

吉河　そうです。

タベナー　いつどこで生まれましたか？

吉河　一九〇七年一月一六日に、東京で生まれました。

タベナー　日本政府の中で現在どんな地位についていますか？

吉河　東京高等検察庁特別審査局長です。

タベナー　在任期間はどのくらいになりますか？

吉河　約三年間です。

タベナー　日本政府で他にどんな役職についたことがありますか？

吉河　私は検事で、司法省の役人でもありました。この役職を同時に務めていました。

検察官の機能と責務

タベナー　翻訳では検事となっておるようですね。日本政府の検察官を務めていたことはありますか？

吉河　はい。公式には検事の代わりに検察官と訳されています。

タベナー　委員長、一九三五年に東京で出版されました三宅正太郎著『日本法律概論』の四ページには、検察官は以下の機能を有するとあります。

> 刑事事件においては捜査を行い、訴追をし、判決の履行を監督し、公共の利害に関わる民事事件では公共の利益を代表して行動する

ウォルター　何か司法長官と連邦捜査局（FBI）長官の役目のように聞えますね。

タベナー　その役目はそれよりさらに大きいようです。日本では検察官は地方裁判所や上級裁判所、それに最高裁判所に所属しております。議会図書館では検察官を米国の地方検事に例えておりますが、地方検事よりずっと強大な権力を有しております。そこで証人も、検察官の責務をそのように理解しているか、証人に尋ねたく思います。

（C・E・ポッター下院議員入室）

黒田　ここに書かれていることは正しい、と彼は申

しております。しかし、地方検事よりずっと強大な権力を有しているという意味が、彼にはよく分からないそうです。

タベナー　あなたが検察官のときは、東京地方裁判所に所属していましたか？

吉河　ある期間はそうでした。

タベナー　その期間はどのくらいでしたか？

吉河　正確には思い出せませんが、一九三八年の九月頃から約八年間です。

タベナー　あなたが検察官であったその時期に、検察官としての職務遂行上、リチャード・ゾルゲ事件（注2）の担当を命ぜられましたか？

吉河　はい。

タベナー　あなたがリチャード・ゾルゲ事件担当を命ぜられた役割を、ごく簡単に言ってみてください。

吉河　グループの……

タベナー　ちょっと待ってください。これから先通訳は短く区切って通訳していただければと思いますが。

吉河　中村登音夫（注3）氏の下に本事件を捜査し訴追するために、検察官のグループが組織されました。中村氏は東京地方裁判所検事局思想部長で、中村氏の下で私は主として本事件の訴追担当として任命されました。二人任命され、私はその一人で［訳注　もう一人は玉澤光三郎検事（注4）］、この事件の訴追を担当し、何人かの検察官を動員し調査に従事しました。

タベナー　調査に従事したと言うことは、事件の捜査に従事したと言うことですね？

吉河　私は自ら捜査を行い、またこの訴追遂行のために他の検察官をも任命しましたし、警察に捜査への協力を命じました。

ゾルゲ逮捕の端緒

タベナー　リチャード・ゾルゲ（注5）逮捕の端緒を述べてくれませんか？

吉河　記憶では、それは一九四一年の春頃だったかと思います。北林トモ（注6）という女性が米国から東京にやって来ました。この北林という女性が何かスパイ活動を行っているという情報を得ました。そこで我々は警察に捜査を始めるように命じました。北林は和歌山に行きました。我々は彼女に対する何等の証拠も得られませんでした。

しかし、その年の一〇月に、即ち一九四一年のことですが、我々はある情報を得て、それで北林を逮捕したのを覚えています。北林は自分がスパイであることを否定しましたが、米国からやって来た宮城与徳(注7)という人物が、何かスパイ活動を行っていると述べました。

タベナー　そこでちょっと口を挟ませて下さい。宮城与徳は米国市民でしたか？

吉河　はっきりしませんが、米国市民だったと思います。

タベナー　先へ進んで下さい。

吉河　我々は宮城を逮捕し、取り調べを行いました。彼はスパイなどではないと猛烈に否認しました。ところが、彼の家を捜査した際に、奇妙な物を発見しました。それは英文の書類でした。南満州鉄道（満鉄）(注8)が作成した書類で、日本政府にとっては機密事項と看做《みな》されていたものです。画家がその種の書類を所持しているのは、似つかわしくないと思いました。

タベナー　宮城は画家だった。そうですね？

吉河　彼は画家でしたし、東京では画家としてある程度評価されていました。彼は米国風の絵を描いていました。宮城はスパイではないと否認し続けました。しかし、ある出来事が起こりました。彼は東京の築地警察署の二階で取り調べを受けていました。彼は窓から飛び降りて、自殺を図ろうとしたのです。彼は怪我もしませんでしたし、死ぬこともありませんでした。警察官が宮城を追って飛び降り、彼を捕まえました。

この出来事の後に宮城は語り始めたのです。彼は大変重要なスパイ・グループについて、語り始めたのです。次いで彼は自分と最も密接な繋がりの有る人物は、近衛内閣のブレーンと看做《みな》されている尾崎秀実《ほつみ》(注9)［訳注　原文は「Hidemi」］だと述べました。

タベナー　すみません。尾崎の近衛内閣との関わりについて、あなたが述べたことが分かりませんでした。

尾崎秀実は近衛首相の相談役

吉河　近衛首相(注10)は自分の周辺に専門家集団というか、相談役のグループを有していて、そのグループは朝飯会(注11)という会を作っていました。尾崎は近衛の最も優秀な相談役の一人でした。彼の聡明さを現すものとして、こんな事が申せます。盧溝橋事件(注12)が起こった際に、尾崎はこの事件は拡大し、長引くだろうと言いました。その頃、一般にはこの事件は局地的なものなのか、拡大するものなのか意見が分かれていました。しかし、その後の成り行きは尾崎の予言通りとなったので、彼の評価が高まったものでした。

（B・W・カーニー下院議員退室）

タベナー　それで尾崎は近衛公と大変緊密な関係にあったことが分かりました。そして近衛公はその時点で、どんな地位にあったのですか？

吉河　当時、彼は総理大臣でした。

タベナー　それでは進めてください。

黒田　タバコを吸ってもよいかと尋ねていますが。

ウォルター　そりゃ、結構ですとも。

吉河　そこで尾崎がこの事件に関わっていると知り、大変驚かされました。尾崎が総理大臣に近いことから、我々はこの事件の捜査を進められるのかどうか、よく分かりませんでした。次いで、尾崎の背後には何人かの外国人がいることも分かりました。その上、その外国人たちの中に公の地位にはついていないものの、オット・ドイツ大使の最高顧問であるリチャード・ゾルゲがいるのを知りました。

同僚検察官の玉澤光三郎が、宮城を取り調べていました。私は彼の取り調べの内容を見てみました。そして、結局尾崎を逮捕したのです。尾崎は私自身で取り調べました。

ゾルゲ逮捕で近衛内閣総辞職

吉河　私は尾崎を目黒警察署で取り調べ、彼は即日自供いたしました。彼は水野成[注13]の名を出しましたので、水野を逮捕しました。私は入念に尾崎の取り調べを始めました。宮城と尾崎の取り調べに基づき、当時、我々は外国人を逮捕すべしとの結論に到達しました。近衛内閣[注14]は苦境に追いやられ、とどのつまり総辞職いたしました。東条内閣[注15]成立直前のことでした。我々は特にこのような状況を利用したわけではありませんでしたが、ゾルゲやクラウゼンやブケリチを逮捕しました。

ここで私は言い方を正したいと思います。東条は内閣首班になることになっていましたし、近衛内閣の司法大臣だった岩村通世氏[注16]は留任するだろうと思われていました。そこで、我々は岩村氏の承認を得て、彼等の逮捕を始めたのです。

（C・ドイル下院議員退室）

タベナー　当時、逮捕された者たちに関して、その名前が正しく挙げられているかどうかを確かめておきたいのです。クラウゼンと言いましたね。それはマクス・クラウゼン、ク‐ラ‐ウ‐ゼ‐ン(注17)ですね。

吉河　そうです。

タベナー　ブケリチと言われる者はブランコ・ブケリチ、ブ‐ラ‐ン‐コ‐ブ‐ケ‐リ‐チ(注18)でしたね。

吉河　ブランコ・ド・ブケリチ、そうです。

タベナー　あなたは水野の名を出しました。その者はミ‐ズ‐ノ‐シ‐ゲ‐ルと同一人物ですか？

吉河　そうです。

タベナー　尾崎の名前はなんというのですか？

吉河　ヒ‐デ‐ミです。

タベナー　ゾルゲ裁判の記録には、尾崎の名前の訳文はホ‐ズ‐ミとありますがね。

吉河　そのことは知りませんが、我々はヒデミと呼んでいました。［訳注　正式の呼び名はホツミ］

タベナー　ゾルゲ事件に関わった尾崎は一人ですね？

吉河　そうです。

タベナー　大変結構です。どうぞ続けてください。

吉河(注19)　我々はマクス・クラウゼンとその妻アンナ・クラウゼン、それにブケリチを逮捕し、彼等の家を捜索しました。無線通信機を発見できるかが最大の関心事でした。幸いにも無線通信機を発見でき、それを押収しました。また暗号電文や暗号化前の電文、それに暗号書である『ドイツ帝国統計年鑑』(注20)も発見しました。

我々はひょっとしたら、ゾルゲにピストルで撃たれるのではないかと怖れました。我々はゾルゲの家を数日間監視下においていました。その朝、ドイツ大使館から一人の男がゾルゲを訪ねて来ました。その男が去った後に、我々は踏み込んでゾルゲを逮捕しました。

逮捕時にゾルゲは自分はナチ党員であり、ドイツ大使館で顧問として高い地位にいるのだと言い張りました。

ウォルター　それは大体いつ頃のことですか？

吉河　東京でのことです。

ウォルター　いつなのですか？およその日付は？

吉河　一九四一年の一一月だったと思います。［訳注　ゾルゲの逮捕は一九四一年一〇月一八日に行われた］

独ソ両国と真珠湾攻撃計画

ウォルター　捜査の結果、当時ドイツとソ連両国が真珠湾攻撃計画(注21)を承知していたことが浮かび上がって来ましたか?

吉河　取調中にそういうことはありませんでした。

ウォルター　逮捕と捜査の結果から、ドイツとソ連両国が攻撃計画の情報を得ていたことを、その後知るようになりましたか?

吉河　真珠湾攻撃の件は浮かび上がっては来ませんでした。情報活動に関しては後ほど申し上げたいと存じます。ゾルゲは近くの鳥居坂警察署に連行されました。身体検査を終えて、ゾルゲとブケリチを東京拘置所に移送しました。その翌日、検察官の取り調べが始まったのです。

ウォルター　そこで、ちょっとよろしいでしょうか?捜査では、日本軍が攻撃計画を練り、そのことをドイツとソ連政府が知っていたことが判明しましたか?

吉河　良くは分かりません。

ご質問を再度なさっておりますので、触れておきます。ドイツの侵攻が間近なことをゾルゲがソ連に伝えたのは、ドイツがソ連を攻撃する二ヵ月前のことでした。ドイツ軍一五〇個師団が国境に集結していること、それにドイツ軍上層部は、ペトログラードすなわちレニングラードが二ヵ月も経たずに陥落するだろうと観ているという情報を、ゾルゲはソ連に送信したのです。

タベナー　どうぞ続けてください。

吉河　ゾルゲ、クラウゼン、ブケリチに関しましては、私自身がゾルゲを取り調べました。申し上げましたように私はゾルゲの捜査担当でありまして、クラウゼン担当は伊尾宏(注22)氏でした。もう一人の検察官(布施健(注23))がブケリチの取り調べに任ぜられました。私がゾルゲの取り調べを始めた際に、彼は猛烈に否認いたしました。

一週間後[訳注　一〇月二五日]、たしか土曜の夕方でしたかに、ゾルゲはついに自供したのです。彼はドイツ語で「私は一九二五年以来、国際共産主義者であり現在もそうである」と用紙に書き記し、そして自白をしました。

その時点までには、クラウゼンもブケリチも自供をしていました。これが起訴にいたる経過です。何かご質問がありましたら。

タベナー　自供をさせるために、何らかの形の強要[訳注　拷問の意味]をいたしませんでしたか?

吉河　いいえ。先ずクラウゼンが自分は赤軍(注24)のスパイだと自供しました。そしてブケリチがコミンテルン(注25)(共産主義インタナショナル)のスパイだと自供したのです。そういうことで、大変真剣な事後捜査が始まったわけです。このスパイ集団の本質が初めて分かったのは、ゾルゲの自供があってからです。私はゾルゲに宮城も尾崎も自供したと伝えて、証拠を示しました。こんなことを繰り返しているうちに、ゾルゲは自ら供述したのです。

リチャード・ゾルゲが自供した動機に関して、自分はこう感じています。最初の理由はこうです。彼は自分の逮捕は後の祭りだと思っていました。ゾルゲとそのグループの諜報活動はほぼ終了しており、大成功だったと思っていたからです。

逮捕の数日前、クラウゼンとブケリチはゾルゲの家で落ち合い、なぜ尾崎が現れないのかいぶかっていました。自分たちの活動はほぼ終了していたので、日本を脱出して諜報活動を行うために、何としてでもドイツに行くのだと話し合っていました。

ウォルター　彼は一〇月に送られた電文のことを知っていましたか？

黒田　委員長、「彼」とおっしゃいましたが、吉河氏のことですね？

ウォルター　その通りです。

吉河　はっきりとは覚えてはいません。

ウォルター　捜査の成り行き上、彼はこの電文について知っていますか？

電文

米日交渉は最終段階に入った。近衛は、中国と仏印駐屯の日本軍を減らし、仏印での八ヵ所の軍港と空港建設計画を断念すれば、交渉を成功裡に終えられようと見ている。一〇月半ばまでに米国が妥協に応じないなら、日本は米国、マレー半島諸国、シンガポール、それにスマトラを攻撃する。ボルネオはシンガポールやマニラからの攻撃可能範囲内なので、攻撃はしないだろう。だが、戦争となるのは交渉が不調に終わった場合のみであり、日本は例えドイツとの同盟が崩れるとしても、交渉を成功裡にまとめようと最善を尽していることには間違いない。

（ウォルター氏が証人と黒田氏に電文を手渡しながら）あなたにこの電文を見せて、あなたがこの電文のことを知っているかを尋ねた方がよいと思っています。

日本の攻撃計画を知っていたソ連

黒田　証人はこの電文を覚えていると申しています。

ウォルター　それならソ連が、日本側の攻撃計画を事前に承知していたことは、間違いないということですね？

吉河　そうです。そしてまた日本が北進ではなく、南進しての攻撃を多分ソ連は歓迎したことでしょう。

ウォルター　全くその通りです。

吉河　その線に沿って、ゾルゲは諜報活動だけではなく、ある種の政治的策略を行っていました。尾崎もゾルゲに協力していたのです。

ウォルター　ということは、日本が米国並びに英国に対して攻撃を仕掛けるように仕向けるために、ソ連政府の金で動いていたスパイたちは、持てる影響力なら何でも行使していたことになりますね？

吉河　ある程度そう申せましょう。

（C・ドイル下院議員再入室）

吉河　その年の八月に、日本では一三〇万人の兵士が動員（注26）されました。そして、ゾルゲはこれだけの数の兵隊がどの方面、どの地域に送られるかの情報入手に、多大な関心を寄せていました。

ポッター　ということは、彼は部隊が北の満州国境方面でなく、南に行って欲しいと願っていたように思えますが、それで良いでしょうか？

吉河　彼は心からそう願っていたので、情報入手に努めていたのです。宮城は東京の酒場に足繁く通って兵士たちに近づき、どの方面に向かうかの情報を入手しようとしていました。尾崎はその情報を政府上層部から引き出そうとしていました。しかし、彼らは兵士たちが冬用ではなく夏用の軍服を着ていたので、兵士たちは北ではなく南方に向かうものと判断しました。

ポッター　ゾルゲはドイツ人かナチ党員の振りをして、ソ連にとって脅威となる北方ではなく、英国や米国に対する脅威として、兵士たちを南方に移動させたいという共産主義者の願いを実現するために、自分の影響力を日本の色々な戦略立案者に行使していましたか？彼は自分の影響力をそのような政策形成に及ぼそうとして行使していましたか？

ゾルゲ、陸軍参謀と強いつながり

吉河　私はゾルゲが日本の政府高官と、そう大した関係にあったとは思いません。彼がつながりを持っていたのは、むしろ陸軍の参謀たちでした。独ソ戦が始まる前にベルリンから軍の高官が東京にやって来ました。防諜活動を担当していたドイツのカナーリス提督(注27)の特使も東京に参りました。そういった人たちはドイツから日本に来て、当然、オット・ドイツ大使(注28)とゾルゲにも会いました。そして、彼らはゾルゲと一緒に日本陸軍の高官と会うために参謀本部を訪ねました。

オット大使は日本陸軍参謀本部(注29)を訪ねて、ドイツ軍のシンガポール攻撃作戦計画(注30)を示し、この計画通りに行えばシンガポールは極めて容易に陥落するであろうと、日本人相手に語りました。当時、ゾルゲはドイツ大使の補佐役を務めていました。

タベナー　その計画はドイツ大使館で、フォン・クレチメル(注31)［訳注　原文では「クレチネル」］が作成したもので、そうですよね？そして、当時、ドイツ大使館付武官全員が、その研究目的で動員されたのですよね。

吉河　私はそのことを聞いたことがありません。

タベナー　提示された計画は、結局、実現された通りの陸上侵攻計画だったのです。

吉河　ゾルゲの供述では、日本軍の参謀たちはその計画を即座に受け容れることには、そう熱心ではありませんでした。

ウォルター　ちょっとよろしいですか？その人たちの関係を、私自身はっきりさせておきたいのです。ゾルゲと尾崎は非常に緊密な関係にあった、そうですね？

吉河　緊密以上の関係でした。

ウォルター　両人とも共産主義者の諜報員、つまり両人ともソ連の諜報員だった、そうですね？

吉河　ゾルゲは上海で尾崎を補佐役として利用し始めました。当時、ゾルゲはソ連からその承認を得たものです。日本でのスパイ団で尾崎が利用されていた東京でも、ゾルゲはソ連から承認を取り付けており、尾崎はゾルゲの直近の補佐役でした。尾崎はソ連共産党中央委員会の陰の部分にいたのです。

ウォルター　また、尾崎は当時、日本での有力な共産主義者の一人でもあり、そして、近衛公の政治顧問でしたね？
吉河　その通りです。

シンガポール攻撃作戦計画とオット駐日大使

タベナー　その頃、駐日独大使のオイゲン・オット将軍はゾルゲとともに、シンガポール攻撃作戦計画を日本軍参謀本部に売り込もうとしていたのですが、あなたはオット将軍がその計画をドイツでリッベントロップ(注32)のもとに持ち込み、リッベントロップと日本の松岡外相(注33)とで検討したかどうかご承知ですか？
吉河　私は今述べられたことは知りません。ですが、ゾルゲは松岡の行動に関する重要な電文をソ連に通報していました。松岡が欧州に派遣される以前に、近衛公は松岡に対してソ連と通商条約を締結しても良いが、ドイツとは一切何もするなと告げていました。ゾルゲが伝えていたので、スターリン(注34)は、それを知った上で、松岡を待ち構えていたのです。
　松岡がスターリンから条約の形で引き出したことは、実際、近衛が望んでいたこと以上のものでした。そのような情報をゾルゲは松岡の旅行目的に関し、モスクワに流していました。
　ということで、松岡は、ドイツで温かい歓迎を受けたものの、それ以上のことはありませんでした、と私は聞いていました。
タベナー　ヒトラーと松岡及び大島浩(注35)との会話記録が東条の裁判で紹介された、そうでしたね？
吉河　良くは覚えていません。
ウォルター　そして、私の理解に誤りが無ければ、ドイツがソ連に侵攻した後ですら、あるいはその時点で、ソ連は米国を日本との敵対関係に絡ませようと努めていた。

スパイ活動と政治的策動

吉河　ドイツのオット大使が、ドイツのソ連侵攻の前にでさえ、シンガポール侵攻計画を示していたということからも、そうだと思います。
ウォルター　彼等は多分、その謀略全体の中のどこかの点で、我々を巻き込ませようと依然として努めていたのです。
吉河　そういったことから、ゾルゲは主としてスパイ活動に関心を有し、次いで日本の関心を北方ではなく南方に振り向けようとする政治的策動に携わっていたと申し上げられます。

ウォルター　言うなれば、彼は二つの立場で動いていたことになるのですか？

吉河　彼は日本人に、ソ連の軍隊は強大だし、また、シベリアはどちらかと言えば不毛の地でもあるから、日本はシベリアから何ら得る物はない。が、南方では日本は重要な資源を得られるし、また、南方侵攻は容易であると言って、聞かせていたのです。彼はそのことを日本の人たちに得心させようとしていたことなのです。

ポッター　あなたは、ドイツ政府の代表が日本の軍隊を南方に転進させるためにこの計画を携えて日本を訪れた際に、日本の軍関係者の間には、その受け入れにある程度のためらいがあったと述べました。

日本軍をどうすべきかということに関しての日本の軍事上の公的な立場はどうだったか、ご存知ですか？彼等は軍隊を北方に送ることを想定していましたか？

吉河　私は日本軍の参謀を取り調べてはいませんので、存じません…独ソ戦開始直前でしたか、直後でしたかに、ドイツから秘密の特使がやって来て、オット大使とともに日本の参謀本部を訪ねて、日本がソ連を攻撃すべきだと説いていました。

参謀本部はドイツ軍がダニューブ川の線に到達したら、日本軍はソ連攻撃を行うかも知れぬと答えていました。ドイツ大使館を取り巻くこのような情報は、戦災で失われてしまいました。

ポッター　あなたが行った捜査から、真珠湾攻撃は誰の発案だったかを特定できる証拠が出てきましたか？ドイツか、それとも共産主義者が支援していたのですか、あるいは日本軍独自の方針だったのですか？

吉河　そういうことは、捜査からは出てきませんでした。

タベナー　リチャード・ゾルゲが逮捕された後のオット将軍と、リチャード・ゾルゲとの関係はどうでした？

オット駐日独大使、ゾルゲとの面会求める

吉河　オット大使とオット夫人は非常に驚き、怒って東条［訳注　英機。首相］に迫りました。オット大使は司法大臣を通して、ゾルゲとの面会を求めました。当時、捜査は続行中でしたので、我々は大いに困惑したものでした。幸いなことにゾルゲは一週間で自供し

たので、自供後に「大使が会いたがっていますよ。会いたいですか?」と告げました。ゾルゲは最初、会いたくないと申しました。ゾルゲは、「二人の政治上の意見は異なるが、個人的には良き友である」と私に語ったので、それなら「私があなただったら会いますがね。日本人ならこういう際には、最後の別れを告げるために会うものです」と言いました。「それでは会いましょう」とゾルゲは申しました。

そこで、私は司法大臣にそのことを告げ、そしてオット大使がマルヒターラー(注36)、シュターマー(注37)、その他を連れてゾルゲに面会に来ました。

短い面談の後に、ゾルゲは「これがお目にかかる最後の機会です」とオットに申しました。オットは呆然とし、顔色を変えました。そこで、我々は面談を打ち切ってオットを別室に案内しました。

オットはこの事件に関し、「最早何も関与しない」と申しましたが、取り調べを出来るだけ早く終了して、その結果を知らせるように求めました。しかし、ドイツ大使館は日本の左翼の人たちの手を借りて[訳注この原文は using the Japanese left-wing people]、我々に圧力をかけようとしたようでした。そこで、我々はゾルゲ事件取り調べの最初の章の写しを作成して、司法省を通じてドイツ大使館に送りました。

タベナー　あなたが本件を先に進める前に、その点について質問をしたかったのですか?取り調べの中であなたは、ドイツ大使のオイゲン・オット将軍が、リチャード・ゾルゲが共産党と関わっていたことを、知っていたかどうかを判断できる情報を得ていましたか?

吉河　いいえ。オット大使は完全に欺かれていたのです。

タベナー　オット将軍がリチャード・ゾルゲに欺かれていたことで、彼は自国政府との関係でどんな結末となったのですか?

吉河　オットが帰国していたら、殺されていたのではないかと思います。

タベナー　彼は、駐日大使の地位は、即座にシュターマーに取って代わられたのじゃなかったですか?

吉河　その通りです。そして帰国することなく、オットは北京に行き中国に留まりました。それほど信頼はできませんが、オットの死後、彼の妻はソ連に行ったと聞きました。そういう情報を得たのです(注38)。

ウォルター　米国での共産主義者のスパイ活動がどの程度行われているかに関して、ゾルゲは、いつでもよいですが、あなたに情報を与えませんでしたか？

吉河　そういうことはありませんでした。米国共産党に関しては、ゾルゲは述べていました。（注39）

ウォルター　どんなことでしたか？

吉河　米国共産党は、ゾルゲによりますと、彼が申したことは、米国共産党には異なった人種的背景を持つ、言語もイタリア語、ドイツ語、日本語のように異なった、多くの人々がいて、一つの言葉では済まされない。だが、そのうちにもっと強力になるだろうとのことでした。

タベナー　ゾルゲの自供を得る前に、あなたはゾルゲが電文送信に暗号として使っていた『ドイツ帝国統計年鑑』を、供述を引き出すために彼に示しましたか？

吉河　自分から示すことはしませんでしたが、『ドイツ帝国統計年鑑』を暗号書として使用していたという事実を、クラウゼンが自供したと彼に告げました。

ウォルター　本委員会は午後二時まで休憩、中断いたします。

（これに従い、午後一二時二五分から同日の午後二時まで休憩となる）

午後の部

タベナー　吉河さん、私は休憩に入る時に、リチャード・ゾルゲが自供した時点で、秘密文書の発信に使われた暗号に関する知識を有していたかについて尋ねました。そこで、彼が、使用されていた無線通信機の存在を自供以前に知っていたのか、あなたに尋ねたいのです。

黒田　質問が良く理解出来ませんでした。

タベナー　では、質問を分けてみましょう。ゾルゲが自供を行う以前に、彼は無線通信機が差し押さえられたことを告げられましたか、あるいは差し押さえられた無線通信機を見せられましたか？

吉河　自供以前には、我々は一切の物証を彼に示すことはしませんでした。ですから押収した無線通信機を示すことはありませんでした。続けてよろしいですか？彼が自供をしなかったので、無線通信機を彼に示すべきか検察官の間では議論がありました。ところが、我々が無線通信機を言い逃れが出来ない証拠として彼に、突きつけようとした矢先に、彼は自供したのです。

タベナー　あなた方が無線通信機を差し押さえ、押収したことを、彼に告げましたか？

吉河　はい。

タベナー　話を進めて、自供がどのようになされたか、委員会に話してくれませんか？

押収された多数の証拠品

吉河　私はそのことについての説明を以前、当委員会にいたしましたが、皆さんにもう少し詳しくお話ししましょう。

彼等は日本での仕事をほとんどやり終えていたし、仕事が成功裏に完了した後にある種の解放感に浸っていたと前に申し上げました。

多くの人間が同時に逮捕されました。そして、その者たちは、ゾルゲが供述する前に一人、また一人と供述して行ったのです。色々な証拠が浮かび上がって来ました。無線通信機、暗号書、暗号化された電文等々です。暗号書［訳注　『ドイツ帝国統計年鑑』のこと］はクラウゼンの家の書斎で、発見されました。三巻で構成されていました。たまたま手に取ったところ、しるしのようなものがたくさん目に入りました。また、一般的な統計の数字が記されていました。私はすぐさまそれが、暗号の種本だと推量しました。

解読を困難にするために、暗号電文には余計な数字を加えていました。『ドイツ帝国統計年鑑』を押収してから、クラウゼンに説明を求めましたところ、彼はそれが暗号の組み立て原本だと自供したのです。彼はゾルゲより先に自供したのです。私がゾルゲにこのことを話しましたところ、彼もついに自供したのです。

その時点では、我々にはどうすべきかの手順は決まっておりませんでした。我々はゾルゲが本当にドイツのスパイなのか、それがよく分からず、思いを巡らしておりました。考えられる可能性としては三つあったのです。

第一は、日本で共産主義者を使っていたが、実際はドイツのナチ政権のスパイなのか。第二は、ゾルゲは、ベルリンとモスクワの二重スパイではないのか。第三は、彼は本当はナチの振りをしたモスクワのスパイではないのかという点でした。ということで、我々は最初からこうだと決め付けないで、ゾルゲを取り調べました。ずいぶんと慎重な構えで臨みました。

また、別の疑問もありました。彼がもしモスクワのスパイだとしたら、彼はクラウゼンが言うように第四部〔注40〕のスパイなのか、あるいはブケリチが言うようにコミンテルンのスパイなのか分からなかったのです。

タベナー　第四部と言いましたが、赤軍参謀本部の第四部のことですね？

吉河　その通りです。

タベナー　進めてください。

吉河　そういうことで、彼の供述を得るために彼を引っ掛けるようなことは、私はしませんでした。証拠が浮かび上がるたびに説明を求めました。そういうことで、第一週の最終日に、彼は結局自供したのですが、その時、私は彼が自供するとは期待してはいませんでした。ほぼ四時〔訳注　午後〕ごろ、私の同僚の玉澤検事と刑事が、彼が健康上それ以上の尋問に堪えられるかを調べに行きました。土曜日だったからです。このようにして、彼はついに自供したのです。自供する前に彼は紙と鉛筆を要求しました。そして、以前お話をしましたように、彼はドイツ語で「一九二五年以来自分は国際共産主義者だった」と書いて、私に手渡しました。そして、彼は上着を脱ぎました。そして、立ち上がって、「自分は国際共産主義者になって以来、一度として敗れたことはない。敗れたのはこれが初めてのことだ」と叫んだのです

ウォルター　その時、彼は尾崎も国際共産主義者だと言いましたか？

吉河　その時、ゾルゲはひどく疲れていましたので、翌日、引き続いて取り調べてよいかと玉澤さんが尋ねました。ゾルゲは「月曜からにしたい」と、望みました。そういうことで、その時点では尾崎も国際共産主義者だとは言いませんでした。一般的に言って、ゾルゲは尾崎も、宮城も、他の者も国際共産主義者だと認めていました。そして、彼はそのことを月曜に話すことに同意しました。

（C・E・ポッター下院議員入室）

片言のドイツ語と英語で取り調べ

吉河　月曜には午前九時から午後三時まで、私が立ち会いのうえ刑事〔訳注　警視庁特別高等警察部外事課警部補大橋秀雄〕が尋問を行いました〔注41〕。ところが、ゾルゲは吉河自身に取り調べてもらいたいと求めまし

た。そこで、午後三時から夜まで、私が一人で取り調べを行いました。それで、ゾルゲは質問に応じたのです。警察は取り調べの前に私に相談し、取り調べ終了後には取り調べ内容の報告を行って、私から指示を受けました。刑事がゾルゲ、クラウゼン、ブケリチの取調べを行っている間中、私も同席し、刑事の取り調べのやり方に注意していました。取り調べを始める前に、私はゾルゲにその大体のところを話しました。取り調べで私が取り上げようとしている幾つかの点を示しました。ゾルゲも幾つか希望を述べました。彼が何か申し出たことで、それらが取り調べに役立つものは私も採り上げました。

私のドイツ語も英語もブロークンでした。ドイツ語も英語も、片言で話しました。取り調べには時間がかかりましたが、ゾルゲは通訳を介すのを望みませんでした。何故かと聞きましたら、通訳が入ると話しがこじれると言いました。そこで話の理解が難しくなるたびに、我々は用紙を使い、彼がそこに書いて説明しました。我々が取り調べの概要を決めた際に、彼は一枚の用紙を取り出し、その用紙を使って要点を説明しました。彼が用紙に書き記したものを私が読んでも分からない時は、質問をしました。すると彼はそれらの点について、さらなる説明をいたしました。数日経ってから、ゾルゲは私の面前で我々が話したことをタイプしました。誤字は打ち直していました。私は彼がタイプしたものを辞書の助けを借りて読みました。

時にはタイプされたものは読みにくく、満足な状態ではなかったので、打ち直しを求めました。彼も、そのことを認め、自ら打ち直しを申し出たからです。そういうことで、タイプされた供述が増えて行きました。三月だったか四月かに、取り調べは完了しました。いろいろな重要な点については、彼から特別な説明を受けました。完璧な説明を得られなかった点も、幾つかありました。

取り調べが完了した際に、ゾルゲは一枚の用紙を取り出して、この取り調べは吉河氏が執り行ったとタイプして、自分の名前を署名しました。それから公式通訳者が指名されました。東京外語学校の生駒佳年教授です。生駒教授は拘置所にきて、ゾルゲがタイプした供述が実際に本人のものであることを確認しました。宣誓を終えてから、生駒教授はそれを日本語に翻訳しました。コピーが作成されました。そのコピーに生駒教授と私が署名しました。そして、翻訳文とタイプされた供述が書類にまとめられました。

三つあるゾルゲの供述調書

司法省刑事局では、彼の供述書を小冊子に仕上げました。ゾルゲがドイツ大使館に関する供述を行った際に、彼は公式文書を私自身がまとめることを求めました。その話が出てきた際に、彼は自分の供述をタイプしたくなかったからです。供述のタイプが完成し翻訳も完成したところで、私は生駒教授に来てもらい、その段階におけるゾルゲの活動について尋問の通訳をしてもらいました。その尋問の公文書は、約三八巻にもなります。各巻を終えるたびに生駒教授はドイツ語に翻訳してから、ゾルゲに何か同意できない部分があるか尋ねて、正しいと認めた後に各巻ごとにゾルゲが署名をしました。それから生駒教授も私も各巻に署名し、私の秘書官も署名いたしました。

これが法律に基づく公式調書です。その内容に関しましては、私は午前の部で二つの点についてお話しました。ということで、ゾルゲの供述は二つの部分から成り立っています。一つはタイプされました彼の供述であり、もう一つはこの公式調書です。他にも刑事の大橋が作成した調書があります。(注42) 大橋の取り調べは、時間がかかりました。私の記憶では大橋の調書が完成したのは、ほぼ四月か五月のことでした。

タベナー　何年のですか？

吉河　一九四二年のほぼ六月でした。その内容には、ゾルゲがドイツ大使館に近づいた模様に関する情報が含まれています。今それを詳しく述べましょう。月日はよく覚えてはおりませんが、ゾルゲが日本に来たのは一九三四年［訳注　一九三三年の誤り］のことです。その当時、オットは大使ではありませんでした。彼は名古屋の連隊付の大佐だったかと思います。その頃、ゾルゲはオットに近づき始めたのです。

タベナー　オット将軍は当時、駐日大使館付武官ではなかったのですか？

吉河　そのことは知りませんが、多分そうだったのでしょう。ゾルゲがドイツ大使館に近づいたのは、大体、フォン・クレチメルの時代です。ゾルゲの情報と判断が評価されて、彼はドイツ大使館員の信頼を得ました。オット将軍には、政治情報をもたらしました。

ナチス党にも加わりました。そして、オットが大使になりました。これがゾルゲにとっては好機となりました。

彼は頻繁に大使館に出入りして、大使館では公的地位は何も無かったのですが、彼は大使の最高顧問の一人でした。彼はまた、大使館の諜報活動にも協力しました。協力する一方、彼等から情報を引き出していました。そして午前の部で申し上げましたように、ドイツから日本に多くの政治、外交、軍事関係者が来訪しており、ゾルゲはそういった人たちと知り合いになりました。

リュシコフ亡命とノモンハン事件

吉河　彼等は非公式ながら、多くの重要な事柄について語っていました。それで彼は日本に居ながらにして、ドイツの情報を得られたのです。オットは大変重要な案件を、ゾルゲに相談していました。ということから、オット大使がドイツ外務省と日本の外務省から入手し得た情報は、ゾルゲに流れていました。ゾルゲは軍事秘密情報を、ドイツ大使館内部から入手していたのです。そういうことで、日本の軍関係者がより多くドイツ大使館に近づくほど、ゾルゲはより多くの情報を彼等から得たのです。

私はこんな話を聞きました。それは私の公式調書に取り入れられています。ソ連のリュシコフ将軍(注43)がソ連から満州に亡命して来ました。彼は日本の関東軍に救われました。リュシコフは極東赤軍の軍事的配備と軍事勢力並びにモンゴルやシベリア関連の情報をもたらしました。日本の参謀本部はその種の情報に接して、大喜びでした。

リュシコフはシベリア地域での反スターリン分子のリーダーでした。日本軍は喜びのあまりこの話をオットにしたものでした。オットも喜び、ヒトラーにそのことを報告しました。

そして、ヒトラーは参謀を日本に派遣しました(注44)。そして日本側でリュシコフの取り調べが終わった後に、ドイツから来たその参謀自身もリュシコフの尋問を行い、詳細な報告をいたしました(注45)。参謀はゾルゲにその報告書を見せています。ゾルゲは報告書を研究用に貸して欲しいと参謀に頼み、写真を撮ってモスクワに送りました。後にいわゆるノモンハン事件(注46)が起こりました。日本軍は何個師団かを失いました。集中砲火と戦車で、日本軍は数多くの死傷者を出しました。
タベナー　四万五〇〇〇人もの死傷者が出たと報告されたそうですね？(注47)

過去の履歴調査を恐れたゾルゲ

吉河　思い出せません。それはあたかも日本の手(原文は Japan's hand)を火鉢に突っ込んだようなものでした。[訳注　多分、吉河が「日本が大火傷をした」と言ったのを、通訳がこのように訳したものと思われる]ゾルゲはまた、シベリア地域の反スターリン分子も粛清されたと言っていました。二番目の書類の公式調書には、その手の情報が含まれております。残念なことに、この文書のコピーは作成されてはおりませんし、原本は戦災で失われてしまったかと思います。
タベナー　東京空襲の結果、失われたということですか？
吉河　そういうことでしょう。私が次のことを話すのは、事件から一〇年も経って初めてのことです。当時、オット大使はゾルゲに大変満足しており、彼に大使館での高い地位の提供を申し出ましたが、ゾルゲはそれを断りました。断ることで、彼の評判は逆に高まりました。
ですが、彼はもし公式に大使館員になっていたらば、自分の過去がとことん調べ上げられただろうから、それを恐れていたのだと私に語りました。そのことは、彼の方から私に話したのです。公式調書はそういうことで出来上がりました。
タベナー　日本語の文書四ページを手渡しますので、それが何かを明らかにし、その文書にあなたの名前があるか述べてください。
吉河　はい。これは私の印鑑です。
タベナー　あなたは自分の署名のほかに、署名の下に押されている印鑑も指しているのですね？
吉河　はい。
タベナー　印鑑は二ページの頭部に半分、三ページの頭部にも半分押されていますね？
吉河　はい。日本の公式文書はそうやって作成されます。連続するページに割印を押すことで、その書類が公式なものと認められるのです。
タベナー　ということは、書類にいわゆるあなたの「判」を押すことは、書類確認の方法だということですね？

吉河　そうです。

タベナー　あなたの署名と「判」が押されていることの書類は、あなたが一九四九年二月に提出した宣誓書だと思いますが、違いませんか？

吉河　そうです。

タベナー　英訳が日本語の原本に添付されていますね？

吉河　はい。そうです。

タベナー　私はこの書類を証拠として差し出し、「吉河光貞添付書類第一号」と記していただきたいのです。

ウォルター　添付書類と記し、証拠として受領しましょう。

（上記の書類は「吉河光貞添付書類第一号」と記し、ここにファイルされる）

タベナー　それでは極東軍総司令部勤務の日本語文書公式翻訳者、遠藤実が翻訳したその書類の英訳文を読み上げたいと思います。（朗読）

『吉河光貞添付書類第一号』
吉河光貞の陳述

東京都渋谷区青山隠田一丁目一番地、同潤会青山アパート、公務員宿舎　一号棟
一九四九年二月一九日

私は自分の良心に従い、何事も加えることなく、また隠すことなく、真実を述べることを確言する。

私は以下を自発的に言明する。

一九四一年一〇月に私は東京地方裁判所検事局に配属されていた検察官だったこと。(注48) 同月、私は公的資格において当時、東京拘置所に拘留されていたリヒアルト・ゾルゲの検事取り調べの遂行を任ぜられたこと。私は一九四二年五月まで、その取り調べを行ったこと。私がリヒアルト・ゾルゲを取り調べたのは、東京拘置所の検察官取調室においてであったこと。その進行中、リヒアルト・ゾルゲは彼の諜報活動の一般的な概要に関する供述書を、自発的に作成し提出すると私に申し出たこと。その申し出に従い、リヒアルト・ゾルゲは私の立ち会いの下に検察官取調室においてドイツ語でその趣旨に沿った供述書を作成したこと。リヒアルト・ゾルゲが当該供述書作成に使用したタイプライターは、逮捕以前に彼が自宅で使用してい

た彼の所有物であり、証拠品として押収されていたこと。同供述書の一章または一節のタイプを終えると、リヒアルト・ゾルゲはそれを私の面前で読み上げ、私の面前で削除、加筆、訂正を行い、私に手渡したこと。リヒアルト・ゾルゲが作成した同供述書原本は、ただ一通のみであったこと。同供述書の彼の上海での活動に関する部分は、十分ではなかったので、リヒアルト・ゾルゲはその部分を自身でタイプし直し、不十分であったものを補充してその部分を作成し、新規に作成したその部分を私に手渡したこと。私はその部分を供述書原本の原文と差し替えたこと。ここに添付されている二四ページからなる文書は、私が原本から削除した部分である。というのも、私が先に記したように、リヒアルト・ゾルゲが後にタイプし直した部分を、原本に差し入れたためであること。当該文書はリヒアルト・ゾルゲが東京拘置所の検察官取調室で、一九四一年の一〇月と一一月の間に私の面前で最初に作成し訂正して、私に手渡した部分であること。当該文書にリヒアルト・ゾルゲの署名がなされていないのは、その文書はリヒアルト・ゾルゲが作成した文書の一部にしか過ぎないし、リヒアルト・ゾルゲは文書全体が完成した際に、その末尾に署名したし、また、彼はその供述調書の一部である書類に特に署名するように求められていたわけではないこと。その書類は先に述べた日付から、米軍極東軍総司令部、G2の[注49]ポール・ラッシュ中佐の求めで同中佐に引き渡す一九四九年二月一三日まで、私が所有していたこと。

吉河光貞

（通訳者注　「吉河」名の入った印鑑は、署名の末尾の上に重ね押印されている。同じ印鑑は、一ページと二ページの重なった部分にも押印されている）

一九四九年二月一九日

私は極東総司令部勤務の日本語文書公式翻訳者であること、そして、本書は、私の最善の能力、技量、判断で、ここに添付された四ページから成る吉河光貞の証言原本のフォトスタット（直接複写写真）二ページが、真実にして、正確な英語による翻訳であることを証明する。

遠藤実

ゾルゲ、タイプ打って供述書を作成

タベナー　当時、あなたが署名、押印をした陳述書は真実である。そうですね？

吉河　そうです。

タベナー　あなたの宣誓陳述書では、宣誓書に添付されている二四ページは、リチャード・ゾルゲが自分のタイプライターでドイツ語で打った文書であると述べていますが？

吉河　その通りです。

タベナー　あなたの宣誓書に添付されている二四ページの文書を調べて、それがゾルゲが自分のタイプライターでドイツ語で書いた文書であるか述べて下さい。

吉河　用紙と押収されたタイプライターは、ゾルゲが使用したものです。

タベナー　そしてこれは彼がその文書に添付したフォトスタット（直接複写写真）ですね？

吉河　その通りです。

タベナー　その文書を調べて、そこにある訂正は、リチャード・ゾルゲがあなたの面前で自ら行ったものかどうか述べてくれますか？

吉河　その通りです。

タベナー　私はこの文書を現時点では確認用としてのみ差し出したく、また「吉河光貞添付書類第二号」と記して頂きたいと思います。

ウォルター　確認用のみと記しましょう。

（上記文書「吉河光貞添付書類第二号」は確認用に限ると記された）

タベナー　さてあなたに、八ページからなる日本語で書かれた文書を手渡しますので、その文書にあなたの署名と押印があるかどうかをお尋ねしたい。

吉河　はい。ございます。この文書は私が口述したものですが、署名と押印は私のものです。

タベナー　これはあなたが署名と押印をした宣誓供述書ですね？

吉河　そうです。

タベナー　一九四九年四月一日と日付が入っていますね？

吉河　はい。

タベナー　宣誓書に添付されているのは英訳文です、よろしいですね？

タベナー　［訳注　原文では吉河と誤記されている］

私はこの文書の日本語・英語訳双方を証拠として差し出したく思います。「吉河光貞添付書類第三号」と記してください。

ウォルター　両方差し出す目的は？

タベナー　主な目的は、それで実際に一通の添付書となるからです。一つはその日本語の翻訳です。揃って一通の添付書ということです。

ウォルター　記しをつけて受領します。

（上記の書類は「吉河光貞添付書類第三号」と記して、ここにファイルされる）

タベナー　英語訳を読み上げます。（朗読）

『吉河光貞添付書類第三号』

宣誓

私は、良心に従って何事も付け加えることなく、また隠蔽することもなく、真実を述べることをここに誓います。

一九四九年四月一日

/署名/　吉河光貞　（押印）

陳述

添付の書類に見られる通り、日本の法律の規定に従い宣誓を行った私、吉河光貞はここに以下の陳述を行う。

一　私は現在検事局の特別審査局長を務めている。一九四一年、一九四二年、またはその頃、私は東京地方裁判所検事局の検事だった。私はリヒアルト・ゾルゲ、尾崎秀実その他を含むいわゆる国際諜報団事件を担当し、私自身リヒアルト・ゾルゲ、川合貞吉ほかを取り調べた。本事件の重大性に鑑《かんが》み、また、比較的社会的地位の高い日本人である尾崎秀実や、リヒアルト・ゾルゲ、マクス・クラウゼン、ブランコ・ド・ブケリチのような外国人絡みの意味合いから、外国よりの反響に過分な配慮を行わねばならなかった。私は取り調べは絶対秘密裡に行い、容疑者や他の関係者の名誉を損なわぬよう注意を払った。私は取り調べで支援してくれた司法警察官たちも厳重な監督下に置き、拷問や強制的な方法が行われないよう見定めるべく、自身立会人としてしばしば尋問に立ち会った。（注50）私自身、リヒアルト・ゾルゲや川合貞吉の取り調べに際して、拷問や強制的な方法に頼ったことは一切無いのはもちろんであり、終始可能な限り紳士的態度で臨んだ。
ゾルゲの依頼により彼の場合、司法警察官による取り調べが午前中に行われるように私は取り計らったが、私自身の取り調べは午後に行った。彼の示唆に基づき、私は本事件を広範な視点から取り調べ、彼が私の面前で供述書をドイツ語でタイプすることを許可した。司法警察官の取り調べ終了後は、私は午前も午後もゾルゲとともにした。彼が先に述べた供述書を仕上げた後に、私は彼の諜報活動の具体的な詳細に関しての取り調べを行い、彼の依頼により、その結果を通訳を入れて尋問調書に採録した。上記の取り調べの間に、リヒアルト・ゾルゲと川合貞吉は、アグネス・スメドレー（注51）が中国で行った諜報活動の模様を述べた。（注52）また、リヒアルト・ゾルゲはギュンター・シュタインの東京での諜報活動に関する供述を行った。リヒアルト・ゾルゲと川合貞吉が供述したスメドレーとシュタインに関する事実は、警察官と検察官による取り調べ、予備尋問、また、公判中に何等の齟《そ》齬《ご》も無かった。取り調べの間に、スメドレーとシュタインは諜報団の主要人物であることが分かったが、彼等は当時日本にいたわけではないので逮捕し、起訴する訳には行かなかった。日本にいたとしたら、検察官として彼等を逮捕し、起訴したことは間違いない。以上述べたことは、自発的な陳述である。陳述を行う前にこれが記録され、証拠として用いられるかも知れないと通告された。

一九四九年四月一日

/署名/　吉河光貞　〔押印〕

タベナー　翻訳者の証明書が添付されてますが、私は読み上げません。

翻訳者証明

私、山田タダオ、CWO、USA、W二一四一〇四七、は正式に宣誓し、一九四七年以来極東軍総司令部日本語公式翻訳者として勤務していること、および吉河光貞によってなされた一九四九年四月一日付の先の供述書の英語翻訳は、私の最善の能力、技量、判断による真実かつ正確なものであることを述べる。

/署名/　山田タダオ

TADAO YAMADA
CWO、USA、W二一四一〇四七
/署名/　G.A..Hedley
G.A..Hedley
大尉（原文のまま）、歩兵簡易裁判所

タベナー　これは真実にして正確な陳述書ですね？

吉河　そうです。

タベナー　それでは、一九四九年三月四日付となっている、あなたの署名と押印のある証明書を渡しますから、その書面とあなたの署名と押印を確認してください。

吉河　はい。

タベナー　その証明書には、あなたの署名と押印の上、英語による翻訳が添付されていますね？

吉川　はい。

タベナー　私は英語訳を添付したこの証明書を、証拠として差し出したく思います。「吉河光貞添付書類第四号」と記してください。

ウォルター　そう記しをつけて受領します。

（上記の書類は「吉河光貞添付書類第四号」と記してここにファイルされる）

タベナー　あなたの押印が英訳文書の署名の下にあると思いますが？

吉河　はい。

タベナー　この証明書を読み上げたく思います。

（朗読）

『吉河光貞添付書類第四号』

米軍極東軍総司令部
参謀本部軍事課報部

証明書

下に記載されている冊子二冊は、私が東京地方裁判所の検察官の資格で取調べをしたリヒアルト・ゾルゲが書いたドイツ語原本の、翻訳者生駒佳年による正確な日本語訳を司法省刑事局が印刷製本した複製であり、また、原本とともに公式の事件記録に採り入れられたものであること。その冊子の内容は、この翻訳版の内容と同一であることを証明する。

一「ゾルゲ事件資料（2）」（リヒアルト・ゾルゲ

供述文の翻訳パート一）
一九四二年二月、司法省刑事局
二「ゾルゲ事件資料（3）」（リヒアルト・ゾルゲ供述文の翻訳パート二）
一九四二年四月、司法省刑事局

一九四九年三月四日

翻訳者の証明は読み上げません。
＊記録はするが、読み上げられてはいない

/署名/　吉河光貞　〔押印〕
特別審査局長
本省

翻訳者証明書

私は極東軍総司令部勤務の日本語公式翻訳者であること、上記の通り添付されている書面は私の最善の能力、技量、判断による英語での真実かつ正確な翻訳であることを証明する

/署名/　山田タダオ
TADAO YAMADA
CWO, USA, W2141047

タベナー　（ほかの書類を示しながら）この証明書は二巻について述べております。あなたに「連続添付書類第一七号」、同封物第二号、と記してある日本語の書類を渡しますので、そこに、私があなたの証明書から読み上げました最初の文書を確認する情報が入っているかお聞かせください。

吉河　法廷に出しました原本には、目次や見出しがついていませんでした。目次と見出しは刑事局が付けたものです。それ以外はおっしゃっている文書そのものです。

タベナー　私は、「確認目的用吉河光貞添付書類第四号」に最初の書類として載っている日本語の文書を提出し、それを「吉河光貞添付書類第五号」と記していただきたく思います。

ウォルター　そう取り扱いましょう。

（上記の書類は「吉河光貞添付書類第五号」、確認用のみと記された）

タベナー　今度はあなたに「連続添付書類第二〇-B号」同封第二号と識別される書類をお渡しします。その表には何らかの文言によるデータが記載されています。これは「吉河光貞添付書類第四号」の二番目に

あるものと同じものかをお尋ねします。

吉河　はい、そうです。

タベナー　あなたの証明書で、言及しているのと同じ文書ですね？

吉河　原本には目次と見出しが無いこと以外は、その通りです。

タベナー　この文書を確認目的用として、提出したく思います。「吉河光貞添付書類第六号」と記してください。

ウォルター　そう取り扱いましょう。

（上記の書類は「吉河光貞添付書第六号」確認目的用のみと記された）

タベナー　吉河さん、あなたはその二つの書類に組み入れられている資料を作成し、提供しましたか？

吉河　はい、そうしました。そして、生駒教授が翻訳したのです。

米国に帰りたかった宮城与徳

タベナー　私はそれらの報告書の中で触れられている何人かの人たちに関連して、ちょっとばかりお尋ねします。あなたは先に宮城に言及しました。あなたは宮城が米国市民であることをご存知でしたか？前にも同じ質問をしたとは思いますが。

吉河　正確には覚えておりませんが、宮城は日本での使命を終えた後に帰るつもりだったので、彼は米国市民だと思っていました。

タベナー　米国へ帰るという意味ですね？

吉河　彼は亡くなる前に、米国に帰りたいと言っていました。

タベナー　取り調べから、宮城が日本に来た時の状況が判明しましたか？

吉河　私は個人的にも、直接的にも宮城の取り調べはいたしてはいません。何回か会っただけです。吉岡述直検察官[(注53)]が宮城の取り調べ担当でした。刑事も尋問していました。私は報告を受け、彼等に指示を出していたのです。それは一〇年も前の出来事なので、はっきりとは覚えてはいません。宮城が米国共産党の日本人部に属していたことは覚えています。宮城は日本で世界革命に尽くすように、と組織の上層部から命令を受けていたと述べていたことも覚えております。

タベナー　世界革命ですって？

待ち合わせの合い言葉は「求む浮世絵版画」

吉河　世界革命のために日本で何か重要な活動を行うことです。宮城は自分はコミンテルンに直属し、諜報活動をしていたのだと私に述べました。そう思っていたようです。彼が日本にどうやって来たかについては、はっきりとは覚えてはおりません。ですが、宮城を日本へ送り込むことに関係した矢野とか、(注54)ロイとか(注55)の名前は覚えております。宮城がその人たちにどこで会ったかは覚えてはおりません、ニューヨークだったか、ロサンゼルスだったか。その人たち以外にもユダヤ系米人に会ったと宮城が言っていたのも覚えていますが、そうはっきりと覚えているわけではありません。彼は、「求む浮世絵版画」(注56)という新聞広告を出した人物に会えという指示を得て、日本に来たのです。

タベナー　何ですって？

吉河　「求む浮世絵版画」です。ゾルゲの供述によりますと、彼もまた「求む浮世絵版画」という新聞広告に注意せよとの指示を受け、そして、その広告を見つけて、上野でその人物を探し出しています。

タベナー　上野とは東京の公園ですね？

吉河　はい、そうです。私がぼんやり覚えているのは、そんなことです。

タベナー　引き合いに出ている文書の中に「ジェイコブ」(注57)という名前が出てます。あなたの捜査から「ジェイコブ」とは誰のことで、それが暗号名（コードネーム）として使われていた名前なのか明らかになりましたか？

吉河　ゾルゲにそのことを尋ねましたが、彼は「ジェイコブ」という名は知っているが、その男が知り合いかどうかは言いませんでした。

タベナー　あなたの捜査から、彼が米国市民かどうか明かになりましたか？

吉河　ゾルゲはその男が米国の新聞記者だと言っていました。

タベナー　どこに駐在していたのですか？

吉河　上海です。ゾルゲがモスクワから上海に赴任した際に、彼はスメドレーに会い、彼女の計《はか》らいで彼は白人三人の協力を得ました。三人の外国人です。ゾルゲがそう言うのを聞いて、それは誰だったかと聞きましたところ、ゾルゲは協力を得たのは三人の外国人以外にはいないと言いました。彼が協力を得たのは日本人、中国人と三人の外国人のみでした。私がそれが誰だったかと聞いたところ、ジェイコブはその一人だと申しました。ゾルゲがジェイコブについて、話してくれたのはそれっきりでしたので、その人たちからどんな協力を得ていたのか質《ただ》しました。彼はタイプライターで、「この種の情報」と書きました。彼からそれ以上の情報を引き出すことは出来ませんでした。

米国の上海領事館がゾルゲに協力

タベナー　ジェイコブという男がどの新聞社、またはどことどこの新聞社の特派員だったか、通信員だったかの供述はなされましたか？

吉河　彼は言いませんでした。

タベナー　あなたは白人三人と言いましたが、ジェイコブという名前の者しか、我々には伝えてはいません。他の二人は誰だったのですか？

吉河　もう一人は名前を明かしませんでしたが、アメリカ人でした。若い男です。米国領事館の館員でした。

タベナー　彼は米国領事館の館員なのですね？

吉河　はい、そうです。

タベナー　どこの領事館ですか？

吉河　上海です。

タベナー　米国領事館の館員であるその男に関して、何か他の情報は得られましたか？

吉河　彼はその男について何も言わなかったので、その男からどんな情報を得ていたのか質《ただ》しました。

（C・ドイル下院議員退室）

吉河　その男は大変頭の切れる男で、中国および南京政府に対する米国の外交政策に関する情報を、彼に流していたと言っていました。

ウォルター　名前を出しましたか？

吉河　いいえ、彼は笑って、名を明かすことはありませんでした。

ポッター　いつのことでしたか？

吉河　よくは覚えてはおりませんが、ゾルゲがいわゆる上海グループを立ち上げた一九三一年か一九三二年頃のことでした。

ポッター　このグループはどのくらいの間、ゾルゲのために活動していたのですか？

吉河　約二年間です。そして、ゾルゲの後継者もこのグループから情報を得ていました。

ポッター　その同じグループからですね？

吉河　そうです。

ウォルター　一九三一年か一九三二年頃に、上海の米国領事館からこの情報がゾルゲにもたらされていたのですね、これでよろしいですね？

吉河　結構です。

タベナー　あなたはゾルゲに手を貸していた白人二人に関する情報を与えてくれました。三番目は誰ですか？

吉河　彼はドイツ人の女性(注58)だと言っていました。

タベナー　彼女についての情報がもっとありませんか？

吉河　彼女に関して私が知りえたのは、彼自身が話したこと以外にはありませんでした。

タベナー　ゾルゲの供述の中には「ポール」(注59)という名とか「ジョン」(注60)という名が出て来ます。この二人が何者か、何か取り調べで明らかになりませんでしたか？

吉河　私がポールに関して得た情報は、ゾルゲの供述の中に出ていますが、それは私が伊尾宏検察官にゾルゲを尋問するように指示した際に、ポールに関してさらなる情報を得たものです。ですが、書類を持っていないので、私ははっきりとは覚えてはいません。ゾルゲが上海で活動していた時に、尾崎は朝日新聞に呼び戻されました。［訳注　社命によって大阪朝日へ転勤した］尾崎は後任者の日本人をゾルゲに推薦しました。この日本人はゾルゲが上海を去った後に、ポールに協力していました。この日本人の男は船越寿雄(注61)です。

ゾルゲの諜報活動の後任者はポール

タベナー　あなたはゾルゲが上海を去った後に、ゾルゲの後継者にも協力した日本人のことを話しました。ゾルゲの後継者とは誰のことですか？

吉河　ポールです。

タベナー　ポールと呼ばれていた男と同じ人ですか？

吉河　ポールはゾルゲの後継者です。

タベナー　あなたは国籍だとか、ポールに関する他の何等かの本人確認情報を当委員会に出せますか？

吉河　ポールの国籍に関しては承知してはおりませんが、彼は赤軍第四部に所属していて、階級は少将です。

ウォルター　彼はドイツ人ですか、ご存知ですか？
吉河　残念ながら、私はポールに関しての十分な捜査は行いませんでした。
タベナー　あなたはゾルゲに情報提供していた第三の白人がドイツ人女性だと言いました。あなたの捜査からレガッテンハイン(注62)という名の女性がゾルゲ・グループメンバーと何らかのつながりがあることが浮かび上がって来ませんでしたか？すなわちゾルゲ諜報団のメンバーということですが。
吉河　レガッテンハインが日本に現れたとき、彼女は日本グループに属し、中国グループではありませんでした。
タベナー　ということは、レガッテンハインという名のこの人物は、ゾルゲ諜報団の中国での活動とは、何らの関りも無かったということですね？
吉河　その点、私は何らの情報も持っておりません。その捜査は何も行いませんでした。
タベナー　証人の発言から、ゾルゲは彼女が日本にいたことは知っていたと推測しますが？

レガッテンハインの役割

黒田　レガッテンハインのことですね？
タベナー　そうです。
吉河　ゾルゲはそう言っていました。ゾルゲはレガッテンハインはギュンター・シュタインのガールフレンドだと言っていました。彼女はギュンター・シュタインに大変協力的で、彼女はグループのメッセンジャーとして上海に行きました。彼女は情報収集も行いました。
タベナー　彼女はあなたのスパイ捜査に関連して、日本で逮捕されたのですか？
吉河　そうではありません。彼女は、一味の逮捕時には、日本にはおりませんでした。彼女はギュンター・シュタインと日本を去りました。
タベナー　彼女が日本を去ってから、どこの国に向かったかについての情報を何か持っていますか？
吉河　それについての情報は何も持っていません。彼女がいなくなって関心がなくなりました。ギュンター・シュタインが香港に行くとか、聞きましたが、彼女に関しては本当に何の情報もありません。

タベナー　ゾルゲが東京に行く途次に、米国を旅して行ったことに関して、彼が供述した中に関連しての出来事があります。それは、彼がニューヨークにいる時ワシントンポスト紙で働いているある人物と、シカゴ世界博覧会で会うようにとの指示を受け、シカゴに行く段取りとなっていた事実に関連してであります。ゾルゲがシカゴで会うことになっていた人物の名前を確かめようと努めましたか？

吉河　私は大橋警部補にその情報を得るように指示を与えました。大橋から報告を受け、そして、ゾルゲとの対話時にその件を話し合おうとしましたことを覚えています。また、その男が誰かを探るようにも大橋に指示しました。また、それが誰であるかを直接ゾルゲにも聞いて見ましたが、彼は名前を明かそうとはしませんでした。

（C・ドイル下院議員再入室）

ウォルター　ゾルゲが米国を旅行中の話の中で、彼に付き添ったか、接触のあったアメリカ人の名前を彼は出しましたか？

吉河　彼は名前を出すことはしませんでした。彼が中国グループと日本グループを立ち上げる以前に、ゾルゲはコミンテルンの副情報局長でした。

ウォルター　捜査の中で、ウイリー・レーマン（注63）という名の米人に関する何らかの情報が、上って来ませんでしたか？

吉河　彼は中国のレーマン・グループの長でした。

タベナー　中国におけるレーマン・グループとはどういうことですか？

吉河　良くは覚えておりませんが、それは赤軍第四部に属するグループだったか、コミンテルンに属するグループでした。

タベナー　ということは、ゾルゲ・グループとは別のグループだということですね？

吉河　その通りです。ゾルゲとレーマンは個人的に知り合いの仲だと、ゾルゲが話したのを覚えています。

タベナー　レーマン・グループが活動の根拠地としたのは、中国のどこですか？

吉河　上海です。そう記憶しています。正確に覚えているわけではありません。

タベナー　あなたはレーマン個人のほかに、レーマングループに関係していた米国市民の誰かの名前を覚えていませんか？

在ハルビン米国領事館が諜報活動の拠点

吉河　アメリカ人が何らかの関係を持っていたグループに関しましては、満州のハルビン・グループを覚えております。このグループは彼が中国で活動していた間に、ゾルゲの郵便ポスト［訳注　秘密連絡場所を意味する左翼用語］として存在していて、赤軍第四部に属していました。クラウゼンは赤軍第四部の命令で、ハルビン・グループに移動させられたのです。ゾルゲ自身もハルビンに行ったことを覚えています。無線通信機はハルビンの米国領事館内に設置されました。

タベナー　それはモスクワに電文を送信するのに使用された無線通信局ということですか？

吉河　そうです。

タベナー　その電文は暗号で送信されていましたか？

吉河　もちろんですとも。そう思います。

タベナー　それはいつ頃、行われていたのですか？

吉河　およそ一九三一年か一九三二年頃に、ゾルゲはハルビン・グループを郵便ポストとして利用していました。

タベナー　満州のハルビン米国領事館内の無線通信局が、モスクワに電文送信用に利用されていたとしたら、その利用を許可したのは、また、その目的で自ら無線通信機を使用していたのは、米国領事館の誰ですか？

吉河　その名前は覚えておりません。クラウゼン担当の伊尾検察官に調べるように指示しました。伊尾検察官はその米国人の名前を私に報告して来ましたが、彼の名前をはっきりとは覚えておりません。

タベナー　あなたの捜査で判明した限りでは、赤軍第四部のハルビングループに関係していたアメリカ人は一人以上でしたか？

吉河　記憶がありませんので、お答えできません。

タベナー　マクス・クラウゼンが告白していたら、赤軍第四部に協力していたハルビンのアメリカ人を特定する明るい見通しが得られたと思いますか？

吉河　そう思います。

自由国家同士に必要なスパイ捜査協力

タベナー　吉河さん、あなたはゾルゲ事件に関連して、長い間国際共産主義の捜査に従事してきましたね？
吉河　はい。
タベナー　あなたは国際共産主義の捜査に関連して、米国議会の一委員会である当委員会に伝えたいと思われる何か意見とか、提案がありませんか？
吉河　国際共産主義活動の捜査は、どの国でも一国だけでやっては上手く行えないことが、ゾルゲ事件で分かりました。世界の自由主義国家は、捜査の遂行上お互いに助け合うことで協力すべきです。情報は交換すべきです。国家間の縄張り主義は大変有害です。秘密は保持せねばなりません。しかし、協力は必要です。私はそう思います。今後、将来にかけて米国からの協力および支援を頂きたいと思います。第二の点は、モスクワのスパイ網は世界中を覆っていることが分かりました。この点、我々は米国の協力と支援を得たいものです。
タベナー　大変ありがとうございました。委員長、これ以上質問はございません。
ウォルター　吉河さん、あなたの米国訪問が快適で、しかも、有益だったものと信じます。
吉河　ありがとうございます。
ウォルター　私は、世界の自由国民に、この陰謀が意味するところを分かってもらえるようにするために、情報交換が行えるよう、米国政府と他国の政府が協力すべきとの思いを強くいたしております。
吉河　ありがとうございます。
ウォルター　あなたが当地に見えられたことで、おっしゃったような協力へのある種の礎《いしずえ》が築かれたのではないかと私は望んでおります。
吉河　ありがとうございます。
ウォルター　さらに本委員会に対するあなたの協力を、我々は大いに多とすることを私は申し上げておきます。
吉河　日本政府の一員として、私よりも貴委員会への謝意を表明するものです。
ウォルター　ドイルさん。
ドイル　私も貴殿に御礼申し上げたく思います。大変心強い思いを得ました。一つ質問してよろしいでしょうか。あなたは、あなたが思っていたより早くゾルゲが自供したと述べました。どうしてそう早く自供したのでしょうかね？

逃れられないと覚ったゾルゲ

吉河　私は自供には時間がかかるものと思っていました。そして、予想していたよりも時間がかかるなら、ドイツ大使館やら日本陸軍からの圧力によって、私は苦しい立場に追い込まれるだろうと思っていました。彼の仲間は全員揃って逮捕されていましたし、証拠もあがっていました。それで彼は逃れようもないと認識したのです。彼の自供前にこんなやり取りがありました。私はゾルゲに話しかけ、クラウゼンが赤軍第四部に属していると告げました。ブケリチはコミンテルンの人間であり、尾崎と宮城もコミンテルンのメンバーだと告げたのです。そして、彼等の供述は矛盾していたので、そこでゾルゲに「私からこの問題の説明をしよう」と言いました。我々がこの問題について語り合っていましたら、彼の供述が始まったのです。

ドイル　ありがとうございました。次に、こういった質問をいたしたく思います。三週間ほど前に日本から四人の方（注　西村直己―特審局の前身の調査局局長、柏村博雄―警察庁、古橋敏雄―検事、吉河光貞）が当委員会を訪ねて参りました。あなたもその一人です。帰国なされたらあなたは、貴国の立法府にこのような委員会を設けることをお考えでしょうか？あるいは当委員会のようなものの設置を勧めましょうか？

吉河　この委員会のようなものの設置に関しましては、慎重に検討いたしますが、我々にとって最も重要なことは日本国民が国際共産主義の脅威を認識することです。

ドイル　ありがとうございます。

ウォルター　ポッターさん。

ポッター　吉河さん、私もあなたの素晴らしい証言に、感謝致したく思います。

吉河　ありがとうございます。

ポッター　ゾルゲ事件であなたが尽されたご努力のお話は国際共産主義がどう作用するかについての迫力ある好例となりました。それゆえ我々はあなたの知識から教えを受けたことに、大変ありがたく思うものです。

吉河　ありがとうございます。

ポッター　一つお尋ねしたいと思います。私は、日本国民は国際共産主義に包含されている陰謀に気がついていると、あなたが述べたことに注目しました。あなたは、日本国民にそういった意識があるので、日本政府があらゆる適切な予防措置を取って陰謀を暴き、国から排除していると感じていますか？

黒田　私の翻訳ですが、私は彼が、重要なことは日本国民に国際共産主義の脅威についてもっと十分に認識させることですと言ったと、理解しています。

ポッター　あなたは日本国民が、国際共産主義の脅威をよく認識していると感じていますか？

吉河　そして、同時に恐れてもおります。

一九五〇年の登録済み日共党員は一一万人

ポッター　日本の国会には共産党の議員がおりますか？

吉河　はい。

ポッター　何人ですか、国会の全議員数に準じて？

吉河　両院で二五名です。両院で約二五名の共産党議員がおりますが、この数字は連合国軍最高司令官（ＳＣＡＰ）による追放後のものです。追放以前にはもっと多くの共産党議員がおりました。

ポッター　国会での共産党議員は、将来、増加するより減少すると思いますか？

吉河　その数は減少しましょう。日本国では共産党員は他党の党員同様登録せねばなりません。昨年六月現在の登録済み共産党員は一一万人でした。が、その数は減っており、現在約六万人と推定されています。私の推定ではそのほかに約二万人の登録外党員がいるかと思います。日本での同調者は約二五万人です。彼等は党員ではありませんが、同調者です。

ポッター　日本には共産党員が支配的な労働組合が存在しますか？

吉河　はい。共産党の影響下にある労働組合が存在します。

ポッター　どんな分野でですか？

吉河　金属や各種工業の分野です。また、共産党には民主的組織の中で、密かに活動している工作員がおります。かつて共産党は二九八万票を獲得しましたが、現在では彼等の追随者は減っています。共産党員は現在減少しているのです。

ポッター　それは日本国民が誉められるべきですよ、共産主義者が戦後自分等の目的達成を達成するために戦争を利用したのですから。それは日本国民の英知の賜物《たまもの》です。

吉河　ありがとうございます。しかし、共産主義者は次の革命の波を待っているのです。

ポッター　日本、米国両国においてです。

ウォルター　タベナーさん、何かほかにありますか？

タベナー　いいえございません、委員長。

ウォルター　委員会はこれで終了いたします。

（そこで午後四時二五分に閉会となる）

（注1）［吉河光貞検事］一九四一年一〇月一八日、「国際スパイ」リヒアルト・ゾルゲの逮捕を指揮。東京拘置所で取り調べを行って、自供に追い込んだ検察官。一九〇七年、東京・本郷の三代続いた鰻屋に生まれる。東京帝大在学中、共産主義思想の洗礼を受けて左翼団体「新人会」で活躍するが、のちに転向。一九三一年に、司法試験に合格。戦前は東京刑事地裁検事局の検事を務めた。戦後、東京高検特別審査局長に。このとき、米国下院非米活動調査委員会から公聴会に喚問されて、ゾルゲ事件について証言した。その後、在日朝鮮人連盟の解散（五七年）、日本共産党中央委員の追放（五〇年）、破壊活動防止法の成立（五八年）など弾圧措置に手を染めた。東京高検検事、最高検検事をへて、六四年に公安調査庁長官、六八年に広島高検検事長を歴任。六九年に引退して、弁護士に。八八年四月一七日、肺炎のため死亡。八一歳

（注2）［リチャード・ゾルゲ事件］太平洋戦争開戦前夜の一九四一年九月から一〇月にかけて、日本の特高警察が摘発した国際スパイ事件。ソ連軍参謀本部の諜報機関が三三年九月に、日本へ送り込んだ秘密軍事諜報員リチャード（ドイツ語表記ではリヒアルト）・ゾルゲが諜報グループ「ラムゼイ機関」を組織し、日本ならびに当時の同盟国ドイツの国家機密や政治・外交・軍事などの極秘情報を入手して、八年間にわたってモスクワに通報していたのを特高警察が探知して、その一味をスパイ容疑などで一網打尽に検挙した。逮捕者は現在、判明しているだけで三五人にのぼったが、その中に朝日新聞記者出身の中国問題専門家で、近衛文麿内閣嘱託を務めた尾崎秀実がいたことから、日本中に大きな衝撃を与えた。ゾルゲと尾崎は四四年一一月七日、ともに絞首刑を執行された。

（注3）［中村登音夫］戦前、東京刑事地方裁判所検事局で、思想部長を務めた検察官。一九〇一年、東

京・四谷に生まれる。東京地裁検事局思想部長のとき、検察陣の陣頭に立って、ゾルゲ事件の捜査・取り調べ・公判の総指揮をとった。戦後は弁護士となり、第二東京弁護士会副会長を務めた。一九六九年、死亡。六八歳。

（注4）［玉澤光三郎］　尾崎秀実の取り調べを担当した検察官。一九〇五年生まれ。静岡県・森村（現森町）出身。東京帝大卒。戦前、東京地裁刑事局思想課長に。戦後は東京高検検事。最高検検事などを歴任、六五年に退官。八七年没。八一歳。

（注5）［リチャード・ゾルゲ］　ドイツ語表記は、リヒアルト・ゾルゲ。ソ連秘密軍事諜報員。一八九五年一〇月四日、現在のアゼルバイジャン共和国（一九九一年のソ連崩壊後独立）の首都近郊のサブンチュ村に生まれる。本名はイカ・リハルドビチ・ゾンテル。父クルト・ゾルゲはドイツ人石油技師、母ニーナ・セミョーノブナ・コベレワはロシア人。兄弟姉妹は男四人、女三人の計七人。五番目の子だった。一家はゾルゲが三歳のとき、ベルリンへ引っ越し、ドイツ人として育てられた。一九一四年に第一次大戦が勃発。高校在学中の一九歳のゾルゲは、ドイツ軍志願兵として応召。一九一八年に兵役免除になるまで合計三回負傷、勇敢な兵士に対する鉄十字勲章（第2級）を贈られた。陸軍病院で戦傷の治療中、独立社会民主党員の担当医師とその娘の看護婦の感化を受けて、マルクス主義文献を多数精読。戦争体験などの影響もあって、共産主義思想に目覚めた。兵役免除後、独立社会民主党（のちのドイツ共産党）に入党、党活動に従事した。一九一九年、ハンブルク大学から国法学と社会学の博士号を取得。コミンテルン創立とともに、独立社会民主党はコミンテルン支部ドイツ共産党に発展的に解消、ハンブルク市地区委員会の一員となった。一九二一年五月、最初の妻クリスチアーネと結婚（二六年一〇月、離婚）。一九二四年九月、フランクフルトで非合法に開かれたドイツ共産党大会に出席したコミンテルン代表で、ソ連共産党のピャトニツキーからコミンテルン入りを勧誘され、二五年からコミンテルン本部情報局書記局員となる。二七年になると、コミンテルン情報局を代表して、スカンジナビア諸国を歴訪して各国共産党を指導した。二九年六月、コミンテルンから赤軍参謀本部第四部にスカウトされ、同年から二年上海で諜報機関を組織して、諜報活動に従事。モスクワに帰還後の三三年春、エカテリーナ・アレクサ

ンドロブナ・マクシーモワ（愛称カーチャ）と再婚した。赤軍参謀本部第四部長ベルジン大将の特命を受けて、同年九月六日に横浜港に上陸。ラムゼイ機関を組織して、日本で諜報活動を始めた。四一年一〇月一八日に特高警察にスパイ容疑などで逮捕されるまで、日本におけるゾルゲの諜報活動は、八年の長きにわたった。詳細は本書三二七～三四五ページ「二　リヒアルト・ゾルゲ」の項参照。

（注6）［北林トモ］　元米国共産党員。同党の同志・宮城与徳の勧めで、ゾルゲ諜報団に参加。のちに特高警察に逮捕された。詳細は本書四〇七ページ上、下段、「北林トモ」の項参照。

（注7）［宮城与徳］　ゾルゲ諜報団の主要メンバーの一人。沖縄県出身の画家で、米国共産党員。同党の指令によって、米国から日本に派遣され、ゾルゲの指揮の下に諜報活動を行った。特高警察に逮捕され、未決拘留中に獄死。詳細は本書三五〇～三五七ページ、「四　宮城与徳」の項参照。

（注8）［南満州鉄道（満鉄）］　日露戦争の結果、日本がロシアから獲得した長春以南の鉄道および付属事業を経営する目的で、一九〇六年に設立された半官半民の国策会社。三二年の満州国成立とともに、同国内の鉄道全線の運営と新設を委託されただけではない。鉱工業を中心とする多くの産業部門に進出、日本による同国の植民地支配機構の重要な役割を担った。一九四五年八月九日のソ連の対日参戦によって、満鉄の全事業はソ連によって占領されたのちに、中国が接収した。

（注9）［尾崎秀実《ほつみ》］　ゾルゲ諜報団のリーダー、リヒアルト・ゾルゲの日本国内での諜報活動を全面的に支えた日本人協力者。ゾルゲ事件で逮捕され、一九四四年一一月七日、ゾルゲとともに処刑。詳細は本書三五七～三八四ページ、「五　尾崎秀実とその政治的見解」参照。

（注10）［近衛首相］　文麿。篤麿の長男で、公爵。鎌倉時代以降、関白に任ぜられる名門、五摂家筆頭の近衛家の嗣子。一八九一年東京生まれ。京都大学卒。政治家となり、枢密院議長を間にはさんで、一九三七年以降、三度組閣。この間に新体制運動推進のため、大政翼賛会を創立した。戦後、戦犯出頭命令を拒んで、一九四五年一二月一六日早暁、服毒自殺。

（注11）［朝飯会］　一九三七年六月の第一次近衛内閣発足のときから、四年間続いた首相側近のブレーンの会。牛場友彦、岸道三の両秘書官が学者やジャーナ

リストに呼び掛けて立ち上げた。当初、西園寺公一、尾崎秀実ら数人がときどき夕食会に集まって懇談する小規模なものだった。それが尾崎が内閣嘱託となった三八年ごろから、毎週水曜日の朝、秘書官官舎に集まるようになった。主なメンバーは上記四人のほか、松本重治、平貞蔵、蝋山政道、佐々弘雄、笠信太郎、渡辺佐平、犬養健、松方三郎らで、書記官長風見章もときどき顔を出していた。

(注12)［盧溝橋事件］盧溝橋は中国の首都北京市郊外の永定河にかかる橋。一九三七年七月七日夜、日中両軍がこの付近で武力衝突して、日中全面戦争の発端となった。

(注13)［水野成］社会運動家。上海にあった東亜同文書院の学生のとき、中国共産青年団に入り、同校共産党細胞を組織した。上海時代に知り合った尾崎秀実の薦めで、ゾルゲ諜報団に加わった。詳細は本書四〇三〜四〇四ページ「水野成」の項参照。

(注14)［近衛内閣］近衛文麿は一九三七年六月、第一次近衛内閣を組閣。日中戦争に関して、「国民政府を相手にせず」との声明を発表して、戦争長期化の一因を作って、三九年一月に総辞職し、枢密院議長となった。四〇年七月に第二次近衛内閣を発足させ、日独伊三国同盟を締結した。四一年七月、日米交渉を推進するため、松岡洋右外相を更迭して、第三次近衛内閣をスタートさせたものの、交渉妥結の自信を失って、一〇月に総辞職した。

(注15)［東条内閣］第二、三次近衛内閣の陸相だった東条英機は、第三次近衛内閣退陣後の四一年一〇月一八日、首相となって陸相と内相を兼任。一二月一日の御前会議で対米英開戦を決め、同八日の真珠湾攻撃によって、太平洋戦争を推進した。四四年七月、重臣たちの倒閣運動と相まって、サイパン陥落直後に総辞職。東条は戦後A級戦犯として、絞首刑。

(注16)［岩村通世］戦前の司法官僚。東京帝大(法)卒後、司法省に入り、初代の思想検事。東京地検検事正、司法次官。検事総長を歴任。第三次近衛内閣、東条内閣の法相。戦後、A級戦犯として巣鴨拘置所入りしたが、一九四八年に岸信介(戦後、首相)らとともに釈放。

(注17)［マクス・クラウゼン］ゾルゲ諜報団の無線通信技師。秘密諜報員の身分を隠すため、東京で青写真複写機製造販売会社M・クラウゼン商会を経営した。諜報団の伝書使役を務めた妻アンナ・クラウゼンとともに、特高警察に逮捕された。マクスは無期

懲役、アンナは懲役三年の刑を受けた。日本の敗戦後、ともに身柄を釈放された。在日ソ連大使館の手引きでソ連に渡り、その後、クラウゼンの祖国旧東独へ帰国。六五年一月、ソ連政府はクラウゼンに赤旗勲章。アンナに赤星勲章授与。詳細は本書三八五～四〇〇ページ「六　マクス・クラウゼンとアンナ・クラウゼン」の項参照。

（注18）［ブランコ・ド・ブケリチ］　ゾルゲ諜報団の有力メンバー。アバス通信（のちのフランス通信）東京通信員。仏ソルボンヌ大学卒。諜報団では情報の探知・収集。機密文書のコピー、写真技術などを担当。東京で最初の妻エディットと離婚、日本人女性山崎淑子と結婚。二人の間に洋《ひろし》（長男）が生まれる。特高警察に逮捕され、無期懲役の判決。網走刑務所で服役中、肺炎のため獄死。詳細は本書三四五～三四九ページ「三　ブランコ・ド・ブケリチ」の項参照。

（注19）［その妻アンナ・クラウゼン］　ゾルゲ諜報団の無線通信技師、マクス・クラウゼンの妻。アンナ・マトエブナ・ジュダンコワ。一八九九年、ロシア極東のニコラエフスク市に住むフィンランド人裁縫師の家に生まれる。三歳でロシア人の家に養女に出され、一六歳のときシベリアで製革業を営むフィンランド人エドワード・ワレニウスと結婚するが、夫と死別。上海病院の看護婦として働いていた一九三〇年六、七月ころ、同じ共同住宅に住むドイツ人クラウゼンと同年八月から同棲。三六年八月に正式に結婚した。ソ連赤軍第四部の指令で三五年一一月、来日。ゾルゲ諜報団のメンバーとして、クラウゼンの暗号無線業務の手助けや、諜報団の伝書使の役目などを果した。一九四一年一一月一七日にクラウゼンとともに逮捕され、懲役三年の判決を受けた。日本の敗戦に伴って、四五年一〇月一〇日、釈放。詳細は本書三八五～四〇〇ページ「六　マクス・クラウゼンとアンナ・クラウゼン」の項参照。

（注20）［ドイツ帝国統計年鑑］　ゾルゲ諜報団がモスクワに通信する暗号電報を組み立てる際に、使った刊行物。詳細は本書四八二ページの（注49）参照。

（注21）［真珠湾攻撃計画］　大本営海軍部が太平洋戦争開戦に先立って策定した、海軍機動部隊によるハワイの米太平洋艦隊に対する奇襲攻撃作戦計画。一九四一年一二月八日（米国時間同七日）、実行に移されて、四年八ヵ月にわたる太平洋戦争開始の火蓋が切られた。同計画の策定経過は、本書一二三ページの

関連記述を参照。

（注22）［伊尾宏］　ゾルゲ事件でマクス・クラウゼン、アンナ・クラウゼン夫妻の取り調べを担当した検察官。一九〇九年、富山県・城端町に生まれる。東京地検公判部長、最高検事をへて、徳島、高松、新潟、前橋、浦和の各検事正を歴任。一九八六年没。七七歳。

（注23）［もう一人の検察官（布施健）］　ゾルゲ事件では、ブランコ・ド・ブケリチの取り調べを担当。一九一二年、東京に生まれる。三五年、司法試験合格。東京帝大卒後、東京刑事地裁の予備検事をしたあと、甲府、東京両地検、最高検を経て、東京高検検事長から七五年に検事総長。二年後に退官、弁護士、八四年に勲一等瑞宝章受賞。八八年死亡。七五歳。

（注24）［赤軍］　ソ連の正規軍の一般的な呼称。ロシア革命直後の一九一八年、赤衛軍を再編制して、新たに組織された労農赤軍を指す。

（注25）［コミンテルン］　一九一九年、「一〇月革命の父」レーニンらの指導の下に、ソ連共産党が中心となってモスクワに創設された国際共産主義運動の指導組織。一般に第三インターナショナル、共産主義インターナショナル、国際共産党とも呼ばれる。関連事項として本書二一一～二一四ページと二三九～二四〇ページ「（a）コミンテルン本部」の記述参照。

（注26）［一三〇万人の兵士が動員］　一九四一年七月に行われた日本陸軍による関東軍特種演習（通称　関特演）の際の動員数を指す。独ソ開戦に乗じて、極東ソ連領の占領計画を秘匿するために用いられた隠語。満州に実際に動員されたのは兵約七〇万、馬約一四万頭、飛行機約六百機だった。動員兵士一三〇万人というのは、間違い。

（注27）［カナーリス提督］　ウイルヘルム。ドイツ国防軍の情報機関の総元締め。一八八七年生まれ。一九三五年に国防省防衛局長、三八年に外国防衛局長。四〇年に海軍大将。ヒトラー打倒運動が発覚して、四四年に絞首刑。

（注28）［オット・ドイツ大使］　オイゲン。駐日ドイツ大使館付陸軍武官から、前任者のディルクセンに代わって駐日ドイツ大使に。一八八九年四月八日生まれ。第一次大戦に従軍。のちにドイツ皇帝（カイゼル）の陸軍秘密情報機関の長・ニコライ大佐の下にいた。大戦後はドイツ国防軍参謀本部で、のちに国防相、次いで首相になったシュライヒャーの補佐役

を務めた。駐日大使時代、日本に関するゾルゲの該博な知識に惚れ込んで、大使館報道部の私的顧問にした。夫人ヘルマも夫同様にゾルゲと親しく付き合った。ゾルゲ事件が発表されると、オットは大使の職からはずされた。オットはドイツに戻って軍籍復帰を希望したが、許されず、極東に留まることを命令され、北京に在勤した。オットが帰国したのは、戦後。一九七六年に死亡。八七歳。

（注29）［日本陸軍参謀本部］陸軍の最高統帥部門。詳細は本書四四五ページ（注59）参照。

（注30）［シンガポール攻撃作戦計画］ヒトラーはソ連を撃滅するため。独ソ開戦とともに日本の対ソ参戦を熱望。その一環として、交戦中の英国に打撃を与えることを狙って、英国の要塞基地があるシンガポールを日本が攻略することを求めた。独ソ開戦三ヵ月前の一九四一年春にかけて、ドイツ外相リッベントロップは日独伊三国同盟を楯にとり、駐日大使オットを通じて日本がシンガポールを急襲するよう盛んに対日折衝を行わせた。ヒトラーとリッベントロップは、欧州における戦争は実質的にはもう終わっていて、日本がシンガポールを攻撃すれば、英国にこれ以上戦争を続けても無駄だと思わせるのに、決定的な効果があると考えていたのだ。ドイツ軍のシンガポールの攻撃作戦計画とは、シンガポールの攻略がいかにたやすいか、日本の対シンガポール攻撃を唆《そそのか》すためのものだった。だが、日本はドイツの教唆とは関係なく、太平洋戦争開戦後間もなくシンガポール攻撃作戦を敢行、英国要塞基地を陥落させて、シンガポールを占領、「昭南市」と名付けた。

（注31）［フォン・クレチメル］ドイツ陸軍大佐。詳細は本書四四三ページ（注43）参照。

（注32）［リッベントロップ］ドイツの政治家。一八九三年生まれ。一九三八年以降、ナチス・ドイツ政権の外相として、独ソ不可侵条約や日独伊三国同盟を成立させるなど、ナチス外交を推進した。戦後の一九四八年、ニュルンベルク裁判により、死刑。

（注33）［松岡外相］洋右《ようすけ》。第二次近衛内閣の外相。詳細は本書四四四ページ（注51）参照。

（注34）［スターリン］ヨシフ・ビッサリオノビチ。ソ連の政治家。ソ連共産党書記長。本名はジュガシビリ。一八七九年一二月二一日、貧しい製靴工の子として生まれる。一五歳のとき革命運動に加わり、一〇月革命（ロシア革命）までに逮捕八回、流刑七回、逃亡五回に及んだ。革命の際には、流刑地シベリア

から首都ペトログラード（現在のサンクトペテルブルク）に戻った。レーニン、トロツキーらと一〇月革命に参加。ソビエト政府誕生とともに民族人民委員（大臣）に就任。レーニンの死後、「一国社会主義論」を唱えて、「永久革命論」を主張する反対派のトロツキーを追放。さらに、ジノビエフ、カーメネフ、ブハーリンら反対派も抹殺。一九三六年から三八年にかけて、「スターリン大粛清」を強行、反対派を徹底弾圧して、恐怖政治をしいた。三九年、ドイツのポーランド侵攻が迫ると、ドイツと独ソ不可侵条約を締結。ソ連を戦争圏外に置いたものの、四一年六月二二日、ヒトラーの奇襲攻撃を受けた。第二次大戦では英国・米国などと共同戦線を組む一方、人民会議議長（首相）と赤軍最高司令官を兼任して、名実ともにソ連の独裁者として「大祖国戦争」を勝利に導いた。テヘラン、ヤルタ、ポツダムの連合国首脳会談に出席して大戦の終結を図った。四五年、戦功により大元帥となる。戦後は東欧諸国の社会主義化を推進。米国とのイデオロギー上の争いから、米ソ冷戦を招いた。五三年三月五日、脳溢血のため急死。死後、後継者争いに勝ったソ連共産党第一書記フルシチョフから、個人崇拝や専制的な政治支配を厳しく弾劾された。

（注35）［大島浩］　駐独大使。詳細は本書四四五ページ（注60）参照。

（注36）［マルヒタ―ラ―］　在日ドイツ参事官。

（注37）［シュターマー］　当時、駐南京ドイツ大使で、ゾルゲの面会には行ってない。オット大使は東京駐在のドイツ公使エーリッヒ・コルトと日本外務省の役人一人を伴って面会に行った。ルト『戦場下のドイツ大使館』（中央公論社。エルビン・ビッケ九八年）関連記述として本書四八七ページ（注22）参照。

（注38）［そういう情報を得たのです］　元駐日ドイツ大使・オットの娘ウルシュラは、「母ヘルマは一九六八年三月三日、ミュンヘンで亡くなった」と述べている。白井久也・小林峻一編『ゾルゲはなぜ死刑にされたのか』社会評論社、一九九八年参照。

（注39）［米国共産党］　ロシアで一〇月革命が起きて間もない一九一九年、米国の急進派たちによって、二つの共産主義政党が誕生した。一つはチャールズ・ルーセンバークが党首となった米国共産党（The communist Party of America）で、党員は約二万四〇〇〇人を数えた。もう一つはジョン・リードとベン

ジャミン・ギトロウが率いた共産主義労働党（Communist Labor Party）で、約一〇〇〇〇人の党員を擁していた。この両方の共産党の中で英語が話せるのは、合計四〇〇〇人未満で、それ以外は旧帝政ロシアが支配していた諸国からの移民で占められていた。この二つの共産党はともに米国国家の暴力的な転覆を主張、一九一九年から二一年にかけて、暴力革命を唱導した疑いで、全米で数百人の共産党員が身柄を拘束された。米国では共産党は非合法ではなく、米国市民の入党は犯罪とはならなかったが、市民権を持たない場合は国外追放となる可能性があり、米国在住の外国人の急進派一〇〇〇人が、この時期に移民局から国外追放処分を受けた。二つの共産党はコミンテルンの指導と圧力の下に、二一年に統一されたが、出身母体から発生した二つの派閥の溝は深く、抗争に多くのエネルギーが費やされたため、二〇年代を通じて米国社会に大きな影響を与えることはできなかった。反目する指導者がモスクワに出向いてコミンテルンの裁定を仰いだり、米国駐在のコミンテルン代表が勝敗を決めることで、派閥抗争の勝利者が確定した。レーニンの死後、権力を握ったスターリンの意向もあって左翼偏向派が一掃され、党内の派閥抗争に終止符が打たれて、二四年から米国共産党（ＣＰＵＳＡ）を名乗るようになった。それから間もなくして、中国でのコミンテルン活動から帰国したアール・ブラウダーが党首となり、四五年にソ連の方針に反発して解任されるまで、その地位に留まった。（参考文献　Ｈ・クレアほか著『アメリカ共産党とコミンテルン――地下活動の記録』邦訳書　五月書房、二〇〇〇年）

（注40）［第四部］ソ連軍参謀本部の諜報機関。のちに諜報総局となり、ロシア語の頭文字をとってＧＲＵ《グルウ》と呼ばれた。組織的には極東部、西欧部、南方部などの部門があって、極東部は日本課、支那課などに分かれていた。ゾルゲは第四部から日本に派遣された秘密軍事諜報員。

（注41）［刑事が尋問を行いました］この刑事は、警視庁特別高等部外事課から派遣された警部補大橋秀雄。一九〇三年、横浜市に生まれる。日本大学専門部法律学科第２本科卒。二八年一一月、警視庁巡査となり、巡査部長、警部補に昇進、三六年七月に本庁外事課欧米係ロシア班副主任。ゾルゲ事件捜査の功により当時の内相から功労記章を贈られた。戦後、警視正で退職。

（注42）［刑事の大橋］大橋秀雄のこと。（注41）参照。

（注43）［ソ連のリュシコフ将軍］極東内務人民委員部（NKVD）長官。三等大将。詳細は本書四五二ページ（注95）参照。

（注44）［ヒトラーは参謀を日本に派遣しました］正確にいえばヒトラーではなくて、ナチス・ドイツの軍事諜報機関の総元締めである国防省外国防衛局長ウイルヘルム・カナーリスによる指令。ソ連から命がけで日本に亡命した極東内務人民委員部（NKVD）長官リュシコフは参謀本部が身柄を引き受け、甲谷悦雄中佐らが厳しい取り調べを行った。このとき日本の同盟国であった在日ソ連大使館付武官ショル中佐が尋問に立ち合った。ショルはリュシコフがソ連国内事情に詳しいことを知って、ドイツもリュシコフから独自に事情聴取する必要を痛感、本国政府に特使の対日派遣を求めた。カナーリスはこの要請を受け入れて、特使を日本に送ってきた。

（注45）［ドイツからきたその参謀］ドイツ国防軍防諜部のグライリンク大佐。日本に数週間滞在して、巧みなロシア語を操ってリュシコフの尋問を行い、その結果をタイプライターで打ち、『リュシコフ・ドイツ特使会見報告及び関係情報』と題する数百ページの報告書にまとめた。その主な内容は①トハチェフスキー元帥ら赤軍首脳まで波及しつつあったスターリン粛清に対する不満と、シベリアにおける強力なスターリン反対派の存在のために、極東におけるソ連の軍事機構は、日本軍が攻撃すれば崩壊するであろう②極東・シベリアにおける赤軍部隊はソ連の衛星国モンゴル人民共和国も含めて全部で二五師団あり、その配置や編成、装備状況などの仔細な説明③当時、赤軍がシベリア・極東で使用中の軍事暗号無線に関する情報などであった。ショルと親しかったゾルゲは、グライリンク報告書の写しを借り受け、その要点をモスクワに打電した。

（注46）［ノモンハン事件］日本の関東軍と極東ソ連軍が主役となって、満蒙国境地帯のノモンハンで一九三九年五月から九月にかけて激突、関東軍が大敗を喫した局地戦争。詳細は本書四八一ページ（注44）参照。

（注47）［四万五〇〇〇人もの死傷者］ノモンハン事件での日本軍の公式データによる死傷者数は約一万八〇〇〇人。これに対して、ソ蒙側の死傷者数は約一万九三〇〇人。死傷者数ではほぼ五分と五分だが、日本側は二三師団（小松原師団）が潰滅するなど、

実際は惨敗した。それにしても、日本軍の死傷者四万五〇〇〇人という数字は出鱈目で、根拠がない。

（注48）［東京拘置所］　東京・西巣鴨にあった刑務所。重要な国事犯などは取り調べ内容の機密保持のため、監視体制が厳重な拘置所に身柄を勾留された。尾崎は2舎1階11房（独居房）。ゾルゲは2舎2階20房（同）に収容されていた。拘置所は戦後、進駐軍に接収されて巣鴨プリズンとなり、A級・B級戦犯が収容された。

（注49）［ポール・ラッシュ中佐］　アメリカ人。商業高校卒。ホテル従業員や商社勤務そして、一九二〇年代日本におけるYMCA（キリスト教青年部）の強化のため、聖公会教会から派遣されて来日。一九二三年、関東大震災による大被害を受けた、東京・築地の聖ルカ病院、東京・横浜のYMCA館の復興のため全米を行脚し、数十万ドルを集めて再建に貢献した。日本の生活に馴染んだラッシュは帰米せず、立教大学教授に任命され、日本における学生のアメリカン・フットボール普及に尽して、学生リーグ結成の創始者となり、表彰された。だが、日米開戦後、抑留され、捕虜交換船で帰米。戦争中は米軍に入って日本理解のための教師をつとめた。戦争が終わると、直ちに来日。戦争に協力し、立教大の資産（土地・建物）を軍に寄贈、米人教員と戦争批判の日本人教師を辞職させた大学幹部を追放した。その後米占領軍総司令官参謀第2部（G2）部長ウイロビー少将の下で、陸軍中佐として民間情報センター（CIC）に属し、日本の政・軍・教育など各界の一万数千人を調査、公職追放者リストを作成した。これらの仕事をやり遂げると、辞職願いが出された。この直後、退官記念パーティが開かれ、日米高官とともに撮られた写真が、『ゾルゲ事件関係外国語文献翻訳集』NO・3の表紙に使われている。

一九四九年七月の辞職後、戦前から立教大が分教場として開発してきた八ヶ岳山麓になる長野県南牧村野辺山《のべやま》の清里地区に、酪農業を創設した。北海道や、岩手の小岩井農場を除き（穀物生産には不利な）寒冷地で酪農実績を成功させたのは大きな功績であった。ラッシュの事業の偉大さは、酪農とその関連諸製品（牛乳・バター・チーズ・菓子類）の生産に留まらず、周辺に、教会、農業実習学校、病院、老人ホームなど福祉・教育センターを建設したことである。戦後の一時期、八ヶ岳山麓は観光名所となり、たくさんの青年男女が参集した。ラッシュは、帰米せず、清里に留まり、晩年は車椅子生活を続けたのち、没した。

(注50)［川合貞吉］ ゾルゲ諜報団のメンバー。尾崎秀実の紹介で、諜報団に入った。詳細は本書四〇一〜四〇三ページ「川合貞吉」の項参照。

(注51)［アグネス・スメドレー］ アメリカ人女性ジャーナリスト。作家。一八九二年、米ミズリー州オズグッド近郊の貧農の家に生まれる。小学校教育を受けることなく、職業を転々としながら苦学。第一次大戦中の一八年、ニューヨークでインド独立運動の支援活動をして、投獄。二〇年に渡欧、ベルリンでインドの革命家ビレンドラナーハ・チャントプンダーヤと知り合って、八年間同棲した。二八年、独フランクフルター・ツァイトゥング紙の特派員として中国に渡り、上海で尾崎秀実、魯迅、丁玲らを知り、交友を深めた。尾崎とはツァイトガイスト書店経営者イレーネ・ワイデマイヤー（女性）の紹介で知り合い、親交を結んだ。共産主義思想の良き理解者で、毛沢東と朱徳が指揮する八路軍に従軍、『中国紅軍は前進する』（三四年）などを発表、西側世界で有名になった。戦後、米ソ冷戦が激化した四九年二月、米陸軍省が『ウイロビー報告』を発表。その中で名指しで「ソ連のスパイ」と弾劾されたスメドレーは「事実無根」と反論。「ウイロビーの上司だったマッカサーを訴える」と息まいたため、同省は謝罪を行った。それから間もなくして渡英したスメドレーは、胃潰瘍の手術も空しく、一九五五年ロンドンで客死した。五八歳。本書に数多くの関連記述がある。

(注52)［ギュンター・シュタイン］ ガンサー・スタインともいう。ドイツ系ユダヤ人新聞記者。一九〇〇年生まれ。ナチスの政権獲得後の三三年、ドイツから追放され、英国国籍を取った。ロンドンの『ニューズ・クロニクル』と『ブリティッシュ・ファイナンシャル・ミューズ』の日本通信員となって、三五年から三八年まで東京に在勤。そのとき、記者仲間としてゾルゲと知り合った。シュタインはゾルゲ諜報団員ではなかったが、ゾルゲのシンパとなった。クラウゼンが三五年一一月に来日して、モスクワとの無電連絡場所がなかなか見つからなかったとき、シュタインは東京・麻布・本村町の自宅二階を提供、翌年二月にクラウゼンは初めてウラジオストクと無電連絡をつけることができた。三八年八月、社命により中国に転勤。香港に行った三八年夏、スイスの新聞特派員マルグリッド・ガンレンバインと結婚。

第二次大戦末期の四四年、重慶経由で延安を訪ねて数ヶ月間滞在。その体験を基に『赤色中国の挑戦』(邦訳書『延安――〈一九四四年〉』野原四郎訳、みすず書房、一九六二年)を書いた。同書は中国共産党に好意的で、重慶の国民党政府に批判的なため、発禁処分にされた。

(注53)［吉岡述直検察官］一九〇七年、松江市に生まれる。東京帝大卒。名古屋地裁検事。平、盛岡、仙台、東京多区裁検事を歴任後、満州国新京高検検察官に転じた。戦後、仙台高検検事、東京高検検事などをへて、大津地検検事正を最後に、六五年退官。九七年没。

(注54)［矢野］努。米国共産党員。日系アメリカ人で、米国共産党日本人部の責任者。アール・ブラウダー党書記長の信任が厚く、一九三二年七月にロサンゼルス近部のロングビーチで開かれた南ロサンゼルス党大会が官憲に弾圧された直後、カリフォルニア地区の党組織再建のため、党本部から派遣されて日系共産党員の指導に当たった。ゾルゲ事件の関係では、党本部の意向に沿って、宮城与徳を日本に派遣するにあたって、宮城に直接会って指令を伝えた。矢野については、宮城が警察ならびに検事の取り調べに対して名前をあげたため、その存在が知られるようになったが、経歴などは一切不明である。

(注55)［ロイ］米国共産党員。矢野と一緒に宮城与徳がロサンゼルス居住以来、個人的に交際してきた。宮城が東京へ発つとき、旅費として二〇〇ドルを渡し、別に一ドル紙幣を出して、「東京でこの紙幣の次の番号を持っている男に会え」と指令した。さらに、「ジャパン・アドバタイザー紙の広告欄を見て、浮世絵を求める広告が出たら、返事を出せ」と命じた。このロイなる人物は、何者か?詳細は本書四五二ページ(注94)参照。

(注56)［求む浮世絵版画］ゾルゲ諜報団の主要メンバーであるリヒアルト・ゾルゲ、宮城与徳、ブランコ・ド・ブケリチの三人は、それぞれ上部機関の密命を帯びて、日本に派遣されてきた。彼らが日本に到着した日はブケリチが一番早く一九三三年二月一一日、続いてゾルゲが同年九月六日、宮城がこれより遅れて同年一〇月二四日であった。しかし、三人ともお互いに会ったことはなく、顔も知らなかった。ならば、どうやって連絡をとるのか?このとき使われた連絡手段が、「求む浮世絵」の新聞広告であった。日本へ発つ前、パリで会った機関員オルガから、

ブケリチの東京での住所と挨拶代りに使う暗号を聴いていたゾルゲは、日本上陸直後にブケリチのアパートを訪ねて、ジャパン・アドバタイザー紙に「浮世絵を求む」広告を出せた。実際に掲載されたのは、三三年一二月六～九日付の紙面であった。同紙に載ったこの広告を見つけた宮城は、広告代理店を通じてブケリチと連絡がついた。ブケリチは早速ゾルゲに連絡をとり、ゾルゲと宮城が東京・上野公園で初めて落ち合う手配を決め、その結果、両人が難無く顔を合わせることができたのであった。

（注57）［ジェイコブ］　米国の新聞記者。上海に特派されていたころ、外国人筋から政治情報を集めて、ゾルゲ・グループに提供した。

（注58）［ドイツ人の女性］　本名はマルグリッド・ガンレンバイン。スイス人ジャーナリスト。暗号名はハンブルク。上海に住んでいて、自分の居宅をゾルゲ・グループに使わせた。同時に、連絡の仕事を引き受ける一方、書類を預って保管するなど、何かと協力した。

（注59）［ポール］　パウルともいう。ソ連機関員。詳細は本書一四二ページ（注30）参照。

（注60）［ジョン］　ソ連機関員。一九三一年春、赤軍参謀本部第四部から中国に派遣されて、ゾルゲ・グループに入った。任務は暗号と写真の仕事。モスクワに送る文書は写真を撮って現像し、ゾルゲに渡した。上海のフランス租界の霞飛路（ジョフル路）に一軒家を借りて、その浴室を秘密の暗室として使っていた。自宅はゾルゲ・グループが集まる場所にもなっていた。元ポーランド共産党員。

（注61）［船越寿雄］　ゾルゲ諜報団のメンバー。詳細は本書四〇〇～四〇一ページ「船越寿雄」の項参照。

（注62）［レガッテンハイン］　スイスの新聞特派員マルグリッド・ガンレンバインの別名。ドイツ系ユダヤ人新聞記者ギュンター・シュタイン（ガンサー・スタインともいう）の妻。シュタインと結婚するため香港に行く途中で、横浜に立ち寄った。

（注63）［ウィリー・レーマン］　上海に最初に設置されたソ連の軍事諜報組織「レーマン機関」の長。詳細は本書四六八ページ（注72）参照。

チャールズ・A・ウィロビー少将(注1)の証言(1)

非米活動調査委員会は召集に従い、オールドハウス・オフィスビルディング内二二六号室で一九五一年八月二二日午前一〇時三〇分に開催され、J・S・ウッド（議長）氏が主宰した。

出席した下院議員委員
J・S・ウッド（議長）、F・W・ウォルター、J・B・フレージアJr.、H・H・ベルデ

出席した専門委員
F・S・タベナーJr.（法律顧問）、T・W・ビール（法律顧問上級補佐）
L・J・ラッセル（上級捜査官）、C・E・オウエンス（捜査官）
R・I・ニクソン（調査部長）、J・W・キャリントン（委員会書記）
A・S・プーア（編集人）

午前の部

ウッド　本委員会を開催します。どなたをお呼びしていますか？

タベナー　チャールズ・A・ウィロビー少将です。

ウッド　ウィロビー少将、それでは起立して宣誓してくれませんか。あなたは、本委員会で行う証言が真実であり、ありのままであり、真実以外の何物でもない、と厳粛に神に誓いますか？

ウィロビー　誓います。

タベナー　名前を述べてください。

ウィロビー　チャールズ・アンドルー・ウィロビーです。

タベナー　現在どういう地位にありますか？

ウィロビー　米国陸軍の少将です。身体が一部不自由ですし、歴戦の兵士として長い間参戦してきたため、間もなく引退の予定です。一九一七年の第一次世界大戦、一九四一年の第二次世界大戦、一九五〇年の朝鮮戦争、一九五一年の共産中国戦争などにです。

タベナー　あなたが最後に勤務したのはどこで、そ

の時の階級は何でしたか？

ウィロビー　私は一九三九年以来、マッカーサー（注2）の情報部長として南西太平洋作戦、及び日本占領に従事してきました。また、朝鮮動乱時にも同様な役割を務めました。

タベナー　あなたはこの公聴会で行う証言の基本として、全般的な陳述を行いたいと望んでおられるようですが？

兵役四一年、痛恨の思いで陸軍を去る

ウィロビー　議長のお許しを得まして、本公聴会を通しての私自身の立場を、次のように述べさせて頂きたく思います。昨今の新聞報道には、私が通常の召喚を受けて議会の諸委員会で行おうとしている証言を、興味本位で見るような傾向があります。私のことを、「新たな騒ぎを起こそうとしている」とか「ペンタゴンの腫《は》れ物」とか「首都をスパイ話でがたつかせてやろうとしている」と書いております。また、新聞界の他の無責任な輩《やから》は、私のことを「赤面させてやるとか、爆発させてやると公言している」とか「ペンタゴンの横腹に刺さった棘《とげ》」とか、非難しています。こういったことは、根っからのジャーナリズムのやる誇張に過ぎません。

私には軍とも、国務省とも、直接結びつくような問題は一切ございません。軍にやましいことはありません。軍は韓国で、この上なく厳しい試煉を課せられましたが、他の数多くの歴史的場面においてと同様、この上ない成果を収め、切り抜けて参りました。一九一〇年以来の四一年間の兵役を終え、私は痛恨の思いで陸軍を去らんとしております。職業軍人は厳しい役柄です。が、一方、愉快な友愛の組織でもあります。国務省関連では一九二〇～一九三〇年の間に、多年にわたりカラカス、ボゴタ、それにキトーの大使館で駐在武官として務めました。第一線で活躍している人たちは皆優秀です。米国の海外での外交の場は、偉大な国家に相応《ふさわ》しい威厳をもって保持されています。その活動は、激しい競争の環境の中で行われています。在外機関というものはどちらかと言えば物惜しみなく運営されているものだからです。東京はその最も際立った例です。私が議会に提示します真の主題は、国際危機の分野におけるものです。そのことでは、全ての政党が共通の関心の場に立って、争うこともなく、席を共

に出来ましょう。

そういうことなので、私が行う陳述には政治的動機も、あるいは目的も、一切関わっておりません。ここに、はっきりとした歴史上のいくつかの要因があります。その危険な影響が、今になって感じ取られ始めているのです。過去の死の手が、覚束ない現在の上に重く置かれております。われわれは依然としてカイロ、ヤルタ、テヘラン、それにポツダムの影の中におります。その報いは素早く、恐ろしいものでした。一九四五年の勝者は、自分らを殺戮《さつりく》するかも知れぬフランケンシュタイン(注3)を創り出しました。国際共産主義の赤の脅威です。しかし、現在の政権がよろめいているのは、先任者から引継ぎ、自分たち自身が創り出したものではない、堪えがたい重荷を背負っているからだと認めるのは全く正しいことです。極東におけるこの脅威と対決し、赤のメドゥーサ(注4)の引きつった顔を暴き出すのはマッカーサー情報部の仕事の内でした。今回、ソ連の大スパイであるリチャード・ゾルゲの供述を使って、発表を行います。その供述は最初にドルー・ピアソンが、次いでウォルター・シモンズやアルフレッド・コールバーグ、それにもっと最近では、ニューズウイーク誌やUSニューズ・アンド・ワールド・リポート誌が特集に採り上げています。

ウィロビー、米陸軍省にゾルゲ関連書類を提出

ウィロビー　しかし、そういった記事は単に表面を引っ掻いてしかいません。何年にもわたって、一〇〇万語以上にも及ぶ、何百もの写真版や、フォトスタット（直接複写写真）や、イラストを含めての、数多くの一貫した証拠書類に収められた、ゾルゲに関する最も広範な書類を東京から、陸軍省に提出しました。この報告にはある人たちが厳しく採り上げられていますが、彼らは、世界的陰謀という邪悪な背景に照らして見られるべきです。われわれの議員たちや国民は、その陰謀の根本的な仕組みを知るべきです。その歴然たる、また衝撃的な証拠から、この事件が、中国での大失敗の責任に関して巧みに助長された、誤った考え方を払拭《ふっしょく》し、この問題とされている課題を適切な焦点の下に置くことでしょう。中国共産化の真の原因は、クレムリンが操るコミンテルン（共産主義インタナショナル）の命令の下に、プロの共産主義者が行った過去二〇年にもわたる長期の破壊活動であります。

マッカーサー情報部が関心を持ったのは、リチャード・ゾルゲの話が東京で始まり、東京で終わったものではなく、ソ連の戦略というモザイクの単なる一片でしかないと直ぐ認識したことです。捜査は上海時代及びコミンテルン組織にまで及びました。一九三〇年代初頭の上海ということで、われわれが対象としていたのは、一九四一～四五年のソ連との不安定な同盟の期間ではありません。コミンテルンの最盛期であり、第二次世界大戦をとにかく可能にした唯一の要因である、悪名高いスターリン・ヒトラー協定（注5）の前兆でもあった、より意味深い、戦前の一九二九～三九年を問題としているのであります。ここで採り上げているのは、現代中国の歴史における陰謀の時代です。上海は共産主義の葡萄園《ぶどうえん》でした。そこでは竜の歯［訳註　原文 **dragon's teeth**、中国共産主義の種］が蒔かれ、それが今日赤い収穫物に熟れ育ったのです。そこで鋤《すき》をとっていたのは、中国に個人的な利害関係があるとは思えない、色々な国から来た男女でした。

　彼等の動機と言えば、西欧世界を征服するための、汎スラブ主義の共産主義の「聖戦」という、縁もゆかりも無い動機に対する、説明のつけようもない狂信だけでした。米国共産党の老練な活動家の大部分は、その時々に上海で活動していたようです。彼等は、秘密結社のプロだとか、単に追随したり、騙されたり、蛾のように赤の脅威に惹きつけられていた人間です。アール・ブラウダー（注6）や、サム・ダーシー（注7）や、ユージン・デニス（注8）や、ハリー・バーガー（注9）や、ゲルハルト・アイスラー（注10）ほかの数多の連中です。私の今までの報告書には一八〇人を超す人間の身元や、姓や、偽名や、コード名が載っています。これらは米国の法律家たちが認証した法廷記録や、上海租界警察（注11）の夥《おびただ》しい調査書類から得られたものです。

共産系新聞からの攻撃を覚悟

ウィロビー　罪の無い人たちを擁護するために、われわれは「活動家」と、自分等が支援している機関の性格をよくは分かってはいない単なる「参加者」である「脇者」との間には、はっきりした区別をつけました。関係の仕方やつながりが、正確にどの程度だったかは、コミンテルンのスパイによる直接的な諜報行為から、外国や敵国政府の利益にしかならぬ国際的な策謀に、いつのまにか陥っていることに気がついていないような、愚かな同調者や、酔っ払っているリベラリストのような薄暮地帯まで、範囲が広がっています。この事件は主として日本と中国に当てはまるものですが、今日の米国で行われている、それと分かるような図式をも表しております。私は詳細な証拠を適切な連邦機関や、議会委員会に提出しました。私は検事ではありません。単なる警察官役であり捜査官役です。

こんな経緯から、私は、私のような移民の少年を受け入れ、住まいと人間として市民権を与えてくれた米国に対して、倫理上の義務を遂行するものです。間もなく一九四九年の往時のように、抗議の声(注12)が間違いなく巻き上がるものと私は思います。香港のチャイナ・ダイジェストからニューヨーク市のファー・イーストト・スポットライトに至る共産系の新聞から、攻撃されるものと覚悟しています。指令が発せられるのはニューヨーク市東一二丁目二五番地(注13)のみすぼらしい倉庫のような建物からです。赤の組織は、取るに足らぬ労働者たちを飽くことなく動員しましょう。左翼がかったコラムニストたちは、鉛筆を削ることでしょう。中傷部隊は攻撃を開始しましょう。赤の代弁者の中には以前のように、国の法律を悪用し、私を名誉棄損で訴えましょう。そして私も以前のように受けて立つでしょう。しかし、この逆上的な非難の騒音の中で、私は古《いにしえ》の格言を思い出します。「結局はまかり通らぬような大義を今押し通せることよりも、結局は受け入れられることになる大義を今通せない方がましだ」

ウィロビー　議長、私の陳述はこれで終りです。

ウッド　何かご質問は、顧問？

タベナー　はい、議長。

ウッド　どうぞ。

タベナー　ウィロビー少将、あなたが述べられたように、リチャード・ゾルゲ事件がソ連の戦略の中の、全般的なモザイクの一片に過ぎないとしますと、その事件から派生することを今、全面的に明らかにすることは、この国で起こったり、再度起こりえるかもしれない事件の背景と意味合いを理解する上で、議会にとっても、この国の国民にとっても、役に立つというのが、あなたのご意見ではないでしょうか？

ウィロビー　顧問殿のご意見には全く同感です。国際的な大スパイと現時点との間に存在する繋がりを、明らかにしたり解明したりしてたどることには、直接的、現実的価値が有りますことも、また、本委員会はこの証言を得るのに格好な場所であることにも、疑いはありません。何年かにわたり、一万マイル（約一万六〇〇〇km）も離れた東京在勤中、私は本委員会の調査活動を敬意を持って見守って来ました。その実績は申し分のないものであり、本委員会に出頭することを私は名誉に存じております。この点、私は本委員会よりその手法を学び意義を感じた、同様な委員会、すなわち有能なJ・テニー上院議員の下でのカリフォルニア州議会の上院非米活動調査委員会に、ここで敬意を表したいと思います。

ゾルゲ事件テーマの聴聞目的は二つ

タベナー　ウィロビー少将、ゾルゲ事件を議会や、国民の目の前に持ち出すという課題こそ本委員会が今回聴聞を行う目的の一つです。この国で起こった出来事、あるいは幾分似たような性格の出来事を見たり、また理解してもらうためであり、またそういうことの再発に備えるためです。ゾルゲ事件を調査するに当たって、アメリカ市民権を有する者たちがその大陰謀に加担した本質とその度合い、また、その者たちが今日存在する米国での共産主義者の陰謀にどんな役割を果たしているかを確認することが、本委員会の直接の目的であることを私は付け加えねばなりません。そういったことが本委員会聴聞の二大目的です。

ウィロビー　顧問、私はあなたが述べた大枠に適うように努めます。今回の申し立ての中で、われわれは一方ではゾルゲと、他方では恐らく遥かに重要な、上海での策動との結びつき[注14]を明らかにします。われわれはまた、いわゆる前線と称される、政治的、社会的結社組織に食い込んでいった手法の共通点も明らかにします。私が冒頭陳述の中で全般的な概要を述べましたように、そういった関係を明らかにします。言うなれば、われわれはゾルゲ事件を過去の歴史上の出来事として、あるいは、すでに語られていることの単なる繰り返しとして扱っているのではありません。ゾルゲが断片的に語っていることの中にも、今やこの上なく興味がある、上海での複数の組織を語るに十分な情報があります。

というのもアメリカ市民たち、ことに米国共産党員が、当時、活動していたからです。そのことを前もって承知していたならば、ここ数年の間われわれがそういった人間に対して、こんなに寛容になっていたことも忍耐強かったことも、有り得なかったことは間違いないでしょう。それゆえ、私が見るところ、皆さんの審理の目的は、正にあなたが述べられた通り、過去を現在に結びつけることであり、これからなされる一連の質問と答弁により、この委員会の場でその目的が達成されると私は確信しております。本委員会はこの種の審理には、申し上げましたように、真に適任であり、すこぶる相応《ふさわ》しいものかと思います。

ベルデ　議長、その点について質問があります。

ウッド　ベルデさん、どうぞ。

ベルデ　少将、この国には色々な感じ方が存在しています。そして色んな人が、これは単にダムを溢れた水、すなわち過去に起こったことであり、その意味合いは現在米国国民にとって最早重要なことではないと言っています。この点に関してあなたはどう考えていますか?

コミンテルンの国際謀略の一端

ウィロビー　私は冒頭での発言に触れたいと思います。それは本委員会が——そして私自身は本委員会の共同歩調者かと思っていますが——成し遂げたいと願っていたことの概要、あるいは計画として計算されたものだからです。私は、「マッカーサー情報部が興味を持った所以《ゆえん》は、リチャード・ゾルゲ事件は東京で始まり、東京で終わったものではなく、ソ連の戦略全般のモザイクの単なる一片でしかないと直ぐに認識したことである」(注15)と申し上げました。あなた方は、クレムリンの外交政策の道具であるコミンテルンが行っていた、ソ連の国際的な謀略の一端を垣間見ることでしょう。それが、この意見表明の中で明々白々になってまいります。

同様に米国の共産主義者の活動もお分かりになりましょう。逃亡して司法省を困らせた、有名なゲルハルト・アイスラー(注16)は現在、上海に居ります。彼は、当時バトリーに仕掛けたのと同じことをしました。そこにあなた方の過去との繋がりがあるのです。アール・ブラウダーや、米国共産党の首領であるユージン・デニスはゾルゲの上海系列に出て来ます。ですから、そこにあなた方の結びつきがあるのです。あなた方の結びつきは、米国の有名な共産主義活動家が一五年後に、または一〇年後に応用した、ある種の活動の詳細を示している事例史なのです。あるいは、私が冒頭発言で述べましたように、もう一度言いますと、米国共産党の練達な活動家の大部分は、その時々に上海で活動していたようです。彼等は、秘密結社のプロだとか、単に追随したり、騙され、蛾《が》のように赤の脅威に惹きつけられている人物ではない。アール・ブラウダーや、サム・ダーシーや、ユージン・デニスや、ハリー・バーガーや、ゲルハルト・アイスラーほかの多数の連中です。

ベルデ　ということは、少将、もう少し簡単に言いますと、われわれは彼等が現在どのように活動しているかを知るためには、過去四半世紀にわたっての共産党や、コミンテルンの活動の仕方を研究せねばならない、とあなたは思っているのですね。

ウィロビー　私はそのように強く感じており、その特別の問題に関するあなたの見解には全く同感です。

ウォルター　あなたはその時と同じ活動勢力が、今でも同じ目的で活動していると思いますか？

ウィロビー　全くそう思っています。

タベナー　ウィロビー少将、あなたの東京在任中に、中国及び日本で活動していたリチャード・ゾルゲ諜報団をさらに調査する機会がありましたか？

上海は国際的謀議や諜報の中心地

ウィロビー　はい。ゾルゲ事件を細かに調べましたところ、断片的だったり、不完全ではありますが、それでも彼の東京での活動は中国、満州及びシベリア本土に関連していたことがはっきりと分かりました。

タベナー　ゾルゲ事件を調べた後に、その結果、他の地域も調べるようになりましたか？

ウィロビー　はい。私は国際的な謀議や諜報の中心地としての上海に、また、これからはコミンテルンと呼びますが、共産主義インタナショナルとして知られる、第三インタナショナルがそこで活動していたという、ゾルゲ関連書類中の特定のデータに関心を寄せるようになりました。

タベナー　その結果、上海では共産主義者の手先や同調者に関する情報が入手出来ると判断しましたか？

ウィロビー　はい。上海の国際警察、ことに三〇年代の英仏政治担当部では、アメリカ人や外国人の破壊活動に関する情報を多数入手していたと知りました。ある場合には、こういった破壊活動は米国共産党の人間と結びついていました。

タベナー　あなたは、自身が行った調査の一つの結果として、リチャード・ゾルゲや他の容疑者の日本での逮捕、尋問、起訴の記録や、その結末を含む三四に及ぶ一連の付属文書のまとめの指示をしましたか？

ウィロビー　はい。

タベナー　この付属文書には、日本占領後にあなたの指示でまとめられた、その後の尋問や法律上の意見が入っていますか？

ウィロビー　入っています。その資料の簡単な説明をしましょう。われわれは便宜上「付属文書」という言い回しをしています。実際のところそれらは真正の、公証法廷翻訳文(注17)で、信用ある米国の法律家たちが公証したものです。このタイプされた資料は何百ページにも成る大変な量なので、二、三ページを超えることがないように、自分で簡潔にまとめておけば、本委員会や他の審査機関のお役に立つかと思っておりました。これら付属文書を簡約したものは、G2何号、何号と呼ばれています。皆様がお持ちになっているものです。こういった所が付属文書の、資料や公文に関する大雑把な説明で、委員のお役に立てば幸せです。

アグネス・スメドレー、聴聞逃れ離米

タベナー　議長、証人が申している付属文書の認証済みコピーは、本委員会の職員の下に色々な折に陸軍部から送られて来たものであることを、記録のために私は述べておきたいと思います。最初は一九四九年三月に送られ、最終は一九五一年二月一五日です。大体、同じ時期に同じ付属文書が連邦捜査局（FBI）、産業別労働組合会議（CIO）、それに国務省に送付されたと通知を受けました。本委員会は調査の一部として一九四九年一二月九日に、捜査官の一人を通じて、アグネス・スメドレーを喚問する可能性の情報入手に努めました。彼女の名前はこれら報告書のあちこちに出て来ており、彼女を召喚する目的でした。ところが、アグネス・スメドレーはその七日前の一二月二日に米国を離れ、英国に行ってしまいました。さて、ウィロビー少将、お互いに言及しました付属文書は、あなたの隣のテーブルにあります。お調べ頂いてから、それらがあなたの命令によって、またあなたの指示、監督の下に、作成された付属文書であるかどうか述べて下さい。

ウィロビー　顧問、その付属文書を調べ、それがわれわれがワシントンで提出しました一連の報告書の原本か、そのコピーであることを確認しました。一言付け加えてよろしいでしょうか？あなたはこの付属文書を陸軍省の手を借りて入手したと述べました。私も心から思うことですが、ボーリング少将の下での陸軍省情報部はこの作業全体に、今までもまた現在も、最も協力的であることを申上げておきます。あなたがスメドレーに関して申されたことや、本委員会に彼女を呼び出そうとしていたことは私には耳新しいことですし、またそのことから、あなたが長期にわたってこの事件の意味合いを意識されていたことが分かります。

タベナー　付属文書にはそれぞれ番号が付されております。あなたは一から三四まで連続番号を付けましたね。

ウィロビー　そうだと思います。記憶を新たにしたいので……（文書を調べた後に）そうです。

タベナー　議長、私はこの付属文書を差し出したく思いますが、証拠としてではなく、現時点では委員会に単に提出するだけです。ですが、明確にしておくためと、将来の参照用に同じ仕方で、また現在付されているのと同じ番号に従って、識別のために印《しるし》を付けて頂きたいのです。ということは、「ウィロビー付属文書第一号から三四号」と番号を付けることです。

ウッド　委員側には何等異論は無いので、そう印《しるし》をつけます。

（上記の一連の報告書は「ウィロビー付属文書第一号から三四号」と印《しる》された）

タベナー　ゾルゲ事件を更に調査された結果、あなたは上海に行くことになったわけですが、上海に居る多くの共産主義者の活動に関して、あなたの命令で何か書類をまとめ上げましたか？

ウィロビー　はい。詳述させて頂きたいのですが？

タベナー　どうぞ。

上海市警察ファイルの相当部分を入手

ウィロビー　そういった活動を追跡し、上海市警察ファイル(注18)の相当な部分を入手出来ました。完璧なファイルというわけではありませんが、相当な部分です。英国、フランス、中国官憲及び米中央情報局（ＣＩＡ）の支援を受けてです。私はそういった人たちとは、長年にわたって効果的にまた友好的に協力して、作業が行える関係にありました。

タベナー　そういった努力が実って、あなたは手つかずにしてあったファイルをそっくり手に入れたのですね？

ウィロビー　その通りです。

タベナー　さて、私は二つの金属製ロッカー［訳注　トランク］をあなたに見てもらうというか示すというか、注意してもらいます。ロッカーとその中身を調べて、それらがあなたが言われた上海市警察のファイルであるかどうかを述べてください。

ウィロビー　（ロッカーとその中身を調べた後で）顧問、その通りです。私はこれらのファイルを、資料室でのやり方に倣《なら》って系統的に番号を打ったり、アルファベットの目次カードや相互参照表を作成したりして整理に努めました。本委員会での大変手のかかる作業になりますし、それに多分調査員も限られていると思ったからです。

タベナー　トランクの一番上の、タイプで打ったリスト二通が目に付きましたが、これはなんですか？

ウィロビー　これには「内容物の目次」と題がつけてあります。これによって内容物をタイトルからでも参照番号からでも検索できます。

タベナー　このトランクは一九五一年五月七日に東京から、私、非米活動調査委員会主任顧問F・S・タベナー宛に送られて来たものです、そうでしたよね？

ウィロビー　そうだと思います。

タベナー　私は本委員会にトランク二個をその内容物とともに提出したく、またそれらに参照用のみとして「ウィロビー付属物第三五及び三六」と印すことを願います。

ウッド　そうすることを命じます。

（上記の、内容物の入った金属製トランク二個に各々「ウィロビー付属物第三五及び三六」参照用のみと印《しる》された）

タベナー　ウィロビーさん、あなたは本委員会が一九四九年に、本審査に関連してあなたに初めて接触したことを覚えておらるでしょう。その後、われわれは、本件を公聴会により完全な形で提示するために、事件の肝心な部分、殊に米国の利益に関わる部分を具体的に記載した、ゾルゲ事件に対する簡潔な報告書を、あなたのご都合の良い時に準備いただくようにお願いしました。それでよろしいですね？
ウィロビー　その通りです。
タベナー　お願い通りにしていただけましたか？
ウィロビー　はい。
タベナー　議長、ウィロビー少将はその報告書をわれわれに提出しました。その報告書は本公聴会の準備上、また本委員会が本件に関連して行いました時折の色々な調査の上で真に貴重な物であり、それに、彼の聴聞を行う上で終始、証人によっても、顧問としての私も、使うことになりましょう。ところで、ウィロビー少将、あなたは吉河光貞とお知り合いですね。

評価された吉河光貞検事の証言

ウィロビー　はい、長年にわたっての知り合いです。彼は日本の有能な検事で、勤続期間も長く、本委員会が彼を招いて全般的な説明を得たのは、良かったことと思います。
ベルデ　少将、彼の名前を綴ってください。
ウィロビー　姓はヨ・シ・カ・ワで、名はミ・ツ・サ・ダ。吉河光貞です。
タベナー　あなたが作成した付属文書に含まれているいくつかの宣誓供述書に関して、彼が本委員会で証言したことはご存知ですね？
ウィロビー　はい、そのことを新聞報道で知って大変喜ばしく思いました。そして、彼が、関連するゾルゲ事件資料を認証したことは、重要な貢献だったと思っています。東京で米国の法律家たちが行った、同様に重要な認証を多分補うからです。
タベナー　この宣誓書は、あなたの所轄の部局の依頼で吉河氏が一九四九年に署名捺印したもので、彼自身が見守った、ゾルゲの尋問と自白が真実であることを認証しているものです。それで良いですね？
ウィロビー　はい、全くその通りです。
タベナー　委員会が所有している付属文書を良く読みますと、ゾルゲや共同被告人に対する日本側の裁判の妥当性、また警察によるゾルゲ事件捜査の妥当性、さらにあなたが提出した記録の真実性を、少しの疑いもなく明確にするために、米国当局が占領以来行って来た大変広範かつ誠実な努力が、窺《うかが》われます。あなたの調査ではこの点、われわれの裁判に対する概念に従っての裁判の妥当性と、記録の真実性を明かすためにどんなことをしましたか？

ウィロビー　顧問、喜んであなたのご質問を利用させて頂きます。というのも、司法上の認証は、今委員会がご満足いくような形で提示するとすれば、提出される書類全般にわたって不可欠だと私には思えるからです。報告書は一九四七年まで遡《さかのぼ》りますが、われわれは一九四九年に、そういった認証が望ましいと感じていました。というのは、問題が提起されたからです。主としてスメドレー女史によるものですが、当時自由に使えたあらゆる種類の宣伝手段を利用して問題とされたものです。そして、われわれは本件を再度良く調べて、米国の法律で定められている、認められた手法で資料を公証させるべきだとも思ったからです。詳細には触れませんが、先に述べたG2の意見を含めての、いうところの付属文書第一二号に関連して次のように公に意見を述べたいと思います。

ベルデ　そうする前に、アグネス・スメドレーに関してあなたが述べたことや、彼女が新聞を利用したり、また陸軍省発表の報告書の根拠とした書類が公的に認証されていないものであるという事実をもって反駁したと述べたことが、どういうことなのかをお尋ねしたい。

スメドレーが米陸軍省公表の差し止めを要求

ウィロビー　ベルデさん、仰《おつしや》っていることは分かります。私に関する限り、比較的古い話に戻らねばなりません。すなわち、一九四九年に、一九四九年二月のことですが、陸軍省から報告書が出された時に、スメドレー女史は彼女の弁護士のJ・ロッジーの助けを借りて、その内容は誤りであり、真実性に欠け、違法であると非難し、全ての公表の差し止めを求めたのです。そして何と申しましょうか、ラジオの放送時間も過分な割り当てを得て、またピンク色がかったとか、同調者とか、桜色とか、場合によりそういう言葉で例えられる、その類《たぐ》いの米国の新聞の全面的支持を得たのです。

彼女の陳述は覚えておられますように、その当時、異常なほどに報道されたものです。それに対するわれわれの反応は、黙従のようなものであり、証拠を今一度、今回は米国の適格な法的見解の裏付けを得てですが、調べたいという思いでした。そのために読み上げているものです。その時の私の個人的反応は、スメドレー女史が声高に囃《はや》し立てた、名誉棄損の訴えの脅しを躊躇なく受けて立たんとしたものでした。彼女は、いや弁護士のJ・ロッジー氏だと思いますが、名誉棄損だと声高に訴えたものの、訴訟を前面には持ち出しませんでした。そうしなかったのには、明白な理由があったからです。

ベルデ　アグネス・スメドレーは名誉棄損の訴訟を全く起さなかったのですか？

ウィロビー　そうです。私がこの認証に対する法律上の見解に触れておりますのは、あなたの質問に関連してのことです。われわれは捜査機関の長期にわたる仕事振りを思うと、その報告だけでも証拠が十分だと思いました。しかし、信頼が置けるアメリカ人の法律家たちの意見が東京で得られましたので、彼らを訪ねたらよいとも思いました。その人たちは、メリーランド州弁護士会に属するJ・W・ウッドール、コネチカット州弁護士会に属するJ・S・カルーシ、オクラホマ州並びにニューメキシコ州弁護士会に属するF・E・N・ウオーレン氏たちです。この人たちは占領軍総司令部で有力な地位にあり、現在もそこで勤務しております。これらの米国の人材のほかに、言葉の問題もありますので、われわれは英国系の在日法律事務所も利用しました。ロンドンのミドルテンプル会員、ロンドンのインナーテンプル会員、および東京弁護士会の会員でもある、E・V・A・デ・ベッカーとR・ウサミです。この人たちは一件ごとの審査並びに文書の公証を終えた後に、次のような総括陳述書に署名しました。（朗読）

ウィロビー付属文書第三七号

文末に署名したわれわれは、米国で証拠とされる文書が、法廷記録に採用されたり、証拠の基盤として使用されるその前に、それらがある種の過程や手続きを経て、認証または検証されることが必要であることを十分認識した上で、列挙されている書類の認証または検証に適用された手法と手続きを審査した。そして、証人たちの証言をつぶさに考慮し、また証人たちの文書による陳述、並びに尋問を、彼等の文書の押印と署名も同時に、審査した。しかる後に当該文書の認証または検証は、証人たちによる陳述を含め、現行の法律及び手続きに従っているという結論に達した。それゆえ、われわれは、取り上げられた数通の文書各々の認証または検証……

〈ウィロビー　そして私は今、この場と上海ファイル双方にある、収集した文書全体に関し申し上げているのですが〉……

米国の法廷、あるいは英米法体系下での外国の法廷で、民事上の手続きの規則の範囲内での如何なる利用にも、法的根拠とされるに、法律的に十分満足し得るものであると思われることを証明する。

ウィロビー　委員会がお望みなら、東京の極東軍総司令部の判事代行の意見もございます。よろしければご許可を頂き簡略した抜粋を提出します。フォルダーの一つの付属文書第一四号から取ったものです。それには「極東軍法務部見解、極東軍他関連事項担当、判事代行将官見解」と表記されています。（朗読継続）

極東軍法務部見解、極東軍他関連事項担当、判事代行将官見解

現在、東京総司令部で各民事部門が利用している米・英・日の有力な弁護士の見解をさらに支持するものとして、極東軍法務部の見解が添えられている。この見解では、極東軍法務部は一九四七年一二月一五日付のゾルゲ諜報団報告書の結論を支持し、極東軍G2の手中にある証拠書類の重要性を確認する。極東軍法務部はその要約の中で、この報告書中の証拠の一般的な評価を指摘し、またそれらに同意する。すなわち

（i）証拠には明確な証明力がある

（ii）報告書の豊富な基盤と正当性

（iii）証拠には合理的な証明力があると考えられる

（iv）常識を有する人には受け容れられると考えられる

（v）議会の調査委員会で採用されている形式に沿っている

ウィロビー　二年から三年は経ってはいますが、この見解がなされた頃には、われわれは本委員会との書簡のやりとりの中で、早晩、この資料は限られた地域での関心事以上のものになろうと感じておりました。（朗読継続）

（vi）日本側の綿密な捜査による有力な証拠が存在している
（vii）証言の強要や操作の兆候はない
（viii）陳述は各被告人と検察官相互の協働によっている
（ix）一九四七年一二月一五日付のG2レポートには正当性があり、適切に作成されている

タベナー　議長、この時点で私は、先に吉河光貞が確認し、確認目的用のみと記された「吉河付属文書第二号」を証拠として提出いたしたく、また「ウィロビー付属文書第三七号」と記していただきたいのです。

ウッド　そういたしましょう。

（上に述べられた文書は「ウィロビー付属文書第三七号」と記され、ここにファイルされた）

ウォルター　それは吉河氏が証言した際に、記された付属文書ですか？

吉河検事に自白を全《まっと》うしたゾルゲ

タベナー　そうです。この付属文書は、ご承知のように、ドイツ語で書かれたゾルゲ自供の最初の草稿[注19]と、その英訳版から成り立っているものです。吉河氏の証言ですと、この自白は不十分であるという理由で受け容れられず、草稿は吉河氏が個人的に所持していたものです。その後、リチャード・ゾルゲは自白を書き直し、この草稿の内容は、全《まっと》うされたその自白の中で容認されていますので、それ以上言及する必要はないでしょう。ウィロビー少将、私はここであなたに一九四二年二月付の「ゾルゲ事件資料、リチャード・ゾルゲの供述翻訳第一部」と題された一通の文書、そしてその文書の次にある一九四二年四月付の「ゾルゲ事件資料、リチャード・ゾルゲの供述翻訳第二部」に注目していただきたいのです。双方とも、この表題であなたの報告書に出て来るものです。またこの二通の文書は、連続付属文書二〇・A及び二〇・Bにも出て来ます。文書の起源と構成を委員会に話して頂けませんか？

ソ連との中立関係攪乱を避けた日本

ウィロビー　あなたの分類に合致いたしますその文書は、完全かつ公式の表題が、日本語から翻訳されたものですが、「ゾルゲ事件資料」として知られていま

す。それは「リチャード・ゾルゲの供述翻訳第一部」と「リチャード・ゾルゲの供述翻訳第二部」の二部から成り立っております。発行元は司法省刑事局です。議長、前文が内容を要約しているかと思います。前文は特別番号一九一号の最初のページに入っており、「極秘」と記されています。ちょっと脇道にそれますが、日本政府が当時なぜこれらの文書を「極秘」扱いにしていたことを考えると、大変興味のある側面が見えて来ます。

このスパイ団が暴かれ、団員が逮捕された後の捜査手順は大変緩慢でした。というのは、当時日本政府はソ連とは中立関係にあり、この事件が包含する関わり合いで、この中立関係を撹乱したくはなかったからです。そういうことから発刊物は「極秘」と記され、その取り扱いも極めて微妙なものだったのです。ソ連との中立関係が間もなく終わるだろうと日本政府に見えてきたのは、数年後のことです。それから彼等は、主役のゾルゲと尾崎に有罪判決を下すほど、本事件により熱心に取り組んだものです。それでは、私は委員会のご要望に添い、前文を読み上げます。

ベルデ　ウィロビー少将、この日本とソ連の間の中立の期間をいま少し正確に示してくれませんか？

ウィロビー　はい。米国が開戦したのは一九四一年一二月七日［訳注　米国時間］です。そして、ついでながら、ゾルゲはこのことで、何か暗号電文でモスクワに伝えていたのです。

日本政府はソ連との中立条約の締結は賢明なことである、と言いますか、彼等の国際戦略遂行上の範囲内であると思ったのです。

タベナー　それは松岡がドイツから日本に戻ろうとしていた(注20)一九四一年四月のことですね？

ウィロビー　そうです。われわれの参戦数ヵ月前のことです。

ベルデ　あなたの言う中立の期間は、われわれが参戦するおよそどのくらい前でしたか？

ウィロビー　ざっと六ヵ月前です。大雑把に六ヵ月間もあれば交渉も、有利・不利要素を熟考しての帳尻合わせも、そしてソ連との中立条約に持って行く決断も出来ましょう。

ベルデ　少将、あなたの調査の中で、ソ連政府が日本による真珠湾の計画的な攻撃に気付いていたという証拠が、何か見つかりましたか？

ウィロビー　はい、ベルデさん。差し出がましいですが、議長が後にそのことでの質問の準備をされております。

ベルデ　私はその質問を取り下げます。

ウィロビー　彼のなさることに、あなたが関心を持つようになるのは、間違いないと思います。あなたのご質問はよく分かりますし、歴史上の重要な要素です。彼らはその情報を得ていたのです。(注21) 多分、後にその電文の内容を読むことになりましょう。言うなれば、彼等は事前に何が起ころうとしていたのかを、承知していたのです。私も事前に知っていたならばと思ったものです。当時、われわれはフィリピンが十分攻撃目標でありえると思っていたので、不安の内に待ち受けていたものです。

ウォルター　少将、ここで質問があります。

ウィロビー　どうぞ。

尾崎秀実はゾルゲに最も近い腹心

ウォルター　あなたの言う尾崎という男は近衛の政治顧問で、尾崎は共産主義者のスパイだったのですね?

ウィロビー　そうです。彼はゾルゲ博士の最も近しい腹心でした。何しろ日本の首相と親交があり、日本の外務省の機密に触れられる男が、一方ではソ連管理下のスパイと確認される者と親しい関係だなんて、もうびっくりさせられるような類《たぐい》の話です。

ウォルター　彼は親しいなどという関係以上だったのでしょう?彼は近衛の政治顧問だったのでしょう?

ウィロビー　その通りです。そのことは後に取り上げますが、大体のことならお話できます。尾崎はある政治専門家集団に属しておりました。彼は中国問題及び南満州鉄道(満鉄)の専門家として評価されており、そういうことから外務省の相談相手になりました。実際上、公の地位です。しかし、彼はそれ以上に首相と親しい個人的関係を創りあげました。首相は、外務省を中心とする、当時、優秀な若手グループとして知られる者たちを身の回りに集め、不定期ながら朝飯会と呼ばれる肩の凝らぬ雰囲気で、朝食時、時には夕食時に、会っていたのです。朝飯会は日本人にはある意味があったものですが、われわれにはゾルゲに関する話が進むにつれて、その意味が初めて分かったものでした。参加者は、関連地域の専門家グループや、ある程度外交政策の、少なくも起案に関わっていた外務省の役人が居ったのです。この男はこの強力で、しかも影響力のあるグループの一員でした。彼は自分が探知したことを、即刻自分のボスであり、仲間であるゾルゲ博士に伝達し、ゾルゲ博士はそれを、自分の手もとに置いていた無線送信機で、ソ連のシベリア［訳注　正確には極東］の公式中継所であるハバロフスクへ、さらに、モスクワへと伝達していたのです。

ということで、この途轍もない、ゾルゲ博士という男は、一方では日本政府の内輪の会合に入り込む腹心を持ち、自らもドイツ政府の内輪の会議にも入り込んでいたのです。東京で、彼はドイツ大使館の広報官という地位にもあったからです。そこで彼は言うなればニュースの取り込みも、送り出しもやっていたのです。

タベナー　程度の差こそあれ、英国外務省の内部組織にも入り込んでいたのじゃないですか？

ウィロビー　そうです。彼の組織には、東京の英国大使館周辺に受けがよかったイギリス人ギュンター・シュタインも入っていました。彼は時にはスメドレーやその仲間を通して、米国の情報にも接していました。

タベナー　ところで少将、あなたは今、私の質問に応じて詳細に答えていただいておりますが、細部に入る前に、むしろ順序正しく証言を進めたらどうかと思います。そこで、委員会がそれでよろしければ、多少とも時系列に沿って進めたいと思います。

ウィロビー　大変結構なことです。私もそのように思っておりました。もちろん私はウォルター氏の個別のご質問には喜んでお答えするのに吝《やぶさ》かではありません。

タベナー　そう、私は英国はどうかと尋ねましたし、後で関わって来ることになる証言に深く立ち入ろうとしていましたね。

ウィロビー　その通りです。本筋に戻ります。あなたの最後のお尋ねは、ゾルゲ事件資料の確認でした。そして私はその文書の前文は自明の理であると申し上げました。その前文を読み上げます。そうすればこの重要な文書の内容がすぐ分かるでしょう。

ウィロビー付属文書第三八号
「ゾルゲの手記」（前文その一）
ドイツ人リチャード・ゾルゲは一九一九年にド

イツ共産党に入党し、コミンテルン本部に送られた。〈ウィロビー　ソ連の本部のことです〉一九二五年の一月にすぐさまソ連共産党に入党し、コミンテルン情報部部員に加わった。そして北欧諸国、中国その他の地でのスパイ活動に従事した。一九三三年に彼は日本でのスパイ活動を命じられて、フランクフルター・ツアイトゥンク紙特派員として日本入り(注22)して、秘密スパイ団を組織した。そのメンバーは、同じソ連の情報機関が送り込んだ、ドイツ人で無線技術者の共産党員マクス・クラウゼンや、ユーゴスラビア人でフランス共産党員ブランコ・ド・ブケリチ、日本でのスパイ工作のため米国共産党から日本に派遣された米国共産党員宮城与徳らである。

ウィロビー　ウォルターさん、あなたのご質問に関連してですが、私はここで、この男ゾルゲがフランス共産党員や、米国共産党員や、ドイツ共産党員を、その活動分子の一部として取り揃えた、この国際的な編成の重要性を指摘いたしておきます。（朗読継続）

ゾルゲ自身で、一九三〇年に上海で仲間に入れた中国共産党の政治顧問、(注23)尾崎秀実《ほつみ》…

ウィロビー　言うなれば、尾崎秀実は将来の日本政府高官にも関わらず、一九三〇年代初頭に、ゾルゲにより一九三〇年の中国共産党の政治顧問として挙げられていたのです。私が忘れてしまったことも、あるいは詳細な調査で判明した事柄も数多くあります。（朗読継続）

…その他の者がいた。そして彼は、そのグループを指揮、管理してソ連の本部へ軍事、外交、政治、経済、その他諸々の情報収集と文書または電信による伝達を行っていた。印刷されている現在の文書の内容は、東京地方裁判所の指示により、供述書に代えてゾルゲが作成した、タイプされたドイツ語の記述の翻訳の（その一）から成る。

タベナー　ここで私は、連続付属文書二〇・Aの一部として参照されている、ドイツ語で書かれた記述の英語翻訳文を、「ウィロビー付属文書第三八号」として、証拠として提出いたしたく思います。

ウッド　受領します。

（上に述べられた文書は「ウィロビー付属文書第三八号」と記され、ここにファイルされた）

タベナー　それでは、（その二）に進んでください。

ウィロビー　（その二）は同じ表題がついています。その前文は単にこんな記述だけです。

> **ウィロビー付属文書第三九号**
> **「ゾルゲの手記」（前文その二）**
> 本文書は、供述書に代えてリチャード・ゾルゲが作成したタイプされたドイツ語の記述を、東京地方裁判所検事局が翻訳したもので、二番目にして最後の部分から成る。

タベナー　ここで私は、連続付属文書二〇・Bのドイツ語版と英語翻訳文双方を、証人の表現に適うものとして、証拠として提出いたしたく思います。

ウッド　受領します。

（上に述べられた文書は「ウィロビー付属文書第三九号」と記され、ここにファイルされた）

タベナー　ウィロビー少将、「ウィロビー付属文書第三八号」及び「ウィロビー付属文書第三九号」と記されたこの二つの文書は、ゾルゲの自白として知られているものですね？

詳細かつ長大なゾルゲの供述

ウィロビー　はい、その通りです。正しい表題は今私が読み上げました通りで、すなわち、「ゾルゲ事件資料」ですが。われわれは東京では、とどのつまり便宜上の表題を付けました。『ゾルゲの手記』[注24]がそれです。表題には実際、はっきりした意味があったわけではありません。自白というわけではなく、実際、ゾルゲ自身が語ったということでもありません。日記でもありません。ですが、この三つを兼ね備えたものです。それをどう呼ぶかは、あなたの自由です。われわれはしばらくの間、そういった用語を見境なく使っていました。

タベナー　その文書自身の表題の翻訳は、私が読んだ印刷された表題ですが、「リチャード・ゾルゲ供述、（その一）及び（その二）」ですか？

ウィロビー　ゾルゲ事件資料です。
タベナー　それではこんな風にお尋ねしましょう。ちょっと前に私が口にしました、文書と離れて、または別に、ゾルゲの日記も自白文も一切無いということですか？
先に「吉河付属文書第二号」と記されたもの、及び、たった今持ち出された「ウィロビー付属文書第三八号」及び「ウィロビー付属文書第三九号」と記されたこの二つの書類のことですが。
ウィロビー　何もありません。
ウォルター　私の理解では、吉河が話をまとめ上げ、タイプ書きして短くし、それをゾルゲに差し出し、ゾルゲがそれにイニシャル（頭文字での署名）した。これで正しいですか？
ウィロビー　彼は訂正をしたと思います。私が見ました原文にはインクで、気ままな説明のような、訂正がなされていました。
ウォルター　彼は各ページにイニシャルしてましたか？
ウィロビー　その点は思い出せませんが、私はその特定の文書を額面通りに受け取りました。

ウォルター　それはあたかも彼が全体を、自筆で書いたような告白文と同様ということですか？
ウィロビー　ご質問の趣旨はよく了解してます。その男が書いて、法律的にファイルしたもので、そういったものとして受け容れていただけるものかと思います。
ウォルター　付属文書三八と三九から成るこのゾルゲの自白というか供述は、大変長いものです。議長、大変興味があるものです。東側での共産党とコミンテルンの歴史にまで大変詳細にわたって記述されておりますが、付属文書なので、われわれはその文書を読み上げるつもりはありません。しかし、私は『手記』に記載されていますす事柄に関して、おおよそ時系列に沿った仕方で証人に質問したく思います。
タベナー　付属文書三八の（その一）の一四ページを見てください。そこには「一九三〇年一月から一九三二年二月に至る、筆者のスパイグループと中国での活動」と表記した第四章が入っております。このグループの組織に関して、そこに記されております情報を委員会のために明かして頂けませんか？「筆者」とは、リチャード・ゾルゲのことですが。

赤軍第四部の命令で中国に派遣されたゾルゲ

ウィロビー　この全体が備わった、大変な長さの付属文書の抜粋で話の筋道が窺えるかと思います。例えば、中国グループの組織について触れている部分では、彼はこう言っています。

> 私は、赤軍第四部の命令で派遣された二人の外国人仲間と中国に来た。(注25)

ウィロビー　この部分はそれなりに重要な意味を持っています。彼等は赤軍第四部の命令で派遣されて来たのです。赤軍第四部とはソ連陸軍の諜報部門のことで、ゾルゲは、赤軍第四部の命令で派遣され、彼に与えられた二人の仲間と中国に来たと言っています。ということは彼は赤軍第四部のために働いていたことを意味しています。彼は、言うなれば、ソ連陸軍諜報部の現地責任者であり、スパイであり、秘密工作員だったのです。さて、彼はこう言っています。

> 中国で、信頼できると分っていた唯一の人物は、私が最初に欧州で耳にしたアグネス・スメドレーだった。私は彼女に、上海での私のグループの結成、とりわけ中国人の仲間を選《よ》り抜くことに助力を願った。私は出来るだけ多く彼女の中国人の若い友達に会い、左翼主義のために外国人に協力しともに活動することに身を捧げる者たちと知り合うように特に努めた。

ウィロビー　他の重要な部分を拾いますと、後に彼はこう言っています。

> 自分はこのスパイグループに、外国人の仲間を引き入れるのに同じ方法を使った。先ずスメドレーの友人の中から何人かを推薦してもらい、スメドレーの紹介で近づき、直接自分で交渉が出来るようになるまで待った。

ウィロビー　それからこれは面白いですよ、ウォルターさん。

> 私が尾崎に会ったのもそうしてのことだった。

われわれを引き合わせてくれたのは、スメドレーだと思う。それから後にスメドレーと私は尾崎とスメドレーの家で頻繁《ひんぱん》に会った。

ウィロビー　彼は自分の活動に関わるこの長文の記述で、同じような調子で続けています。

タベナー　同じ付属文書二八の一五ページを見てください。そこには「日本人メンバーが情報収集に用いた方法―日本人メンバーと接触する方法」と題された副題Cがあります。そこでゾルゲが日本人メンバーと接触することについて何と言っていたか、委員会に話して頂きたいと思います。

ウィロビー　ここでも私は彼の供述の中から、幾つか選んで触れたいと思います。彼の仕事のやり方を良く現しているからです。彼はこう言っています。

自分は日本人メンバーとはレストランか、カフェか、スメドレーの家で会った…自分はスメドレーの家で会うのが一番気楽だったので、尾崎や川合を何度も連れて行った。

日本占領に伴う政治恩赦で釈放

ウィロビー　ここで中断して、この男、川合、カ・ワ・イが、どんな男か説明したいのですが?川合はゾルゲ一味のメンバーで、逮捕され、裁かれ、有罪となりましたが、日本占領に伴う政治上の恩赦［訳注　GHQのいわゆる政治犯釈放令］で釈放されました。われわれは気紛れな分類で、政治犯とされていた多くの人たちを釈放したものです。有罪となっていたスパイもおれば、若干の殺人犯も含まれていたのは、ありがちなことでした。日本占領に忙殺されていたので、個々の事例にまでは手が回らなかったのです。後にわれわれはそういった輩《やから》を再逮捕しました。川合はスメドレーや他の者とのこういったやりとりの実際の生き証人で、重要な存在になりました。彼はそう申しました。そのことで彼に誓約書も出せますし、彼をこの委員会に出頭させる資金もありました。

タベナー　それに関連してですが、少将、彼は小委員会がハワイに置かれていた一九五〇年四月中に、本委員会が宣誓供述書を取ることに関して、あなたに書面を送った二人の中の一人であると思いますが、そうではないですか？

ウィロビー　いやその通りです。思い出させて頂き良かったですよ、タベナー法律顧問。ということからも、本委員会が本事件につき長期にわたって実際に活動を続けて来ていることが分かります。この宣誓書は個人が出頭する代わりに作成されたもので、それと同じ証拠力を有しております。言うなれば、もしスメドレーと当時の彼女の弁護士が（それに彼女が自身を守ったのは当然のことですし、私は今でも当時でもこの姿勢に反対ではありませんが）もし彼女がこれは典型的な強要された日本式暴《あば》き方だと主張するとしても、この委員会のような米国調査団の前で、そういった供述を断固とした意思で行う証人たちの支持が得られているのです。川合の立場は尾崎よりも一層重要です。というのも、彼は宣誓供述を行い、それを公証したりなどしており、もし必要なら彼を召還出来るからです。

ベルデ　あなたは尾崎と川合がスメドレーの家で会ったと言いました。その時期や、スメドレーの家の在り場所を定かに出来ますか？

ウィロビー　会合は上海市内で行われました。スメドレーやシュタインが日本で活動することは、決してありませんでした。そして彼女について調べたのは、ゾルゲの助手としての上海で仕事をしたことに関してです。後になって（彼らが活動している時点ではわれわれ知りませんでした）われわれがゾルゲ事件に関心（注26）を持って調べているうちに、そのことが上海市警察の記録の中に確認されました。日本の裁判記録はスパイ団の上海での活動を指摘していました。そのことは後になって、優れた国際警察機構であり、当時は中国における治外法権居留地だった上海市警察の残された記録を調べて、事実関係が確認されました。

ベルデ　あなたは、そういった証拠はほとんどの米国の法廷で受け入れられるものとお考えですか？

ウィロビー　はい。私なら受け入れます。

ベルデ　その時代はいつ頃でしたか？

ウィロビー　一九二九年から一九三四年の間です。顧問、それで良かったですかね？当然ながら、本委員会の法律顧問はこのファイルについては、私などより遥かに専門家として接しられていると思います。

タベナー　川合に関する限り、尋問ではそういった特別の会合は、一九三二年に行われ、最後は一九三三年となっております。

ウィロビー　私は上海市警察の書類をホッパー［訳注　議員立法提案箱］に投げ入れたい思いに駆られました。

タベナー　そうする前にですが、あなたはギュンター・シュタインのことを、日本では活動していなかったと述べました。

ゾルゲの無線局を運営したG・シュタイン

ウィロビー　私はそれを撤回いたします。

タベナー　間違っていたからですか？

ウィロビー　そうです。つい口が滑ったのです。誤りでした。スメドレーは日本におりませんでしたが、ギュンター・シュタインはおりました。実際、彼は長期にわたってゾルゲの無線局を運営していました。(注27) ゾルゲの話、日本側の報告書、それに上海市警察の英仏特区の報告書との関係につきましては、本委員会は上海ファイル中に、スメドレーに関する詳細な報告が入っている調査書類と、普通の索引カードを保有しております。五×三インチのカードで、日付入りです。「上海市警察」とカード上部左側隅に入っております。

> ファイル番号。日付、一九三三年八月。アメリカ人。年令、一八九二年二月二三日生まれ。身長、五フィート六インチ。髪の色、茶。目の色、灰色。顔立ち、卵型。

ウィロビー　どちらかというと大雑把《おおざっぱ》な記述と申しましょうか。

> 前歴　アグネス・スメドレー、またの名アリス・バード、またの名ペトロイコス夫人、アメリカ国民、一八九二年二月二三日、米国ミズーリ州オズグー生まれ。以下の団体のメンバー…。

ウィロビー　ここがちょっと面白いところです。一九三三年から一九五一年までに、シンパや同調者が参加している、ある種の前線のどこかで、われわれはそういったリストを聞いたものです。（朗読継続）

> ソビエト友の会、ベルリンのヒンドゥスタン協会、ベルリンインド人革命協会、ヌーラン擁護委

員会(注28)…。

ウィロビー　ヌーラン擁護委員会は公民権評議会の前身です。現在、ニューヨーク市で公民権評議会が行っているのと同じ方針で、上海で活動していたのです。すなわち活動で捕らえられた共産主義者の法的擁護です。

ウォルター　それに米国で対応するのは何ですか?

ウィロビー　公民権評議会です。私は、その高貴な生れから、その米国の蔓《つる》までたどってみせます。

ウォルター　高貴な生まれですって?私なら婚姻外の出生とでも言いますがね。

ウィロビー　ウォルターさん、それには系図上のニュアンスがあり、結構な言い方ですね。(朗読継続)

…全中国労働連合、公民権中国連盟。英・仏・独語を話し、ドイツと米国の二種のパスポートを保有す。

ウィロビー　一五もパスポートを持っている人を教えましょう。(朗読継続)

一九二九年五月にドイツの新聞、フランクフルター・ツァイトゥンク紙の特派員として、ベルリンから上海に来る。

ウィロビー　これはゾルゲと同様の隠れ蓑《みの》です。ゾルゲもフランクフルター・ツァイトゥンク紙の特派員だったのです。(朗読継続)

彼女はコミンテルン執行委員会の東部支部で活動していたし、過去数年間に何回にもわたってその地域のインド人扇動者たちを支援していたことで、知られている事実に間違いはない。彼女の主たる役割は労働者の共産主義者組織の監督であり、命令は直接モスクワのコミンテルン執行委員会から受けていたと思われる。

ウィロビー　これは上海市警察の説明です。彼等は、ここで付属書三八と言っているゾルゲの記録を当時知らなかったたし、持ってもいなかったのはもちろんですが、一通りの知識は持っていたのです。(朗読継続)

一九二九年五月から一九三〇年五月一五日まで—呂班路（ドゥベール街）八五番地、一九三〇年五月一五日から一九三〇年一〇月まで—広東、それに廈門（シャミーン）のフランス租界、一九三〇年一〇月から—格羅希路（グロウシー路）七二番地〈ウィロビー　上海の通りの名称です〉一九三一年一月二二日から一九三一年三月五日まで、南京。一九三一年六月一六日から一九三一年七月五日まで、広東。一九三一年一二月、霞飛路（ジョッフル路）一五五二番地の I.S.S. アパート一〇二号に移る。一九三三年五月一七日に上海を離れ鉄道で北平［訳注　北京］に向かう。未確認情報では彼女はモスクワに行くつもりだった。一九三四年一〇月二三日、上海に戻る。〈ウィロビー　二年経っております〉プレジデント・クーリッジ号に乗船して米国から…

ウィロビー　等々。上海市警察が保持していたこの簡潔な普通の索引カードの裏には、より広範なファイルがあるのです。ですが、ここでは、大まかながら期間が特定されており、英国警察の見方や、彼女の偽名や仲間等の大体の輪郭が示されております。それらについては法律顧問あなたがより完全な記録を、ファイルすることになりましょう。

タベナー　ウィロビーさん、述べられている文書（すなわち付属文書二八）の（その二）、F項の一六ページを見てください。「筆者の中国人グループに直結している人物」と表題のついているものです。「筆者」とはリチャード・ゾルゲのことです。リチャード・ゾルゲがこの問題でどう言っていたかを委員会に述べてくれませんか？

ウィロビー　外国人についてですか、法律顧問？

タベナー　そうです。F項です。

ウィロビー　分かりました。持っています。ここで私は委員会の限られた時間を尊重し、再度法律顧問の補佐役となり、長年の経験から私が知っております重要な点を選びましょう。彼が外国人仲間について述べる時は、こんな風です。その一人に、ゼーバー・ワインガルト（注29）という男がいます。

われわれのグループで無線作業を担当している

ワインガルテンは、私がモスクワに戻った後も上海に留まった。彼はモスクワの無線学校を出ており、私の所で働くように本部から命ぜられていた。

ウィロビー　彼は、この文書の他の部分では別のことを言っているのですが、アグネス・スメドレーについてこう言っています。

彼女はアメリカ人で、ドイツの新聞フランクフルター・ツァイトゥンク紙の特派員だった。私は彼女を上海でグループの直結のメンバーとして使った。彼女の働きぶりは大変優秀だった。

ウィロビー　そして数多くの暗号名と姓が出て来ます。われわれは何人かは洗い出しました。他の者ははっきりしませんでした。他の者は何者か分かりませんでした。その一人はジョンという男です。

ジョン―ジョンは一九三一年に私の下で働くようにと、赤軍第四部が上海に送って来た人物。彼は何回かの連絡業務では私の代理を務めた。彼は主として暗号や写真業務に関わっていた。彼はポーランド人で、以前はポーランド共産党員だった。

ウィロビー　ここに面白いことがあります。ゾルゲと上海市警察の双方を調べて見ましたところ、この男の正体がわかりました。

ポール(注30)―赤軍第四部はポールを私の後継者として指名していた。私の上海での活動中、彼は主として、専門としている軍事に関わっていた。私が去った後に、彼はグループのリーダーとなった。

ウィロビー　本件は後で広範に取り上げますが、ここでちょっと止めて、警察が洗い出したことの一つについて読み上げたく思います。一般的な意味では、これが私がワシントンへの書信の中で述べたことです。

この昨日の資料が重要なのは、それが明日に持ち込まれるということだ。タイム誌は一九四九年四月二五日号でユージン・デニスを特集した。一人のソ連のスパイの成長振りや、世界を巡っての活動に関する、この簡明な優れた記事を繰り返しても、何等意味はない。しかし重要なことはゾルゲ事件とのある種の結び付きだ。かつてフランシス・X・ウオルドロンと言われていたデニスは、「ポール・ウオルシュ」という偽造パスポートを取得し、欧州・南アフリカ経由で中国入りした。上海を極東活動センターとするコミンテルンの世界的な分脈は、この有名なアメリカ人使徒の旅程に反映されている。「ポール・ユージン・ウオルシュ」、別名「ポール」または「ミルトン」は、上海市警察の記録の中に突如として現れた。

ウィロビー　上海市警察は、彼についても私がスメドレーに関して読み上げましたのと、同種のカードを持っていました。

タベナー　ゾルゲは、ポールという名で指摘されていた人物を、彼の上海での後任だと言っていたのですね？

ウィロビー　そうです。では上海市警察の報告書を引用いたします。

名前はポール・ユージン・ウオルシュ（注31）。別名ミルトン、出生日、出生地不明、上海での住所、福履理路（フリラプト路）六四三番地三五-D、パスポート明細、米国パスポートNo.三三一七四一、一九三九年一二月一二日、ワシントンD・C・、国務省発行、上海への渡航方法、時期、並びにそれ以前の活動状況は不明、一九三三年一二月一日から一九三四年六月一日まで、霞飛路（ジョフル街）一二二四番地のグレシャム・アパート六号に居住、一九三四年五月三〇日に福履理路（フリラプト路）六四三番地ホナイム・アパート三五-D号の借家人名義はハリー・バーガーより彼に書き換えられる。…

ウィロビー　ここは重要です。ハリー・バーガーは有名な国際共産主義者とされている男です。（朗読継続）

この男と彼は明らかに仲の良い関係にあった。ウオルシュは一九三四年六月一一日から、コンテ・ベルデ号で上海を密かに離れ、トリエステに向かった一九三四年一〇月九日まで、後者の住所に居住していた。〈ウィロビー　上海市警察ではこう言っています〉ウオルシュはコミンテルンのこの地域の活動組織での主役級人物の一人であり、そういうことから極東で共産主義思想の宣伝関連の重要な書類をまとめる責任ある立場にあった。

ブラウダーがコミンテルン地下組織を創設

ウィロビー　さて、ゾルゲは『手記』の中でこの特定のコミンテルン機関の説明をしております。間もなくそれを読み上げます。ゾルゲは人物の確認を必ずしも完全には行ってはいません。彼は供述をするにしても、用心深くしていました。ソ連が介入し、彼を苦境から救ってくれるだろうというはかない望みを、一九四一年から一九四四年の間ずっと持っていたからです。両者の付き合わせの結果、ベルデさん、ゾルゲが関係していると警察が見ていた、またその目的に関してはゾルゲが『手記』の中で十分に述べた、このコミンテルンの地下組織または機関は、米国共産党書記長であるアール・ブラウダーが創設したのです。

ブラウダーの後を継いだのが、デニスです。この委員会の任務の一つでもありますし、東京の情報部の任務の一つでもあります。か細い線の関係を擬似歴史的に追って行った価値が、そこにあるのです。

ベルデ　その裏付けは、ブラウダーや、デニスや他の人物の名を挙げている上海市警察報告書で、またそういった名前はゾルゲファイルに入っているという理解で良いのでしょうか?

ウィロビー　結構です。暗号名か綽名《あだな》でです。

ウォルター　少将、あなたは幾つかの名前は単に疑わしく思っただけだと述べました。あなたは彼等が、どういう人物であるかをはっきりさせるために、この調査のあらゆる面で追求してみましたか?またわれわれはこういった人物の洗い出しをさらに行った方が良いと思っていますか?

正体不明の人物は今も捜査中

ウィロビー　われわれは東洋で、可能なことはほとんど全てやってみました。ですが、あなた方が人物確認が必要となった際には、貴委員会を含めての、その地域の捜査機関が追及するでしょうし、現在でもそういうことが行われていると理解しております。米国の捜査機関はそういった手掛りとか、端緒とか、照会とかに関心を持つようになっておりますし、そのような正体《しょうたい》不明の、または一部しか得体《えたい》の知れない人物が浮かび上がって来るたびに、現在でも捜査段階にあるということで、本事件は依然として未解決と言っても良いでしょう。私は六〇日前に劇的な状況下で辞任しておりますので、そういった情報源に立場上接することは出来なくなっています。

タベナー　あなたが話されたことに付け加えたいと思いますが、本委員会は、そういった人物の日本での正体《しょうたい》が分かっている場合、彼等が現在どこに居り、何をしているかを確かめるように努めております。

ウィロビー　法律顧問並びに本委員会を賞賛いたすものです。私は、東洋関連ファイルに名前が出て来る人物たちについて、本委員会が有する情報量に驚きました。私は、それらがこの公聴会の過程で表に出てくるものと確信いたします。私は彼らの多くは正体《しょうたい》が既に割れており、本委員会が平行的に調査しているように思われます。

タベナー　幾つかの名前は、われわれは現時点では明らかにいたしたくはないのです。

ウィロビー　この件を押えているのは、委員会ですからね。

タベナー　あなたはF項に関する質問への回答を終えましたか?

ウィロビー　はい。私は彼が言ったことの幾つかを採り上げました。

タベナー　F項の一七ページに戻ってください。この点に関しては、まだ証言が終わってはいないようですが?

ウィロビー　仰《おっしゃ》ることは良く分かります。ゾルゲはマクス・クラウゼンのような人物について、重要なことをもう少し挙げております。

私より先に上海に行ったクラウゼンは、ジムという名の活動家のもとで、無線業務を手掛けていた。彼はモスクワの赤軍第四部に属していた。私が彼に初めて会った時は、彼が上海での無線通信担当としてであった。彼は実行メンバーではなかったが、広東で久しい間私の下で働き、その後彼は満州のグループに転勤となった。私は彼が有能だと分っていたので、一九三五年に彼を日本に送るようにモスクワで提案した。

クラウゼン、上海と東京に無線通信局設置

ウィロビー　ゾルゲの無線担当だったクラウゼンは、上海と東京双方に無線通信局を設置し、電文をシベリアのハバロフスクに送り、そこからモスクワにリレーしていました。私はクラウゼンのことは良く覚えています。というのも、彼は東京でGHQの政治恩赦で釈放され、消え失せたからです。彼はソ連大使館の助けを受けて消え失せたのです。実際、そのことから私は本件の追及を始めたのです。もしこの人物、またこの一群の中のどの人物でもが、それほど重要なら、このことは国際的な事件であるような気がしたものでした。付属文書一七に関連して法律顧問が明らかになされましょうが、東京での国際裁判にこのゾルゲ事件を持ち出そうとしたところ、ソ連代表の強い抵抗に会ったことを後に知りました。再び繰り返しますが、熟練の情報担当官、あるいは捜査官の誰にとりましても、この資料の重要性が分ろうというものです。その点については後にふれます。

タベナー　ゾルゲの供述中の、ポールに関する文章の一区切り（パラグラフ）を論議した後に、あなたは次のパラグラフ三つを省略したようです。ポールに関する記録に戻った際に、あなたはそれらを取り上げなかったのです。そこで「あるドイツ人女性」で始まるパラグラフに戻って頂けませんか？

ウィロビー　もちろんですとも。こう書いてあります。

ハンブルグと呼ばれるあるドイツ人女性、(注32)彼女はわれわれに彼女の居宅を活動の便に提供する旨申し出て、さらに、メッセンジャー役を果たしたり、資料を保管したりするような、色々な連絡業務に従事した。

ウィロビー　次の項目は、ジェイコブに関連しています。

ジェイコブ―若いアメリカ人新聞記者。大体の

> ところ、彼は各種政治情報を外国人から集めていた。

ウィロビー　この項目に関しての人物確認は出来ませんでした。

タベナー　その男が記者として働いていた新聞社が、どこだったか分かりましたか？

ウィロビー　残念ながら分かりませんでした。

ウォルター　彼の名前とか、クリスチャン名とかを明かしていませんでしたか？

ウィロビー　ただジェイコブとだけでした。それは彼の暗号名だったかも、綽名《あだな》だったかも知れません。あなた方は、ハンブルグといったような大そうな名前も見つけています。多分、ミス・ワイデマイヤー（注33）のことでしょう。彼女については多くのことが知られております。そういったことが、諜報団組織のようなものを、明かにしてゆく活動の手掛かりになるのです。

タベナー　もう一つパラグラフがありますが。

ウィロビー　どれでしょうか？

タベナー　「若い職員」で始まる部分です。

ウィロビー　あ、、そうでしたね。

> 経済と政治関連情報をもたらした米国領事館の若い職員…

ウィロビー　ゾルゲは次いで、こう言っています

> 私は彼の名前を忘れてしまった。

解放を心待ちした囚われのゾルゲ

ウィロビー　ゾルゲは四年もの間、誰かが彼を「解放してくれる」と心待ちしていたのです。彼は日本側に、「自分は重要なソ連の活動家である」とか「自分はソ連の陸軍大佐の地位にある」などと誇らしげに述べていました。日本が戦争中に、ソ連と摩擦を起こしたくないと願っていたことに、中立関係ですが、つけこんでいたのです。そこでわれわれは、身を守らんとするこの慎重な姿勢が、彼自身の供述に、多少とも反映していたと感じたものです。しかし、彼の諜報団の他の仲間たちを系統立てて尋問したところ、別の事実が露見したのです。そこからも、あなた方の証人、吉

河光貞の重要性が分ります。

ベルデ　この「米国領事館の若い職員」ですが、上海市警察の記録に何か裏付けとなるような証拠があるのですか?

ウィロビー　われわれは上海ファイルを手に入れようと尽力しました。全てが、東京を外局としての、本部である上海を指していました。われわれはそうしようとはしていましたが八千万もの人口を有する日本の占領で手一杯であり、私の仕事はおいしいご馳走だけを追うことではなくて、日本で連邦捜査局(FBI)のような監視を続けたり、日本の平穏を維持することでした。ということで、われわれは中国まで捜査の手を広げることはできませんでした。私は何度もどこか他所で情報を入手出来ないのか、と非難されました。それは、あたかも、パリの国家保安局に行き、記録を手に入れるように、FBIに要求するのと同じような、無理難題でした。そういった共産主義者の「輩《やから》」を追い詰める上で、できるだけのことは、やりました。実際、私はアール・ブラウダーとか、ユージン・デニストとか、ゲルハルト・アイスラーら、大見出し扱いされていた連中に比べ、ジェイコブの情報収集には、そんなには関心がありませんでした。それが分かっていたなら、メダイナ判事も仕事をしやすかっただろうと思います。

ベルデ　少将、誤解しないでください。あなたの管轄は、私の理解では、日本とフィリッピンに限られていたのは分っています。

ウィロビー　その通りなのです。

ベルデ　当時、韓国も管轄外だったのですか?

ウィロビー　そうでした。もちろん、私には関心がありましたし、突き止められていなかったことは何でも取り上げました。

タベナー　吉河さんは先の公聴会で、米国領事館に在勤し情報を流していたと言われていた人物を、洗い出そうとしていたかどうかを、尋ねられました。彼は、自分たちは彼の正体《しょうたい》を明確にすることが出来なかったと証言しました。けれども、少なくも当時領事館に勤務していた人たちの名前を明かせるような情報が国務省にあった可能性はありえます。それはあなたのやることでは無かったし、多分われわれがやるべきことだったでしょう。

ウィロビー　委員会は、国務省に直接問い質すことが出来るかと思いますが。

タベナー そうでしょうとも。同じ文書、付属文書三八ですが、その二三ページのJ項には「中国における他のグループ」と表題が付いております。そこに挙げられている最初のグループはジムまたはレーマングループです。ゾルゲはこのグループについて、どんなことを述べていますか？

ウィロビー ベルデさんのことを念頭に置きまして、ここで、われわれは『ゾルゲの手記』（その一）の内容に入ります。よく読んで見ますと、私、あるいはわれわれの捜査担当情報グループが、上海での情報活動についての資料を、もっと手に入れたくなってしまいます。そして、ゾルゲの手記のこの部分こそ、注意深い言葉を使いながら、当時、上海での組織がコミンテルンの性格を有していたことを、俯瞰図《ふかんず》のようにわれわれに示してくれています。これをお読みになり、われわれの立場、または私の立場に立って頂きますと（ゾルゲはいつものように控え目に表現していますが）こういった組織の目的が米国で見られるのと同じ形態で、たっぷり見えてきます。

この捜査をわれわれが続行し、上海ファイルとして纏《まと》め上げ、そこから浮かび上がって来る像が見えて始めて、米国で見られるのと同じ形態がそこにあるのが判りました。ヌーラン(注34)の場合が良い例です。逮捕され有罪とされたスパイを、法的に擁護する公民権評議会の運動と全くの同じであると分かったので、報告書を書き改めたのです。われわれが、同じ男（すなわちゲルハルト・アイスラー）が日本で活動しているのを知り(注35)、後に彼が弁護されているのを―彼女は何という名でしたかね―キャロル・ワイズでしたかな？

ウォルター キャロル・キングです。

ビール キャロル・ワイズ・キングです。

コミンテルンが創った国際赤色支援活動

ウィロビー そこで、ある型が出来上がっていったのです。そういったことを理解出来て、見抜けるようになるために、議員も国民も、それを知っておかねばならぬのです。例えば、セイポールさん、私は気付いてますが、私は「ニューヨーク・タイムズ」紙ほか各紙の読者として申し上げているのです。ヘラルドトリビューン紙はわれわれにそう友好的とは思えませんがね。実際のところ、私にはニューヨークにはタイムズ紙があるのに、どうして「ヘラルド・トリビューン」紙が必要なのか不思議でならないのです。タイムズ紙の方が居られますか？しかも、あのハースト系(注36)という一連のそぐわない新聞まで含めて、何年もの間彼らの活動に完全に好意的だったのです。セントナーさん、(記者に呼び掛ける)ゲルハルト・アイスラーがミス・キングが率いる組織によって擁護され、また、アイスラーを上海で見つけ、そしてヌーランが、上海でアイスラーが米国で扱われたのと同じやり方で、擁護されたのを見たとき、そこでわれわれはクレムリンが後ろ盾となっており、コミンテルンが創った、いわゆる国際的赤色救援組織［訳注　国際革命運動犠牲者救援会（MOPR）のこと］を辿《たど》ることが出来ます。

これが米国では労働者擁護組織となり、また公民権評議会となり、外国出身者を守る会になったのです。そして、それが委員会や議会や国民にとって、内容も意味もあると私は思う型なのです。これはあなたのご質問から離れてしまいましたが、こういう組織を説明する重要性をご紹介するためでした。そうお認め頂けるのは、間違いないと思います。彼等は米国では何か別の名前を使って活動して居ります。

タベナー　「ジム」とか「レーマン」グループに関して、ゾルゲが言っていることを読んでくれませんか？

ウィロビー　ちょっと時間がかかりますが？

タベナー　それでは、議長、中断するのに丁度良いかと思います。

ウッド　委員会を午後二時三〇分まで休会と致します。

(そのため、午後一二時四〇分に、同日の午後二時三〇分まで休憩となる)

午後の部

ウッド　委員会を再開いたします。

タベナー　ウィロビー少将、再び付属文書第三八の二三ページ、J項を見て頂きます。この項の表題は「中国における他のグループ」となっています。そこに挙げられている最初のグループは「ジム」または「レーマン」グループです。付属文書を調べて、ゾルゲはこのグループについて、どんな供述をしているか、述べて下さい。

ウィロビー　法律顧問、私はゾルゲの供述中、この項はこの文書の中でも多分、最も重要なものと見ております。というのも、断片的ではありますが、当時、中国の共産化を目的として上海で活動していた、こういった国際的な人たちに関して、その役割の概略を具体的に述べているので、今日、米国国民にとって何か役に立つようなことが得られるのではないかと思うからです。そして、実際、私が読み上げている間、当時、東京で不透明な情報を模索していたわれわれの立場に身を置いていただきたいし、また、読み終わった時には、われわれが上海での活動記録を追ったり、あるいはその活動を知っている人間を、手に入れねばならなくなっていただろうことを、認識していただきたいのです。結果的に、このことは捜査の過程での曲がり角を象徴しています。

上海に共産主義者の実体を示す鍵

ウィロビー　後にカナダで明らかにされたのと幾分同じようなやり方で、われわれはゾルゲをすでに国際スパイの興味ある標本として、処理してしまっていたという意味合いからです。ですが、活動家でもありその道の専門家でもある人が書いた次の二ページには、上海には米国を含め世界のどこにでもある共産主義者前線に類似した数多くの実体の存在を、われわれに示す鍵があります。ここで再び、われわれは言うところのある歴史的事件（五年や一〇年前のことはみな歴史研究上の領域ですから）がなぜ、またいかに、今日、本委員会が関心を有しています何物かと結びつけられるかという、薄暮の世界に入り込みます。私は関連付けてみせますし、さもなければ顧問が質問を通して、明らかにしていかれましょう。そして、私はそういったグループの一つのところで中断し、比較的に簡潔な陳述で一九三五年から一九五一年までの足跡をたどります。

ウォルター　あなたの捜査で、そのグループと米国のグループ間の関係が見えて来ましたか？

ウィロビー　見えて来ましたとも、疑いも無く、確実にです。それを記録に載せることは、貴委員会にとっても価値のあることです。

タベナー　二三ページを読んだらどうですか、そのグループ、すなわちレーマン・グループ（注37）に触れている部分です。

ウィロビー　承知しました。これはゾルゲによると、一連のグループというか、機関というか、前線組織です。その最初はジムまたはレーマン・グループで、担当している人間の暗号名です。彼はこう言っています。

> 最初に上海で活動したのは、レーマン・グループとしても知られていたジム・グループだった。私がそのことを耳にしたのは上海に来てからだった。ジムは赤軍第四部から派遣され、上海には私より少し前に来ていた。彼の主たる任務は上海と中国の他の地域、それにモスクワを結ぶ無線交信を可能にすることだった。…私が上海に来た時には彼はすでに上海、モスクワ間の無線交信の確立に成功しており、同様なやり方で他の地域との交信が出来るように努めていた。しかし広東とは調子良くなかったようだった。ジムはクラウゼンを部下として雇った。

ウィロビー　その男はゾルゲの通信士になっています

> さらに彼はミーシャあるいはミーシン（注38）という白ロシア人を上海で雇った。

ウィロビー　レーマンについてはそう知っているわけではありません。タベナーさん、彼はあなたのファイルに出てきますか、レ・ー・マ・ンですが？

タベナー　それが同じレーマンであるにしろ、ないにしろ、申し上げられません。

ウィロビー　それでも、上海が無線通信局、あるいはハバロフスク、そこからモスクワへの中継基地であることに、ここで言っていることとの意味があるのです。ここに最初に出て来る通信士、クラウゼンですが、彼は後に自分で彼自身の通信局を東京で設けているのです。

ウォルター　大体いつ頃のことですか？

ウィロビー　日本では大雑把《おおざっぱ》に言って一九三五年から一九四一年の間です。

タベナー　ここに挙げられている、ハルビン・グループ(注39)という次のグループに、進んで頂けませんか？

ウィロビー　ゾルゲはこのグループについて、こう言っています。

> 仕事上で私が接触した次のグループは、ハルビン・グループだった。それも赤軍第四部が送り込んだものだ。

ウィロビー　彼の職務内容が繰り返し述べられています。すなわち赤軍の情報部門である赤軍第四部の諜報員です。

> その職務は満州での軍事情報の収集だった。副次的に政治情報も集めていた。ハルビン・グループは私の郵便ポスト役も務めていた。私はモスクワからの手紙や書類をそこに送り、そこから先に送っていた。モスクワが私に送る金も、この経路を使って届けられた。ハルビン・グループとの連絡は、次のような仕方で行われていた。まず最初に、グループの誰かが上海にやって来て、郵便ポストを利用した通信システムの立ち上げについて打ち合わせをし、そしてその後、私のグループのメンバーとハルビン・グループのメンバーが、交代に伝書使（クーリエ）を務め、ハルビンと上海の間を旅した。クラウゼンは数多《あまた》の機会に、上海側の接触先となった。私自身がハルビンへ伝書使として行ったのは、一九三二年の春だと思う。

ウィロビー　ここでの重要なことは、ゾルゲのやりくちに一貫して出てくる、運搬または情報連絡方式です。すなわち、そのような一団が外国で、どうやって活動していたかです。彼が先に挙げた名前の幾つかは、主として、彼が再び日本でも使った者たちです。そして現在出ている名前の幾つかは、この発表が進むに連れて、どこかでまた出て来るのが分かりましょう。次のグループ。

タベナー　ハルビン・グループに関連して、まだ読んでいないパラグラフが今一つあると思いますが。

ウィロビー　そうです。

> 私はハルビン・グループの長であるオット・グロンバーグ(注40)に上海で初めて会った。彼宛の郵便物を渡すために訪ねたのだ。時にはテオと呼ばれていた以前に、上海で働いていたフローリッヒにもハルビンで会った。無線技師のアルトゥールのことは聞いたが、ハルビンで会った記憶はない。テオとオット・グロンバーグは、一九三二年にハルビンを去った。私は一九三三年にロシアで偶然に彼等に会ったが、私の仕事に関連してではなかった。私のハルビン・グループとの関係は、厳蜜に郵便ポスト関連だった。管理上の関係は全くなかった。

警察監視下のフローリヒ・グループ

ウィロビー　重要なことは、こういった忘られ勝ちな名前がほかでも出て来ることです。上海の記録にも出て来ます。彼等は上海市警察監視下にあったのです。ここにゾルゲと、今日上海を結ぶあなた方の橋があるのです。私はそのことを繰り返していますが、それはこの審理にても大変現実的な要素なのです。

タベナー　さて、ゾルゲの供述に基づいて、上海のフローリヒ・フェルトマン・グループ(注41)の説明を願えますか?

ウィロビー　ゾルゲが告げた次のグループは、上海のフローリヒ・フェルトマン・グループです。彼は言いました。

> 一九三一年に、上海ではフローリヒ・フェルトマン・グループも活動していた。他のグループ同様、赤軍第四部が送り込んだものである。その任務は中国共産党軍に取り入り、その関連情報を集めることだった。

ウィロビー　ここでゾルゲは担当者とか、グループあるいは手先とか、それぞれの役割が何だったかを述べています。中国共産党軍に取り入り、その関連情報を蒐集すること。興味ある役割ですね。（朗読継続）

彼等はモスクワとは独自に無線通信でつながっていたので、われわれの無線通信局は使用しなかった。グループの長は、テオという名でも通っていたフローリヒで、彼は赤軍では少将の地位にあった。フェルトマンは無線通信技師で、中佐だった。グループにはもう一人男がいたが、それの正体《しょうたい》は知らない。使命を全う出来なかったので、彼等は一九三一年に上海を去った。彼等と会ったのはたまたまのことである。上海は小さな都会だったので、そのような偶然の出会いを避けるのは難しかった。彼等に接触しろという指示を、モスクワから受けたことはない。彼等には彼等なりの与えられた使命があり、われわれとの間に公式な関係はなかった。

ウィロビー　ある程度断片的ではありますが、このこと全てから活動の仕組みや、彼等の使命が窺われます。フローリッヒ・フェルトマン・グループの任務は、中国共産党軍に関する情報収集でした。われわれが現在、北朝鮮で戦っているのと同じ中国共産党軍です。それゆえ、状況次第ですが、展開するどんな付随的な関係も、ゾルゲ事件として知られている、このやや過去の歴史的な事件とでも言えるものを読めば、その起源を見出せたかも知れません。そういうことを抜きにしたら、上海に関心を抱くことは全くなかったでしょう。どのみち、われわれはもっと差し迫った問題を数多く抱えていたのです。ですが、そういう展開があっただけでも、上海は否応ない捜査の対象になったのです。次のグループは、中心的なグループです。ゾルゲがこのグループの名を明かそうとはしなかったことを、忘れないでいてください。彼がこの報告を書いた時点では、まだそうできなかったのです。ですが、われわれが後日それが何者かを洗い出せる程度に、読み取れるのです。

タベナー　あなたが申されているグループの名は、なんというのですか？

ゲはこう言っています。

ヌーラン以外は口つぐむゾルゲ

ウィロビー 彼は上海のコミンテルングループと言っています。後に何者かを正しく申し上げます。ゾルゲはこう言っています。

私が上海のコミンテルングループに偶然出会ったのは、一九三一年のことである。グループは政治部と組織部から成り立っており、後者は逮捕後に有名になったヌーラン（この名前にはご注意いただきたい）と一人か二人の配下がいた。後にカール・レッセ(注42)が上海にやって来て、ヌーランが逮捕されて欠員のままになっていた地位についた。組織部の任務は多彩だったが、主としてコミンテルン、中国共産党、さらに上海コミンテルングループの政治部門との間の連絡を回復・維持することだった。連絡任務には、三つの異なった型があった。（一）人事、すなわちモスクワと中国共産党間の人の動き（二）書類、書簡の伝達（三）無線交信である。組織部もモスクワ、中国共産党、それに政治部間の財務上の連絡を任務としていた。

組織部の任務は、組織部や中国共産党用の集会所やアジト探しの支援、中国での一切の非合法活動に手法上及び組織上の支援、モスクワと中国間の秘密資料の交換に積極的な役割を担うこと、政治部員の安全に責任を持つことであった。最後については、政治部員に命令したり、その動きを制限する等々の権限を有していた。

ウィロビー ここに述べられたこのグループの役割は、上海ファイルや、われわれが行った他の捜査で後に確認されます。その名前や構成員は、その時、明らかにされます。

ゾルゲはヌーラン以外には明かしていません。ゲルハルト・アイスラーの弁護に良く似た有名な事件です。理由も同じなら、担当した専門の救援団体も同じです。すなわち共産党が資金援助をしている、国際共産党員法務支援団体［訳注　国際革命運動犠牲者救援会（MOPR）のこと］です。それに見合う米国の組織は、進行に伴って見えてきます。

次にゾルゲは政治部をこう言っています。

> 政治部は、ドイツで知り合いだったし、コミンテルン時代には一緒に働いていたゲルハルト〈ウィロビー　姓を言いますとアイスラーです〉と一人か二人の配下から成っていた。

ウィロビー　序《つい》でながらアイスラーの妻（ゲルハルト・アイスラーの前妻、ヘーデ・マッシング）はごく最近この委員会で喚問されたと思いますが。

タベナー　その通りです。

ウィロビー　彼女は著作『この欺瞞』の中では、アイスラーの中国での使命についてはほとんど知らなかったようです。

ちょっと補足ですが、ヘーデ・マッシングの著作『この欺瞞』は、デュエル・スローン・アンド・ピアース社から出版されています。その会社のピアース家の一人が、日本で私の部下だったのです。ゾルゲは続けています。

> 私はたまたま上海でゲルハルト（アイスラー）と会い、交友を新たにしたが、われわれの仕事とは全く関係なかった。ゲルハルトの、というよりは政治部の任務は、コミンテルン一般協議会での決定に基づく、中国共産党に関しての政治上の方針のスポークスマンとして振る舞うことだった。また中国共産党とコミンテルンの間の情報交換の仲立ちも務めたり、中国での労働運動が関わる一切の社会問題に関する報告書を作成し、コミンテルンに提出した。報告書は組織部経由でモスクワに送られた。この報告書が、われわれの無線基地や他の連絡手段を経由して送られた事実は全くないことを述べておかねばならない。ヌーランの逮捕により、上海でのゲルハルトの立場は、心許なくなったので、彼は一九三一年にモスクワに戻ることに決めた。

ウィロビー　彼は正に、バトリー号で高飛びしたのです。いうなれば国際的に立ち回る変わり身の巧みな男なのです。ここでちょっと一区切りします。この発表の核心が現時点に結びついていることが分っておりますので、今回はまたとない機会です。もちろん、われわれは現在、捉え所のないゲルハルト・アイスラーについて、良く承知いたしています。一九五一年二月一七日付のサタデイ・イブニングポスト紙の記事にご注目頂きたい。この記事は素晴らしいので、実際のところサタデイ・イブニングポスト紙にちょっと敬意を表明しておきたいです。記事を書いたクレイグ・トンプソンは知りませんが、共産主義戦線の調査の巧みさではこの上ない存在です。

記事の見出しは「共産主義者の最愛の友人」であり、巻頭写真には、にこやかに微笑んでいる、私にはそう見えますが、あのキャロル・キングが写っているのです。しかも彼女が世話をし、またお得意様でもある、ゲルハルト・アイスラーの手をとっているのです。

ベルデ　少将、リチャード・ゾルゲが言っているゲルハルトは、ゲルハルト・アイスラーと同一人物であることに、あなたは心中何か疑念を有していますか？

ウィロビー　そんなことは全くありません。彼が上海にいたことは知っています。

上海市警察も彼がいたと言っていました。彼の妻もそう言っていました。彼は健康上のために行ったのではありません。さらにゾルゲの供述では、彼が何をしていたかが述べられています。

中共党不平分子粛清のためGPU《ゲペウ》部員を派遣

タベナー　記録のために、一九四七年二月六日に本委員会で行われました、ゲルハルト・アイスラーの妹であるルート・フィッシャー(注43)の尋問に、触れたいと思います。

ラッセル　あなたがお兄さんの所在を次に知ったのはいつのことで、彼はどの国にいたのですか？

フィッシャー　…アイスラーは一九二八年、一九二九年、それに一九三〇年には落ち目で、当時、彼の反スターリン的態度からベルリンの共産党の誰しもが、彼がドイツ共産党から追放されるものと思っていました。それから彼はソ連の国家政治保安部（GPU《ゲペラ》）(注44)から派遣された人たちとともに、中国共産党の不平分子追放のために中国の拠点に送り込まれました。当時、アイスラーの派遣先は、中国ではそう高い位置づけではありませんでした。彼は命令を実行するために、そこに送り込まれたグループの一員でした。その中国の追放劇で彼は

> 大変冷酷に振る舞い、命令を首尾よく実行したので、ベルリンでの彼に関する報告では、彼はモスクワでの決定で判決を受けた中国共産党不平分子のまがいもない絞首刑執行人であると言われました。中国行きの任務を終えた彼は、一九三〇年か一九三一年にモスクワに戻って結婚し、娘が生まれ、一九三三年までそこに留まりました。一九三一年から一九三三年までどんな任務を遂行していたかについては知りませんが、彼がその間、ドイツに足を踏み入れたことはないと再度申し上げたいと思います。

ウィロビー　大変興味ある聴き取りですね、私は知りませんでした。私の現在の理解の仕方が正しいと確認してくれています。

タベナー　クレイグ・トンプソンの記事について、話そうとしていましたね。

ウィロビー　そうです。一九五一年二月のこの記事は、キング女史が、米国の法律に抵触した共産主義のスパイを、組織だって法的な保護をする運動への参加と、その組織を取り上げていました。その記事では、一九二五年にモスクワからの資金の米国での受け手だった、ブロドスキーという男と図って…

ウッド　誰ですって?ブロドスキーですって?

ウィロビー　ブ・ロ・ド・ス・キーです。彼等は協働して国際労働者擁護連盟（the International Labor Defense）の組織化と、その発足を支援したのです。上海やその他での記録では、国際革命運動犠牲者救援会（the International Red Aid）は、全ての国でその種の訴訟の弁護をするための、クレムリンに母体を置く弁護組織であることを組織図で示しており、私の調査書類に入っています。それで我が国では労働者擁護団として知られるようになり、そしてこの記事は、私も全く同感なのですが、そう書いているのです。事情に詳しいルート・フィッシャーはこうも言っています。

> この組織化が行われる以前に、モスクワで会議が行われ、各地の共産党に義務づけられる指令が発せられた。「各国のプロレタリアートは、解放運動に理解を示している弁護士や知識豊富な法廷弁護人を集め、組織化せねばならぬ」と要求した。ここから生まれたのが、共産主義者支援団と称す

る世界的な国際革命運動犠牲者救援会である。国際労働者擁護団は米国での組織である。

ウィロビー　別にこのファイルの細いことに触れないでも、ソ連のコミンテルンが後押ししている国際共産主義者支援団は、国際労働者擁護連盟となり、米国労働者擁護団は公民権会議になったのです。そしてついでながら、組織者のワイス、(注45)また、外国出身者擁護米国委員会や、他のいくつかの組織を立ち上げたものです。かねてからこのグループと混同されることを苦々しく思っているように見えた、ニューヨークの有名な弁護士であるモリス・アーンスト氏は、その組織全てを分析し、批判的な論評をしました。アイスラーとヌーランがそれぞれ、ニューヨークと中国と場所は異なっても、その弁護の全てを国際革命運動犠牲者救援会に関係している弁護団に依存した偶然性は、捜査官には大変印象的なことだったので、見逃すことはできませんでした。ここでちょっとですが、このことを認識できるような構図と結びつけるためには、ゾルゲが用心深くコミンテルングループとぼかし呼んでいたものは、上海市警察ではもっと人物を特定して報告していたのが分りましょう。

ＰＰＴＵＳは高度に組織された労働運動機構

ウィロビー　後で取り上げられるでしょうが、ここで述べておきましょう。それは略してＰＰＴＵＳと言いますが、汎太平洋労働組合書記局(注46)（Pan-Pacific Trade Union Secretariat）で、その上部組織は極東支局の上海支部です。これは一九二〇年代後半から一九三〇年代初期の間の、極東でのコミンテルンの労働運動のための最も重要で、高度に組織された機構でした。一九二七年(注47)の漢口の会議で設立されたＰＰＴＵＳには、ロゾフスキーを含む何人かの著名なコミンテルンの指導者が、出席しました。ついでながら、ロゾフスキーはソ連の労働運動で出世して高い地位についていました。米国共産党のアール・ブラウダーも漢口会議に出席し、後にＰＰＴＵＳの初代の長となりました。彼の中国での活動にはアメリカ人女性が手助けをしていました。ＰＰＴＵＳに関連していた他の有力なアメリカ人は　ジャーナリストのＪ・Ｈ・ドルセンとＡ・Ｅ・スチュアートという男に、Ｍ・アンジャスでした。

タベナー　あなたはＪ・Ｈ・ドルセンという男が、

この組織に関わっていた人物の一人だと確認できましたか？

ウィロビー　はい。彼は一九三〇年代にこの組織に関わっていました。

ベルデ　名前を綴ってください。

ウィロビー　ド・ル・セ・ン。James・Hです。

タベナー　議長、ジム・ドルセンは、マシュー・クベチクが一九五〇年二月二一日の証言で共産党員であると確認した人物で、一九五一年八月一七日にピッツバーグで逮捕された者たちの一人です。

ウィロビー　それは初耳です。この委員会が、そういった連中を追尾していく上で、能率よく機能していることを再度示すものです。ですから、ゾルゲやそれに関連する件を、過去のこととして無視するわけにはいかないのです。一九三〇年代に、中国で共産主義前線にて動きまわっていたドルセンという人物の場合は、こうです。彼は一九四〇年代にピッツバーグに再び現れ、本委員会は彼を取り上げ、彼についてこのように報告したものです。もし時間に追われて、この会をここで終えようとなさるなら、まだおやりになることがあると言わざるをえません。というのはドルセンに触れても、それはほぼ似たりよったりの、数多くの人間の中のたった一人のことでしかないからです。

タベナー　あなたは極東支部の長であるアール・ブラウダーの話をする際に、彼を手助けしていたアメリカ人女性に触れていますが、そのアメリカ人女性の名前は出していません。

ウィロビー　多分、この種の会議には当てはまらないでしょうが、直情的な女性への配慮をしたからです。それでは隙間を埋めましょう。彼が不承不承述べた彼女の名はキャサリン・ハリソンです。キャットの「K」［訳注　原文のまま］ハウスの「H」です。私は六ヵ国語で綴りを間違え勝ちなので、時折述べておることに混乱してしまいます。本委員会には次から次へと驚かされますので、（ドルセンの場合のように、好ましい驚きですが）ハリソン女史についても何か分っていますか？

タベナー　本委員会は、彼女はかってはアール・ブラウダーの妻だったという情報を持っています。

ウィロビー　それは大変興味があります。世間での男女の結び付きとでも言うのですかね。ちょっと横道に逸《そ》れてしまいました。要するにですね、私が上海に関心を持ち始めたのは、なぜかゾルゲが上海にいる人たちのことをなかなか言いたがらないことに着目したからなのです。そして、事実をもっと明かすために連邦政府が私に出してくれた資金を遣い始めたものです。

ヌーラン事件とアイスラー事件の共通点

タベナー　ヌーランのグループについてはもう少し質問があります。が、上海ファイルではアメリカ人が何人か密接に関わっているので、その点に達するまでお待ちいたしましょう。

ウィロビー　大変結構です。ヌーラン事件にはあなた同様、大変興味があります。法的擁護の乱用という点では、アイスラー事件の原型です。

タベナー　ゾルゲが一九三三年に東京で発足させた日本人グループについて進めて頂けませんか？そして彼がどうやって、話を日本人の仲間を獲得したかに関し、ゾルゲの『手記』ではどうなっているかを、本委員会に述べて頂けませんか？添付書類第三八の六ページです。

ウィロビー　ゾルゲが日本グループのために集めたある人物たちに、ご関心があるのかと解しますが？

タベナー　その通りです、が、それに加えてモスクワが彼に割り振った人物たちもです。

ウィロビー　上海に戻ります。これはゾルゲの活動に関しての締めくくりの項目です。上海関連の活動に戻って、彼はこういってます。

> 指令を受けた際に、私は技術面での補佐（通信技師）、日本人の協力者、有能な外国人助手を求めたところ、クラウゼン、宮城それにブケリチが配されて来た。自分が活動する場で必要になった人材は、その都度《つど》補充できる権限も得た。

ウィロビー　あなたが関心をお持ちの件は、これでよろしいですか？

タベナー　そうです。

ウィロビー　ゾルゲが日本での新たな仕事を命ぜられた際に、本部に対して「ある種の技術者、通信技師ですが、日本人の協力者、それに有能な外国人助手が欲しい」と言ったことは意味があると私は感じています。もし彼がジェネラル・エレクトリック（GE）だとか、他の有名な会社で働いていたら、会社ですることといえば、世界地図に差し込んである色ピンを眺めて、「駐在員をブエノスアイレスから、どこか他の地域に転勤させよう」と言って、動かすことでしょう。クレムリン―モスクワの人材統括部門も、正にそのようにやっていたと思います。ボタンを押して、世界全体の活動配置の中からクラウゼンを…

タベナー　クラウゼンをどこから連れてきたのですか？

ウィロビー　彼はソ連に戻っていたので、そこから引き抜いたのです。有能な外国人助手とは、当時、ベオグラードにいたフランス共産党員のブケリチです。彼を引き抜き、この人たちが集まって、新しい仕事についたのです。

タベナー　日本人の助手はどこからですか？

ウィロビー　彼等はカリフォルニアで日系二世の男(注48)を見つけ、東京に呼び出しました。二世は建前上は米国市民ですが、心中ではそうではありません。[訳注　これはウィロビーの人権差別的な偏見である。第二次大戦中、東西両戦線での日系二世兵士の勇敢な戦いぶりは、注目に値するものであった]

タベナー　供述書では、宮城は米国共産党員だとなっていますか？

ウィロビー　そうです。ゾルゲは宮城のことを、こう言っています。

> 宮城の地位はブケリチと同等である。彼も（米国）共産党員であり、モスクワの命によって私の活動支援にやって来た。広い意味では彼もコミンテルンの一員で、われわれのグループの一員として、モスクワのある主要機関に登録され、受け入れられており、彼の場合も、その機関がコミンテルンだろうが、ソ連共産党中央委員会だろうが、赤軍第四部だろうが、全く関係ないことだ。

タベナー　ウィロビー少将、米国共産党について知っていることに関連して、その人物を、すなわち宮城ですが、尋問したことが、付属書類三四件の一部として入っていますか？

ウィロビー　私の記憶では入っていますし、その付属書類の保管権はあなたにあると思っています。

米共産党の活動に関する宮城与徳証言

タベナー　その通りです。参照用のみと記してある付属書類第二五号が、ここにあります。議長、書類全体を証拠として紹介するよりも、私が適切であると思う部分を読み上げたいと思います。長文なのでそうしたいのです。以下は一九四二年の三月と四月に行われた、宮城与徳の尋問の抜粋です。宮城関連の検察官記録第四巻からのものです。

問三　被告は、共産主義振興のため米国滞在中に行った活動を述べなさい。

答　一九二九年の九月頃、私はロサンゼルス駅に面する家を購入して、一一月にはそこで食堂を開いた。私は、三人の仕事仲間（屋部憲伝、又吉淳、中村幸輝）、それに他の二人の知り合いと、社会科学、哲学、それに美術に関する各人の意見を述べ合うために週に一度、食堂の奥の着替え室に集まり始めた。われわれが社会問題研究グループと自称するこのグループは、次第に新会員を増やし、その中にはアナーキストで幸徳秋水(注49)の親友や、片山潜(注50)の親しい共産党員仲間、それに数人の牧師がいた。やがてこの自由な語り合いの場は次第に左傾化して行き、ロシア人のマルキストである ハーバート・ハリスや、共産主義者の矢田とウエスト・ロサンゼルスの高橋の紹介で、一九二七年初めにサークルに参加したスイス人のフィスターが、われわれにマルキシズム理論の解説をしてくれた頃には、完全に左翼主義者になっていた。矢田も高橋もわれわれのサークルに参加したのは、共産主義研究グループを立ち上げるために参加していた労働者階級の会員に、影響を及ぼすためだった。

そういうことで、われわれの集会はアナーキストと共産党員の絶えざる論争の場となっていた。矢田と約二〇人は、結局私とほか約一〇人を置き去りにしてグループを脱退し、自分等でマルキスト研究会を発足させ、ロサンゼルスの日本人居留区のウェラー通りに、仮事務所を設けた。彼等の表向きの組織である Class Struggle［訳註　階級闘争］は、およそ一九二八年に Labor News［訳註　労働新聞］となった。日本のマルキストが米国共産党に加わり、積極的に活動に参加し始めたのはこの頃だった。この段階で労働新聞はサンフランシスコに移り、健物貞一が矢田の跡を継いで統括者となり、ポスト通りは多かれ少なかれ米国共産党の日本本部となった。

私はロサンゼルスに留まり、そのグループとそれ以上の付き合いはなかった。一九二九年頃、私はプロレタリア芸術協会と共産主義者救援協会の日本部に加わった。（両組織とも米国共産党東洋人民セクトの日本部に属していた）私は前者では、美術史解説と雑誌の編集や展示会のお膳立てを行い、一方、後者では当局に逮捕された共産党員支援の資金集めを手伝った。一九三〇年にロサンゼルスで開かれた党大会で、七人の日本人を含む代表のほぼ全員が逮捕され、国外追放通告を受けた際に、浜清と屋部と私は何とかその七人の同胞をソ連に避難させてやった。一九三〇年末にかけて、米国に組織を立ち上げるようにというコミンテルンの指示で、モスクワから帰って来たばかりの矢野務という共産党員が、ロサンゼルスの私を訪ねて来た。矢野は第一三地域（カリフォルニア州）の仕切り役のサム・ダーシーとは親しい間柄であった。私は彼と連絡を保ち、そして一九三一年の秋に共産党に入党するように働きかけられた。私には入党するに足るほどの活動歴がないからと反対したが、彼は登録を強く勧め、党員になると私の活動に役立つと言った。そこで入党に同意して、ジョーという党での変名を名乗るようにした。私は健康に優れなかったので、党の集会や他の数多の活動を勘弁してもらった。私に課せられた主たる仕事は、日本人の農業労働者の分布の研究と、山田という党員の助けを得て中国人の問題を分析することだった。一九三三年五月頃、サンフランシスコの日米新聞社での労働紛争を矢野が知らせて来た際に、ストライキ支援に出掛けたが、自分の仕事は主として隠れて行うようなものだった。

問四　あなたの、現在の米国共産党との関係を述べなさい。

答　私は現在、米国共産党員だとは思ってはいない。さっき矢野と、ある白人が一九三二年末にかけて日本に帰る問題で、訪ねて来たと言った。その際に、その白人は私が一ヵ月くらいで私の居所である米国に戻れるだろうと言った。ということは、私が米国共産党員として日本に送られることを意味していた。そのために彼は私が久しい間、個人的に知っていたロサンゼルスの党員であるロイと接触せよと言った。私は日本に帰ることに同意していたが、引き続きストライキをしている人たちを支援し、また適当な画題を求めて徘徊した。ロイは早い時期に旅立つよう繰り返し私を急《せ》かせていたが、一九三三年九月のある日に矢野とロイが私を訪ねて来て、即刻、出発することになっていると伝えた。およそ一ヵ月、遅くも三ヵ月で戻って来るようにとのロイの指示を受け、私は一〇月初め頃に出発した。荷物を置き去りにしておいたのも、そう長いこととは、思っていなかったからである。北林夫人の話では、私の出発後ロイは彼女と夫を何回か訪ね、私の所在や活動について尋ねた。彼は私が自分の意思で、日本での活動を続けるために、帰米をいつまでも延期していると判断し、私の米国共産党の登録抹消を計ったものと思われる。

問五　被告はコミンテルンとの関係を述べよ。

答　私が矢野に求められて米国共産党（すなわちコミンテルンの米国支部）に入党した時、私は入党願いに自署して提出するなどの通常の手続きを経ていなかった。私は一切を矢野に任せた。彼は米国での党の仕切り役として、コミンテルンと直接関わっていたので、私が同意して間もなく、私をジョーという変名でコミンテルンに登録したのは間違いない。私は日本に戻って以来、ゾルゲ諜報団の一員としてスパイ行為に携わっていたので、私の登録は未だ有効であり、コミンテルンの情報部の一員であると思っている。

問六　日本に発つ前に旅費と活動資金は支給されたか？

答　出発直前に、ロイは旅費として二〇〇ドルくれた。そのほかに日本で諜報員との接触に使うことになっていた一ドル札を手渡された。その札を提示する相手も、続き番号の入った同様な札を持っているとロイから告げられた。初めてゾルゲに会った時に、その札を持参したが、別に比べ合わせするようなことはしなかった。

タベナー　米国共産党についてさらに述べた際に、宮城はこう言っています。

> （レビン・オウエンが組織した）米国共産党カリフォルニア支部一三地区の本部はサンフランシスコにあった。党機関はサンフランシスコ、ロサンゼルス、バークレー、オークランド、サクラメント、フレスノ、サンノゼ、サンペドロ、その他の市に設けられた。次のような組合、人民組織、それに青年会が党機関に従属していた。
>
> 一、国際労働者救援会（Workers International Relief）
>
> 二、ソビエト友の会（Friends of the Soviet Union）
>
> 三、反帝国主義同盟（Anti-Imperialist League）
>
> 四、米国青年パイオニア（Young Pioneers of America）
>
> 五、米国青年共産主義者連盟（Young Communist League of America）
>
> 六、国際労働者擁護連盟（International Labor Defense League）
>
> 七、海運労働者産業組合（Marine Workers Industrial Union）
>
> 八、労働組合統一連盟（Trade Union Unity League）
>
> こういった組織は、世界中どこでもそうであるように、コミンテルンの方針と指示下にあるのだから、その活動説明は行わない。

タベナー　さらに彼はこうも述べております。

> 日本人の党活動への参加。

タベナー　ここで彼は、一九二〇年代の共産党での何人かの有力な日本人の名前を、挙げております。そして、私が最後にこの尋問で読み上げますのは、供述調書によりますと、一九三〇年代に起こったことです。

> この年、党の動きに新たな発展が見られた。拡大と団結のための新しいプログラムと、大衆を対象とした一層活発な政策を要求した米国共産党本部の指令の結果である。（一三地区、すなわちカ

リフォルニア支部の組織者としてサム・ダーシーが任命された）カリフォルニアでは、党は農業労働者（殊に季節労働者）の入党を狙って、農業地域での運動を開始し、船員の組織化を試み、米国青年共産主義者連盟及び米国青年パイオニアの強化を計った。日本部は東洋人民セクトに組み入れられ、中国人やフィリピン人党員と協力するよう新しい使命が与えられた。一九三〇年に日本部は党の大衆化を合言葉として取り入れ、農業及び漁業労働者の組織化を狙っての、具体的な計画に乗り出した。インペリアルバレーではジェラード社やサンフルーツ社のような大資本企業を相手にしてのストライキを助長し、サンペドロでは漁民や水産業労働者に入って煽り立てた。（極端な例を除いて、こういった活動は、当局の断固たる介入のために惨めな結果に終った）

ロサンゼルスを訪れた日本人名士、ことに鈴木文治[注51]、加藤咄堂《とつどう》[注52]、賀川豊彦[注53]、西田天香[注54]、浅原健三[注55]、田原春次[注56]、木村毅《き》[注57]、大山郁夫[注58]のボイコット運動も始まった。（領事館員と邦字紙のお膳立てで、名士と言われる連中は、彼等の旅費を賄うために、うわべは聴衆に日本の状況を啓発するという講演会で、入場料を取っていた。例を挙げれば、鈴木文治は国際労働会議に参加する途次に、ロサンゼルスで行った三回の講演で数千ドルを集め、加藤咄堂と賀川豊彦は一週間の宗教講話期間に、貧しい日本人移民から、それぞれ二万ドルから三万ドルを手にいれた。これらの講演会は、安っぽいまやかしごとでしかない。他方、党員は街に出て運動を行い始めた。

党の活動範囲を街にまで拡大することは、公衆の注意を喚起する点で役立つが、逆効果がないわけでもない。その最も著しい例の一つは、地域の日本人社会からの、党に対する反発の増大であった。この失敗は、日本人の心及び伝統的な大和魂の存在を評価する上で、思慮を欠いたことに原因があるかも知れない。一九三〇年五月、六月に党活動が最高潮になるにつれ、米国当局の弾圧も厳しくなった。ロングビーチでのロサンゼルス支部の集会で繰り広げられた集団逮捕で、同志の箱森改造、福永麦人、西村銘吉、宮城（与三郎）、長浜秀吉、島盛栄、又吉淳、吉岡正市（照二郎）、それに寺谷が拘引され、幹部を奪われた日本支部は崩壊の危機にさらされた。

ウィロビー　一つ質問しても宜《よろ》しいでしょうか？タベナーさん、あなたはこの引用朗読で、日本語を話せる米国共産党の正式党員をゾルゲが求め、押しボタン一つでその男を獲得し、そしてその人物は一三地区（カリフォルニア支部）からの米国共産党員と確認されたことを明らかにしたと私は受け取っています。

ベルデ　宮城与徳が現在どこにいるか、情報をお持ちですか？

ウィロビー　彼は刑務所でか、一九四五年の政治犯の恩赦後にか、間もなく病死したと記憶しております。

タベナー　獄死したと思いますよ。

ウィロビー　彼は結核を患っていたと思います。

タベナー　その通りです。

ウィロビー　このことは何ヵ月も前に読みました。

タベナー　ウィロビー少将、日本人の他のグループに話を戻しますと、ゾルゲの供述書から、彼が東京に着いた時にそこで仲間に出来ると教わっていた三人の男以外の、他の日本人の仲間の人たちは、ゾルゲが東京で独自に集めたのですか？

ウィロビー　その通りです。

タベナー　ギュンター・シュタインが組織に加入したのも、そのようにしてだったかどうかご存知ですか？

ウィロビー　そうでした。

素早く身を隠したギュンター・シュタイン

タベナー　ギュンター・シュタインがゾルゲの日本グループ内で、どの程度の活動をしていたか、記録ではどうなっていますか？

ウィロビー　このギュンター・シュタインは非常に面白い人物でして、私はこの書類に意見を述べた三人のアメリカ人弁護士の総括を読みたいと思います。その書類とは、ギュンター・シュタインについての書類で、法廷供述書のことですが、皆さんがお持ちになっているものです。委員会の時間節約のためです。記録はこうなっています。

ロンドンのある新聞の特派員であるギュンター・シュタインは、ゾルゲスパイ団の正規メンバーだった。ゾルゲから押収した手帳には、このスパイ団の六人のメンバーが変名とともに載っていた。シュタインはその六人の中に入っていた。傍受されたモスクワ向けの無線通信では、彼の暗号名に触れていた。無線通信の専門家であるクラウゼンは、ロシアへの報告送信用にシュタインの住居の近くに無線通信設備を設けた、とマクス・クラウゼンとゾルゲは証言している。シュタインは当時、その場所に住んでいただけではなく、設置に同意していた。

有力な英国の新聞の特派員であった彼は、貴重な情報を得る色々な接触先を有していた。ゾルゲに伝達されたこれらの情報はソ連に送られた。シュタインはまたゾルゲの情報運搬役をも務め、写真やマイクロフィルムを上海に運び、そこのメトロポールホテルでモスクワからの連絡役に渡した。ある時シュタインは指示された通りに、上海からとても奇妙なデザインの喫煙パイプ、女性の肩掛け、それにブローチを持ち帰った。モスクワからの連絡員が彼に渡したこれらの品は、後にアンナ・クラウゼンが一九三七―三八年に二〇ないし三〇本のフィルムを、モスクワ連絡員に渡すために上海に送られた際に、身元確認用に使用された。

ウィロビー　こういったところが主要部分です。私が読み上げました事項は、それぞれ法廷尋問の場での誓約下での陳述に、直接関連し裏付けられております。私は、シュタインを過去とあるがままに結びつけるために、再度このことを付け加えます。一九四九年に原報告書が発表された際に、アグネス・スメドレーの抗議以前に、ギュンター・シュタインは消え失せたのです。言うなれば、本報告書が世間的な、あるいは公的な措置上、どんな結果となるか、あるいは意味を持つことになるのか、はっきりとは分らなかったので、彼は身を隠すのが賢明だと感じたのです。

個人としては、どうやってこんなにも素早く、人が消え去ることが出来るのか、興味があるところです。明らかに彼はパスポートも欧州行きの交通手段も二四時間以内に手に入れたのです。正当な目的を有し、身元もしっかりした人でこんなことが出来る人がいたら、お目にかかりたいものです。彼の消息が知れたのは、それから二年ほど経ってのことで、彼がフランス警察にスパイ容疑で逮捕されたからです。彼は後にポーランドに行き、市民権を取得しています。ここに皆さん、欧州に消え去り、今一度、昔の同じ売り場で仕事をして、すなわちスパイ行為ですが、捕まる身となった一人の男の例を見たのです。

タベナー　彼が日本を去ったのは、ゾルゲ事件発覚以前のことですか？

ウィロビー　そうです。彼は賢明にも事件発覚以前に去ったのです。

タベナー　日本の検察官は、もし彼が日本に留まっていたら、起訴されていただろうと述べましたか？

ウィロビー　彼はそう云いました。

タベナー　残念ですが、今日はこれ以上進められません。明日また来ていただくことが必要になります。

ウッド　本委員会は明朝一〇時三〇分まで休会といたします。

（そこで、一九五一年八月二二日、水曜日、午後四時三〇分に、一九五一年八月二三日、木曜日、午前一〇時三〇分まで休会となる）

（注1）［チャールズ・A・ウィロビー少将］　米陸軍少将。元連合国軍最高司令官総司令部（GHQ）参謀2部（G2　諜報・治安担当）部長。一八九二年三月、ドイツのハイデルベルクに生まれる。一六歳で渡米。一〇年、米国に帰化。ゲティスバーグ大学卒業後、第一次大戦に志願して職業軍人に。四〇年、マッカーサーの参謀副長として、フィリッピン駐在米国軍総司令部に勤務。戦後、日本を占領・統治したGHQでは、軍事諜報を担当したG2部長のほか、民間情報部（CIS）部長を兼ね、マッカーサーの片腕として、情報・治安などに関する占領行政を指導した。徹底した反共主義者で、日本の民主政革を推進しようとした民生局（GS）のホイットニー局長と対立した。マッカーサーの罷免とともに米国へ帰国したが、五一年五月、病気を理由に退役。一九七二年一〇月二五日、死去。八〇歳。著書に『ウィロビー回顧録―知られざる日本占領』（番町書房、七三年）がある。また、米陸軍省が一九四九年二月一〇日、ゾルゲ事件の真相と銘打って公表した『極東における国際スパイ事件報告書』（『ウィロビー報告書』）は、GHQのG2部長だったウィロビーがマッカーサーの命令によって作成したもので、全文三万二〇〇〇語にのぼる長文のレポートである。戦

後の米ソ冷戦が激化、朝鮮戦争勃発の前年でもあったため、『ウィロビー報告』は「反ソ・反共の宣伝文書」として、米国ではソ連や他の社会主義に対する「冷戦の武器」の役割を担った。

（注2）［マッカーサー］　ダクラス。米国の軍人。元帥。一八八〇年、アーカンソー州に生まれる。陸軍士官学校卒。第一次大戦ではフランス戦線で戦い、ドイツ占領行政を経験。陸軍士官学校長、参謀総長などを歴任。日米関係の緊迫化に伴い。四一年七月極東陸軍総司令官に任命された。日米開戦とともに、日本軍をフィリッピンで迎撃したが敗れて、オーストラリアへ脱出。西南太平洋方面連合軍総司令官として返り咲き、対日反攻作戦を指揮。四五年、日本の降伏とともに連合国軍最高司令官、米極東軍最高司令官となり、対日占領政策を統轄。五〇年六月の朝鮮戦争勃発に際して、国連軍最高司令官を兼任したが、中国への攻撃を含む強硬な作戦を主張して、トルーマン大統領と対立。五一年四月、一切の職務を解任されて帰国した。一九六四年、死去。八四歳。

（注3）［フランケンシュタイン］　英国の詩人シェリー夫人メアリが書いた長編怪奇小説の書名。一八一一八年刊。青年科学者フランケンシュタインの手によって造られた人造人間が、その醜悪な外見のために人間社会から受け入れられず、報復のための殺戮を繰り返したすえに、いずこかへ消え去っていく物語。

（注4）［メドゥーサ］　ギリシャ神話に出てくる三人姉妹の怪物ゴルゴンの一人。頭髪が蛇となっていて、目は人を石に化す力があった。だが、姉妹の中でただ一人不死身ではなかった。このため、英雄ペルセウス（ゼウスとダナエの子）に首を切られてしまった。このとき、有翼の天馬ペガサスが生まれた。

（注5）［スターリン・ヒトラー協定］　一九三九年八月二三日、モスクワでドイツとソ連が締結した独ソ不可侵条約を指す。条約にはポーランドを東西に分割する秘密条項が含まれていた。一九三九年九月一日、ドイツがポーランドに侵攻して、西半分を占領。九月三日、英仏両国はドイツに宣戦を布告、第二次世界大戦が始まった。一方、ソ連は九月一七日、東方からポーランドに侵攻して、その領土の東半分を占領した。これによって、戦後独立を回復するまで、ポーランド国家は消滅した。

（注6）［アール・ブラウダー］　一九三〇年から四五年まで米国共産党書記長。コミンテルンの國際労働組合組織のプロフィンテルン（赤色労働組合インタナ

ショナル）の創立大会に、米国を代表して出席し、米国共産党の創立に加わった。ゾルゲが上海に派遣された当時、上海にあった汎太平洋労働組合書記局員として一九二七年から活動していた。

（注7）［サム・ダーシー］　米州カリフォルニアの米国共産党指導者で、米国青年共産主義者連盟で頭脳明晰、弁舌が鋭い若手の指導者として頭角を現した。一九三四年の米国西海岸での沖仲仕組合争議の指導者として有名。

（注8）［ユージン・デニス］　別名をポール・ユージン・ウオルシュともいう。一九三一年にはフィリピンで、一九三四年には上海で活動していた。ブラウダーが米共産党書記長を追われた後に、書記長となって一九五九年まで共産党を指導した。

（注9）［ハリー・バーガー］　ルディー・ベイカーの変名と思われる。野坂参三の滞米中に秘書を務めたジョー・コイデによると、「ベイカーはサンフランシスコで、汎太平洋労働組合書記局の活動を、一九三七年まで指導した」という。ベイカーは非合法部門の組織活動を担当しており、中国問題について造詣が深かった。（H・クレア、J・E・ヘインズ、F・I・フィルソフ共著、渡辺雅男ほか訳『アメリカ共産党とコミンテルン』五月書房参照）

（注10）［ゲルハルト・アイスラー］　コミンテルン極東局政治部長。組織部長のヌーランが上海市工部局警察に逮捕された一九三一年に、上海を脱出してモスクワに帰った。後に米国に潜入して、野坂参三と連携して非合法活動に専念した。米下院非米活動調査委員会に喚問され検挙されたが、劇的に脱出して東ドイツに帰り、同国の政府高官になった。上海時代のゾルゲについての回想記がある。

（注11）［上海租界警察］　上海共同租界内の犯罪取締を行う警察。詳細は本書四七七ページ（注22）参照。

（注12）［抗議の声］　米国国防総省は一九四九年二月、ゾルゲ諜報団に関する報告を公表した。これにアグネス・スメドレーはソ連のスパイであると書かれていたことから、スメドレーが抗議行動を起こしたことを指している。

（注13）［ニューヨーク市東一二丁目二五番地］　米国共産党本部の所在地。ニューヨーク市マンハッタン地区のユニオン・スクエアの近く、一二番街東三六番地の九階建てのビルディングにある。ただしここでは番地が違うので、付属の機関かもしれない。

（注14）［上海での策動との結びつき］　ゾルゲは一九二

九年末、中国で諜報活動を行うため上海に派遣され、任務を全《まっと》うして、三二年一一月に帰国している。

（注15）［クレムリン］　中世にロシアの各都市に築かれた城砦（クレムリ）を意味するロシア語の英語表記。帝政時代にはロシア皇帝の居城があり、一般的にはモスクワにあるものを指す。現在はロシア連邦大統領府や政府諸機関が置かれている。ソ連解体前は、ソ連政府ならびにソ連共産党のことを指す言葉だった。

（注16）［バトリー］　一九三六年に建造されたポーランドの船舶。当時、敵対関係にあったナチス、左翼のいずれかが、火炎を仕掛けたと言われた。真相は不明である。

（注17）［公証法廷翻訳文］　法廷で使用可能な様式を整えた証言、または供述文書のこと。

（注18）［上海市警察ファイル］　一九四九年秋、上海が共産軍の攻撃で陥落する直前に、米中央情報局（CIA）が持ち去った一九二六年から一九四八年までの上海市工部局警察の資料。ウィロビーはこの資料をもとにして、一九五二年に『上海の陰謀』と題する著書を発表した。この資料はワシントンの国立公文書館に保管されている。（春名幹男著『秘密のファイル』、白井久也編著『國際スパイ・ゾルゲの世界戦争と革命』参照）

（注19）［ゾルゲ自供の最初の草稿］　本書四四―四五ページの記述参照。

（注20）［松岡がドイツから日本に戻ろうとしていた］　松岡洋右外相は一九四一年四月一三日、日ソ中立条約をモスクワで締結後、シベリア鉄道で帰国の途に着いた。

（注21）［彼らはその情報を得ていたのです］　これはウィロビーの挑発的な発言である。当時、ドイツの電撃作戦によって、モスクワやレニングラードが包囲されて苦戦をしいられているとき。ソ連は米国から、軍需援助を受けていた。従って、もしソ連政府が米国が攻撃を受ける情報を知りながら、米国に知らさなかったとすれば、道義的に非難されることになる。これが極東國際軍事裁判（東京裁判）でも、問題になった。日米戦争を予告しているが、真珠湾攻撃の情報を入手していたというゾルゲの電文は、まだ発見されてはいない。（本書二四ページの記述参照）

（注22）［フランクフルター・ツァイトゥンク紙特派員として日本入りして］　加藤哲郎一橋大学教授がドイツ外務省文書館で発掘した資料には、ゾルゲが来

日したとき在日ドイツ大使館に提出した書類によると、「ミュンヘン絵入り新聞」「テークリッヒェ・ルントシャウ」特派員、「ベルリーナ・ベルゼンクーリエ」特派員ほかの肩書があるが、「フランクフルター・ツァイトゥンク」特派員の肩書はない。ゾルゲの通信が同紙に掲載されるのは、一九三七年一月一三日付のものからであり、それには「非社員寄稿者」と記されている。同一月二四日付同紙に掲載されたゾルゲ論文「日本の財政的悩み」には、東京駐在特派員からと記されており、ゾルゲが正式特派員となったのは、その間のことだと判明した。

（注23）［中国共産党の政治顧問、尾崎秀実《ほつみ》］　尾崎の調書には一九三一年秋、中共駐滬《ちゅうこ》（駐上海）政治顧問団の活動に参加して、上海を巡る国際情報について、相互に意見交換した。政治顧問団の会合には、尾崎秀実《ほつみ》が帰国するまでに四、五回出席している。帰国時には送別会を催してくれて、「中共側は感謝の意を表した」と、書かれている。

（注24）［『ゾルゲの手記』］　ゾルゲの『手記』と言われるものは、二種類ある。（みすず書房刊『現代史資料(1)・ゾルゲ事件（一）』所収）。『手記（一）』は、検挙一週間後の一九四一年一〇月二八日から始められた司法警察官の尋問に対する供述内容をもとに、特高警察官が部内用として手記の形にまとめたものと言われている。一方、『手記（二）』はこれと前後して、吉河光貞検事の取り調べに対して、ゾルゲ自身が自分の諜報活動のアウトラインを記述したいと申し出て、同検事がこれを了承して作成させたもの、と言われている。ゾルゲは証拠品として押収された自分のタイプライターを返してもらい、取調室に持ち込んで打った。全文を打ち終えたのは、翌四二年四月だった。検事取り調べの通訳を担当した生駒佳年が翻訳した。前半は同年二月司法省刑事局刊『ゾルゲ事件資料（二）』、後半は同年四月『ゾルゲ事件資料（三）』に掲載され、政府関係者に配布された。

（注25）［二人の外国人仲間と中国に来た］　ゾルゲは一九三〇年一月一〇日、赤軍参謀本部第四部から諜報活動のため中国へ派遣を命じられたとき、機関員のアレックスはゾルゲより年長で、任務はモスクワの第四部との連絡に当たり、軍事問題を取り扱い、ゾルゲに積極的に協力した。しかし、やがて共同租界警察から監視されるようになり、半年後に引き揚げた。アレックスが上海を去ったあと、ゾルゲが在支諜報機関の責任者となった。一方、ワインガルトは

無線技師で、輸入商を偽装してドイツ製缶詰類の商いをしていた。ワインガルトはハンブルクにいたころから、上海のレーマン・グループの無線技師であったマクス・クラウゼンとは知り合いで、レーマンの指示で、アンカーホテルでクラウゼンと会った。クラウゼンがゾルゲと面識を持ったのは、このときが初めてであった。ワインガルトはゾルゲが上海を去ったあとも、上海に留まって、無線技師の仕事を続けた。

（注26）［上海市警察］　上海租界警察または上海市工部局警察と同じこと。詳細は本書四七七ページ（注22）参照。

（注27）［ゾルゲの無線通信局を運営していました］　これまでの記録では、ギュンター・シュタインはゾルゲ機関の無電発信の基地を提供した記録はあるが、ゾルゲ機関の無線通信局を運営したという記録はない。

（注28）［ヌーラン擁護委員会］　上海市警察に治安妨害容疑で逮捕されたヌーラン夫妻の釈放を求めるコミンテルンの国際組織。ヌーラン（夫）の本名は、ヤコブ・マトビエビチ・ルドニク。ウクライナの労働者の家庭に生まれる。ボリシェビキのメンバーとして一〇月革命に参加。ソ連秘密警察「チェカー」の要員として、特殊任務を担当した。スイス共産党員とされた。コミンテルンから上海の極東局組織部長として派遣された。

　ヌーランとその妻の逮捕は、国際的な関心を呼び、夫妻を釈放するためのコミンテルンの国際組織、ヌーラン擁護委員会が一九三一年六月一三日に設立され、進歩的な知識人の国際連帯の下に彼ら夫妻の釈放キャンペーンを行った。擁護委員会には、アインシュタイン、宋慶齢（孫文夫人）、アグネス・スメドレーらが名を連ねた。南京が日本軍に占領される前の一九三七年八月二七日に、擁護委員会の活躍に加え、ソ連政府の圧力もあって、夫妻の身柄は釈放された。ヌーラン夫妻の解放には、ゾルゲも一役買った、と言われている。しかし、最近の中国研究者の研究では、「一九五七年日本侵略軍が南京を砲撃したとき、ヌーラン夫妻は刑務所から逃げ出して上海に行き、隠遁生活を送った」（崔吉順「ヌーラン事件とその結末――ヌーランの一人息子ドミートリー・モイセーエンコの聞き書き」日露歴史研究センター発行『ゾルゲ事件関係外国語文献翻訳集』NO・10発行二〇〇五年一二月）として、ヌーラン夫妻は日本軍による南京砲撃のどさくさにまぎれて、刑務所から逃亡したとの見方をとっている。
（注29）［ゼーバー・ワインガルト］　本名はヨーゼフ。ソ連機関員。詳細は本書四四〇ページ（注28）参照。
（注30）［ポール］　本名はカール・マルトゥイノビチ・リム。赤軍士官学校の校長を務め、師団参謀長となる。日本の中国侵略に伴い、対ソ侵攻計画の情報収集が緊急課題となり、ゾルゲの副官、軍事問題の顧問として補佐すべく、上海に派遣される。パスポートによると、エストニア人でゼルマン・クリージャを名乗っていた。職業は獣医。写真屋を経営し、レストランの営業もするという多彩な人物。ゾルゲの上海からの帰国に当たって、ゾルゲの後任になった。
（注31）［ポール・ユージン・ウオルシュ］　付属文書の中ではユージン・デニスがポールであるとしているが、（注30）の通り、ポールはカール・リムのことであり、ここでは、混同している。両者は全くの別人である。
（注32）［ハンブルグと呼ばれるあるドイツ人女性］　ゾルゲが上海で諜報活動をやっていたときの女性秘書。本名はウルズラ・クチンスキー。ルート・ウエルナー（ペンネーム）と称した。一九〇七年、ドイツのインテリ家庭に生まれる。六人兄弟姉妹の長女。父親ロベルト・クチンスキーは経済学者で、労働運動の活動家でもあった。兄ユルゲン・クチンスキーはドイツ有数の社会経済学者。こうした事情から、ウエルナーは若くして政治に目覚め、一六歳のときにドイツ共産主義青年団、一八歳でドイツ共産党（スパルタクス）に入党。ウエルナーは二九年、建築家ルドルフ（またはロルフ）・ハンブルガーと結婚、上海市議会に職を得た夫に従って、上海にやってきた。上海では夫の名前からとったハンブルグという名で親しまれた。三〇年一一月六日、ウエルナーは友人の紹介で上海のキャセイホテルのロビーで、アメリカ人女性ジャーナリスト、アグネス・スメドレーと会って意気投合した。それから間もなくして、スメドレーからゾルゲを紹介されて、その秘書となった。ゾルゲはウェルナーの暗号名として「ソーニャ」と名付け、毎週一回彼女の居室で同志との秘密の会合を開いた。中国人出席者の中には中国共産党特科（情報工作）に所属する陳翰笙、王学文らがいた。ウェルナーは三四年から奉天（現在の瀋陽）と北京で二年間、三五年以降ポーランド、スイス、英国でソ連赤軍の諜報活動に従事。三七年と三九年に

「赤旗勲章」を二度授与された。激動の半生を語る自伝『ソーニャの報告』が七七年、旧東ドイツの出版社から刊行された。詳細は日露歴史研究センター発行『ゾルゲ事件関係外国文献翻訳集』No・2所収の楊国光著『リヒアルト・ゾルゲ』より抜粋（Ⅱ）、ならびに「二〇〇六年に出版された増補改定版『ソーニャの報告』」の記事参照。

（注33）［ミス・ワイデマイヤー］ イレーネ・E・I・ワイデマイヤーは、一九二五年中国人共産主義者の呉紹国と結婚し、一九三〇年一一月に上海九江路にあるツァイト・ガイスト書店を開いた。この書店はコミンテルン機関の合法的拠点となった。一九三三年にヒトラーが政権を獲得すると閉店し、一九三四年九月に上海で再び国際出版社の上海支店として開業した。社会思想研究家石堂清倫（故人）は彼女を「コミンテルンの縮図のような女性」と評している。関連事項として本書二二八〜二三〇ページ「ツァイトガイスト書店」の、二五一〜二五三ページ「（g）ツァイトガイスト書店」の項をそれぞれ参照。

（注34）［ヌーラン］ コミンテルン機関員。関連事項が本書一四一ページ（注28）に記載。

（注35）［同じ男（すなわちゲルハルト・アイスラー）が日本で活動しているのを知り］ この事実関係は、日本では全く知られていない。アイスラーの記録にも登場したことはない。

（注36）［ハースト系］ 米国の新聞経営者ウイリアム・ランドルフ・ハーストは、ニューヨークで扇動的な記事を載せた新聞の安売りによって、「イエロージャーナリズム」（低俗・煽情的な記事を売り物にする報道）を確立して、成功を収めた。これを梃子《てこ》にして、多くの新聞・雑誌を買収して傘下に従えて、『新聞王』と呼ばれた。ハースト系とは、ハーストの系列にある新聞・雑誌を指す。

（注37）［レーマン・グループ］ ソ連機関員レーマンが責任者となった、上海の諜報グループ。詳細は本書四六八ページ（注72）参照。

（注38）［ミーシャあるいはミーシン］ 無線技師。コンスタンチン・ミーシン。白系ロシア人。白衛軍の士官だったが、革命後の一九一八年、ソ連を逃げ出し、上海に移った。レストランや居酒屋でマンドリンを手に歌ったり、小間物の行商をしたりした。満州、華北、華南各地を旅して覚えた、中国語、英語、日本語が話せた。ふとした機会に知り合った人から、ソ連のために働くことを薦められて、上海のソ連諜

報機関ジム・グループ（またはレーマン・グループ）に入った。クラウゼンはモスクワから上海に派遣されたとき、ミーシャと連絡するよう命ぜられた。ミーシャは無線通信施設を設置する仕事をしていたが、ジム・グループが解散すると、そのあとを引き継いだゾルゲ・グループの一員として、上海、広東で働いた。肺結核を病み、一九三一年夏に上海で死んだ。

（注39）［ハルビン・グループ］　ソ連赤軍参謀本部第四部所属の諜報機関。モスクワから派遣されたオット・グリュンベルグが機関長。主たる任務は、満州（中国東北地方）の軍事・政治情報の収集。グリュンベルクは在ハルビン米副領事ティコ・レ・リリーストロームと仲が良く、諜報関係の仕事で手厚い便宜を受けた。ゾルゲが上海で諜報活動をしていたころ、モスクワ宛の書類や手紙はハルビン・グループを通じて送り、一方、モスクワからの活動資金は同グループを通じて受け取っていた。上海で諜報活動をしていたソ連のフローリッヒ・フェルトマン・グループの長フローリッヒ（またの名をテオ）も、のちにこのハルビン・グループに移った。関連事項として本書四六八ページ（注76）参照。

（注40）［オット・グロンバーク］　グロンバーク・テオ。満州のハルビン赤軍軍管区司令官。クラウゼンはテオから奉天に派遣され、無線基地を作り、ウラジオストクに向けて送信した。テオは上海のフローリッヒ・フェルトマン・グループの責任者。

（注41）［フローリヒ・フェルトマン・グループ］　ソ連赤軍参謀本部第四部から上海に派遣されていた諜報グループの一つ。当時、フローリヒは陸軍少将、フェルトマンは赤軍の中佐で無線技師。主たる任務は、毛沢東・朱徳らが指揮する中共軍に関する情報収集。このグループの責任者は、ソ連陸軍少将のフローリヒ（またの名をテオ）。フェルトマンは陸軍中佐で、無線技師。フローリヒは、使命を十分に果すことができず、一九三一年に上海を去った。

（注42）［カール・レッセ］　コミンテルン機関員。詳細は本書四六六ページ（注68）参照。

（注43）［ルート・フィッシャー］　ゲルハルト・アイスラーの妹で、ドイツ共産党の指導者の一人だったが、除名されて転向した。米下院非米活動調査委員会で、アイスラーを告発する証言を行った。

（注44）［国家政治保安部（ＧＰＵ《ゲペウ》）］　ソ連の政治警察機関。ＧＰＵはロシア語の頭文字をとった呼称。反革命・サボタージュおよび投機取締非常委員会（チ

ェカー）が、一九二二年に改組された平時の抑圧機関。ソ連邦形成に伴い、二三年には統合国家政治保安部（OGPU）となった。共産党内反対派や専門家・知識人、さらに農業集団化時には、農民を弾圧した。三四年には内務人民委員部（NKVD）に改組された。

（注45）［組織者のワイス］　キャロル・ワイスは米国人権擁護同盟の活動家で、国際法律協会にも関係していた。ゲルハルト・アイスラーの救援活動にも、積極的に参加した。

（注46）［汎太平洋労働組合書記局（PPTUS）］　極東におけるコミンテルンの国際労働運動組織。一九二七年五月二〇日から二六日まで、中国・漢口で開かれた第一回太平洋労働組合会議で設立され、書記局本部は上海に置かれた。会議にはソ連、英国、米国、フランス、インドネシア、朝鮮、日本、中国などの代表が参加。日本代表は山本懸蔵ら六人だった。太平洋諸国の労働組合がプロフィンテルン（赤色労働組合インタナショナル）の指導の下に、新しい戦争の挑発との闘争。人種的偏見との闘い、被抑圧諸国民の反帝国主義闘争への援助という立場で活動した。詳細は本書二四二～二四五ページ「（a）PPTUS」の項参照。

（注47）［ロゾフスキー］　ソロモン・アブラモビチ。ソ連の政治家。一九四九年に逮捕され、五二年に獄中で死去。非スターリン化に伴って、「個人崇拝」の犠牲者として、死後に名誉回復した。労働組合運動に関する著書が多い。これ以前の前歴は、本書二四二ページ下段の原注＊9参照。

（注48）［日系二世の男］　ゾルゲ諜報団の有力メンバー、宮城与徳のこと。宮城は沖縄県出身の日本人。渡米した一世が米国で生んだいわゆる二世ではない。

（注49）［幸徳秋水］　明治期の社会思想・運動家。一八七一～一九一一年。高知県生まれ。本名伝次郎。「万朝報」記者。日露戦争に反対して平民社を起こし、「平民新聞」を刊行した。のちに無政府主義者となり、大逆事件の首謀者とされて、処刑された。著書に『社会主義神髄』など。

（注50）［片山潜］　社会主義運動の先駆者。詳細は本書四五〇ページ（注83）参照。

（注51）［鈴木文治］　一八八五～一九四六年。労働運動家。宮城県生まれ。一九一二年、友愛会（のち日本労働総同盟）を設立して、会長を務めた。二六年、吉野作造らと社会民衆党を結党、中央執行委員に。

同党及び無産政治の合同による社会大衆党代議士。

（注52）［加藤咄堂《とつどう》］　一八七〇〜一九四九年。京都府生まれ。明治・大正期の仏教活動家。明治時代の英吉利《イギリス》法律学校に学ぶ。若いころより仏教を研究。仏教の講演を中心に全国を回り、国民教代運動の実践で、第一人者とされた。東邦大学、日本大学、曹洞宗大学で、講師として仏教関係の講義をした。一九二四（大正一三）年に宮内省から、また一九二八（昭和三）年に文部省から教育功労者として表彰される。著書に、『菜根譚《さいこんたん》講話』、『維摩経《ゆいまきょう》講話』、『碧《へき》巌《がん》錦講話』など。

（注53）［賀川豊彦］　キリスト教伝道者・社会運動家。一八八八〜一九六〇年。神戸生まれ。幼くして両親を失ったことや、一家の破産などの逆境からの救いをキリスト教に求めて、中学四年のときに受洗。肺結核を患らったにもかかわらず、神戸市北本町の貧民街で伝導を始めた。一九年、鈴木文治とともに友愛会関西労働同盟を結成し、理事となる。戦前、日米関係の破局を憂えて、四一年にキリスト教平和使節団の一員として渡米。帰国後、反戦運動の嫌疑で、憲兵隊の取り調べを受ける。戦後、いち早く活動を開始して、東久邇内閣の参与として、「一億総懺悔運動」を国民に呼び掛けた。戦前から国際協同組織による世界平和を考えており、東久邇元首相を担いで世界連邦運動を広めた。戦後の業績としては、社会党結党の世話人などを務めた。著書に『賀川豊彦全集』（全二四巻、キリスト新聞社）

（注54）［西田天香］　宗教家。一八七二〜一九六八年。長浜市（滋賀県）生まれ。本名は市太郎。青年期に二宮尊徳の報徳思想を信奉。〇三年、トルストイの『我が宗教』に啓発されて、〇五年長浜で断食中、乳児の泣き声を聞いて人生の理想は無心と悟った。同年京都で一燈園を設立。托鉢、奉仕、懺悔の生活を始めた。二一年、教話集『懺悔の生活』を世に問うて、一躍有名になった。戦後の四七年に参議院議員となり、緑風会の結成に参加した。晩年の著作に『九十年の回顧』がある。

（注55）［浅原健三］　社会運動家。一八九七〜一九六七年。福岡県生まれ。苦労して日本大学専門部法科卒。労働運動家・政治家の加藤勘十らと親交を結び、一九二〇年の八幡製鉄ストライキを指導し、『熔礦炉の火は消えたり』を著した。九州民富党を創立し、二八年の普通選挙に当選し無産政党代議士となった。しかし、三一年の満州事変後に右傾化して、石原莞

爾の「東亜連盟」幹部となり、三八年に石原と東条英機の対立のあおりで、一時逮捕された。戦後、五二年の総選挙に立候補して、落選。

（注56）［田原春次］ 社会運動家、政治家。一九〇〇～一九七三年。早稲田大学在学中、北一輝と接触し、建設者同盟に出入りし、佐野学の影響を受け、社会主義思想を学んだ。米ミズリー州立大卒。帰国後、朝日新聞社記者となったが、大学の友人だった浅沼稲次郎の誘いを受けて、全国大衆党本部の機関紙部長として活動した。全農福岡県連の推薦で一九三七年の総選挙に立候補して当選した。戦時中の、ニューギニアでの宣撫工作従事がたたって、戦後、公職追放になったが、五二年から衆議院委員として以後五回当選を果たした。

（注57）［木村毅《き》］ 評論家。一八九四年、岡山県に生まれる。早稲田大学英文科卒。ロンドン・レーバーカレッジに学び、帰国後、雑誌『反響』を主宰。文芸評論家から出発し、小説も書いた。明治文化・文学を研究して、多数の著作を残した。明治文学研究会会長を務めた。また、日本フェアビン協会や労農党に参加し、社会運動にも挺身した。著書に『小説研究十文講』など。戦後、「日米文化交流史」の研究で、文学博士。一九七九年没。

（注58）［大山郁夫］ 政治学者、社会運動家。一八八〇～一九五五年。兵庫県生まれ。生家は福本という。一七歳のとき、神戸の大山家の養子となる。早稲田大学を首席で卒業、すぐ講師となる。一〇年、米国・ドイツに留学、帰国して一四年に早大教授に就任。一七年、早稲田騒動で大学を退き、朝日新聞社（大阪）論説委員になるが、米騒動に関連した同社の筆禍事件の責任を取って、長谷川如是閑ら五人の論説委員とともに退社。二〇年に早大に復帰、学生たちの偶像的存在となり、東大の河上肇とともに政治学者の東西の双璧と言われた。二六年に結成された労働農民党から請われて委員長に就任、早大を去る。大山は「輝ける委員長」と呼ばれ、左翼社会主義運動のシンボルに押し立てられた。三〇年代議士に当選。しかし、満州事変後の日本の右旋回に身の危険を感じて、夫人りゅうとともに米国へ亡命。戦後の四七年、一六年振りに日本へ帰還し、早大教授に復帰した。晩年を平和運動に身を捧げ、平和擁護日本委員会（五〇年発足）会長に。五一年にスターリン平和賞を受賞。著書に『大山郁夫全集』（全五巻）。

チャールズ・A・ウィロビー少将の証言(2)

下院非米活動調査委員会は、休会が明けて、オールドハウス・オフィス・ビルディング内二二六号室で一九五一年八月二三日午前一〇時四五分に開催され、J・S・ウッド（議長）氏が主宰した。
出席した下院議員
J・S・ウッド（議長）、F・E・ウォルター、C・ドイル、H・H・ベルデ（記録記載順に出席）
出席したスタッフ
F・S・タベナーJr.（法律顧問）、T・W・ビール（法律顧問上級補佐）
L・J・ラッセル（上級捜査官）、C・E・オウエンス（捜査官）
R・I・ニクソン（調査部長）、J・W・キャリントン（書記）
A・S・プーア（編集人）

午前の部

ウッド　本委員会を開催します。タベナーさん、それではよろしいですか？
タベナー　はい。議長、ウィロビー少将を証人として、本朝、再度召喚いたしたいと思います。
ウッド　結構です。
タベナー　本委員会のオウエンス調査官に出席願い、宣誓後にいくつかの書類を紹介して頂きます。それから証人を呼んで陳述を願えれば、滞りなく証言に入れましょう。オウエンスさん、証言台について頂けませんか？
ウッド　オウエンスさん、それでは右手を上げて宣誓してください。あなたは本委員会に提出する証拠が真実であり、ありのままであり、真実以外のなにものでもないと厳粛に神に誓いますか？
オウエンス　誓います。
タベナー　名前を述べてください。
オウエンス　C・E・オウエンスです。
タベナー　あなたは本委員会で何かの役についてい

ますか？

オウエンス　はい、調査官として採用されています。

タベナー　そうなってから、どのくらいになりますか？

オウエンス　三年になります。

タベナー　オウエンスさん、あなたの前にある書類から、連続付属文書第一三号を選んで、お調べのうえ、その内容を本委員会に説明していただけませんか？(注1)

オウエンス　承知しました。極東軍総司令部の参謀第二部（G2）がまとめた連続付属文書第一三号は、「一九四二年版外事警察概況(注2)」と表題がついています。一九四一年一〇月から一九四二年一〇月に、東京の警視庁――

タベナー　その文書の性格を、今一度述べてくれませんか？

オウエンス　この文書の表題は「一九四二年版外事警察概況」となっています。まとめたのは、日本政府の内務省警保局です。一九四一年一〇月から一九四二年一〇月まで、東京の警視庁はそれまでは表に出ていなかった、ゾルゲ事件の記録をまとめました。大変な量の公式の筆記、尋問記録などから取りまとめたもので、日本側はこの資料を順に並べ立て、年刊の外事概況の三九八ページから六〇〇ページまでに入れました。ということは、三九八ページから六〇〇ページまでは、ゾルゲスパイ事件の日本側の捜査と、尋問の結果だけが取り扱われていることになります。内務省の役人が、大日本帝国内務省の役人ですが、「スパイ史上比類無き」事件と言い表しているものです。中国と日本でのゾルゲ諜報団の秘密組織は一〇年間［訳注　中国で二年間、日本で八年間］にわたって、日本政府が最高機密としていた計画や政策を探り、入手し、モスクワに送っていました。外事警察概況の当該部分の全英訳が、ここに有ります。

タベナー　確認していただきました、この「フォーリン・アフェアズ(注3)」誌一九四二年版年鑑の四四ページから一四一ページまでの英訳は、ゾルゲや他の団員が収集し、モスクワに送っていた情報に関わるものです。最初に挙げられている情報は、ゾルゲがドイツ大使館(注4)とのコネを利用して入手したものです。以下の節は、ゾルゲがドイツ大使館から入手した情報の前書きですが、読み上げます。

「一九四二年版外事警察概況」より

自分の下で活動していたスパイのほかに、ゾルゲは信用され、敬意をも受けていたドイツ大使館を豊富な情報源としていた。彼が同大使館から得た情報の幾つかを下に挙げておく。

タベナー　そして、そこには大変な量の資料が列挙されております。これがウィロビー少将が昨日の聴聞の初めの頃に、証言した全般的な項目なのです。一九四一年六月二二日にドイツがソ連を攻撃する以前の、ソ連とドイツの関係に触れています。一八項から二二項には、彼の情報の精度を示す幾つかのことが、含まれています。この間のやりとりに関連する記述を、読んで頂けませんか？

オウエンス（朗読）

一九四一年三月に彼はオット大使から告げられた——

タベナー　「彼」というのはゾルゲのことですね？

オウエンス　そうです、リチャード・ゾルゲのことです。（朗読継続）

一九四一年三月に、彼はオット大使から松岡外相の欧州行き(注5)は、ヒトラーの招きによるものであり、(注6)松岡はある非公式の保証をドイツに与える権限を、日本政府から委ねられていると告げられた(注7)。

オウエンス　そこのところが一つの基本的なことです。

一九四一年の初頭に、彼はオット大使と、日本に派遣されて来たドイツの特別使節から、使節の使命は日本がソ連と開戦する何らかの可能性があるかどうかを探ることであるのを知った。一九四一年四月半ばにオット大使は日ソ中立条約(注8)には驚かされた、と彼に語った。ドイツ筋では日本とソ連の関係悪化を予想していたからである。ゾルゲは驚かなかった。彼はすでにソ連政府に松岡訪欧の目的の一つは、ソ連との条約締結であると無線で伝えていたからだ。一九四一年五月に、ヘスが英国に飛んだ際に、(注9)彼はドイツ大使館でヒトラーは英国と講和し、ソ連と戦う積もりであること、また最後の手段としてヘスを英国に送った、と聞いた。ゾルゲは、独ソ不可侵条約(注10)はあっても、ドイツのソ連攻撃は不可避であり、目先に起こりうると判断した。一九四一年六月二〇日頃に、彼はドイツから新任地のタイに向かう駐在武官のショル(注11)から、ドイツは六月二〇日頃にソ連に対して全面攻撃を仕掛けること、攻撃の主力はモスクワに仕向けられること、一七〇から一九〇個師団が国境に集中していることを聞いた。

タベナー　ちょっと待ってください。東京のドイツ大使館の駐在武官はクレチメルだったですが？

オウエンス　その通りです。

タベナー　そしてその情報の結果、ソ連は一九四一年六月二二日のドイツによる攻撃を知ったのです。そこに出ている記述は、それで終わりですか？

オウエンス　そうです。

タベナー　ウィロビー少将、昨日の証言の中であなたは、このゾルゲ諜報団が受け取ったか、またはモスクワに送ったかしたある事項に触れました。ですが、それについてあなたのお話を聞く前に、戦争前の日本とドイツの対米政策に触れている興味ある記述が載っている、四七ページをオウエンスさんに見て貰いたいのです。お持ちですか？

オウエンス　はい。

タベナー　では、読んでいただけますか？

オウエンス　実際は四つの事項が関わっております。特にあなたが取り上げたものは、最後のものです。

タベナー　そして吉河が数週間程前に証言した際に、彼が証言の中で触れた事項も、また、あなたに読んでいただきたいのです。ウィロビー少将が意見を述べられる前に、全体像を出来るだけ完全に把握しておくためです。

オウエンス　分かりました。(朗読)

「一九四二年版外事警察概況」(つづき)

一九四一年六月に彼(ゾルゲ)は、ドイツの対日経済使節のボール・フォスとスピンスラーから、独日経済協議の結果、日本はゴムと石油の見返りに、ドイツから軍需品を入手する。また、日本で

の工場建設に、両国が協働することになったことを知った。(注12)

オウエンス　次の事項は

一九四一年七月初めに彼（ゾルゲ）はオット大使と駐在武官のクレチメルから、日本は南方拡大政策を推し進めるが、同時に、機会到来時にはソ連に戦争宣言が出来るようにしておくことが、御前会議で決定されたと聞かされた。

オウエンス　三番目の事項は

一九四一年七月初めに、彼（ゾルゲ）はオット大使、駐在武官その他から次のようなことを聞いた。すなわち日本軍がソ連と交戦状態に入るのは、ドイツがモスクワとレニングラードを占領し、ボルガ川に到達する時点であろうと言っていること、日本軍及び国民の対ソ参戦意欲は衰えつつあること、(注13)東条は北方での軍事上の問題に関心がないので、オットと東条の話し合いは実を結ばないこと、松岡を追放して米国との新しい条約への道を拓くために、近衛が辞任し第三次内閣を形成することなどである。

オウエンス　四番目の事項は

一九四一年の七月と八月の間に、オット大使と駐在武官から日本の大規模な動員に関する情報を得た後に、彼はその年にはソ連相手の戦争はないと結論づけた。彼の推論はこうだった。動員の終わりには約三〇個師団が満州に集中した。(注14)これは新規動員兵力の僅か三分の一にしか当たらない。師団が送られたのは八月一五日以降のことであり、これでは冬が来る前に戦争を開始するには遅すぎる。それゆえ日本はソ連とは戦わないで、南方で米国と英国に挑戦しよう。

オウエンス　さて吉河さんがそれについて証言し、あなたが参照されている情報は、一九四一年一〇月初めに無線で送られ「国家機密」とされていたものです。吉河証言を今、読み上げて欲しいでしょうか？

タベナー　ええ、もう一度読んでいただけるものなら。

オウエンス　（朗読）

日米交渉は最終段階に入った。(注15)日本が中国と仏印［訳注　フランス領インドシナの略称。現在のベトナム］の兵力を減らし、仏印に八箇所の海空軍基地を建設する計画を断念しさえすれば、交渉は成功裡に終わる、と近衛は見ている。もし米国が一〇月半ばまでに妥協を拒否すれば、日本は米国、マレー諸国、シンガポール、それにスマトラを攻撃しよう。ボルネオはシンガポール及びマニラからの到達圏内なので、攻撃しない。しかしながら、戦争となるのは交渉が決裂した場合のみであり、日本はドイツとの同盟関係を犠牲にしても、成功裡に終わらせようと最善を尽くすのは間違いない。

オウエンス　これが吉河さんが証言した事項です。

タベナー　ウィロビー少将、よろしかったらゾルゲ諜報団の行動と、この情報のモスクワ宛送信に関して話してくれませんか？

ウォルター　その前に少将に一つ質問して宜しいでしょうか、議長？

ウッド　ウォルターさん。

ウォルター　少将、この情報を大変慎重にお考えになった上で、あなたは、真珠湾が攻撃されたのは、独、伊、日間での完全な了解があったからだ、と考えますか？

ウィロビー少将の証言

再　開

ウィロビー　ウォルターさん、それは大変難しい質問です。当時のイタリアとドイツとの関係は、もともと第三インタナショナル［訳註　コミンテルン］に仕向けられていたのです。私のこの一連の情報の解釈が正しければ、それは軍事面での一致よりもむしろコミンテルンに関わる政治面での一致です。ですが、この情報の言葉使いでは、夏の間のいつかに、日本の外務省はソ連に対するあからさまな攻撃から逸れて行ったのは事実です。また、数ヵ月間の情報の傾向を見ますと、一つだけ取り上げてそれで結論とすることはできません。全ての情報の傾向を追わねばならないのです。当時の情勢では、シベリア経由の攻撃も考慮されており、何個師団かがそれに備えていました。世論も公式の軍部の意見も、多分八月には変わっており、南方に向けての動きが徐々に表立って来る趨勢となっていました。「徐々に表立って」と申し上げますのは、ゾルゲはもちろん瞬時に情報を得ていたわけではないからです。

日本、南方進出で米英との衝突が不可避に

ウィロビー　ゾルゲは、日本の外務省に入り込み、ゾルゲに最新情報の提供をしていた情報収集役の尾崎を頼らざるを得なかったのです。それに私は、二ないし三週間のずれがあることすら、気がついています。というわけで、ゾルゲの使命は、日本は満州、すなわち関東軍を使ってシベリアを攻撃するのか、あるいは日本の軍事力が南方に振り向けられるのかを、広い視野から判断することだと考えてよろしいでしょう。それは戦略上の問題であり、われわれにも直接的に影響を及ぼすようなものです。一度、日本が仏印［訳注　仏領インドシナ、現在のベトナム］、マレー［訳注　現在のマレーシア］以外の南方に進むと決した以上、米英との衝突はもちろん不可避となったのです。われわれがこのことを八月なり九月なり一〇月なりに知っていたならば、それは戦争を事前に警告する性格を有していたことが、もちろん歴史的に証明できます。特定の月の、特定の日を想定した事前警告ではなく、大日本帝国とわれわれ自身の間に衝突が起ころうという一般的な感触なのです。（ベルデ下院議員入室）

この電文のやりとりに反映されているその報告、あるいは一連の報告がこの問題を前面に持ち出し、解決したのです。すなわちゾルゲは「南進が決定され、(注16)日本帝国の一切の軍事上の備えは、その目的、またその意向に沿って成される」という全体的な記事を、一〇月一五日という近い時期にモスクワに自信をもって伝達していたのです。さて、ベルデさんがお入りになったのをきっかけにしまして、ご不満のないように訂正を行います。ウォルターさん、昨日のベルデさんのご質問は、真珠湾に関連したこと以外は、実際上あなたの今朝方のご質問と同じです。さて、問題は真珠湾攻撃の月日は、特定されたかということです。そのこと

はゾルゲの情報には現れてはいませんし、現れていないことはそれほど重要ではないのです。

重要なことはですね、一九四一年夏の日本の軍事行動の趨勢は、南方に向かっていたのか、すなわち米英との衝突に向かっていたのか、または北方に、すなわちソ連に、向かっていたのかということです。そのことはソ連にとっては大変重要なことであり、知っていたならわれわれにとっても重要なことだったと思われます。が、ソ連がシベリアに駐屯させていた師団を敢えて撤収し、必要この上ない西部戦線に移動させることができたのは、ゾルゲが保証して初めてのことだったのです。(注17)このことは広い意味での歴史的な解釈であって、特定日を基準にした話ではないのです。ウォルターさん、これでご満足かどうか分りませんが。

ウォルター　そうです、そこが正に知りたかったところでした。

ウィロビー　特定の日の一二月七日とか一二月一二日とかと言うことでなく、歴史的にはこう申せましょう。われわれが日本の決断は南進だという情報を九月または一〇月に入手していたとしたら、それは政治、経済、軍事面で途轍もない警告となっていたでしょうし、その結果、警戒態勢をとっていたでしょうし、ともかく多分実際に攻撃が行われた日には、もっと良い備えがとられていたことでしょう。

ベルデ　少将、真珠湾攻撃の時に、あなたはどこで勤務していましたか?

ウィロビー　マニラで、過去一三年間してきたのと同じ仕事についていました。すなわちマッカーサーの情報将校です。ですからもちろん、この種の情報は私にとってはこの上なく重要でした。われわれは米国の最前線で、この脅威がどのくらい身近なものかを判断するために、鍵となるものなら何でも、一般の、また他の良く出て来る意見に見られる意味合いを、懸命に探っておりました。ということで、私がお話しています特定の年の月、すなわち一九四一年一二月には強烈な思いがあります。

ベルデ　ですが、あなたは当時日本が真珠湾を攻撃するだろうとは思ってもいなかったのでしょうね?

ウィロビー　このご質問には「イエス」とか「ノー」とか明確なご返事は出来ません。われわれは日本の置かれた立場とか、彼らの潜在能力を分析し、評価し、調査をしていましたし、中国大陸で何等かの動きがあったのは分かっていました。ですが、ゾルゲがお上、つまりソ連にもたらしたような、最終的な決め手となるような報告は――お分かりでしょう、その手の高度な情報ということでは、我方にはゾルゲはいなかったのです。

日本の真珠湾攻撃に一切触れない日独文書

タベナー　議長、イタリアとドイツが実際の真珠湾攻撃計画に関して受けていたかも知れない通告、または知っていたことについてのウォルターさんの、ご質問をさらに考えますと、私はこう申し上げます。その質問はかなり徹底的に調査され、東条やその他の裁判でそれに関しての証拠が数多く提出されておりますし、また日本外務省と、真珠湾には一切触れてはいません(注18)が、対米戦争の同意と承認を得るためにムッソリーニを訪ねた駐イタリア大使(注19)との間との実際の電文が存在します。また、一二月二日という早い時期に、日本大使大島とヒトラーの会話には、全般的な計画(注20)を知っているようなことが文書では示されていますが、真珠湾には一切触れていません。本委員会がご興味あるならば、この件に関しての国際軍事法廷の正確な判断と結論を入手できるのは、確かかと思います。

ウィロビー　タベナーさんは東京で国際軍事法廷［訳注　極東国際軍事裁判＝東京裁判］に関わっていたので、言われたことは大変重要だと思います。そこでなさっていたことは、大変素晴らしいお仕事でしたが、もちろん東京関係者の一員でした私も、良く承知しています。当時は誰からでも話を聞けましたので、この国際軍事法廷が探っていた事柄については十分承知されていたのでしょう。

ウォルター　イタリアが攻撃を行なったら、即刻宣戦布告する用意があったのは、もちろん単なる偶然の一致ではありません。そこが問題なのです。言うなれば、彼等は日本の攻撃実行以前に、対米戦争への参戦を固めていたのです。真珠湾攻撃はイタリアとドイツにとっては対米宣戦の単なる合図でしかなかったのです。

ウィロビー　この点についてタベナーさんに尋ねたいのですが。軍事法廷で問題となった点です。その点での法廷の決定、評決はどうなりましたか？

タベナー　評決がどうだったかは記録を見てからでないと、述べようもありません。ご質問が良くは分っていないかも知れません。

ウィロビー　私は一九三八年以来、極東にどっぷりつかっていたので、欧州情勢には詳しくはないのですが、ウォルターさん、イタリアとドイツ間の軍事協約によると、極東で日本がどうしようがしまいが、欧州では軍事行動をともに起こすことになっていたという点では、あなたと同じ考えです。実際、日本はソ連を攻撃しませんでした。ご承知のようにその代わりに彼等は苦痛の中立関係を選び、終戦五日前までわれわれだけを戦わせ続けたのです。

タベナー　しかし、三国間での三ヵ国条約[注21]の条件では、米国との戦争の際には、三ヵ国全てが軍事協力をすることになっていたのは、疑いもありません。

ウィロビー　全面戦争ですか？そういうことだと思います。

ウォルター　私が注目していたのは、正にそのことなのです。三ヵ国中のどの国が、世界のどこで攻撃をしかけようとも、その他の国は同時に連合して戦いを始めることになっていたのです。

タベナー　ちょっと前に申し上げましたように、発見された文書では、ムッソリーニはそういった戦いの際に、彼が協定の条項を順守するかどうかの確認を事前に質《ただ》されています。私の記憶では、彼は無条件に承認しております。

ベルデ　再度のことですが、あなたは情報分野ではもちろん、大変経験が豊かです。私の知る限り、真珠湾が攻撃されることをソ連が知っていたという、あなたが持っていた唯一の確かな情報は、ゾルゲとソ連政府間の一〇月一五日付の通報でした。

ウィロビー　本委員会の方に向かって訂正するのは、もちろん好まないところですが、その通報は真珠湾には触れていませんでした。

ベルデ　触れていないのは分かります。

ウィロビー　通報では、米英との衝突は不可避になったことと、南進を述べているのです。さて、彼等の攻撃が、マニラが最初か、真珠湾が先かは、一〇月一五日以後の八週間にかかっていました。

ベルデ　そこで、私がお尋ねすることは、少将、情報分野でのあなたの経験に基づいてのことでして、ご意見とも言えるようなものです。あなたは真珠湾、またはその他のどこでもの米国領への攻撃が、差し迫っていたことをソ連が知っていた、とご自身思っていますか？

最初の日米衝突はフィリピンと考えた米国

ウィロビー　真珠湾は全く劇的な出来事でしたので、お尋ねなさりたい気持ちは察します。ですがとどのつまり、それは数多《あまた》の戦争行為の一つでしかありません。一度、日本が南進を決めた以上、衝突は太平洋のどこかで起きたことでしょう。そこで私は、真珠湾には触れてはいないこの通報の、広義の歴史上の解釈に再度戻ります。真珠湾に触れていないことは重要なことではないと私は申しました。ですが、それは米国との衝突を惹起するようになる、国際的な政治的決断をしようとしていたという事実に触れていました。そして最初の目標は、われわれの見方ではフィリピンでした。

タベナー　ウィロビー少将、色々な質問へのお答えで、その通報に関してのお話は終わりましたか？

ウィロビー　はい。

タベナー　吉河氏は、彼の見方やゾルゲ事件の記録を調べた上で、またゾルゲの日本問題の知識から、ゾルゲ諜報団はスパイグループとしての任務を果たしたのみならず、少なくも一つの事例では政治的にも動いていたことを本委員会での証言で明らかにしました。このことはゾルゲ自身の告白ないし供述に現れていると思います。私はあなたが即座にそのことに触れたり、意見を述べるほど、十分ご承知になっているかは知りません。私が先に読み上げて、次いであなたがお望みに応じて意見を述べられたらどうでしょう。

ウィロビー　あなたはその文書を良くご承知ですから。

タベナー　私は付属文書三九号から、ゾルゲの告白、日記、供述などと色々言われている部分を読み上げます。それはE項です。

付属文書三九号E項より

我がグループの政治上の任務。一　概論　私は諜報活動に関係ない行為は、モスクワから固く禁じられていた。宣伝とか、政治的な意味を持った組織的な運動のことである。

タベナー　これは二四ページに出ております。

この禁止命令でわれわれのグループ、それに私は誰にも、またどのグループに対しても、政治的な影響を行使しようとすることは、全く出来ないことになった。われわれは忠実に従った。一つの例外は、ソ連の国力に関する考え方に影響をおよぼすために、その他の人たちには積極的に働きかけたことだった。そんな場合に対応する特別な規定のない、一般的な制約を侵さないでいるのは、全く無理なことだった。例えば助言者であり、政治問題の専門家であり、経験豊富な相談役である、尾崎や私がソ連の国力に関して出回っている軽蔑的な意見や見下した態度を是認したら、われわれの立場はすぐさま危うくなっていただろう。われわれのグループがソ連の国力評価に関して、特別な立場をとったのはそういうことからだった。その行為では、われわれはソ連に代わって宣伝はしなかったが、色々な人たちや社会の階層に、ソ連の国力を適切な注意をもって評価するよう教えることに努めた。個人やグループに、ソ連の国力を過小評価しないように、またソ連と日本の間に顕在する問題の平和的解決に尽くすように勧めた。尾崎、ブケリチ、それに私はこの姿勢を何年もの間、貫いた。

一九四一年にソ連との戦雲が差し迫った折に、尾崎との会話に促されて、私はモスクワに打診を行った。彼が先に述べた制約を上手く乗り越え、ソ連に対する積極的な平和政策に賛成している彼のグループのメンバーに、影響を与えられるとの思いを述べたからである。彼は近衛グループ内で、(注22)対ソ連戦に反対して強い立場をとったら、日本の拡大政策を南方に向かわせられるという自信を有していた。その打診は、尾崎、私、それに他のグループメンバーによる積極的な行動の可能性の概要を述べた、大変一般的なものだった。返答は否定的だった。そのような動きをあからさまに封じていたわけではないが、それは不要なことだと決めつけていた。

タベナー　此処《ここ》のところをことに注意してください。返答はそのような動きをあからさまに封じていたわけではないが、それは不要なことだと決めつけていた、否定的な性格だったのです。

一九四一年にソ連とドイツ間の開戦を巡っての緊張が、かつてないほど増していたので、私はその返答を明確な禁止と受け止めないまでも、自分の権限を越えてはいないと思った。私は「不要」という言葉に、より広く一層の裁量を込めた意味を採り入れ、われわれがそのような活動に参加することを明確に禁じたものだと解釈することを拒んだ。従って、私は尾崎が近衛グループ内で積極的に策動することを引き止めたり、私の態度は過去数年間不変だったことからも、私もドイツ工作をすることに躊躇しなかった。私のグループと私が策略しようとしていたことは、前二ページに記されている範囲と政治問題に限られていた。われわれのメンバーの誰しもこの制約を超えることはなかった。そうすれば、われわれの本来の主要任務が危険に曝《さら》されるからだ。この点は十分、強調しておきたい。われわれがやったことは、如何なる意味でも宣伝活動などではない。モスクワに打診し、否定的な返答を得た先の例は、尾崎の術策を私が知って行った唯一の事例である。私の知る限り、彼は私との話し合いの後自分の友人たちに積極的に働き始めた。その際の言い分は簡単に以下の通りである。

「ソ連には、日本と戦おうなどという意向はさらさらないし、仮に日本がシベリアに侵攻したとしても、ひたすら自国の防衛を行うだけだ。日本がソ連を攻撃するなどは近視眼的で、誤った見方である。シベリア東部には、得るものは何もないし、そんな戦いをしても取るに足る政治上、経済上の恩恵など手に入れられないからだ。米国も、英国も日本がそのような戦いに巻き込まれたら諸手を挙げて歓迎し、その機会を利用して、日本が保有している石油と鉄が枯渇した後に叩くだろう。さらに、もしドイツがソ連を破ったら、日本は何もしなくてもシベリアを手に入れることができるだろう。日本が中国内ではなく、どこか他に拡大を目指すとしたら南方地域だけでも行く価値があるだろう。そこには日本の戦時経済に欠かすことの出来ない重要な資源があるし、そこで日の丸を立てる場所を求めんとすることを妨げる本当の敵と対決をすることになろう」

尾崎は一九四一年にこのように緊張を和らげようとして動いていた。他に何か策略していたかは知らないが、当時彼は私同様、ソ連の国力を皮相的に評価することや、その経済を過少に評価する一般的な傾向には同意していなかったのは間違いない、と私は確信する。彼との会話では、彼はノモンハンで学んだ教訓を疑いなく指摘していたし、ソ連とドイツの戦いに関するヒトラーの誤算（注23）を強調していた。

タベナー　これは、日本を北方ではなく南方に導こうとする、彼のグループが行っていた政治面での活動に関しての、ゾルゲ自身の話、というか少なくとも彼が語ろうとしていたことです。

ウィロビー　タベナーさん、あなたは、彼が尾崎の術策と言っているこのやり方の価値について私の専門家としての直感的な意見を求めているかと思いますが。

タベナー　その通りです。

内閣での相談役の立場を利用した尾崎秀実《ほつみ》

ウィロビー　明々白々なことかと思いますが、ゾルゲへの指示がどうであれ、彼は、非凡な手腕の持ち主であり、日本政府の最高の公的部門、すなわち外務省内で特別な立場に在る、自分の片腕となっている人物に許したのです——日本がソ連を攻撃しないようにするためにはどんな影響力でも行使すること、そして逆に、英国及び米国との衝突へ導くような南方に日本を向かわせることを、彼は許し、後押ししたのです。そうすることで、また尾崎は、事が上手く行っていると感じたか、あるいは成し遂げることに自信を持っていたのです。彼等はもちろんドイツと戦争状態にあるソ連に対し、途轍もなく肝要な仕事を果たしたのです。ご記憶の通り——すでに明らかにされたかと思いますが、そうでなければファイルに入っていますが——尾崎は、彼が近衛首相と親しかったことや内閣での相談役としての立場を利用したのです。

タベナー　ソ連政府は、ゾルゲやその仲間たちがそのような政治的影響力を利用する目的や、そうしたがっていることについて十分な説明を受けていた、とゾルゲの供述書にもあります。

ウィロビー　全くそうです。

タベナー　ゾルゲ自身の供述はまた、ソ連政府の回答の仕方がそれほど断定的ではなかったし、その内容からしても、ゾルゲに対して自分の責任でやったら良いと誘っているとでも言いましょうかね？

ウィロビー　顧問、私もあなたの見方に全く同意見です。暗黙の奨励という言葉が当てはまりましょう。

タベナー　あなたは以前にこの聴聞の中で、ゾルゲ諜報団に関する東京［訳注　原文では東条］裁判での情報を国際軍事法廷に持ち出そうと努めたという事実に触れました。そのことに関して何かほかに述べたいと思っていることはありませんか？

ウィロビー　はい、タベナーさん。あなたが、もちろん国際軍事法廷に良く通じておられることからこの出来事を持ち出したので、少なくも私は、そのことは大変重要と見なしております。ソ連政府がこのスパイ機構に肩入れしていた、または掛かり合っていたことの実際上の証《あか》しなのです。というのも、彼等は自分達のことを東京での国際軍事法廷に持ち出すことに執拗に、また真剣に反対していたからです。

ウォルター　ここでちょっと口をはさんで良いでしょうか？

ウィロビー　どうぞ。

ウォルター　あなたが言われたようなこのスパイ機関は、ソ連が全世界の他の諸国に導入したのと同様な仕組みだったからですか？

ウィロビー　全くその通りです、ウォルターさん。

ウォルター　この国も含めてですか？

ウィロビー　そうです。彼等は国際法廷のような目立った公開の場にこの話を持ち込むことに気乗りしないか、または反対だったのです。彼等を当惑させるからです。

ウォルター　ということはですね、こういったトロイの木馬戦術(注24)がとられて来たのであり、また可能な所ではどこでもとられている、そしてそうすることが可能であったということですね？

ウィロビー　私は疑いもなく、そう思っております。

ベルデ　少将、その点に関してですが、私はあなたも、この証拠を提出する上で、または証拠をロイヤル陸軍長官に届ける上で、難しい目に合ったかと思います。私はロイヤル陸軍長官が、あなたの報告書に述べてあることを退けた、と理解しています。その点、何か申されたいですか？

ウィロビー　よろしければ、後で述べたいと思いますが?と言いますのも、私は今顧問にご協力するために国際法廷の話を申し上げようとしていたからです。ですが、もちろん私は後で喜んであなたのご希望に沿いたいと思っております。

ウッド　その質問はしばらく留保しておきます。

ウィロビー　ベルデさん、では問題に戻ります。その問題では、私の考えははっきりしています。議長、付属書類第一七号に注目して下さい。その表題は「極東国際軍事裁判でのゾルゲ事件」となっております――これ以上ないほどの公の場の設定です。われわれの提案に対する反応は、軍事法廷への提案のことですが、私の考えでは、大変重要かと思います。

> **付属文書第一七号「極東国際軍事裁判でのゾルゲ事件」より**
>
> 被告弁護団の一人であるカニングハム氏がゾルゲ・スパイ事件（事例ファイル三八四五六参照）を持ち出そうとした。一三ページもの記録には、証拠の件でカニングハム氏と法廷の一員であるソ連のワシリエフ将官とのやり取りの光景が記載されている。

ウォルター　少将、それはいつのことですか?

タベナー　一九四七年九月のことです。訂正してよろしいですか?ワシリエフ将官はソ連の検事であって、法廷の一員ではありません。彼は法廷の裁判官ではないのです。

ウィロビー　適切な訂正です。

> ワシリエフはカニングハム氏の資料を記録に採用させないように、個別に、一五回も反対した。ソ連側がこの資料を証拠とさせる訳にはいかなかったことは明らかである。カニングハム氏は、ゾルゲがソ連政府のために活動していたことを明らかにさせていたことだろう。

ウィロビー　もちろんこのソ連高官の反応は、予想通りでした。ですが、この術策から読み取れる重要なことは、彼らが自分等の関連でこの話を持ち出されたらどうしようもなかったということです。本委員会ではすでに明らかにしましたようにゾルゲはソ連赤軍参謀本部第四部のために活動していたのです。ですから彼等はそれを持ち出そうとする試みを押しつぶすというか、無為にしたのです。

タベナー　オウエンスさん、一九四二年版フォーリン・アフェアズ年鑑の一五章の一八五から二〇八ページまでを調べてくれませんか？そこにはゾルゲの記述というか、自白が出ています。二〇一と二〇二ページにはゾルゲが偽造旅券について述べています。本委員会では何回も、実際数多くの機会に、偽造旅券についての証言に接しており、本委員会ではこの不正行為がどこで行われ、どうやって仕組まれたかを見出そうと努力を惜しみませんでした。不正旅券に関して、ゾルゲが何と言っているか読み上げて下さい。

オウエンス　承知しました。（朗読）

「連続付属文書第一三号」より

一九三五年に私が日本から米国経由でソ連に行った際に、ニューヨークで共産党の連絡員が偽造旅券をくれた。私はそれを使ってモスクワに行き、帰路オランダで破棄した。私が偽造旅券を使ったのは、私の本来の旅券に私がソ連に行ったことがあると記録されるのを嫌ったからである。これに先立ち、スカンジナビアからモスクワに戻る際に、私はスカンジナビアで偽造旅券を使った。いずれの場合も私が偽造したわけではない。連絡員が渡してくれたのだ。だが、私はコミンテルン内に偽造旅券を作る特別な部門があるのかどうかは、知らない。私はモスクワに行くのに正規旅券を二回使用した。一度目は一九二四年にドイツから行った時で、次は一九三三年にシベリア経由で中国から戻った時だ。私が米国で受け取った旅券は新品ではなかった。誰かが使っていた古い旅券だったが、私の写真と特徴が載っていた。国籍はオーストリアで、名前は長い外国じみたものだったが、今は覚えていない。オーストリアのビザが押印されていたので、私がパリでやらねばならなかったことは、チェコとポーランドそれにソ連のビザの取得だけだった。私は一般の旅行者なら誰もがするような正規の手続きを経た。ソ連領事館に出入国ビザの申請に出かけた際も、何の特別な計らいも受けなかった。偽造旅券を使って船会社で欧州行きの切符を購入しようとした際に、旅券上の外国風の名前を忘れてしまったことに気付いたので、ポケットから取り出し記憶を新たにした。ニューヨークを去る際に、私は本物の名前を告げて洋服を新調し、帰路に私は同じ仕立て屋に行き、偽造旅券に載っている名前を出した。仕立て屋は私のことを覚えており名前が違うのに気がついたが、彼はそのことには関心が無く、洋服を作ってくれた。アメリカ人たちは同じ人間が二つの異なった名前を使っても、不思議とは思わない。この点に関して、英国人はどちらかと言えばやかましく、旅券はとことん調べた。英国はスパイのことは欧州のどの国よりも良く知っていると言われるが、私はそのことを研究したわけでもないので、はっきりしたことは言えない。米国では何事もいい加減に行われている例をあげてみよう。欧州行きの船に乗った時に私は出国税を払っていなかったし、押印された領収書をもらってくることを忘れていた。船が正に出帆しようとした際に、税関吏がそのことに気付き、私を下船させようとした。だが、私が五〇ドルを掴ませたら、そのことはそれで打ち切りになった。米国では物事はかくも弾力的である。

タベナー　いうなれば、ゾルゲの話によると、この国には偽造旅券製造所が存在するに違いないし、そこから彼は目的達成のために必要な支援を受けていたのです。

オウエンス　そのようです。

タベナー　あなたは米国経由でのゾルゲの旅程についての件に入りましたので、私は今ゾルゲが米国で体験した他の件に関しての尋問の結果を提示したいと思います。議長、私は証人に対する質疑応答の形式よりも、その抜粋を読み上げた方が円滑に運べるかと思います。ここでウィロビー少将が提出しましたというより、ウィロビー少将を通じての付属文書について、一九四一年一二月二一日のゾルゲの尋問から引用します。

問　あなたが昨日中断したところから、日本での使命の説明まで続けなさい。

答　昨日話したように、私はモスクワを出てベルリンに向かった。七月一四日か一五日にベルリンを発ってパリに行き、予約していたノイア・ホテルに入った。翌日連絡員がホテルにやって来て、ブケリチという男がすでに東京の大きなアパートに住んでいると伝え、彼と出会う際に使う合言葉を教えてくれた。ある男がすでに東京にいるとベルリンで聞いていたことを付け加えておく。その男がブケリチだ。連絡員は私に、ニューヨーク東四二丁目のリンカーン・ホテルに入れと指示した。私は四、五日パリで過ごした後に一九三三年八月一日ころフランスのサザンプトン［訳註　原文はフランスだが、サザンプトンは英国の港］を出て、ニューヨークに着いた――

タベナー　どうやら、彼は地理をちょっと混同していますね。

――五日もして私はリンカーン・ホテルに入り、連絡員に会った。彼はワシントン・ポスト勤務のある男と、シカゴの世界博で会えと指示した。私はニューヨークで八日ほど、ワシントンDCで三日ほど、そしてシカゴで四日ほど過ごした。私はミシガン湖畔の遊園地で、その人物と会い、その男から日本人のある男が間もなく帰国することと、その男との接触の仕方を告げられた。

タベナー　同じくここに提出されている付属書類から取り上げた、宮城の尋問に移りたいと思います。質問はこうです。

問　被告はこのスパイ行為に加担するようになった状況を述べなさい。

答　この取調べ中に警察官に言った通り、矢野と国籍の分らないコミンテルン諜報員の白人が、一九三二年末頃に私に会いにサンフランシスコからロサンゼルスにやって来て、東京に行けと告げ、東京に行ったらどんな活動かが分ると言った。一ヵ月位で戻れるとのことだった。一九三三年秋に米国を離れ、横浜に着いたのは一〇月の終わり頃だった。矢野から教わった通りの仕方で、一一月の終わりにゾルゲとの接触が出来た。

タベナー　そこでまたゾルゲの供述を続けます。

一九三三年一二月に私はジャパン・アドバタイ

> ザー社(注25)を訪ね、米国の連絡員の指示通りに、ジャパン・アドバタイザーとその週刊のパン・パシフィックに、私が浮世絵と美術本の収集しているので興味ある人は、ジャパン・アドバタイザーに返事せよとの広告を載せた。数日間連続しての広告を二回載せ、返事を受け取りにアドバタイザー社を訪ね、ブケリチにわれわれの仲間との集会を準備させ、そして遂に宮城に上野美術館で出会い、彼をグループに引き込んだ。

タベナー　少将、あなたの捜査では、ゾルゲに日本でどうやって日本人と会うかの指示を与えたワシントン・ポスト紙勤務と言われていた人物の正体《しょうたい》に関しての情報が、何か浮かび上がって来ませんでしたか？

ウィロビー　いいえ。ファイルや、記録には手がかりがあっても、われわれが東京で、ということですが、その後一生懸命手を尽くしても、結局、正体《しょうたい》を洗い出すことが出来なかった事例の一つです。そういったスパイグループや、破壊活動分子と結びついている人たちを、偶然であれ、また実際の場であれ、いかなる場合でも不愉快な目に合わせるようなことは決してしないように、われわれが役目上配慮して捜査をしていたこともその一つでした。そして、われわれは偶然に登場して来たかも知れぬ人たちを保護するために、制限の範囲内であらゆる努力をして来ましたし、この場でも引き続きそうするつもりです。

　ですが、証拠が確かだったら、その時はもちろん警察用語で言うところの、手がかりとか、端緒とかをさらにはっきりさせるように努めます。一般的な状況では、可能な限り、またファイルに実際どのような記載があろうとも、そういった保護上の区別を行うことは、本委員会の考え方にも一致すると思います。その保護上の特質は、とどのつまり上海市警察のファイルはただそういう目的に沿っての利用だったのです。糾弾目的ではないのです。われわれがつなぎ合わせようとしていた、一連の情報なのです。あちこちに驚くような偶然の一致を見出しました。だが、多くの場合にはあてはずれでした。そんな場合には、われわれは証拠不十分扱いとしました。

タベナー　ですがこの件に関しましては、これは上海市警察のファイルとは関係ないことです。これはゾルゲ自身の告白というか、供述にある事柄なのです。

ウィロビー　顧問、仰《おっしゃ》っていることは良く分ります。
ウッド　ですが、同時に、少将、あなたのお話から察するに、あなたはこれまでこの人物の素性に関して、十分な資料を得られてはいませんでしたね。
ウィロビー　この特別の場合では、その通りです。
ウッド　それが誰だか敢えて言えるほどにはですね。
ウィロビー　そうです。
タベナー　ウィロビー少将、あなたはおられませんでしたが、吉河さんは数週間前に本委員会で、ゾルゲからその人物が誰かを確かめようと努めたが、駄目だったと証言しました。ということは、その素性のことは直接ゾルゲに持ち出されていたのです。
ウッド　なんで彼は駄目だったのでしょうかね？ゾルゲが情報提供を拒んだのか、それともその男の名前は知らないと言ったからですかね？
タベナー　私は、大橋という刑事がこの情報を掴み、そしてここに現れた吉河証人が彼に、戻ってその人物の素性を確かめろと指示した、と記憶しています。そして吉河証人がやれた範囲では、それを得られなかったと言わざるを得ません。ゾルゲにその人物を特定するほどの記憶が無かったのか、その素性を明かそうとはしなかったのか、記録ははっきりしてはおりません。それについては、記録ははっきりしていないのです。その件についての記録はないのです。そのことを私は実際申し上げているのです。
　オウエンスさん、一九四二年版外事警察概況の一六章に、再度戻ってくれませんか？そこにはゾルゲの東京での通信士マクス・クラウゼンの告白ないし、供述が載っています。上海での初めての体験を記したクラウゼンの手記の一部です。
ウッド　そうする前に、顧問、私はこの時点で、この人物の特定のために本委員会は有する能力一切を駆使して、利用し尽くしたということを記録に載せておきたいのです。そして、今のところ本委員会はここで明らかにされた情報の域を超えて進めないでいることもです。
タベナー　オウエンスさん、上海での初めての体験を記したクラウゼンの手記の一部には、一人のアメリカ市民についての興味ある記述が含まれて居ます。それを調べて、本委員会に読んで聞かせてくれませんか。
オウエンス　分かりました。（朗読）

「一九四二年版外事警察概況」文書
「クラウゼンの手記」より

…一九二九年七月頃私がハルビンに行こうとしていた時、後で述べるが、ミス・リー・ベネット（注26）がやって来た。彼女は米国から上海にやって来たのだと思う。レーマン（注27）は彼女に通信文の暗号化と解読法を教え、私がハルビンから戻った後に彼女は私に通信文を渡し、私も入電した通信文を彼女に渡した。彼女は一一月頃に大連、シベリア経由でモスクワに向かった。私が知る限り彼女は米国共産党員である。彼女がモスクワに向かったのは党の指示によるものだし、上海に立ち寄ったのはレーマンを支援するためだったと思う。彼女は年の頃およそ二五歳、背丈は一メートル六五センチくらいの中肉で、鼻は大きかったが、美人だった…。

タベナー　なんていう名前でしたか?

オウエンス　リー・ベネットです。

タベナー　クラウゼンは、オット配下のハルビン情報グループに無線設備を設定する役目で、一九二九年七月にハルビンで過ごした六週間を手記の一部に書いています。マクス・クラウゼンがこのハルビンでの特別な役目上での体験を書いていることを、本委員会に話してください。

オウエンス　（朗読）

ハルビンへの旅では何も変わったことは無かった。大連上陸に先立って、水上警察がわれわれの旅券を単に審査しただけだった。普通の旅行者同様、私は二等切符を買い、長春［訳注　以前の新京］行きの汽車に乗った。長春で乗り換え、代えの洋服や他の身の回り品が入っているスーツケースを二個を抱えて、ハルビンに着いたのは夕方だった。レーマン宛ての手紙で、ベネディクト（注28）が指示した通りにプリストン・ホテル・モダンに入り、二日後にベネディクトに会い、外交官が持ち込んでおいた通信機を手に入れた。その後、間もなく放送局近くの下宿に移った（注29）。ベネディクトは私を、オット・グリュンベルクに引き合わせた。オットは私を自分の家に連れて行ったが、奥さんが白ロシア人なので秘密事項を話し合うことはしなかった。数日後、私は白ロシア人がやっているカフェーにオットを連れて行き、そしてそこで初めて、彼は私に通信機の設営を依頼し、受信機用部品を買ったり雑費の支払い用にハルビンドル数百ドル（注30）をくれた。数日たって彼はリリーストロームのことを話した。リリーストロームは大変肥った六尺（約二メートル）男で、年の頃はおよそ五〇歳だった。彼はビラタイプ（別荘風）の灰色レンガの二階家に住んでおり、柵で囲まれた裏庭は広かった。彼はそこから勤務先の米国領事館に通っていた。その頃中ソ関係はどちらかと言えば厳しく、その結果、中国警察は中国に住んでいる白ロシア人やソ連人たちの身の回りの捜査を盛んに行っていた。オットは捜査を免れるには、便利なところにある米国副領事個人の家を利用するのが最善だと思い、また言うまでもなく、リリーストロームの信頼を得れば情報も容易に得られると思った。リリーストロームを同調者として引き込んだのはそのためだ、と私は思った。最初の二週間はオットとベネディクトと打ち合わせをしたり、食事の場で過ごしたりしてぶらついていたが、それからリリーストロームの家を見に行き、二階の二部屋を使うことにした（両方とも空き室で一つは約八畳の広さだった）。一つは通信室、もう一つは作業室とした。受信機を短波に改造するため、アンテナと部品を買い込んだ――

ウォルター　オウエンスさん、それがいつだったか記録に載っていますか？

オウエンス　一九二九年です。（朗読継続）

設営作業を始め、ほぼ二週間で完成させて、二日間ウィースバーデン［訳注　ウラジオストクの暗号名］とテストをして、オットに引き渡した…

タベナー　朗読の中で、あなたはマクス・クラウゼンがレーマンから指示を受けていたと触れました。昨日ウィロビー少将は、共産主義者の目的推進に積極的なレーマン・グループについて説明しました。そこで年鑑の二二五ページを見ていただき、その時点または別の時点でマクス・クラウゼンをレーマン・グループの一員と決めつけているかお訊ねします。まずあなたはマクス・クラウゼンがレーマン・グループの一員となったことを、事実だったと受け止められますか？

オウエンス　この彼の手記の一部からは、そうなると思います。

タベナー　結構です。続けてくれませんか？

オウエンス　(朗読継続)

…ハルビンから戻った後に、スパイ団の本格的なメンバーとして——

タベナー　たった今読み上げました旅行に関連してです——

私は今ではグループ無線通信担当技師となった。今でもレーマンとミス・ベネットからは暗号で通信文を受け、送信していた。東京ではゾルゲは暗号通信文をタイプして寄越したが、レーマンとミス・ベネットからの暗号通信文は、いつも手書きだった。その方がより正確だと思うようになった。ハルビンから戻って二、三ヵ月後は、私はレーマンの送信機を使っていたが、その間に私は新しいアームストロング式セット(注31)を組み立て使い始めた。レーマンのメッセージは皆短かく、多くても五〇語群以上ということは無かった。私が広東に向かうまで、彼が送ったのはその語群で約二〇〇〇だった。一方、私は書類を撮影してフィルムを持ち出すこともしていた。私はレーマンがどこかから手に入れてきた英語とドイツ語で書かれた(タイプされてはいるが、写真も地図も入ってはいない)情報関連書類を、以前貰ったツァイス［訳注　ドイツのカメラ・メーカー］のカメラを使って、自分の部屋で撮影した。大きさは葉書大(七・五×一〇cm)だった。フィルム一巻で六つの文書を撮ることが出来た。撮影済みネガ・フィルムは主にレーマンに渡したが、彼に言われた時には、ミス・ベネットに渡すこともあった。彼等は何らかの連絡を利用して、ネガをモスクワに届けていたと思う。

タベナー　マクス・クラウゼンの手記を続けますと、彼は一九三五年四月に上海に戻り、九月まで滞在したと述べています。彼は第四部に呼ばれ、ゾルゲのいる前で「極東部の部長から、ゾルゲと一緒に東京に行けと言われ、その日から極東部に配属されました」と述べています[注32]。クラウゼンはさらに、東京へ行く前にヒムキで休んでも良いと言われた、と述べています。年鑑の二五三ページにはヒムキでの交流に触れた項があります。そのページをめくって、その交流に触れている部分を読んでいただけませんか？

オウエンス　警察概況の二五三ページには、東京に向かう前に休息のためにヒムキに行ったことに触れた後で、クラウゼンは次のように述べています。（朗読）

> ヒムキではユダヤ系アメリカ人のチャーリーが、隣人だったことを付け加えておこう。彼は妻と二人の子供と住んでいた。彼は上海のスパイグループの無線技師として、一九三四年頃に約一年働いていたと理解している。年の頃は四〇がらみで、背丈は一メートル六八センチくらいで、黒髪だった。彼の唯一の肉体的特徴は、大きな鼻だった。彼は上海に行く前に、米国でそこそこのアマチュア無線局を張っており、モスクワの無線学校との接触を試みていたが、ほとんど上手く行かなかった。ソ連と米国間の距離のために、情報は無線でよりもソ連大使館経由で伝えられていたと思う。チャーリーは私に、物入れが四つついた緑色の鹿革のベルトをくれた。私はそれを日本に持って行き、上海に連絡業務で行く際にそこにフィルムを入れていた。ワインガルトも私の妻も、チャーリー夫妻とは仲が良かった。私はその後間もなく、日本に去ったので、彼等がどうなったかは知らないし、上海でのチャーリーのスパイグループの仲間の名前も知らない。私はチャーリーが無線電信学校のどこかの分校で、外国人に教えていたことは知っていたが、それがどこなのかとか、外国人の国籍は明かされていなかった…

タベナー　ウィロビー少将、この「チャーリー」としか分っていないアメリカ人に関して、何か言うことは有りませんか？

ウィロビー　ありますとも。断片的な証拠ですが、これは興味ある事例です。ゾルゲグループの一人が触れていることが、多分、上海ファイルの証拠を裏付ける付随事実に当てはまっています。私は単に捜査技術上での出来事として、申し上げているのです。必ずしも最終的な結論ではありません。ですが、この漠然とした記述や、年が偶々一致することから、上海ファイルではその略式索引カードに、レオン・ミンスターについて、次のように述べています。

エカテリノスラフ地区のセリドボで、一八九八年に生まれたユダヤ系ソ連人レオン・ミンスターは一九一九年に米国市民となった。一九三三年四月一三日付の旅券第七一五二二号を所有し、住所は米国コネチカット州ブリッジポート市メープル・ストリート一六七番である。ジェネラル・パーシング号で、一九三四年一〇月一七日に米国から上海に来た。一九三四年一一月にロリオット六のアパートを一九三五年期限で借りた。一九三四年一二月にはボイロン四に店舗を借りて、エレム通信器具という名で商売を始めた。これは長距離無線送信設備の設置を偽装するためだった。エンプレス・オブ・カナダ号で米国からやって来た妻子と、義弟のハリー・カーハンと会うために、一九三五年三月に横浜に出かけた。彼らが上海に着いたのは、四月九日だった。ベッシー・ミンスター夫人はソ連人民委員会議議長［訳注　首相］V・M・モロトフの妹である。彼らの親戚、ロバート・ミンスターとその妻エマニー・カンターは、一九三二年の米国での海軍スパイ事件に関連しており、一九三四年のフランスでのソ連スパイ事件に関係していたシュビィッツ夫妻とも関係していた。ミンスターは一九三五年五月二一日に、上海丸で日本に向かった。ミンスターが、一九三四年五月五日に、警視庁が逮捕したジョセフ・ウオールデンという外国人共産主義者と関連していたのは、良く知られている。その関連は「チャーリー」という暗号名に触れている、クラウゼンの宣誓供述書に出ている。

長距離無線局設置偽装で設立した通信器具店

ウィロビー　彼は一九三四年ころ数年間上海で、上海スパイグループの無線通信士を勤めていたと理解しています。上海で彼はそこそこの規模のアマチュア無線局をやっていたなどの話はエレム通信器具店に当てはまりますが、その店が開かれ、上海市警察はそれを「長距離無線送信局設置偽装のために設立されたことは間違いない」と決め付けております。

タベナー　少将、あなたの答えがこれで終わりでしたら、議長、ここで一休みするのに丁度良い区切りかと思います。

ウィロビー　ええ、私は終わっています。シュビッツ及び一九三二年の海軍スパイ事件でのカンターに関して、何らかの付随的な参考文献をお持ちかと思います。また、一九三四年のフランスでのソ連スパイ事件でのシュビッツ家も、あなたご自身の記録に入っていると思います。

ウォルター　この一九三二年の海軍スパイ事件とはどこでのことですか?

ウィロビー　ウォルターさん、それは私は知りません。この委員会は私が東京で持っていた参考資料に勝る米国の参考資料を多分持っているかと思っています。当時の新聞を読んだ上での個人的な記憶では、この二人、シュビッツ夫妻を一九三四年にフランスで保護したものの、そこから出国させるのに手間取ったことや、海軍スパイ事件はロバート・ミンスターとその妻、カンターを中心にしたものでした。私が知っているのはそのくらいです。もちろん上海市警察はその手の興味たっぷりの情報は手に入れ、記録していたでしょう。これからの調査ではっきりさせられるかと思います。

タベナー　ウィロビー少将、われわれはその件に関しての情報は持っていますが、幹部会での証言です。

ウィロビー　分かりました。顧問、ベルデさんのご質問に答える用意があります。

タベナー　あと一〇分か一二分そこらでここで他の約束がありますので、そのことは午後になってからの方が良いかと思います。

ウッド　二時まで休憩といたします。

（一二時〇五分に同日午後二時まで休憩となる）

午後の部

ウッド　始められますか？

タベナー　はい。

ウッド　委員会を再開いたします。

タベナー　ウィロビー少将、証言中にあなたはアグネス・スメドレーとゾルゲやそのほかのゾルゲ諜報団のメンバーたちとの関係について、色々な事実を明らかにしました。私は、アグネス・スメドレーの参画に関連しての諜報団メンバーの実際の尋問のいくつかを、この聴聞の記録の一部として挙げるとよろしいかと思います。読み上げていただく労を省くために、自分で項目ごとに申し上げます。一九四二年五月五日の尾崎の尋問から次のことが分かりました。

「尾崎秀実に対する第二十回検事訊問調書」より

問　あなたとアグネス・スメドレーとの関係を述べなさい。すなわち尾崎とアグネス・スメドレーの関係です。

答　蘇州河畔にあるツァイトガイスト書店に時たま行くようになったのは、一九二九年の夏のことだった。書店の経営者のワイデマイヤー夫人と親しくなり、彼女の紹介で一九二九年の終わりだったか一九三〇年の初めに、アグネス・スメドレーと出会った。フランクフルター・ツァイトゥンク紙の上海特派員であり、名の通った米国の作家であるスメドレーは、当時米国の左翼系雑誌「新しい大衆」（New Masses）に数多くの記事を寄稿していた。彼女はまた上海の国際救援協会（International Relief Association）を代表して活動し、有名なヌーラン事件[注33]に大変な時間を捧げていた。ワイデマイヤー夫人の紹介でスメドレーと最初に会ったのは、英国人居住地にある彼女の住まいであり、彼女の求めに応じて情報の交換に同意した。その頃は新聞記者同士の情報交換だったが、お互いに左翼傾倒だったことから、会話の内容は国民政府の内部事情を露呈する方向に行き勝ちだった。私とスメドレーとの関係はこの後も続いたが、それだけでなく私がゾルゲと会うようにしたのも彼女だった。

問　ゾルゲ諜報団と結び付くようになった時の周囲の環境を述べなさい。

答[注34]　一九三〇年の一〇月か一一月だったかに鬼頭銀一と名乗る男が私に会いに来るようになった。彼は米国共産党に関係しており、米国から安南［訳注　ベトナムの中部地方、中心地はフエ］経由でスパイ活動に携わるために上海にやって来た。彼と知り合うようになって間もなく、彼はジョンソンと言う米国の新聞記者に会うように私に促した。だが、まだ彼を完全には信用してはいなかったので、そうすることは危険かもしれないと感じた。ジョンソンのことはアグネス・スメドレーから聞き出せると思ったので、彼女に会って起こったことを話した。彼女はこの上なく深刻な顔つきをして、そのことを誰か他の人と話したかと訊ねたので、誰にも話していないと答えた。そこで彼女は、その男のことは聞いてはいるが、この件は他の誰にも話すなと強く警告した。それから間もなく彼女にまた会ったら、ジョンソンは良い男だと言われた。そして、彼女自ら彼を紹介しようと言った。彼女は私を南京路のある中華料理店に案内して、そこでその外人に引き合わせた。自ら「ジョンソン」と名乗ったその男は、リチャード・ゾルゲだった。その出会いで、ゾルゲは（1）私が日本の新聞記者として集められる中国の国内状況についての資料（2）日本の対中国政策の地域における実施状況に関する情報を求めたので、私はそうすることで彼のスパイ活動への協力に同意した。元々私に近づいて来たのは米国共産党員の鬼頭銀一であり、また紹介したのは、国際的に著名な左翼作家のスメドレーだったので、ゾルゲは国際共産党のスパイ活動に従事している一員だ、と直ちに推測した。彼に協力しようと決めたわけは先に述べたように、私は共産主義を信じており、活動的な共産主義者になろうと決心していたからである。コミンテルンのためにスパイ活動を行っているゾルゲを支援すれば、私も何か真に重要なことを行っていると感じとれたからである。その時から一九三二年に私が上海を去るまで、私は清安津路に面した郊外アパートのスメドレーの部屋か、上海市内の中華料理店、または他の場所で情報を提供し、助言を与えるためにゾルゲとおよそ月に一回会った。私に最初に割り振られた仕事は、先に述べた通りであったが、一九三一年九月の満州事変勃発後は、（1）現在と将来の日本の対満州政策（2）ソ連との関連での日本の対満州政策の影響、それに（3）現在と将来の日本の対中国政策の問題に、取り組むように指示され、それらに関する情報と意見を求められた。私はそれらに対する報告書を書いたが、その詳しいことはほとんど忘れてしまった。

問　ゾルゲの上海スパイ団の構成を述べよ。

答　上海滞在中、私はゾルゲの活動を支えていたグループの性格に関する細かな情報を、持ってはいなかった。スメドレーが彼と共に活動していたことは、もちろん私は知っていたが、彼らのお互いの話し振りから、また、なされた報告の性質から、ゾルゲが上位であると推測はしていたが、誰が上位にあったかははっきりしなかった。スメドレーはゾルゲのグループで、私が知り合った唯一の外人だったが、ゾルゲには日本人の仲間がいたことを私は知っていた。

タベナー　一九四二年七月二一日に行われた尾崎に対する別の尋問は、次の通りです。

問　ゾルゲの印象はどうだったか？

タベナー　もちろんこの質問は、尾崎になされたものです。

答　スメドレーの紹介では新聞記者ということだったが、私には疑わしく思われた。初めの頃、私はややもすれば彼はスメドレーの仲間内の一人で、国際革命運動犠牲者救援会（Red Relief Association）に関係していると思っていた――。

タベナー　ウィロビー少将、赤色救援会については、後の証言で一言あるのではないかと思っています。

（朗読継続）

だが、彼が一九三一年の漢口の洪水被害調査に関係していたので、彼がコミンテルンの内部で結構重要な地位にあることもあり得ると思った。それで私は彼が赤色救援会に関係しているか、コミンテルン極東局の幹部の一人ではないかと思った。スメドレーがことのほか彼に気を使っていたことから、彼はコミンテルン内で相当重要な地位にあると推量した。

タベナー　そして、一九四二年七月二七日に尾崎にこの質問がなされ、答えがありました。

問　中国での米国の新規活動状況を調査して、ゾルゲに報告したか、つまり米国人の上海での新規投資や、中国での米国の役割が着実に増加していることだが？

答　その通りだ。その件を調査し、報告したことを覚えている。一九三〇年だったか一九三一年に、ケメラー委員会として知られるグループが、国民政府の財政政策の失敗を立て直そうとしており、中米関係が一層親密になっていった。私はスメドレーの支援を受けて、時には国民政府内の少数派の助けも得て、その委員会の活動状況を調べ、情報をゾルゲに与えたが、それは大変信頼性の高いものだった。

タベナー　尾崎の尋問を続けますが、一九四二年八月一二日に提起されました質問に対して、次のような答えがありました。質問は彼自身が上海から帰国した後の、スメドレーを巻き込んでの尾崎の左翼活動に関するものです。尾崎証人の答えは、こうです。

その年（一九三二年）の秋も深まって、私は上海のスメドレーから、あることを話したいので、北京で会いたいという手紙を受け取った。彼女の北京での住所も書いてあった。以前にも中国に来るようにとスメドレーに言われていたし、私も一二月末に休暇を利用して行けると返事をしていた。北京で会いたいと言って来たのは、もちろんそのためである。社には断らないで神戸を発ったのは一二月二五日頃で、北京に着いたのは一二月三一日だった。徳国飯店に部屋を取り、スメドレーに直ぐそこに来るように求めた。今や北支問題の重要性が増していることから、彼女は北支及び周辺で活動する中日諜報団を設けたいということになった。北京行きに関して、私は川合と連絡を取り続けていた。そして、彼を中心に据えたら良いとスメドレーに提案した。彼女も彼を知っていたので同意した。私は彼を伴って、中国家屋内の小さな部屋を借りていた北京の彼女宅に出向いた。

タベナー　ここで尾崎の尋問は置いておきたいと思います。この時点で、供述ではスメドレーが以前から川合を知っていたとされておりますので、以前関わりあっていたことに関して、川合被告の尋問に移りたいと思います。一九四一年一一月九日に行われました尋問では、証人がスパイ活動に加わっていたことに関連する質問に答えて、川合は次のように言っています。

「川合貞吉警察尋問調書」より

先に述べたように、一九三一年一〇月下旬に私は中国共産党の姜《きょう》(注35)の指導で、日本人スパイとしての教育と訓練を受けていた。ということで、姜の家にはしばしば出入りしていた。ある日彼は私に重要な役目があると言った。それから間もなく彼の自宅で大阪朝日の上海特派員である尾崎秀実《ほつみ》を紹介された。一目で彼と分った。その時初めて尾崎と姜が親密な関柄にあるのを知った。この重要な任務のお膳立てをする際に、尾崎が姜《きょう》に「姜《きょう》、お前が行くことはないよ」と言ったのを聞いて、奇異に感じた。その翌日、私は北四川路の郵便局の前で尾崎と会った。白人の女が自動車の中で待っており、尾崎と私はその車に乗り込んだ。南京路近くの広東料理を売り物としている、中国料理店の直ぐ前で車を降りた。その名前は杏花楼だと覚えている。入ると背の高い外国人が待っていた。尾崎が通訳したその背の高い男と私の会話の要旨は、次の通りだ。「北支から満州に入って貰いたい。出来るか？」と最初に彼が訊ねた。

タベナー　われわれが採り上げている見地から、重要とは思えない項の幾つかを省略します。その任務の引き受けを了承した後に、川合は次のように言っています。

その外国人女性に関しては——一九三四年一月頃天津で、私が上海時代の上司だった船越寿雄に接触した際に、彼女の名前はスメドレーだと初めて聞かされた。

タベナー　そこで証人にリチャード・ゾルゲの写真が示され、質問がなされました。

問　これが、あなたが言う誰だか分からぬ白人の男だね？

答　その通りだ。彼は、私の上海時代に尾崎がロビンソン・クルーソーと言っていた人物だ。

問　ゾルゲとその一味とされるスパイ団について、何か知っていることは？

答　すでに述べたが、尾崎秀実《ほつみ》に協働してスパイ活動を始める際に、中国共産党の情報活動責任者の男である姜が絡まっていないことが、私には不思議に思えた。後になって、尾崎に白人のゾルゲとスメドレーに紹介され、そしてスメドレーとある中国人と北支で活動した後に、私はわれわれが国際共産党（コミンテルン）のために働いていることが段々と分って来た。私はすでに共産主義を受け入れていた。またコミンテルンを支持していたし、国際共産主義の世界が望ましいと信じていたので、私はそのスパイ組織を是認し、そのために引き続き活動した。

タベナー　これは一九三一年以前の川合とアグネス・スメドレーの関係を示す証言です。それでは、先に中断したところから、尾崎の証言を続けます。

われわれは絶対的に信頼の置ける人物数人の名を求めたところ、彼は数人の名を挙げた。その中に私が知っており、信頼していた河村（好雄）が居た。私は他の人間も承認したが、その際に「あなたが絶対的な信頼を置いているなら、私もそれでよい」と言った。そして、彼に全員を遅滞なく一緒に入れるよう取り計らいを頼んだ。

タベナー　括弧内的ですが、これはスメドレー、尾崎、それに川合の間の話であることを説明しておきます。（朗読継続）

スメドレーは組織が完成するまで、留まるように私に求めたが、私は今回の旅行は社に内密なので、時間が限られているからと言って断った。一月三日に天津を発って日本に向かった。一九三三年の夏に川合が稲野村［訳注　現兵庫県伊丹市。阪急電鉄伊丹線に稲野駅がある］の私の家に再度訪ねて来た時に、彼は河村を含めて数人を集めたこと、スメドレーとは別かれたこと、北支と満州でスパイ活動に従事していることを知った。彼は中国人の連絡員を通じて報告書を届けていたが、その年の四月か六月に、その男と連絡が完全に途絶えてしまったので、自分らの活動も停滞するようになったとして、どうにかしてくれと言ってきた。だが当時、私もスメドレーとは完全に交信が途絶えていた。後で分ったことだが、彼女はウクライナのオデッサ地区の療養所に養生に行っていたのだ。

ベルデ　議長、ここで少将にちょっと伺いたいと思います。

ウッド　ベルデさん。

ベルデ　アグネス・スメドレーとソ連の関係に関して、あなたが作成して、国防長官、陸軍長官に送付した証拠から見ますと、なぜロイヤル長官があなたの報告書にある記述を否認したのか、ちょっと分り難いのですが。ご説明頂けますか、少将？

ウィロビー　ベルデさん、一九四九年二月二一日に長官による推論に基づくとでも言えるような否認に、私は公共放送で異議を唱えました。一九四九年時には、私には不満があったとでも言えましょう。ですが、一九五一年の現在は別な風に感じております。世界の出来事は急速な動きを遂げており、この赤の脅威はわれわれ全てに迫っております。私は部局間の対立とでも言えるようなことを再度持ち出す気がしません。私は法王の慈悲にも似た心で、長官を咎めるようなことはしないつもりです。

ベルデ　ここで私は、以前は政治家で今はコラムニストであるハロルド・L・イッキーズ(注36)が書いた記事を記録のために読み上げます。一九四九年三月一六日付で見出しは「軍は策略で将軍の過ちを隠蔽」となっています。彼はこう言っています。

陸軍の高官が肩をすくめ、平気な風で一般市民に汚名を被せるようなことは、真に憂慮すべきことである。私が述べているのはもちろん、東京のマッカーサー将軍の幕僚でG2部長のウィロビー少将が最近行った報告についてである。陸軍長官ケネス・ロイヤルを引用すると、「はからずも」手渡されたこの報告書は、「（米国生まれの市民である）アグネス・スメドレーはスパイでソ連政府の手先」でまだ「捕まっていない」と告発した。その事実も無く、言い分も聞かず、具体的に、また断固として否定し、直ちに撤回を要求した女性に対する天から降って沸いたような告発に対して、証人を反対尋問する権利も与えていない。二月二五日に放送された番組、「ミート・ザ・プレス」でロイヤル長官はこの東京からのスパイ報告に関しての質問に、それは「配慮が欠けていた」と言った。それ以外には、彼はそのことに関する質問をかわした。スメドレー女史が不当に告発されたという意味で、「配慮が欠けていた」のか？もしそうならば、常識的にも公の責任からも、何らかの説明と何分の謝罪が求められることであろう。結局、陸軍長官も陸軍高官も当然のことながら、

卑劣な行為から逃げることを許されてはならない。

ベルデ　あなたはハロルド・イッキーズ氏、または同様なことを書いた誰しもが、ロイヤル長官に影響を与え、あなたの報告書を撤回させたと感じていますか？

ウィロビー　ベルデさん、私は前陸軍長官に対しては、同じ仲間として一歩譲りたいのは山々ですが、私はイッキーズ氏がスメドレー女史に関する東京情報部の仕事を、あのように決め付けたのにはどうにも黙って、そのまま認めるわけには参りません。実際、あなたの引用は完全な形でなされていますが、この筆者が述べている今一つの言葉を付け加えさせて頂きたいのです、すなわち私についてですが、

陸軍の高官が、肩をすくめ、平気な風で一般市民に汚名を被せるようなことは真に憂慮すべきことである。…スメドレー女史を知っている者は誰でも、この勇気ある、知識人たるアメリカ市民が、どこの国のであれ——彼女が深く愛着を感じている自国のためにだとしても、スパイとして身を落

> としたなどとはかって疑ったことはない。

ウィロビー　スメドレー女史の愛着と言っているのは、私自身の四一年間にわたる名誉ある軍務に対する愛着とを、比較してのことかと思います。彼は続けています。

> この勇敢な兵士とは誰なのだろうか――

ウィロビー　この証人のことを言っているのですよ。

> 二つ星を着け、ほんの僅かな証拠も出さずに、米国女性を「スパイでソ連政府の手先」であると告発した人…

スメドレーの遺灰は朱徳将軍の手に

ウィロビー　この素晴らしくも飾ったような米国のジャーナリズムは、共産主義者が文筆を使って行う労働の典型的な例です。実際、私も自身の調査報告を、二四時間ごとに一本仕上げねばならぬようにさせられたらと思うと、ぞっとさせられます。私の思いの噴出は、スメドレー女史自身にひどく論駁されてしまったのでした。――安らかに眠ってくださいよ。そして、その遺灰は現在米軍が北朝鮮で戦闘に従事している中国軍司令長官の朱徳に任せ、アジアの共産主義の中心地である北平［訳注　北京］の特別な廟に、共産主義社会の最高の階層が集まっての儀式の中で、祀《まつ》らせでもしてですね[注37]。

しかしながら、もしイッキース氏が「スメドレー女史を知っている者は誰でも、この勇気ある、知識人たるアメリカ市民が、どこの国のであれ――彼女が深く愛着を感じている自国のためにだとしても、スパイとして身を落としたなどとはかって疑ったことはない」などと史実上の問題を提起するなら、私は当時内務長官だったハロルド・L・イッキースが米国作家同盟（League of American Writers）の件で書いた[注38]、一九四一年四月二五日付のロバート・モース・ロベット宛の手紙を本委員会に提出したく思います。

> この同盟は一般に、共産主義者の付属機関と見なされている。その方針は常に共産党のそれを踏

襲している。

ウィロビー　その手紙はハロルド・L・イッキーズが署名していました。彼は、当時、一九四一年四月二五日に、ロベット氏がこの調査で引用した米国作家同盟の前身である国際革命作家同盟の幹部を、スメドレーが務めていたことを明らかに知っていたのです。一九四一年から一九四九年にかけてのイッキーズ氏の記憶力は目に見えて衰えていました。私自身の年のとり具合からもある程度同情しますが、以前とは異なっていました。

タベナー　ウィロビー少将、あなたはアグネス・スメドレーの進退を左右するようなある文書に関して、以前他の議会委員会で証言したと思いますが。

ウィロビー　致しました。

タベナー　私は、絶対必要でない限り、あなたが今までなされた証言を繰り返したくはありません。しかし、あなたの「スメドレーとその仲間―一九一八―一九四八」と題した別途に作成した文書に関しては、必要と思います。

ウィロビー　はい。

タベナー　私の手元にありますが、結構な長さで一七ページにもなります。それをあなたに読んでいただくよりも、付属文書として提供して、聴聞記録の一部にしたいと思います。私は証拠として提出しますので、「ウィロビー付属文書第四〇号」と記してください。

ウッド　参照用にですか?

タベナー　そうではありません。証拠の導入で、記録の一部とされるものです。

ウッド　分かりました。そうさせます。

（上述の文書は「ウィロビー付属文書第四〇号」として、次のように記された）

ウィロビー付属文書第四〇号

「スメドレーとその仲間　一九一八―一九四八」

真実とアグネス・スメドレー

スメドレーが法的に告発されるようなことは一切なかった。裁判だとか起訴だとかは、誰も口にしなかった。東京(注39)のG2はスメドレーの過去のソ連のスパイ網との連携を報告し、証拠を提出しただけだった。生存している証人による証言は行えた。付随資料及び法廷記録はリスト化され、フォトスタット（写真複写装置）コピーの形で、公式にファイルされた。報告原本には入っていた参考文献目録は、意図があってか、あるいは不注意でか、軍の公表では削除されていた。それがあれば、一般の読者は豊富な、数多くの文書による証拠が実際存在していることに納得したであろう。また、陸軍省の広報部長をも納得させられたか、彼をして差し障りはないものの、意味もない総括をためらわせたかもしれない。スメドレーのやって来たことには、軍が、その忠実な仲間の一人を奇妙にも否認したことを正当化したり、説明できることは全くない。ごく簡単に言えば――大衆が本当にそれほど世間知らずなら――誰を信ずるべきかという議論になってしまう。この興味をそそられる主題について「プレイン・トーク」(注40)誌は論説する必要があると認め、ジャッド下院議員もその論説を下院の記録に留めるに相応しいと考えた。かかる状況下で、アグネス・スメドレー自身が身構えもせぬ率直さで認めている性癖傾向を、わずかながらも見落とすことはない。「…真実を語ることを学ぶのは、生涯最大の葛藤の一つだった。そう真実でもないことを語るのが、もう本能となってしまっていた…」。この性向は、生来のものなら、秘密の仲間関係での最高に利用価値のある属性の一つであり、潜入工作を行っている者やスパイが生き残って行くために、学んでおかねばならぬことだ。それはスメドレーが抵抗もなく、あらゆる国際的な策謀に入り込んでいったことを一部説明している。スメドレーの経歴上起こったことを時系列的にまとめると、成人してからずっと、社会ないし政治革命に自分の運命を投じていたことが分かる。スメドレーが米国共産党員だったという特別な証拠はなく、彼女は繰り返し否定した。だが、彼女自身が書いていることは、共産主義との結びつき、彼女の恒常的な否定と矛盾している。それは場数を踏んだ政治的扇動者が使うと思われるお定まりの隠れ蓑《みの》である。アグネス・スメドレーはその生涯を、中国での共産主義の政治上の、また地理上の拡大に捧げた。ミズーリ州という米国の中央部に生まれたこの女性が、遠く疎遠な極東で汎蒙古―スラブ思想に自分の運命を委ねるようになったことは、これはアメリカ人の突飛な行動の一つとも言える。彼女の知的進化は、党活動従事者や同調者たちが成育していく興味ある「事例史」の一つである。一九四八年一月一五日号の「ライフ」誌は、「（党内でケリーと気軽に呼ばれる）米国の共産主義者の人物像」という気の利いた、痛烈な読み物を載せた。暗い部屋に突き刺さった懐中電灯の光束のような読み物である。アグネス・スメドレーの経歴は、ケリーのそれよりも一層劇的であり、一層意義深く、また変化に富んでいた。マッカーサーの情報部長を相手取っての、個人的な名誉棄損訴訟の脅しをちらつかせた公然の抗議に関しては、必ずや騒々しくも、派手な喧伝を展開しての擁護がなされることになろう。というのも、この問題は米国の共産主義が国際的に果たしている、色々な邪悪な行為を表沙汰にするからである。そういった行為はすでに議会での調査、殊にウイテカー・チェンバーズ事件(注41)での非米活動調査委員会による審理で、はっきりと露呈されている。共産主義者たちの狂信的な信仰は、自分らが生まれた国への道義上の義務も認めず、自分たちが享受している市民としての保護や、利便を感謝して認めることなどしない。彼らが電話一本で専門家による法的保護を得られるのも、米国文明の道義的秩序の高さの指標である。しかし、また、嵐となると急いで走りこみ法律の保護を求めることになる。その秩序の基礎を破壊するのに、白蟻のように、絶え間なく動き回っているこういった思想上の反逆者たちの、世を嘲笑う傲慢さの証でもある。アグネス・スメドレーの場合、彼女の弁護士は突然、法務省を去らねばならなくなった前検事総長補佐O・J・ロッジーである。ロッジーがソ連のスパイ活動調査を終わらせるように、ニューヨークの大陪審に要求したのは、大変示唆に富む。彼が素早くアンナ・ルイーズ・ストロング(注42)の弁護士となったのも、同様に意味がある。アグネス・スメドレーは過去二〇年ちょっとの間、中国での共産主義運動で、最も積極的に動いて来た活動家の一人である。三番目の著作である『中国の反撃』では、彼女は献辞に「我が愛すべき兄弟や同志、中国八路軍(注43)（中国共産党軍）の英雄的な死を遂げた人たち及び不屈の生存者に」と記した。この党員のような血筋は彼女の中国報告の総てに見られ、当時、延安に本拠を置いていた中国共産党の紛れもない宣伝分子であることを露呈していた。米国の新聞報道によると、ウイテカー・チェンバーズと極東におけるソ連諜報機関は、ゾルゲの時代にスパイを日本に送り込むことで関係していた。ウイテカー・チェンバーズが一九三二年に国際革命作家同盟（International Union of Revolutionary Writers）の幹部を務め、スメドレー女史も一九三三年にその任にあったことは注目に値する。この同盟はモスクワで創設され、ソ連が支配し、第二回大会が一九三〇年一一月一五日にハリコフ［訳注　ウクライナ共和国］で開かれた。スメドレー女史はまた国際革命作家同盟の支部である米国作家同盟の幹部も務めた。米国の司法長官は、この同盟を共産主義的組織と位置づけ、第七九議会の議事記録に採り上げられている。カリフォルニアのサクラメントで開かれた、第五六州議会の合同真相追及委員会の第二次報告では、スメドレー女史を国際革命作家同盟に付属する、米国作家同盟国家協議会の一員として、挙げている。

この同盟はニューヨークでの第一回米国作家会議で設立された。委員会はこの会議について、次のように報告した。「本委員会は第一回米国作家会議議事録のフォトスタット（直接複写写真）のコピーを保有している。この会議を傍聴した、この上なく世間知らずの人でも、頭のそう回らぬ参加者でも、その共産主義者の革命的性格に関して、騙されることはなかったろう」、「現存する現代共産主義文学で最も扇動的で革命的な著作の一つである『なぜ共産主義？』の著者であるモイセイ・J・オイギンの報告が会議で読み上げられた。その報告は第一回ソビエト作家同盟についてであり、一九三七–三八年のスターリン追放で粛清された[注44]旧ボリシェビキのカール・ラーデクやニコライ・ブハーリン[注45]を称揚した。非米活動調査委員会は繰り返しこの同盟を、共産主義者前線として取り上げた。「米国作家同盟は、一般的に共産主義者の下部組織だと見なされている。もちろんその方針は常に共産党のそれを踏襲している」（国務省、ハロルド・L・イッキーズ内務長官よりロバート・モース・ロベット宛の一九四一年四月二五日付書簡の引用)。「米国作家同盟は一九三五年に共産党の後押しで創設された。過去二年間の米国作家同盟のあからさまの活動から、共産党が支配しているのは明白である」(フランシス・ビッドル司法長官、議会議事録、一九四二年九月二四日、七六八六ページ)。スメドレーとゾルゲとの結びつきは、ゾルゲ諜報団の三人の主要人物に対する公式法廷記録の認証抜粋の形で、書類による証拠が東京の情報部ファイルにある。彼らの供述から、スメドレーがこの諜報団の一般的な活動に深く関わっていたことが、決定的に明らかとなった。その関連での多数の証拠文書もその点をうんざりするほど、際限なく明らかにしている。ゾルゲ関連報告書には報復の兆しは全く無く、法廷記録、証人の証言及び関連する法的証拠を採り上げ、偏りなく並び立てたものである。アグネス・スメドレーも自から望んで、または自身の無分別さから、途方もない国際的な陰謀の網に引っかかった、と記されているだけである。彼女は自分の着ているものが汚れたのは、汚れた環境のせいだ、と文句も言えまい。彼女は危険な仲間たちとの影の中を、自分で選んだ環境の中を歩んだのだ。彼女の生涯、その活動と交流をほぼ時系列的に見ると、この辺りが極めてはっきりと見えて来る。これは普通の、法を守るアメリカ市民の話では無く、外国の利益ばかりに尽くすために遠方を彷徨《さまよ》い、身を外国のため、破壊活動を行うために捧げた救いのない人間の話である。

アグネス・スメドレーの年表と歩み(注46)

一八九四年　ミズーリ州北部生まれ。チャールズとサラー(ラリス)・スメドレー夫妻の五子の最年長。小さい時にコロラド州に移住。父は未熟練労働者として働き、母は下宿人の世話をした。小学校を卒業することなく、高等学校には全く行ってない。

一九一一年　アリゾナ州テンピでウエイトレスとして自活しながら、普通科の学校に通った。

一九一二年　技師のアーネスト・W・ブルンディンと八月二五日に結婚。(注47)その後離婚。二〇代初めにニューヨークに行き、そこで四年間過ごした。昼間は働き、夜はニューヨーク大学の講義に出席した。当時、米国の法律を犯して活動していた「インド解放の友」というインドの破壊的な国家主義者グループに関係するようになった。スメドレーはそのグループの書簡、暗号名と外国住所、初期の重要な歩みを記録しておいた。

一九一五年　カリフォルニア大学の夏季授業を受講した。

一九一八年　スメドレーはインドの政治的扇動者であるサリンドラナト・ゴース(注48)とともに、逮捕された。(三月一八日／一九日)防諜法第八章第三項及び米国刑法第三三二条に違反して、外国政府の手先として活動し、また、そういった活動の支援、教唆の罪だった。彼女は保釈金を支払って五月七日に釈放された(注49)。この事件が法廷に持ち出されることはなかった。この事件の重要な一面として、ドイツの資金がインド国家主義者グループに流れていたことが、浮かび上がった。スメドレーにはこの資金の性格が分かっていた。この重大な戦争の時代に世界中で連合国の戦争行為を損なうような破壊活動の助長に、ドイツの参謀本部が悪評の内に従事していたことを思い出さねばならない。北アフリカからインドにわたって、暴動が湧き上がった。ドイツの秘密工作員がベルベル人、トゥアレッグ人、セヌッシ人、クルド人、アフガニスタン人を扇動した。この破壊的な民族運動は、純粋にこういった軍事的な企てのために仕組まれたものだ。六月一一日にはサンフランシスコで、連邦大陪審による並行的な告訴が、再度行われた。ニューヨークのサリンドラナト・ゴース、タラック・ナト・ダース、クーリン・B・ボース、ウイリアム・ウエザースプーン、アグネス・スメドレー及びブルーマ・ザルニックが、インド国民会議派よりの正当な使命を帯びているとの表明を行い、［訳注　インド独立運動の正当性の主張を指す］ウイルソン大統領を欺こうとした咎《とが》だった。スメドレーはこの行為でも、起訴されることは無かった。彼女は最初の短編小説、『留置場の仲間たち』を書いた。

一九一九年　ポーランド・米国船舶の貨物船の乗務員として、ニューヨークを発った。ダンチヒ［訳注　現在のグダニスク。ポーランド北部、バルト海に臨む港湾都市。当時は東プロイセンに属

した」で船を捨て、ベルリンに向かった。(注50)

一九二〇年　かって八年間、同棲していたビレンドラナーハ・チャントプンダーヤーと、ベルリンで会った。彼等が結婚することはなかった。(注51)彼を、秘密のインド革命運動の権化であり、海外での最も優秀な主役であると位置づけた。彼は結局共産党員になった。

一九二一年　スメドレーは六月にモスクワに行き、ホテル・ルックス(注52)で行われたインド革命活動家の集会に出た。この旅について語った中で、彼女は自分はドイツ代表団の一員であると認めた。一〇月にはスメドレーは、スイスのジュネーブに滞在しており、ソ連公使館は彼女に旅費として五〇〇〇マルク支払ったという情報が入った。同月、彼女はデュッセルドルフでの無政府主義者会議に出た。彼女はいままで偽名を色々使っていたが、この会議ではペトロイコス夫人と名乗った。

一九二三年　チャントプンダーヤーと別れてババリア［訳註　ドイツ語ではバイエルン］・アルプスで休養を取った。そして後に、重い病いになった。彼女は精神科医にかかり、二年間精神分析治療を受けた。次いでスメドレーは、ベルリン大学で英語講座を持ち、またインド史の講義も行った。ベルリン大学に入ったのは、博士号（Ph.D）をとるための勉強のためだったが、学業の実績に欠けていたので、一学期の終了以前に、この試みを中止せざるを得なかった。スメドレーにはインド史に関する著述が二つあり、ドイツ歴史協会誌に発表された。(注53)彼女はまたベルリンに、初めての産児制限のクリニックの開設を試みていた、共和主義者・社会主義者・共産主義者の医師グループに加わった。

一九二七年　彼女はデンマークとチェコスロバキアで何ヵ月も過ごし、そこで最初の小説、『大地の娘』を書いた。(注54)

一九二八年　チャントプンダーヤーとの内縁関係を絶って、フランスに行った。後にドイツに戻り、「フランクフルター・ツアイトゥンク」紙に通信員として雇われた。スメドレーはモスクワに立ち寄り、シベリアを旅して中国に渡った。ソ連の大物スパイであるリチャード・ゾルゲも、スパイ活動のうってつけの隠れ蓑《みの》として、「フランクフルター・ツアイトゥンク」紙の通信員の役割を利用していたことは、注目に値する。

一九二九年　スメドレーはハルビンに到着し、満州［訳注　現在の中国東北地方］で三ヵ月過ごした後に、天津経由で中国に入った。北平［訳注　北京］で何ヵ月か過ごし、南京を訪ね、次いで上海に行った。彼女が左翼主義者や共産主義者と頻繁に会い始めたのは、この地でのことである。

（a）上海着任――アリス・バードとかペトロイコス夫人としても知られるアグネス・スメドレーは、一九二九年五月に「フランクフルター・ツアイトゥンク」紙の通信員として上海に着任した。彼女はベルリンの領事館が一九二八年六月二七日付で発行した米国旅券第一二六六号でベルリンからモスクワ、ハルビン、奉天［訳注　現在の瀋陽］、天津、北京経由で旅をした。これに加えて、彼女はドイツ旅券も代わりに所持していたことが分かっている。ソ連旅行の途次、彼女はモスクワに立ち寄り、同地で一九二八年七月と八月に開かれていた第六回コミンテルン世界大会期間中、モスクワに滞在した。上海市警察報告書では、スメドレーは第三インタナショナル（コミンテルン）執行委員委員会の極東局（ＦＥＢ）で直接的に活動し、モスクワのコミンテルン執行委員会から直接の指示を受けていたが、活動を偽装するために、ソ連共産党の地方支部とは直接的な関係を維持してはいなかった。

（b）組織――アグネス・スメドレーが上海に到着した時は、国際共産党の活躍が一九二七年に国民党と中国共産党が袖を分って以来、再び目立つようになっており、そして、それに伴う中国とソ連間の外交関係の決裂は、コミンテルンの組織崩壊の原因となった。

コミンテルンはすでに中国での扇動と宣伝活動の主たる組織として、汎太平洋労働組合書記局（ＰＰＴＵＳ）を組織していたし、色々な傍系の破壊活動組織がコミンテルンの支援を受けていた。上海市警察は間もなく、スメドレーを監視下に置いた。彼女がコミンテルンの極東局に関係しており、また、労働者間にＰＰＴＵＳの役割に似た共産主義者組織の設立を、コミンテルンから課せられていたことが理由であった。しかし、スメドレーの中国の過激運動との連携は、外国が動かしているＰＰＴＵＳよりも、一層直接的と見られていた。警察は彼女を、ＰＰＴＵＳとその母体の極東局の上海支部から相当の支援を受けていた、表向きは中国労働者グループの全中国労働連合（Union Syndicate Pan Chinese）のメンバーと見なしていた。スメドレーは悪名高きヌーラン擁護委員会上海支部の活動的メンバーであった。それはことにヌーランとして良く知られている、スパイ容疑で裁かれ有罪となった上海極東局の指導者ポールとゲルトルート・ルユッグの解放のために設立された、世界的なコミンテルンの前線組織、国際革命運動犠牲者救援会（注55）（ＭＯＰＲ）である。ハロルド・アイザックスとともに彼女は中国公民権連盟のメンバーであり、地域支部を通じてコミンテルンが指導する共産主義者前線グループである、地域の「ソビエト友の会」のメンバーであった。コミンテルン反帝国主義のもう一つの前線である反戦会議が、一九三三年に使節を上海に送った際に、アグネス・スメドレーは地域の支援者の一人として、際立って名が挙げられていた。ベルリン・ヒンドゥスタン協会及びベルリン・インド人革命協会の前メンバーとして、スメドレーは引き続き、コミンテルンが大いに関心を寄せていた政治的扇動であるインド独立運動に、並々ならぬ労力を注いでいた。彼女は上海で、反英国インド人と連絡を保っていたこと、色々な機会にインド青年連盟のために反英的な宣伝物を作成していたこと、またインド人革命組織に多額の資金援助を行っていたことも分っていた。

（c）刊行物――アグネス・スメドレーがそもそも上海当局の注目を浴びたのは、「フランクフルター・ツアイトゥンク」紙に載せた記事がきっかけだった。一九二九年八月の共産主義者による予期された騒乱を抑圧するために、上海市当局が大掛かりな態勢をとっているとされていたことに関してのものである。その記事は一九二九年一二月八日に、「イズベスチヤ」紙に再録された。「フランクフルター・ツアイトゥンク」紙の通信員に加え、彼女は時折左翼傾向を示す上海で発行されている「チャイナ・ウイークリー・レビュー」にも寄稿していた。彼女自身の名前で書かれた「フィリピン描写」という記事が、はっきりと米国共産党の機関紙であると分っている「新しい大衆」（New Masses）の一九三〇年六月号に載った。また一九三一年九月五日のドイツ共産党の機関紙「ローテ・ファーネ」（赤旗）に載った「絞首刑執行人蒋介石[注56]を支援するロンドン」という匿名の記事も、彼女によるものとされている。一九三三年には江西省での共産主義者の蜂起を解説した記事を、国際革命作家同盟の外国語担当機関誌である「国際文芸」に実名で書いた。共産主義者の「長征」を題材にした彼女の著作『中国共産軍の行進』[注57]は、その反国民党の激しい調子のゆえに、一九三四年に発刊間もなく中国及び上海両当局によって発禁とされた。

（d）交流――アグネス・スメドレーは、地元では正規の共産党員と見なされていたハロルド・アイザックス及びC・フランク・グラースの仲間である。アイザックスはしばらくの間、一九三二年創刊の共産党の英文定期刊行物「チャイナ・フォーラム」の編集人を務めていた。彼女はまたドイツ人女性のワイデマイヤー（ワイテマイヤー）と密接に連絡を取っていた。コミンテルンの秘密工作員であり、共産党の刊行物の販売者であり、ゾルゲスパイ事件に関わっていた人物である。エドガー・スノー[注58]と、ニム・ウエールズ[注59]というペンネームを使っていたその妻は、上海でも、また後にはスノーが「デモクラシー」という刊行物を編集していた北京でもスメドレーと交流していた。上海市警察当局は、スメドレーがソ連の宣伝を担当し、「モスクワ・デイリー・ニューズ」紙に記事を書いていたアンナ・ルイーズ・ストロングや、ソ連の報道・宣伝工作機関であるタス通信の上海支局をしばしば訪ねて身元が割れており、疑われていた上海の共産主義者たちと密接に連絡を取っていたことを知っていた。彼女がゾルゲと密かに付き合っていたことは、東京報告で随所に現れているので、ここでは特に採り上げられてはいない。彼女の家は、ゾルゲ一味の集会所となっていた。尾崎と川合がスパイとしての使命を与えられ、代わりに彼らの報告書がもたらされたのもここだった。上海市警察は、極東局の核心に迫ったヌーラン事件の間中、彼女を追っていたが、ゾルゲもスメドレーも、寸前までは行ったものの逮捕されるようなことはなかった。スメドレーが上海秘密警察の、より専門的な目での捜査対象になったのは、コミンテルンの工作員であるジョセフ・ウオールデンが逮捕された時に、租界の刑事がつきまとっていた、何人かの地元の人間の名を記したタイプされた文書を所持していたからである。その文書は、明らかに何かあった時に警告を発する、防衛を目的とした名簿だった。アグネス・スメドレーはその名簿に記載されていた一二人中の筆頭だった。

一九三〇年　彼女はフィリピンと広東を訪れ、絹産業労働者の窮状に対する関心を表明した。彼女は英国秘密警察の強い主張によって、偽造旅券での旅行とコミンテルンの代表であるという科《とが》で広東で逮捕された。ドイツ領事が抗議した後に彼女は釈放された。上海に戻った彼女は、共産党員の前線基地でコミンテルンのスパイの郵便受け所となっていた、ツァイト・ガイスト書店主であるイレーネ・ワイデマイヤー（ワイテマイヤー）から、ゾルゲスパイ団の主役である尾崎秀実《ほつみ》を紹介された。スメドレーの依頼で、尾崎は彼女に情報提供することに同意した。後に彼女は中国にやって来たリチャード・ゾルゲと付き合うようになって、尾崎に彼を紹介した。スメドレーはリチャード・ゾルゲが率いるソ連スパイ団の一員になり、彼の主だった、最も信頼の厚い、助手の一人となった。彼女の家はしばしばゾルゲの工作員たちの集会所となった。

一九三一年　上海市警察と問題を起こしていた労働者代表の支援を積極的に行った。この期間、「上海イブニングポスト」紙と「マーキュリー」紙は彼女を「ボリシェビキ」と位置づけ、他の刊行物も彼女はソ連と同盟関係にあると、おおっぴらに攻撃した。現地の詳しい観察に基く地元紙の論評は、重要であった。警察の記録は単に事実確認だけだった。彼女が「フランクフルター・ツァイトゥンク」紙を去ったのは、在中国の英国系や他の国の権益筋からの要求のためと言われている。彼女は尾崎に紹介された川合貞吉を、上海スパイ団のメンバーになるように説得した。彼女はヌーラン擁護委員会に入った。ポールとゲルトルート・ルユッグ夫妻（ヌーランはルユッグの別名）はスパイ活動の科《とが》で中国国民党当局により逮捕、れっきとしたコミンテルンの工作員として裁判で有罪となり、投獄された。このヌーラン夫妻の解放のために組織された擁護委員会で、スメドレーと付き合っていたのが、ハロルド・アイザックスや他の有力な左翼主義者たちだった。

逆にその運動の指導的扇動者は、モスクワの命令で動いていた。ヌーラン夫妻釈放のための熱狂的な運動はもちろん、苦境に立っている秘密活動員たちを支援するソ連の機関である、国際革命運動犠牲者救援会（MOPR）の励ましと介入を受けた。上海の外人租界での一見、人道的に見える素振りは、コミンテルンの命令による厚顔な救済策略だった。この期間に、彼女はまたコミンテルンの国際革命作家同盟の機関誌である「国際文芸」に、江西省での共産主義者の蜂起についての記事を発表した。スメドレーはスパイの、あるいはスパイ並みの、プロとしての訓練や技能に欠けていたとしても、上海での警察との体験から自分の行動を目立たなくするために、殊に注意深くしていた。以下はこの点についての、彼女の幾つかの体験の要約である。

「…私は上海の英国警察から届いた秘密の公式文書に基いて、探索の手をのばした広東の中国警察に逮捕された。その文書は私がソ連のボリシェビキであり、偽造米国旅券で旅行をしていると告発していた。ドイツ総領事が介入すると、警察署長は上海からの文書をその根拠として総領事に提示した。米国総領事もそれを見たが、私がそれについて質したところ言葉を濁した…私は数週間も軟禁状態に置かれ、武装した巡査が私のアパートの周囲を勝手に行ったり来たりしていた。私が外出すると彼等はついてきた…この広東での出来事は、実際私に対するウッドヘッド［訳注　上海市工部局警察のボス。イギリス人］の仕組んだ攻撃だった…」

一九三二年　スメドレーとアイザックスは、左翼の同調者のグループとともに、上海初の公民権連盟のメンバーだった。この組織は失敗だったようだ。スメドレーはまたソビエト友の会上海支部のメンバーになった。その名簿には、イレーネ・

ワイデマイヤーのようなコミンテルンの工作員も入っていた。スメドレーはまた英国の共産主義者であり、コミンテルンの工作員であると疑われていたC・フランク・グラースとすこぶる仲良くなった。尾崎の手を借りて、スメドレーは北京と天津に諜報団を設立し、川合貞吉を責任者にした。この北方スパイ組織は、一九三三年六月まで活動した。彼女は船越寿雄も仲間に入れ、上海諜報団で野澤房二（注60）に会った。

一九三三年　健康悪化の中で、彼女はソ連に行き、コーカサスのキスロボーツクにある労働者療養所に入った。普通、外国人には与えられることのない特権である。彼女はソ連や米国の共産主義者との身近な付き合いを述べている。彼女が『中国共産党の行軍』という本を書いたのも、ここでである。ソ連が公に認めなかったら、彼女が原稿を持ち出すことは先ず出来なかっただろう。彼女のそれ以前の本は、ロシア語に翻訳され、広く出回っていた。彼女はソ連に一一ヵ月滞在した。彼女はレニングラード［訳註　現在のサンクトペテルブルク］で共産主義者科学アカデミーに関係していたチャントプンダーヤーに、再度会った。この時スメドレーは、数年前にモスクワで設立されていた国際革命作家同盟の幹部として働いた。ウイテカー・チェンバーズは一九三三年に、同組織の幹部職にあった。

一九三四年　中央ヨーロッパとフランスを旅行してから、ニューヨークに戻ったが、米国の出版社の通信員の席を求めたものの、上手く行かなかった。米国で家族を訪ねた後に、彼女は船で中国に向かった。乗船したクリーブランド大統領号は一日（一〇月一九日）横浜に停泊した。彼女は東京朝日新聞社に、尾崎を訪ねた。彼は彼女を帝室美術館に伴い、夕食をともにした。この時期にゾルゲは東京で積極的に活動していた。

一九三五年　スメドレーは上海に戻った。彼女の名前は、上海市警察の監視下にある一二人の人間の名簿に、載っていた。後に破壊活動の科《とが》で、懲役一五年の宣告を受けたジョセフ・ウォールデン（別名マキシム・リボシュ）が所持していた他の犯罪に結びつく文書の中に、その名簿が有った。

一九三六年　スメドレーは秋に西安に行き、蔣介石が監禁された時にはそこにいた。彼女が後に中国共産党支配地域を旅するお膳立てをしたのは、ここでのことのようだ。

一九三七年　彼女は八月に、中国共産党の本拠地である延安に行き、そこで彼女は素早く共産軍の指導者の信頼を得た。その後、スメドレーは共産軍の大義を手放しで支持する、個人的、知的、文芸上のあらゆる証《あかし》を示している。次いで彼女は三原を通って西安に行き、延安で落ちて痛めていた背中の治療を受けた。一〇月には太原にいてそこで周恩来(注61)と会った。一〇月末スメドレーは第八路軍の移動司令部とともにあった。そこで、共産党指導者の朱徳(注62)や彭徳懐(注63)と親しくなった。一一月始めには、林彪(注64)が指揮する第一前線部隊である八路軍に所属する、江西省「労働者及び小作民紅軍」と行動を共にしていた。一一月後半に、彼女は中国共産党本部に戻った。一一月末に彼女はまた戦闘部隊と平陽湖にいた。今一度、共産党本部に滞在後、年末直後に漢口に戻った。

一九三八年　この年の前半に、彼女は東莞(注65)にいた。それから中国共産党主席の毛沢東の依頼で、共産主義理念追求工作を続けるために漢口に行った。そこで彼女は中国赤十字社の広報活動を行い、共産軍支援を呼びかけの講義をし、著述活動をした。彼女は日本軍の攻略（一〇月二五日）前に漢口を去り、重慶に向かった。

一九三九年　スメドレーは中国共産党新四軍の部隊を訪れ、色々な共産党ゲリラグループとともに中支を走破した。彼女はまたある中央政府軍部隊も訪れ、最終的には年末にかけて湖北省非正規共産軍に、再度参加した。

一九四〇年　六月に重慶に行き共産軍の医療支援増大のために講演し、活動した。

一九四一年　香港へ飛び、持病の治療をし、左翼や共産主義分子と協働しての活動を続けた。彼女は夏の盛りに米国に戻った。

一九四三年　彼女はかなりの間、芸術家や作家が住むニューヨーク州サラトガスプリングの宿で過ごした。スキッドモアカレッジで講義をするためにその地を離れた。

一九四四年　彼女は中国に関する演劇を書いており、同じ主題での革命小説の構想も持っていた。

一九四五—四七年　講演をしたり、その多くが左翼系の定期刊行物に寄稿した。この時期、彼女は共産主義者の前線組織である民主極東政策委員会で、積極的な役割を務めた。国際革命作家同盟の下部組織である米国作家同盟全国会議のメンバーになった。下院非米活動調査委員会も司法長官筋も、この連盟を共産主義者前線組織であると位置づけていた。

一九四八年　ニューヨーク州のパリセードに引っ越した。左翼系の「ニューヨーク・スター」紙に中国に関する記事を発表した。スメドレーは芸術、科学、学術全国会議が後援して、形成されたウォレス支援作家全国委員会の支援者の一人だった。(注66)下院非米活動調査委員会が共産主義者の支配する出版物であると挙げていた「ザ・プロテスタント」誌に記事を発表した。

一九四九年　彼女は一九四七年一二月一五日付の「ゾルゲ・スパイ事件」と題した報告書［訳注 ウィロビー報告書］の（ワシントンによる）公表を巡って、東京の極東軍司令部情報部長との論争に、巻き込まれた。彼女はその報告書をまとめ、作成した部門の責任ある立場の長であるウィロビー少将の代わりに、マッカーサー元帥を相手に名誉棄損の訴訟を起こすと脅かした。スメドレーは自分の名を戦時の高名な指揮官の名前と関連付けることから、最大の宣伝効果を得た後に、彼女は深い考えから沈黙状態に入り、本件の膨大な記録を明るみに出すことになったと思われる訴訟を行うための動きを、一切しなかった。世界中の共産党紙がアグネス・スメドレー事件を採り上げた。軍の公表に対しての彼女の抗議は、香港で出版されている中国共産主義の代弁者である「チャイナ・ダイジェスト」誌の一九四九年三月号に出た。一万マイル［訳注　一マイルは一六〇九・三メートル］も離れたところのニューヨークで発行されている、もう一つの共産主義前線の雑誌、「極東スポットライト」もほぼ同じ日に、彼女の抗議を採り上げた。大変な地理上の距りながら完全にタイミングが一致していることは、国際共産主義が秒単位で連携をしている目覚しい例である。生ぬるい西欧民主主義の宣伝活動では、この恐ろしいほどの精密さには到底太刀打ちできない。スメドレーの擁護のための共産主義前線の団結は、推し量《はか》るに自ずから明らかだ。

スメドレーの赤とピンクの交流仲間

スメドレーの作品をたまたま手にした読者でなくても、彼女が共産主義者や同調者や、はたまた左翼に関係している人たち一切に、用心深く触れていないことに必ず気がつくはずである。そのようなことが世間に知られると、その人たちの活動がし難くなるからである。だが、スメドレーは自分の友人や付き合っている者たちをあからさまに、また密かに守ろうとしながらも、中国の「赤の網」がしっかりと見守られていたり、その仲間の多くの行為が数多くの諜報員、警察、それに他の諜報機関、ことに上海市警察の特別班に記録されていたことには、十分には気がついていなかった。また、彼女が足跡を隠さなかったことからも、中国における共産主義者の入り組んだ活動を解き明かす興味ある手がかりが得られ、紛れもない型にきちんと当てはまった。以下のスメドレーが交流していた者たちの名簿は、純粋にジャーナリストとしての交際相手の見地から、とても説明できるものではない。便宜上、その名はスメドレーが付き合っていた程度の差こそあれ、大体の時期に従って時代順に仕分けた。

一九二〇―二八年　ビレンドラナーハ・チャントプンダーヤー　インド人革命家で、共産主義者の組織である反帝国主義連盟創設者の一人。スメドレー自身も自分らの関係での人格の高さを少しも疑ってはない。

一九二九―三一年　マクス・クラウゼン　ゾルゲスパイ組織の日本と中国での活動的なメンバー。

一九三〇年　リチャード・ゾルゲ　共産主義者の熟練スパイ。中国における精緻なスパイ組織の長を務め、後にこの上なき成功を収めた日本での諜報団を指揮した。スメドレーは中国でのこの組織の活発なメンバーとして活動していた。

尾崎秀実《ほつみ》　ゾルゲの主たる支援者で、日本と中国での多くの情報源であった。上海では尾崎はゾルゲよりも、スメドレーに報告した方が多かった。

一九三〇―三六年　魯迅　「中国のゴーリキー」と言われた左翼作家。

一九三〇年　茅盾　魯迅に師事した左翼作家。
柔石　魯迅に師事した作家。共産主義者として処刑された。
一九三一年　ビリ・ミュンツエンベルク（注67）　ヌーラン擁護委員会を立ち上げた、ドイツの共産主義指導者。
ハロルド・アイザックス　上海の「チャイナ・フォーラム」紙の発行者で、ヌーラン擁護委員会とソビエト友の会関連で、スメドレーと交流があった。
C・フランク・グラース　英国人共産主義者。
イレーネ・ワィデマイヤー　共産主義関連刊行物販売のツァイト・ガイスト書店の所有者。ヌーラン擁護委員会のメンバーでもある。
ポール&ゲルトルート・ルュッグ　中国当局により逮捕され、裁判で懲役刑となった二人のコミンテルンの工作員。ルユッグは別名ヌーラン（Noulens）といい、ポールは当時アメリカ人共産主義者のアール・ブラウダーが率いた汎太平洋労働組合書記局の幹部だった。
オズワルド・デーニッツ　ヌーランの逮捕後、ちょっとの間、上海にいたコミンテルン工作員。
ビクトル・フランツ・ノイマン　コミンテルン工作員オズワルド・デーニッツと連絡を取っていた。
水野Shige［訳注　正しくは成《しげる》］　上海でのゾルゲ課報団のメンバー。
山上正義　上海でのゾルゲ課報団のメンバー。
川合貞吉　上海でのゾルゲ課報団のメンバーで、スメドレーの家に頻繁に出入りしていた。
船越寿雄　ヌーランの逮捕後、ちょっとの間、上海でのゾルゲ課報団のメンバー。
一九三二年　エドモンド・イーゴン・キッシュ　第三インタナショナルのメンバーで、ソビエト友の会の組織者。
アンリ・バルビュス　フランスの作家。フランス共産党機関誌の「ユマニテ」紙（L'Humanité）と左翼系の「ルモンド」紙（Le Monde）の発行人。
ロイフ・オードアール　エドモンド・イーゴン・キッシュと交流していた。
K・A・ゾーホム　ソビエト友の会のメンバーで、エドモンド・イーゴン・キッシュと密接な交流があったことが知られている。

ビクトル・ムジック　チェコスロバキアのジャーナリストで、エドモンド・イーゴン・キッシュと密接な交流があった。

ハリー・バーガー　またの名はアルトゥール・エルンスト・エーベルト。ブラウン、ゲオルク・ケラー、ウルリヒ・ダッハ　それにアルトゥール・ケーニヒ。いずれもコミンテルンの極東における重要な工作員。

一九三三―三四年　ルドルフ・ヘルマン　リヒアルト・ケーニッヒ、ポール・オイゲン・ウオルシュ、別名ユージン・デニスの仲間で、上海コミンテルンの連絡要員として活動した。

フレッド・エリス　ソ連の新聞「トルード」（勤労）紙の社内画家。スメドレーとともに国際革命作家同盟の幹部だった。

ハリー・パクストン・ハワード　別名イワン・クジオフ　コミンテルン（注68）の工作員だとされている。

ラングストン・ヒューズ　アメリカ人共産主義者で、国際革命作家同盟の幹部。

河村好雄　スメドレーと尾崎が北京で組織した諜報団の一員。

野澤房二　リチャード・ゾルゲの上海諜報団と連絡、船越寿雄に誘われた。

F・H・シッフ　ソビエト友の会のメンバーで、E・E・キッシュの身近な仲間。

一九三三―三八年　丁玲　共産主義者作家。

一九三三年　周建屏《しゅうけんへい》　一時、上海のスメドレーの家で暮らした第一〇紅軍の司令官。

一九三四―三五年　レオン・ミンスター　上海で通信器具事業を営む。警察の記録では隠れ遠距離送信基地。妻のベッシーはソ連共産党政治局員のビャチェスラフ・モロトフの妹。

一八三七―三八年　朱徳　中国共産軍の司令官。

毛沢東　中国共産党主席。［訳註　四九年の中華人民共和国成立とともに国家主席］

彭徳懐　前線赤軍の司令官。［訳注　革命勝利後、元帥に任じられた］。毛沢東の大躍進政策に反対して、五九年に失脚。死後の七八年に名誉回復。

周恩来　抗日戦中の革命軍事会議副議長、中国国民党と中国共産党の統一戦線確立のため、国民

党政府と交渉したときの中国共産党首席代表。［訳註　のちの中国首相］
任弼時《にんひつじ》　共産第八路軍の政治委員。
鄧小平　任弼時の補佐。［訳註　のちの中国共産党政治局常務委員・総書記、国家中央軍事委員会主席］
康克清　朱徳の妻、八路軍の政治部員。
林彪　中国共産党八路軍、第一師団司令官。［訳註　革命勝利後、元帥に任じられた。のちの中国共産党副主席。反毛クーデター計画に失敗してモンゴルへ逃亡中に、搭乗機が墜落して死亡］
聶栄臻《じょうえいしん》　林彪師団の政治委員。［訳注　革命勝利後、元帥に任じられた］
賀竜　第二共産軍団の司令官。［訳注　革命勝利後、元帥に任じられた］
劉伯承　八路軍第一二九師団の司令官。［訳注　革命勝利後、元帥に任じられた］
肖克　第二共産軍の政治委員。
左権　第一共産軍の司令官。
陳賡《チンコウ》　共産第八路軍の司令官。
仇鰲《キュウガウ》　共産軍ゲリラ部隊の指揮者。

ウォルター　少将、ゾルゲの手記の公証を終えたのはいつのことですか？
ウィロビー　正規のアメリカ人弁護士や、専門家たちによる公証のことですね？
ウォルター　そうです。
ウィロビー　それは、名誉棄損訴訟でスメドレーが行った証言の信憑性《しんぴょうせい》に、世間が真っ向から否定しないまでも、疑問を抱くようになった後にです。タベナーさん、いつでしたかね？
タベナー　いつだったか直ぐには思い出せませんが。
ウィロビー　日にちなら分ると思います。日付が入っているはずです。
タベナー　あなたが弁護士の陳述書を読み上げながら、証言した際に出ていたと思いますが。
ウィロビー　一九四九年五月一八日です。連続付属文書第一四号は極東軍総司令部法務部の意見と、極東軍司令部判事による意見、それにその関連事項ですが、当時、この同じ時期に、この三人の法務担当者は私に好意的に協力してくれたと思います。
ウォルター　今読み上げられたイッキーズの記事はいつ出たのですか？

ウィロビー　探してみましょう。とっておく必要があるほど、立派な記事とは思わなかったのですがね。

ウォルター　公証の前だったか、後だったかを知りたいのです。

ウィロビー　私はその写しを持っています。私も随分と頭に来ていたのでしょうね。今だったらとっておくこともありませんが。一九四九年三月一六日です。これが、「軍が細工して将軍の過ちを隠す」と題した分です。それにまだあります。「マッカーサーは訴えられて当然と年来の意趣」とか「軍に君臨するのでなく、巣食っているとんでもない高官」とかです。

タベナー　あなたはこういった批判を漏れなく、参謀本部宛ての報告書に述べたのですか？

ウィロビー　そうですとも。

ウォルター　何か、そのいくつかはあなたの部下の将校たちが言ったかのように響きませんか。

ウィロビー　そうかも知れませんね、そうですね。

タベナー　少将、先に述べました上海市警察の個人照合カードの件は、当委員会が保有している上海市警察の記録に基いております。また、それは確認のためにウィロビー付属文書第三五及び三六号として提出されております。もしあなたが核心をまだ、十分には言い切ってはいないと思っておられたら、このファイルの見方と、ゾルゲ事件との関連について協力してくれませんか？

ウィロビー　常々この賞賛に値する委員会のお役に立ちたいと思っておりますので、付属文書第三四号となっている私のノートを出したら、と思います。上海ファイルの起源を垣間見《かいまみ》ることが出来ましょう。次の通りです。

ウィロビー付属文書第一二四号

「上海で監視下のアメリカ人」

一九一六年に上海市警察（英・仏部）は中国における共産主義者の破壊活動に注目した。(注69) 一〇年以上にわたる警察の手入れの結果、破壊活動に結びつく文書が数トンも押収され、また、多数の共産工作員が逮捕された。一九二六年まではこれら工作員は主としてロシア人と中国人であり、時にはドイツ、スペインそれにフランス国籍の者が散見される程度であった。一九二七年には、この破壊工作の場にアメリカ人が登場した。アール・ブラウダー、ゲアハルト・アイスラー、ジェームズ・H・ドルセン、W・A・ハスケル、M・アンジャス、それにドイツ人女性のイレーヌ・ワイデマイヤーたちが、ほかの多くの者たちともども、ソ連極東局（FEB）や、汎太平洋労働組合書記局（PPTUS）に加わるために、一九二〇年代後半に上海にやって来た。ドイツ人女性のイレーネ・ワイデマイヤーは、スメドレー、ゾルゲ、尾崎と密接な繋がりを有しており、彼女が経営するツァイトガイスト（時代精神）書店は、ゾルゲ・スパイ団の人間や、工作員や、左翼のシンパたちの郵便物受け取り場所であり、密談の場所となっていた。

＊　＊　＊　＊　＊　＊

ここでもまたコミンテルン（共産主義インタナショナル）の行動の仕方が目につく。労働組合や、事務局、それにほかの専門家や労働者団体を利用することで、中国国家の経済並びに地域の政府組織にソ連の楔《くさび》が苦も無く再び打ち込まれた。その狙いはもちろん、究極的に中国国民党政府を破滅させることであった。将来を見通し、狡猾に、またひどく効果的な活動を行ったので、一九四九年の中国崩壊の成就は明らかだった。もう一つの国家と五億の人民がソ連の軌道に乗った。

ウィロビー　これは上海市警察ファイルとして知られる付帯報告書に入っている情報です。ご参考までに、上海はそれ自身の警察を持つ治外法権地域でありまして、フランスと英国地域には仏・英警察が存在しておりました。ここの人たちは高位の正規の警察官でありまして、私は英国政府の助けを受けて、その警察のかつての高官に会える場所に出向いて、面接を行いました。例えば香港におります、前の英国政治部の部長などです。

タベナー　この際公表を予定しておりますので、あなたがまとめられた分を委員会に利用させていただけませんか?

ウィロビー　全文を委員会に供せますが、いくつか要点を選んでというか、際立った点を読み上げましょう。彼等が何処で、どんな具合に活動していたかの一つの見本ないし傾向として、中国国民党政府の凋落を狙って活動していたこの機関ないし、機構の国際性を示すためにです。

ドイル 「何処で」と言いますと、米国も入れてですか？

ウィロビー 私は米国も入れています。というのも、当時上海におり、今でもわれわれの掌中にいるアール・ブラウダー、ユージン・デニス、ゲアハルト・アイスラー、ジム・ドルセンといった活動家たちの存在が、委員と私とのやりとりの中ですでに明かになされたからです。それも私が東洋関連の情報を提供し、ちょっと驚きましたが、当委員会が幾つかの特定の付随資料を持っていたお蔭です。

ウッド 続けてください。

ウィロビー （朗読）

三〇年代初めの上海市英・仏地区警察の色々な記録を見ると、共産前線、付随機関、さらにコミンテルンが中国で展開していた、相互に関連しあっての広範囲な活動の、目を見張るような陣列が浮かび上がって来る。今日の共産主義者の成功を導いた基礎が築かれたのは、この特別な時期だった。

＊　＊　＊　＊　＊　＊　＊

ウィロビー付属文書四一〇号「上海での策謀」

紛れもなく国際的陰謀が渦巻き、共産主義者が最も力を入れていた上海の役割は、ゾルゲ裁判記録や付随する証言にすでに明かである。ツァイトガイスト書店、ゾルゲと尾崎の出合い、それに明敏な店主のワイデマイヤー女史が再度登場し、今回は信頼高き国際警察が別の角度から見張り、記録をしている。

＊　＊　＊　＊　＊　＊　＊

上海市警察のファイルには、スメドレーに対しての、推論に基づく告発以上のものがある。われわれがここで取り上げているのは、近代中国の歴史における策謀の時代である。上海は共産主義者の葡萄園《ぶどうえん》［訳注　活動の場］だ。ここでは今日、赤の収穫となって実った竜の歯が蒔かれ、その農作業を行ったのは、西欧世界を従属させるための汎スラブ主義の、共産主義者の「聖戦」という、縁もゆかりもない大義に対する、説明のしようもない狂信以外には、中国とは個人的利害関係など無い、色々な国からやってきた男女だった。ソ連の東方征服の大構想は、すでにソ連の大スパイであるゾルゲの自白に明らかである。そのことはコミンテルン機構の複雑な形態の中にも、再度認められる。上海は破壊活動や転覆行為の狙い目とされ、この聖地に世界の共産活動家たちが、訓練を受けに、実験を行いに、また経歴を磨くために群れ集まっていた。一九二七年にはコミンテルンの後援で漢口で会議が行われ、トム・マン（注70）（英国）、アール・ブラウダー（米国）、ジャック・ドリオ（注71）（フランス）、ローイ（注72）（インド）、ほか多数が出席した。そこでは、汎太平洋労働組合書記局が世界のこの地での共産活動を受け持つことが決せられ、アール・ブラウダーが書記局長に任ぜられた。彼はその後間もなく活動を開始し、警察が愛人と見做《みな》していたキャサリン・ハリソン、またの名アリス・リードが手助けをした。アール・ブラウダーとその女性助手は次の年（一九二八年）も活動を続け、ほとんど上海で時を過ごした。その年の八月に、W・A・ハスケルという男が参加した。この男もエマーソンという名の女性の手助けを得ていたが、彼女は多分妻かと思われる。「タイム」誌は一九四九年四月二五日号で、現在裁判中の米国共産党の首領であるユージン・デニスの特集を組んだ。

ウィロビー　もちろん、ここで使われている言葉は一年前のものです。裁判は終わっています。

このソ連工作員の成長と世界の旅を簡潔に、要領よく書き表した話を繰り返しても意味がない。しかし、重要なことはゾルゲ・スパイ事件とのある種のつながりである。かつてはフランシス・X・ウオルドロンだったデニスは、ポール・ウオルシュ名での偽造旅券を入手し、欧州、南ア経由で中国に旅した。共産主義の使徒であるこのアメリカ人の足取りを見れば、上海を極東の活動センターとするコミンテルンが、世界的に手を広げていた様子が分る。別名ではパウルまたはミルトンというパウル・ユージン・ウォルシュが上海市警察の記録に突然現れる。警察の個人照合カードは次のように述べている。「…一九三三年一二月一日から一九三四年六月まで、霞飛路（ジョフル路）

一二二四番地のグレシャム・アパートの六号室に住んでいた。一九三四年五月三〇日に福履理路（フリラプト路）六四三番地のホナイム・アパート三四D号室の借家契約の名義が、明らかに親しい友人関係にあったハリー・バーガーから、この男に変わった。ウォルシュは一九三四年六月一日から一九三四年一〇月九日までそこに住んでおり、それからコンテ・ベルデ号に乗船して密かに上海を去り、トリエステに向かった。

ゾルゲと関係を持つユージン・デニス

ウィロビー　警察は重要なことを、このように要約しています。

ウオルシュはコミンテルンの地方機関の首謀者の一人であり、その立場上、極東における共産主義思想の宣伝に関する数多くの重要文書の作成の任にあったことが、明確となった…。

ウィロビー　ここで、警察の捜査の関連をはっきりさせるために中断します。ゾルゲは上海でのコミンテルンのグループを口にしました。ヌーラン(注73)が逮捕されていたので、我々はそれが汎太平洋労働組合書記局のことと理解しました。明らかにこのウオルシュという男、すなわちユージン・デニスは、それに後のブラウダーとの結びつきからも、当時、彼がゾルゲと関係していたことをこの上なく強く思わせます。我々がゾルゲの記録の中で、はっきりさせた事柄とのさらなる関係は、第二四項でとりあげられています。序《ついで》ながら、私はウオルシュについての「変名を使う紛《まぎ》らわしい男」という表題のついた、一九四九年四月二四日付の記事を取り上げました。大変良く書けた記事です（朗読）

一九三〇年にコミンテルンの工作員たちが、多数上海にやって来て、汎太平洋労働組合書記局や、ほかのコミンテルン極東局と呼ばれる重要な機関とつながりを持った。新参の中には国籍不明の、イレーヌ・ヌーラン（またはパウル・ルユッグ）、

ウィロビー　この名前に注目してください。後にも出て来ます。ヌ・ー・ラ・ンです（朗読継続）

それにヌーラン夫人、米人のA・E・スチュアート、M・アンジャス、ジュデア・コッドキンド、ドイツ人のイレーネ・ワイデマイヤーがいた。

ウィロビー　ワイデマイヤーは時には自分の名をW-i-e-tと綴っています。

スメドレーはイレーネの仲間だった。ワイデマイヤー（ワイテマイヤー）は、左翼の落ち合い場所であり、工作員たちの郵便物受け渡し場所である上海のツァイトガイスト書店を開いていた。ゾルゲの右腕である尾崎は、そこでスメドレーに紹介された。

ウィロビー　すでにゾルゲの証言を読み上げましたので、繰り返しません。（朗読継続）

スメドレーについての警察の個人照合カードは、次ぎのように記している。「…アグネス・スメドレー、別名バード及びペトロイコス夫人…以下の団体に属す。ソビエト友の会（Friends of the U.S.S.R）、ベルリン・インド協会（Hindustan Association in Berlin）、ベルリン・インド革命協会（Berlin Indian Revolutionary Society）、ヌーラン擁護委員会（Noulens Defense Committee）、全中国労働連合（All China Labor Federation）、中国民権保証連盟（the China League for Civil Rights）…米・独二種の旅券を保有、ドイツ紙「フランクフルター・ツァイトゥンク」特派員として一九二九年五月にベルリンから上海に来る。コミンテルン執行委員会の東方支部にて活動し、何度にもわたり地域のインド独立運動者を支援したことがはっきりしている…彼女の主たる任務は労働者間の共産主義者組織の管理である。しかも、彼女はモスクワのコミンテルン執行委員会から直接指示を受けている…上海市警察はかかる胡散臭《うさんくさ》い男女を、しばしば直接の告発がなされていないのに、監視し、記録した。以上のことは監視の積み重ねによるものだが、その調査書類が理由も無しに公開されることは、決して無かった。とにかくこういった名前はマークされた。パウル・ルユッグとして知られるイレーヌ・ヌーランの事例は興味もあり、典型的でもある。コミンテルン、またはソ連軍の指導の下で活動している秘密の結社が窮地に立つと、いつでもその擁護に各種の前線組織の決起を当てにできた。擁護の中心となっていたのは、一九二二年に創設され、米国國際労働者擁護団として知られた国際革命運動犠牲者救援会（以後ロシア名の頭文字をとってＭＯＰＲと称す）だった。察するに、擁護団が活動を始める際は常に、その旗振り役はコミンテルンの命令下にあったのは、初めから分りきっていた。騙され易い部外者にとっては、その擁護の行為は、何か情に訴えるところさえある、正当な市民の自由訴求運動のようにさえ見えるかもしれない。だが、知る人にとってはそれはピンク色の法律家や、活動家や、シンパを動員しての今一つの赤の前線でしかなかった。ヌーランが極東局長となるために、フレッド・バンデルクルイゼン名の盗んだベルギーの旅券で偽装して上海に来たのは、一九三〇年のことだった。その一五ヵ月後に彼は、フランスの共産党員で当時シンガポールで活動していた、セルジュ・ルフランとしても知られる、ジョセフ・デュクールとの関連での共産主義活動の科《とが》で逮捕された。裁判（それに有罪判決）の過程で、彼がコミンテルン機関で重要な位置にあったことを当局は知った。このグループの活動は大変な規模で行われており、銀行口座を七口保持し、紛れもない政治上の溜まり場である家やアパートを一五軒も借りていた。ヌーランは上海で少なくも一二の偽名を使い分け、カナダの旅券と二通のベルギー旅券を所持していた。妻も五つの偽名を使い、二通のベルギー旅券を所持していた。ここでもまた「タイム」誌の記事が、身元の興味ある手がかりを示している。「小クレムリン」という小見出しの項目でこう書いている。

ウィロビー　大変良い記事だと思いましたので、入れておきました。

「…米国での一切の共産活動は、最高に秘密とされていたものは別として、マンハッタンのユニオンスクエアに程遠からぬ東一二丁目三五番地の九階建ての、今にも倒れそうなロフトビルディングから指示が出ていたし、現在も出ている。最上階の部屋には共産党の国際「代表」たちが派遣されていた。P・グリーンとかG・ウイリアムズとかA・ユーアートとかH・バーガーとか…、瞬《まばた》き一つでドラブキンとか、B・ミハイロフとか、ブラウンとか、ゲアハルト・アイスラーとかにもなりそうな色々な変名を持つ正体《しょうたい》のはっきりしない男たちであった。この男たちはモスクワの工作員だった。その九階から、彼等がモスクワから持ち帰った指令が、忠実な活動家や、「デイリー・ワーカー」紙や、ユダヤ語の「フライハイト」紙に働く党の雇われライターや、組織労働者の養成者や、ミルウォーキーのクリシュトッフェルのような男に伝達された。…「タイム」誌に載ったA・ユーアートとか、H・バーガーとか、A・スタインバーグとか、ゲアハルト・アイスラーとかの変名を使っている紛《まぎ》らわしい男たちについて興味あることは、これらと同じ名前や、身元がゾルゲの記録にも上海市警察ファイルにも出ていることだ。彼等がたどった曲がりくねった道はくねくねと四〇年代に入りこみ、米国に達している。

ウィロビー　だんだんはっきりしてきますが。（朗読継続）

共産党の熟練の活動家のほとんどは、一時期または他の時期に上海で活動していたように思われる。赤の脅威に戯れる秘密結社のプロたちや、その追随者であり、騙された者たちだった。そして何処かフランス租界の居酒屋とか、上海の策謀者たちの隠れた集会所では、三〇もの銀製食器がカチカチと触れ合う音が聞けよう。

ウィロビー　議長、私はここで一区切りして、お互いに関心のある一点をはっきりさせたいと思います。東京側に関する限り、上海の人名カードに照会はいたしましても、それは告訴どころか、逮捕しようということではありませんでした。その人名リストには数多くの人間が載っております——もちろん全てを明かすことはありませんが——多くの人たちが意図的というよりも偶然の出会いからそこに出ていることは間違いないでしょう。そして、私が本聴聞会の冒頭陳述で申し上げましたように、罪も無い人たちや、騙されていた人たちを保護するためや、自分たちが属している組織の性格を認識していなかったかも知れないシンパを区別するために、われわれは常に努めて参りました。引用部分はG2が評価して、そうしたものではありません。この信頼すべき捜査機関が述べているものです。

ウッド　つまり、あなたは愚か者と悪者を区別しているのですね？

ウィロビー　全くその通りです。あまり褒められた分け方とは言えませんが、保護するための区分です。

（朗読継続）

コミンテルンのアパラタス（機構）と上海の出先

ウィロビー　「アパラタス」とは彼等が使っていた言葉です。彼等はこの擬似科学用語に誇りを感じているようです。（朗読継続）

共産主義運動への関わり合い、または力の入れ具合の程度が色々異なっているほかの者たちについては別途触れる。彼等は皆、ただ、外国の主人に対して役立とうと努めていることでしか理解できない。この関係を理解するには、コミンテルン機構の恐るべき世界的な組織の背景を調べる必要がある。それは、ツァーリスト［訳註　帝政ロシアの政策支持者。対内的には皇帝専制、対外的には領土膨張主義者のこと］が抱えていた野望という、この上なく狂気じみた夢のさらに上を行っていたソ連が、帝国主義者的拡大を行うためのマキアベリアン的［訳注　権謀術数主義の意味］道具だ。実際、ソ連が、ツァーリ［訳註　旧ロシア皇帝］がやり残したことをとり上げ、さらなる、また より重大な歩みを遂げたのはその事実からも語れよう。

（a）コミンテルン本部　一九三〇年代のモスクワのコミンテルン本部は、ソ連政府の組織構造に匹敵する。一九一九年から一九三五年に、間をおいて開かれたソ連と外国の共産主義者からなる世界大会による指導とは申せ、コミンテルンを実際に支配したのはソビエト社会主義共和国連邦（U.S.S.R）だ。国際共産主義運動の指導的立場を

通して、また、大会の主催を務めた国に最大の代表団を認めるとするコミンテルンの組織上の決まりによるものだ——いずれの場合もソビエト社会主義共和国連邦である。コミンテルンの執行役としての機能は、コミンテルンの執行委員会（ＥＣＣＩ）に属した。何人かの外国人委員の存在を強調していたが、実際は圧倒的な数のソ連代表が支配した。世界大会同様、ＥＣＣＩは主として政策の一般綱領決定のために定期的に開催された。だが、コミンテルンの最終支配は、なかんずく政策委員会、いくつかの常任委員会、それに幹部会員をメンバーとする執行委員会幹部会の手中にあった。

ウィロビー　時間のことを考えて、選んで述べるようにします。資料はここにあります。（朗読継続）

コミンテルンはソ連の外交とは別の、外国での活動機関である。一九一九年にモスクワで創設されたコミンテルンは、解散されたと言われる一九四三年まで準政府機関であり、資本主義社会で共産主義者もしくは共産前線を育てることを大方の目的とした。ソ連政府が世界革命の促進、事態によっては、ソビエト社会主義共和国連邦の防衛上欠かせぬと想定する、共産主義の戦略を実行するためだった。

ウィロビー　ご注目頂きたいのですが、数多くの付随的組織も存在します。

（b）補助機関　その数、約一三もの全てが上海に種々な関わりを有し、諸々の媒介を通して活動していたが、ここで直接関心が向けられるのは、僅かなモスクワの付随組織だけである。

PROFINTERN《プロフィンテルン》　赤色労働組合インタナショナル（英語表記 The Red International Labor Union (the International Federation of Labor Unions of the Second International) に対抗するために創設された。最高会議幹部会が支配する本部機構と、U.S.S.R 以外の多数の国では反労働組合赤色団体の形態をとっていた付随的な部門から構成されていた。実践の場では、特定の産業内での活動のための國際宣伝活動委員会を組織した。それに加えて、並行的な労働組合連合創設の後押しを行った。その中では汎太平洋労働組合書記局（PPTUS）や全中国労働連合は重要な例である。

KRESTINTERN《クレスティンテルン》　赤色農民インタナショナル（英語表記 The Red Peasant International）は、諸国で小作制度下の共産化阻止運動の打破を目的として一九二三年に設立された。労働者や知的階層向け組織の成果を遥かに下回ったが、中国小作農民連盟を含む、いわゆる小作農民組合を組織した地域の共産主義者グループを指導した。

VOKS《ボクス》　全ソ対外文化連絡協会（英語表記 The Society for Cultural Relations with Foreign Countries）は、ソ連文化を政治的宣伝手段として海外に広めるために、一九二三年にモスクワで創設された。各国の在外ソ連大使館の文化部がVOKSの直接担当となり、その役割上、モスクワのコミンテルン執行委員会（ECCI）との連絡役や、またいわゆる友好協会の設立役を務めた。VOKSの活動内容は、対外関係、外国人受け入れ、国際書籍交流、新聞、展示等々の本部に置かれた部門から理解できる。

ウィロビー　私の個人的な観察では、最近の東京の大使館の設定を見ますと、この流れに沿っているようです。（朗読継続）

MOPR《モープル》　国際革命運動犠牲者救援会（英語表記 International Red Aid）は一九二二年に創設され、コミンテルンの赤十字的性格を有していた。主として政治犯や、現行犯で捕まった秘密工作員や、ほかの「ブルジョアの反動的行為の犠牲者」の支援を目的とした。合法的、または非合法的に六七カ国で機能していたMOPRは、国際労働者救援会（Workers International Relief）が補助役をつとめていた。両機関とも長年にわたり、ドイツの共産主義者ビリ・ミュンツェンベルクが主導してきた。海外ではMOPR自体だけではなく、特別の事例擁護のために組織された別の共産主義前線が、破壊活動行為で投獄された個々の共産主義者支援に主導的役割を果たした。

東独高官になったゲアハルト・アイスラー

ウィロビー　結び付きをはっきりさせるために中断します。ゲアハルト・アイスラーを擁護したのは、国際革命運動犠牲者救援会の分派でした。ヌーランを擁護したのも同じ組織でした。そして私は先に、一九五一年二月一七日付の「共産主義者の最愛の友人」という表題でのクレイグ・トンプソンの素晴らしい記事にご注目頂くよう、委員会にお願いしました。冒頭写真にはゲアハルト・アイスラーに付き添っているキャロル・キングが写っています。アイスラーは後にヨーロッパに逃走し、共産主義ドイツ［訳注　旧東ドイツのこと］の高官になっています。この記事は、国際共産主義者救済機関（国際革命運動犠牲者救援会）が米国労働者救済機関や、公民権会議や、キャロル・ワイス・キングが積極的な役割を果たした、ほかの組織に入り込んでいった様子を追っています。

ウッド　実際キャロル・ワイス・キングは、ゲアハルト・アイスラーがバトリー号で離米する際に、タラップで彼の手を引いていたことを付け加えたいと思います。

ウィロビー　（朗読継続）

> ＩＵＲＷ　國際革命作家同盟（The International Union of Revolutionary Writers）が、恐らくＶＯＫＳの支援で組織されたのは一九二五年のことであり、ソ連寄り、反ファシスト、反戦のテーマを宣伝するために海外の左翼系作家をメンバーとした。モスクワでは英語版の「モスクワ・デイリー・ニューズ」や、共産主義思想を海外で普及させるための定期刊行物である「インタナショナル・リテラチヤ」発行の任に当たった。

タベナー　共産主義者活動疑惑に関してウォルト・カーモンが、ここ何週か前に当委員会に召喚され、証言を拒否したことを私は記録に残しておきたいと思います。

ウィロビー　普通の言葉で言う、「熟練の弁護士の助言に基づき、自分に不利となる恐れありとの理由で証言を拒否した」と受け取りますが？

タベナー　その通りです。

ウィロビー　（朗読継続）

米国の共産主義者で詩人のラングストン・ヒューズ、そしてアグネス・スメドレーが寄稿していた。アンナ・ルイーズ・ストロングは長年「モスクワ・デイリー・ニューズ」紙の編集人であり、もう一人のアメリカ人であるフレッド・エリスは、全ソ労働組合中央評議会の公的機関紙である「トルード」（勤労）紙に採用され、漫画家として働いていた。外国語の定期刊行物の印刷は国家印刷所が國際書籍出版協会の協力を得て行われていた。ともにソ連政府関連企業である。

共産主義者が支配する米国作家同盟

ウィロビー　ここで中断し、国際革命作家同盟の米国の舞台での支流である、米国作家同盟に委員会のご注目を頂きたいのです。イッキーズ氏がこの組織について何か知っているかとロベット氏に尋ねられ、彼はそれが完全に共産主義者支配のものだと表現したのも、この関連からです。覚えておられましょうが、彼は多分スメドレーが参画していたことを知っていたのでしょう。彼女はそこの最高責任者だと思います。ウイテカー・チェンバーズも当時、参画していました。こういった組織の実体をさらに描き出すために…

ウォルター　少将、その前に私はタベナーさんに尋ねたいのですが、ウォルト・カーモンは当委員会で証言しなかったのでしょう？

タベナー　彼は出席はしましたが、まるで差しさわりの無いようなこと以外は、答弁を拒みました。

ウォルター　カーモンは本人なのでしょうね？

タベナー　そうですとも。一九四二年七月にクラッブ氏がアグネス・スメドレーからと言われている紹介状を持って行ったのと同じ男です。

ウッド　そうではなかったのじゃないですか？

タベナー　紹介状がどうだったかは問題になりました。彼が手紙の入っている封筒を手にしていたのは、間違いありません。

ドイル　そこが問題なのですが、それは封がされていましたか、いませんでしたか？

タベナー　されていました。

ウィロビー　第五六カリフォルニア議会に対する合同事実調査委員会報告、一九四五年第二報告書、カリフォルニアにおける非米活動一一九―一二〇ページを引用したいと思います。私はカリフォルニア州非米活動調査委員会に触れる機会がありました。ジャック・テニー上院議員の優れた指導下での、州議会が成果を上げられたことを示す素晴らしい例です。その報告書は捜査機関の資料庫には欠かせないものの一つです。ただ今引用した報告書には、ラングストン・ヒューズが取り上げられています。国際革命作家同盟や、その支流である米国作家同盟の性格や、会員がどんなものかそれとなくわかりますが、国際革命作家同盟の月刊「リテラリー・サービス」に発表されたラングストン・ヒューズの詩に注目してください。全文を読んで飽き飽きさせるようなことはしません。「キリストよ、さようなら」と題し、こう始まっています。

> キリストよ聞け
> お前の時代はそれでよかったのだろう
> だが、そんな時代は過ぎ去った
> お前は途方もない話で祭り上げられた
> バイブルという奴だ
> だが、それは今では通用しない
> 法王も僧侶たちも
> それで大儲けをした

ウィロビー　続きを読み上げるのは、まるで当委員会の時間を無駄にするようなものです。

ドイル　あなたの陳述書第五ページ、（四）項ですが、あなたはこの項を読みましたよね？

ウィロビー　国際共産主義者救済機関（MOPR＝国際革命運動犠牲者救援会）、国際革命作家同盟（IURW）のどちらですか？

ドイル　MOPRです。最後のところであなたはこう言っています。

> 海外ではMOPRそれ自体だけではなく、特別の事例擁護のために組織された別の共産前線が、破壊活動行為で投獄された個々の共産主義者支援に主導的役割を果たした。

ウィロビー　その通りです。

ドイル　あなたは長年、極東におられたのでお尋ねしたいのですが、例えば中国においてですが、どんな破壊活動をすると共産主義者としての逮捕につながったのですか?逮捕となるのはどんなことをした時でしょうか?活動の証拠となったのはどんなものでしたか?

ウィロビー　それは面白いご質問です。お答えするには皆さんが持たれている際限の無いような資料を、実際、読み上げねばならなくなりましょう。それがどんなことか要約をお伝えします。治安障害、治安紊乱《ちあんびんらん》、ストライキ、海上及び沿岸交通妨害、対立ないし競合政治組織の中傷、騒乱　政治的・結社的・集団的破壊行為、現行政権非難の文書配布です。彼等の海外での活動を見ると、いつでもこういったことの重なった姿が浮かび上がって来るのです。大雑把な定義ですが、こういったところです。

ドイル　それで彼等は、そういった輩《やから》がわが国で逮捕されるように、当時、中国でも逮捕されたということですね?

ウィロビー　いかにも。

ドイル　同じ理由でですね?

信頼性が最高度の上海市警察

ウィロビー　同じ理由でです。例えばですね、上海市警察のファイルは、地味な活動拠点と、治外法権を持つ、高度に組織された政治官庁が作成したファイルです。しかし、彼等がやらんとしていることはほかがやっていることと、何等変わりありません。私が破壊行為者の洗い出すときにずっと頼りにしたのは、中国人ではなくてこの警察なのです。ですが、ただ中国警察のことを言っている訳ではありません。申し上げているのは、国際都市警察として知られていたフランス部、イギリス部から成る、戦前の最高度の、信頼すべき警察のことです。私には、ここ遠くから見ますと、彼等の対応の仕方は、受け持っている国家あるいは都市を守るために置かれている、法の執行機関そのものでした。

ウォルター　国民党政府が、世間で起こっていることに大変敏感であったことや、国民党政府が事態に気がつく以前よりも、多分ずっと多くの逮捕がなされたことも、考慮に入れることが重要ではありませんか?

ウィロビー　申されていることは良く分かります。

上海の政府と国民党政府を別扱いしようとは思いません。両方とも、ただ共産主義相手ということではなく、ソ連共産主義に対抗していたのです。二六項［訳注ウィロビー付属文書四一〇号は上海での策謀。二〇五ページ下段ならびに二四一ページ下段～二四二上段参照］で私は中国の組織と、共産前線のタイプに触れています。意味するところは、チェコでも、ポーランドでも、ブルガリアでも同じことが起こったということです。それでこう表現してます。

コミンテルンの組織は、全国や部門レベルでは、しばしばそれぞれの特徴ある色分けを失い始め、色んな形態での共産前線グループとなった。しかし、コミンテルンの各補助機関を海外で代表していたのは、しばしば一見無関係のグループだった。それらは根っからの共産主義者から、擬似自由運動に至っており、コミンテルンの工作員が組織したか、潜入していたものである。数多くの事例では、こういった全国組織はモスクワの一つのグループだけに根をはっていたのではなかった。ソ連常任幹部会の色々な分野にわたって活動していたからである。それらはしばしば直接的な目的に大衆の支持を得るために計算された一時的な組織であったり、地域運動であった。だが、同程度に、それらはまともな長期的な計画でもあった。これらのグループが上海の舞台に登場したのはスメドレーが居住していた時代だったので、それらは興味ある、またしばしば巧みに相互に関連しあった組織網を形成しており、相対的に細かな取り扱いが必要である。

ウィロビー　その本来的な重要性から取り上げるとすれば、先ず最初の組織は汎太平洋労働組合書記局及びその母体組織の極東局の上海支部です。（朗読継続）

汎太平洋労働組合書記局（ＰＰＴＵＳ）及びその親組織である極東局上海支部は、一九二〇年代後半から一九三〇年代初期にかけての、極東におけるコミンテルン労働運動の最重要かつ、最高度に組織された機構であった。一九二七年に漢口での会議で設立されたＰＰＴＵＳには、コミンテルンの有力な指導者の何人かが参加していた。その中には、一九二八年にプロフィンテルンの書記からソ連労働運動の暫定的な指導者としての地位に出世した、ロゾフスキーもいた。漢口会議の今一人の参加者で後にＰＰＴＵＳの初代書記局長となったのは米国人共産主義者のアール・ブラウダーだった。そして彼の上海での活動を支えていたのは、米人女性のキャサリン・ハリソンである。ジャーナリストのＪ・Ｈ・ドルセン、Ａ・Ｅ・スチュアートという男、それにマーガレット・アンジャスを含むほかのアメリカ人は、ドイツ人女性のワイデマイヤー同様に、ＰＰＴＵＳでは際立った活動をしていた。

ウィロビー　ワイデマイヤーは自分の家をゾルゲ・グループの郵便受け渡し所や、落合場所に提供していたのと同じ人物です。（朗読継続）

リチャード・ゾルゲ自身は、一九三〇年上海到着時に、ＰＰＴＵＳの任務を帯びてやって来たのではないかと上海市警察に疑われた。

極東軍司令部の責任範囲は日本とその周辺の島々

ウォルター　少将、ここで口をはさんでも良いですか？

ウィロビー　どうぞ。

ウォルター　あなたは、ＰＰＴＵＳのメンバーの名前があるのか確かめるために、上海市警察のファイルを調べたことがありますか、あるいは、あなたが知る限り、調べが行われたことがありますか？

ウィロビー　遅蒔《おそまき》でしたが、ファイルに見かけた名前は拾い出しました。そのファイルは完璧なものではありませんでして、幾つかの範疇《はんちゅう》ではざっと六〇から八〇パーセント程度でした。名前を洗い出せなかったことを言い訳するわけではありませんが、極東軍司令部の責任は実際のところ、日本及び周辺の島々に限られていました。特別のことをしなくても良いような場合は、われわれは兄弟情報機関を訪ねて事を済ませるか、無理にでも手に入るようなら、そうしたものでした。全体としまして、ブラウダーや、ユージン・デニスや、ドルセンのような際立った人間たち何人かを捕捉出来れば、その行動様式をたどるうえで大変な前進を遂げたことになりますし、そうすればそういった者たちが現れるようなら、その時また捕捉出来るようになります。今やっていることは、最終的な逮捕を目指しての懲罰的なことではありませんし、どちらかと言えば、過去に起こったことを教訓にしようということです。皆さんがPPTUSや、アール・ブラウダーに関心を有している間に、私は皆さんの同僚の一人が仰《おっしゃ》ったことにご注意いただきたいと思います。ミネソタ州選出のウォルター・H・ジャッド先生が、一九五〇年七月一八日の火曜日に下院で発言した言葉です。

…一九三七年九月七日付の「デイリー・ワーカー」紙は当時、米国共産党書記長だったアール・ブラウダー宛の手紙三通を載せた。一通は自らを中国ソビエト共和国主席と署名している毛沢東からのものであり、一通は中国紅軍の指導者である朱徳からで、もう一通は現在、中国共産政権の首相である周恩来からである。周恩来はブラウダー宛の手紙をこう書き出している「…同志、一〇年前に貴殿と活動した中国人を今でも覚えていようか？われわれは、中国で勝利が遂げられたら、米国人民解放闘争に大きな助けになるだろうと思っている…」

ウィロビー　そして、ジャッド先生は、こう問うています。

一九二七年にアール・ブラウダーは中国で何をやっていたのか？彼は、ちょうど一〇年前の一〇月革命のとき、ロシアでボリシェビキが行ったように、赤が中国の完全支配を掌握するのを支援するために、全世界からやって来た共産主義者階級のほかの指導者たちと共にいたのだ。(注74)中国での蔣介石の役割は、ロシアでのケレンスキーが担っていた、暫定的指導者の役を担うはずだった。ケレンスキーが軍閥たちを滅ぼすと、彼はすぐさま、お役ご免とばかりに、赤によって放り出されてしまったように。

ウィロビー　ドイルさん、あなたが狙っていること、目論んでいること、あなたの言う兄弟のような関係がここに見えます。ジャッド先生の見解は、上海市警察ファイルにも十分裏付けられています。米国の共産主義者は、今、北朝鮮［訳注　朝鮮人民民主主義共和国］で米国と戦っている中国の共産主義者と兄弟的関係にあるのです。こういうことを考えると、古いファイルが、今日、かくも活き活きとして蘇るというものです。

ドイル　私があなたに意識してお尋ねしていたのは、当委員会の役割上からです。最近お読みになっていないなら、当委員会の役割をお知らせしいたしましょう。われわれに与えられた使命は、以下のことを調査することです。

（1）米国における非米宣伝活動の度合い、性格、目的。
（2）我が国の憲法で保証された政府成立の原則を攻撃する、外国に唆《そそのか》された、または米国内で作成された、破壊的、非米的宣伝の浸透の具合。

そういうことから、私はあなたに質問を仕向けているのです。当委員会の一員として、憲法に基く我が政治形態のみならず、全ての自由国民の憲法に基く政府を転覆させようという世界的な策謀が、実際に存在するという確かな証拠をできるだけ多く記録に留めることに、関心を有しているからです。これが私の質問の本質なのです。

ウィロビー　よく分りました、ドイルさん。

ドイル　私は、あなたのように世界のほかの地域における状態を生で知っているような人が持っている世界全体の知識を、お持ちであるならば、証《あか》しとしてわれわれに聞かせて頂くことは重要なことと思っています。

ウィロビー　よく分りました。私は、多分細かな、派生的なことで全体像を描くことはしないで、当委員会の調査員の方が調査を進めて行く上で基礎となる概要を纏《まと》め上げましたので、当委員会に何がしかの寄与が出来たものかと信じます。

国際的策謀で次々と倒れる国家

ドイル　そうですとも、大変役立っておりますよ。数週間前に、マサチューセッツ州の共産党細胞に潜入している連邦捜査局（ＦＢＩ）捜査官に証言してもらいました。彼はどうやったら武器を入手できるかを細胞内で議論していたのを聞いたそうです。極めて手短にお尋ねします。あなたは、ご自身の知識から、そのことは、時機が整った際に我が国に仕向けられる、ある種の革命であると信じ、またそう思いますか?そして、武器を使用しての革命ですが、この国がどんな状態になったら起こり得るでしょうか?国際的策謀が、そんな恐ろしい状況をもたらし得ますでしょうか?

ウィロビー　ええ、ドイルさん、私は国際的策謀は存在するし、それを達成するための仕組みも存在するし、この場で多分断片的に明らかにされていることは、策謀の枠組みを早目に覗《のぞ》き見しているものと固く信じています。われわれは過去五年間に、国家が次々と倒れて行ったのを見て来ました。チェコを見てください。

［訳註　一九四八年二月、チェコスロバキア共産党が行ったクーデターのこと。これにより、これまで形式的には各党の連立内閣であった同国政府は、一党独裁による政府となった］この種の策謀で倒れたものです。失業や一切の社会的な緊張ですが、敗戦後の経済状況がこの種のことを急速に育成させる土壌を与えたことは、間違いありません。幸いにも米国はそういう状況にはありません。だが、彼等はそう試みることでしょう。反社会行為が真っ盛りです。よその国で根付いたようなことが、わが国ではそうなっていないのは幸いです。

ウッド　そういった動きが緩和されていくなんて思うのは本当に馬鹿げたことなのでしょうね?

ウィロビー　全くその通りです。当委員会はそういった動きをずっと先取りして把握するために、議会が指名した監視機関です。そして皆さんはそれを立派にやって来られたと思います。私は極東からある種の情報を持ってやって参りましたところ、当委員会がそれに見合う、また当てはまる、情報をこちらでも持っておられるのが分りました。この発表を行っている間にそのことに大変感心しました。

ドイル　それは全体的なことを客観的に見ている調査員が如何に有能であるかを、大変はっきりと明かしていることにほかなりません。

ウィロビー　正にその通りです。皆さんには私からの第五六カリフォルニア州議会に提出された非米活動調査委員会の報告に対する賞賛の辞を聞いて頂きました。もちろん当委員会は、一州の議会委員会よりもずっと活動し易い立場にありますが、一般の人に知ってもらうという点では、ずっと広範な仕事をして参りました。

ドイル　正にここでこんな質問をしたいのです。あなたの見るところ、当委員会が見過ごしていて、やらねばならぬようなことがありましょうか?例えばわれわれの任務の一部は、必要とされる修正法律案を議会に対し勧めることです。それを念頭において、あなたのご判断では、当委員会がどんな修正法律案を提言したら良いか教えてください。言い方を変えれば、私は何回となく、共産党を非合法化すべきかと尋ねて来たものですが。

ウィロビー　よく分りました。委員会に進言するなどはおこがましいことですが、この機会を利用して以下の背景の下に、次のようなことを提言したく思います。日本は人口八、〇〇〇万人の国です。日本での私の担当部署は、FBIのような仕組みを持った組織を受け持っていました。そこで、私は人口密度の観点から問題を意識しています。ところが、私は委員の皆さんと了解しました通りに、聴聞会の終わりに進言するつもりでしたが、ここで行うのも良い機会だと思います。

ドイル　それなら私はこの時点で質問を取り下げます。

ウィロビー　「取り下げる」ということは、後で快く対応してもらうことを意味しますが。

ウッド　取り下げるのではなく、保留することですよ。

ドイル　そうです。

ウィロビー　私には進言することがあります。何か当委員会のと同じように感ぜられますので、お詫びして申し上げます。

ドイル　私は昨日おりませんでしたので、その点が取り上げられなかったのでないかと心配していました。私は軍事委員会にも出ていますから、昨日は一日中そちらに出ておりまして、当委員会には出られませんでした。

タベナー　ウィロビー少将、あなたは出来るものなら、本日中に証言を終わらせたいと願っていることは承知しております。

ウィロビー　そういう訳でもありませんが。

タベナー　この書類には是非ともあなたに読み上げて頂き、記録に留めておきたい部分があります。もしよろしければ、その上で残りの部分を朗読抜きで入れることが出来ます。

ウィロビー　全てお任せいたします。

タベナー　第七ページのb項と、次ページの「d」と付けられた中国友の会の項に出ているヌーラン擁護委員会を論じて頂いたらと思います。最初にそうして頂けるなら、それからほかの質問をしたいと思います。

コミンテルン・グループについて語るゾルゲ

ウィロビー　あなたはヌーラン事件を選ばれました。私はそれはゲアハルト・アイスラーの場合の法律的支援と全く類似していると考えています。擁護活動は単に二つの異なった事件で行われたのです。アイスラーは上海から抜け出しましたが、そうしなかったら彼はヌーランと同じ運命に陥っていたことでしょう。ゾルゲはコミンテルンのグループについて話しております。彼は二つの下部組織に触れております。一つはアイスラーが受け持ち、もう一つはヌーランが担当していました。ヌーランは捕らわれ、アイスラーは警察の追跡が始まるや否や消え失せてしまいました。我々はヌーラン擁護委員会については、次のように述べています。

（b）ヌーラン擁護委員会

先に述べたように国際共産主義者救済機関（MOPR＝国際革命運動犠牲者救援会）は海外では色んな形態で存在した。MOPRは一九三〇年代初期に、別名イレーネ・ヌーランとか、フェルディナンド・バンデルクルイゼンほか一連の名を使っていた極東局（FEB）の指導者であるパウル・ルユッグの擁護に、上海で目覚しい役割を果たしていた。パウルとゲルトルード・ルユッグが一九三一年六月一三日に逮捕された際に、MOPRはその擁護の任に当たった。ドイツ人共産主義者で、熱心な活動家であり、コミンテルンでの共産主義者や活動家の最も手際よい組織者であったビリ・ミュンツェンベルクは、当初ヌーラン擁護委員会として知られた擁護団体を形成した。その上海支部はハロルド・アイザックスが指導し、アグネス・スメドレーやイレーネ・ワイデマイヤー（またはワイテマイヤ）、さらに孫文夫人等をそのメンバー中に有していることを誇っていた。このグループはこれらコミンテルンの工作員たちが判決を受けた後も、引き続き数年間その解放に努めた。夫の方は先に上海ではイレーネ・ヌーランとして知られていたのだが、ルユッグ夫妻は逮捕された際に、アーセンという名のベルギー市民であると名乗り、バンデルクルイゼンといった偽名も数多く用いていた。夫妻はベルギー市民としての保護を要求したものの認められず、共産スパイとしての裁きを受けるために中国当局に引き渡された。反帝国主義同盟やほかのコミンテルンのグループは、当時ヌーランとして知られていたその男は、PPTUSの単なるお抱えの書記局員だと抗議した。

ウィロビー　それは設立時に、ブラウダーが主導的役割を果たした汎太平洋労働組合書記局のことです。

そうすれば、彼の実際の地位である極東局（FEB）の指導者としてよりも擁護しやすいのではないかと思ったからであろう。後に一九三一年に、英国の同様な擁護団体が図らずも彼のことを「ルユッグ」と呼んでしまった。その後の捜査でパウル・ルユッグは現役のスイス人共産主義者と判明した。一時代前にはスイスでは知られており、彼が一九二四年にモスクワに向かった後は、時折警察の注意を引く程度だった。ルユッグの身元が判明した後、国際委員会は彼の実名を取り入れ「パウル及びゲルトルード・ルユッグ擁護委員会」とした。委員会には著名な共産主義者や、思いつきのシンパや、共産主義者ではない人道主義者が参加したり、参加を要請され、リオン・フォイヒトバンガー[注75]やアルバート・アインシュタイン[注76]の名がドイツ委員会のメンバーとして載っていた。

ウィロビー　多分、断り無しでしょうが。

そして、当時名声の盛りにあった何人かの情にもろいアメリカ人の名もあった。その中にはフロイド・デル、シンクレア・ルイス、セオドア・ドライサー、ジョン・ドス・パソス、オズワルド・ガリゾレ・ビラードも入っていた。MOPRの努力も空しく、ルユッグ夫妻は扇動的行為で有罪となり南京で服役した。南京が日本軍の手に陥ちた時、多くの政治犯が釈放されたが、ルユッグ夫妻は一九三七年に自由の身となり、それ以来消息を絶った。ルユッグは一九三九年にナオム・カッツエンバーグ名で米国に入ったとも言われ、ほかにも一九三九年に再度上海入りし、一九四〇年には重慶、一九四一年にはフィリピンにいたとも報ぜられていた。

ゾルゲと交流があったギュンター・シュタイン

ウィロビー　ギュンター・シュタインの場合も、同様な動きをしていました。彼はゾルゲと交流がありました。彼は日本から消え失せ、突然フランスに現れたのです。フランス警察は彼を逮捕し、そのことを私に知らせてくれたのです。

タベナー　そういった連中がどこにいて、何をしようとしているか、また今日の共産活動でどんな役割を果たしているかを追って行くために、監視を続ける必要があることを、そのことは如実に語っておるものです。

ウィロビー　委員、全くその通りかと思います。

タベナー　それではd項に入っていただけますか？

ウィロビー　はい。米国にはソビエト友の会があります。共産中国友の会もあります。これが中国友の会です。（朗読）

（d）中国友の会

友好協会の本来の役割とは別ながら、現在ソ連の軌道内にある諸国を支援するための外国文化グループに似た國際中国友の会は、前線組織であり、中国共産主義者たちの目的を助長するために、西側の中国に対する同情や、日本の侵略に対する防衛を最大に利用していた。一九三四年にニューヨーク、ロンドン、パリに事務所を置いて設立された中国友の会は、個人のシンパと同様に、中国の抵抗は中国共産党のみが行っているとし、通常の同情心を中国での一政党の支持に振り向けようとしていた。

ウィロビー　ここにこういったいくつかの運動が、政治目的で行われているのが垣間見られます。中国の共産主義者は、長い間ロシア流共産主義と戦って来たと主張していました。そんなことはありませんでした。実際、私の知る限りでは、中国西部では中国共産軍司令官は、日本軍に漢口への無抵抗進撃を暗黙裡に認めていました。(朗読継続)

> 友の会が口にしていた目的は崇高だったが、「蔣介石が日本、英国、米国帝国主義者とつるんでいたことを暴く上で大いに寄与した」と言うにいたっては、真意が見えた。

ウィロビー　「ニューヨーク・スポットライト」誌が使っているのと、似たような言葉が出てきます。(朗読継続)

> ロンドン支部やパリ支部での活動はそれほどのことではなかったが、当時欧州のメンバーには下院労働党の院内幹事のマーレイ卿や、長年中国への関心の持ち主として知られていたバートランド・ラッセルや、現役のコミンテルンの工作員と見做されていたエドモンド・イーゴン・キッシュ、そのほかの名の知れた共産主義者が入っていた。

> アール・ブラウダーも参加していたし、アメリカ中国友の会ニューヨーク支部は最も活発だった。共産前線の反戦・反ファシズムアメリカ連盟と連携していた、米国中国友の会は親共産主義の月刊誌、「チャイナ・トゥデイ」を独自に発刊していた。米国グループはマクスとグレース・グラニッチが上海で発行していた同様な性格の、「ボイス・オブ・チャイナ」を後援した。一九三六年三月から一九三七年の後半まで発行され、はっきりとした共産主義刊行物ではなかったが、中国共産党を、中国の独立を守り、日本に抵抗する唯一のものとして描いた。この雑誌は一八ヵ月以上続いた後に発刊停止となり、グラニッチ兄弟は一九三七年一二月二一日に米国に戻った。

ウィロビー　似たような前線に関する話は、いつまでも続けられます。それらは皆、米国を含め外国に補助団体を有しておるのです。

タベナー　あなたが述べられたような中国でのやりくちは、ブッククラブを利用している点で我々が米国で見出したものと、大変良く似ております。

ウィロビー　全くそうですね。
タベナー　そのことに関する章がありますね？
ウィロビー　はい。
タベナー　ここでそれに触れたら良いかと思いますが。
ウィロビー　新聞を読んでのことですが、司法長官はある種の組織を共産主義前線だと決め付ける上で、立派なことをなされました。当委員会が手助けしたものかと思います。皆さんは立派な仕事をなされました。書店は数多くあります。ワシントン書店、シンシナティ、そのほかです。東海岸から西海岸まであちこちにあります。この種の書店は一五年、二〇年前にも存在していました。以下が「ツァイトガイスト書店」と名付けましたg章です。

(g)　ツァイトガイスト書店
イレーネ・ワイデマイヤー（またはワイテマイヤ）が一九三〇年に開いた「ツァイトガイスト書店」は、モスクワの国際革命作家同盟が運営する、コミンテルンが各地に設けた精緻な連絡網の一部である。
ウィロビー　我が〝友〟ラングストン・ヒューズの詩の一節を、私はこの場で皆さんにご披露しておきました。（朗読継続）
ヒトラーの台頭以前、モスクワに自前の支店を有していたベルリンのツァイトガイスト書店は、コミンテルンの文化紹介窓口として重要な存在であり、ビリ・ミュンツェンベルクが率いるシンジケートの一部であった。彼はまた自殺する二年前の一九三八年にコミンテルンから除名されるまで、反帝国主義連盟のドイツ支部長でもあり、コミンテルン自体がパリで運営する北欧商業銀行の頭取や、コミンテルンが運営する数多くのほかの組織や事業体の長を務めていた。ツァイトガイスト書店の上海支店は国際革命作家同盟の中心的な配本所として、ドイツ語や英語の共産主義関連書籍を置いていたが、同時に合法的な、主としてドイツ語の本も、それ以上に置いていた。売り上げがはかどらず、表向きは資金不足ということで、一九三三年に閉店された。だが、合法的だったドイツ共産党が破滅したための方が、閉店の理由としてはもっともらしい。彼女は一九三三年の欧州旅行の後に、今度はニューヨークの国際出版社の上海代表として、再び書籍事業を立ち上げるために一九三四年九月に上海に舞い戻った。国際出版社は長い間、米国共産党の著作物の出版や「インタナショナル・リテラチャ」の米国での販売を行っていた。ワイデマイヤー女史は国際出版社の代理人として振舞ったが、ほかにも「インタナショナル・リテラチャ」を扱う正規の代理店として知られたグループがあった。タス通信上海支局長の妻であるV・N・ソトフ（Sotov）夫人が「インタナショナル・リテラチャ」を扱う米国書籍・事務用品店を営んでいた。しかし、米国書籍・事務用品店とワイデマイヤー女史の店が四川路四一〇番の同じ建物に居を構えていたのは意味深い。ワイデマイヤー女史の上海での活動に関する情報には隙間もあるが、彼女はコミンテルンに幾分か関係していた。彼女は一九二五年にドイツで中国人共産主義者の呉紹国と結婚し、一九二六―二七年にはモスクワの孫文大学でアジアにおける革命運動原理を学んでいた。上海ではアグネス・スメドレーと親しくし、ヌーラン擁護委員会やソビエト友の会に加入していた。彼女も、スメドレーも、アイザックスも一九三二年にはジョン・M・マレーと密接に接触していたと報告されている。マレーは、コミンテルンの窓口で、恐らくはカナダ反帝国主義植民地抑圧連盟の前線として挙げられている、バンクーバーのパシフィック通信社のアメリカ人記者である。ともかく左翼書店の主たる役割は、革命関連出版物の販売窓口であり、スパイ活動従事者やシンパの連絡所として機能することであった。ワイデマイヤー（またはワイテマイヤ）の「ツァイトガイスト書店」はゾルゲ裁判記録のほかの部分で取り扱われている。ゾルゲの右腕である尾崎は、上海左翼の連絡所であり、工作員たちの郵便受け渡し場所のこの書店で、スメドレーに引き合わされた。後に巣鴨に収監中、彼（尾崎）は一九四三年六月八日に思いのこもった手紙を書いた。「…私がアグネス・スメドレーやリチャード・ゾルゲと出合ったことは、より深遠な意味では、予め運命づけられていたとも言えよう…その後私が狭い道を辿ろうと決めたのもこの二人との出合いの帰結だった…」
　この小さな書店はソ連赤軍第四部［訳注　参謀本部の諜報機関］の人材発掘所としてその役目を果たした。だが、その狭い道は尾崎を絞首台に導いた。

ウィロビー　共産主義関連出版物の捌《は》け口としての、言うところの書店の性格、目的、活動について私が精々申し上げられるのは、こういったところです。
タベナー　ウィロビーが作成し、読み上げました文書を証拠として提出しますが、それに「ウィロビー付属文書第四一号」と記してください。
ウィロビー　委員、追加をしてもよろしいでしょうか？ガリ版のコピーには載っていない脚注があるのです。このガリ版に簡約されていいます記述は、いずれも裏付けている文書があるのです。任意に八項を例にとりますと、これは一九三四年一一月一四日から一九三五年二月一三日までの**SMP**（上海市警察）ファイル**D**-六四八〇の第五ページに裏付けられている、といったものです。
タベナー　記録に載っているコピーには、全て出典が付されております。
ウィロビー　私がそう申し上げましたのは、文書の対応をはっきりとさせるためです。
ウッヅ　証言の一部として全体を証人が採りいれたということで、入れることにしますが？
ウィロビー　それで結構です。
（「ウィロビー付属文書第四一号」と記された上記の文書は以下の通りである）

ウィロビー付属文書第四一号
上海での策謀　一九二九—四九

二二　上海市警察の事件記録がゾルゲの活動を裏付け

　マッカーサー情報部が、調査に当たって興味をそそられた点は、以下のことを直ちに、また劇的に認識したことである。すなわち、ゾルゲ事件が東京に始まりそこで終わってはいないこと、ゾルゲが先ず上海で活動したのは偶然ではないこと、さらに彼が後に日本地区に限って活動したのは、ソ連とコミンテルンが考え出した国際モザイク全体の一片にしか過ぎないことである。調査は上海の時代、そしてそこに登場した人物たちに向けられた。三〇年代初めの上海市警察の色々な記録から共産前線、付随機関、それに中国での広範な、相互に関係しあうコミンテルンの活動の目を見張るような連続する驚異的な眺望が、浮かび上がって来る。共産主義の今日の成功の基礎が築かれたのは、正にこの時期である。日本の裁判記録にあるように、スメドレーは著名なコミンテルン工作員、左翼主義者、シンパたちとの関連で、今やこういった個々の文書に現れており、それらと結びつき、支援活動に従事していたが、そのほとんどは最終的にはソビエト・ロシアに戦略上の恩恵をもたらすために、コミンテルンが指示をしていたものだった。国際的な策謀という紛れもない魔女の大鍋であり、共産活動の力点でもある上海の役割は、ゾルゲ裁判の記録や付随的証言にもすでに明らかである。ゾルゲと尾崎の出会いの場であったツァイトガイスト書店、それに明敏な店主のワイデマイヤー（またはワイテマイヤ）女史が、異なった視角から、今回は信頼すべき國際警察機構の記録[*1]に再び現れる。スメドレーは日本の法廷資料を「拷問と強要で作成された」と攻撃した。この主張はもちろん典型的な「煙幕」であり、追い詰められた個人がやりそうな、お定《さだま》りの汚い防衛手段だった。一方、上海市警察のファイルは、スメドレーが悪賢く「米国の敵である日本のファシスト」のせいだとしているが、拷問と強要で作成されたとは到底考えられない。共産主義者の防衛戦術はしばしば際立っている。この中傷は賢いながらも、結果を生まない防衛上の策略であった。ここではスメドレーは、時間と場所の双方を操作している。三〇年代初期の上海で、我々が問題にしていたのは、ソ連との心もとない同盟（一九四一—四五年）ではなく、コミンテルンの絶頂期であり、いやしくも第二次世界大戦を可能にした唯一の要素である、悪評高き、スターリン・ヒトラー協定のさきがけである一九三〇—三九年という戦前の時代なのである。

＊1　上海は共産スパイや政治的弾圧の中心地であったと早くから認識していたので、東京のG2［訳注　原文は「F-2」］は幸いにも警察記録の大

部分を入手することができた。そのファイルは、殊にアメリカ人に関しては、既に手が加えられていた。だが、誰かがへまをしたのか（あるいはG2が余りにも早く動いたせいか）、十分な資料が驚くほどの連続性を保って残っていた。上海市警察の前政治調査部長だったJ・クライトン氏の場合のように、上海市警察の何人かは香港にいるのが分った。彼はアグネス・スメドレーのことをはっきりと覚えており、上海の共産党と活動を共にしていた共産主義者であると身元確認をした。彼女はヌーランと共に活動していたと述べ、彼女の関連の警察資料は膨大であったことを思い起こした。実際にG2が手に入れた上海ファイルは彼の確認により、殆んどの関係筋で付帯証拠とされている。

二三　コミンテルン策謀の中心地、上海

上海市警察のファイルには、スメドレーに対しての、推論に基づく告発以上のものがある。われわれがここで取り上げているのは、近代中国の歴史における策謀の時代である。上海は共産主義者の葡萄園《ぶどうえん》［訳註　活動の場］だ。ここでは今日、赤の収穫となって実った竜の歯が蒔かれ、その農作業を行ったのは、西欧世界を従属させるための汎スラブ主義の、共産主義者の「聖戦」という、縁もゆかりもない大義に対する、説明のしようもない狂信以外には、中国とは個人的利害関係など無い、色々な国からやってきた男女だった。ソ連の東方征服の大構想は、すでにソ連の大スパイであるゾルゲの自白に明らかである。そのことはコミンテルン機構の複雑な形態の中にも、再度認められる。上海は破壊活動や転覆行為の狙い目とされ、この聖地に世界の共産活動家たちが、訓練を受けに、実験を行いに、また経歴を磨くために群れ集まっていた。一九二七年にはコミンテルンの後援で漢口で会議が行われ、トム・マン（英国）、アール・ブラウダー（米国）、ジャック・ドリオ（フランス）、ロイ（インド）、ほか多数が出席した。そこでは、汎太平洋労働組合書記局が世界のこの地での共産活動を受け持つことが決せられ、アール・ブラウダーが書記局長に任ぜられた。彼はその後間もなく活動を開始し、警察が愛人と見做していたキャサリン・ハリソン、またの名アリ

ス・リードが手助けをした。アール・ブラウダーとその女性助手は次の年（一九二八年）も活動を続け、ほとんど上海で時を過ごした。その年の八月に、W・A・ハスケルという男が参加した。[*2]この男もエマーソンという名の女性の手助けを得ていたが、彼女は多分妻かと思われる。「タイム」誌は一九四九年四月二五日号で、現在、裁判中の米国共産党の首領であるユージン・デニスの特集を組んだ。この工作員の成長と世界の旅を簡潔に、要領よく書き表した話を繰り返しても意味がない。しかし重要なことはゾルゲ・スパイ事件とのある種のつながりである。[*3]かつてはフランシス・X・ウオルドロンだったデニスは、パウル・ウォルシュ名での偽造旅券を入手し、欧州、南ア経由で中国に旅した。共産主義の使徒であるこのアメリカ人の足取りを見れば、上海を極東での活動の中心とするコミンテルンが世界的に手を広げていた様子が分る。別名ではパウルまたはミルトンというポール・ウォルシュが上海市警察の記録に突然現れる。警察の個人照合カードは、次のように述べている。「…一九三三年一二月一日から一九三四年六月まで、霞飛路（ジョフル路）一二二四番地のグレシャム・アパートの六号室に住んでいた。一九三四年五月三〇日に福履理路(フリラプト路)六四三番地のホナイム・アパート三四D号室の借家契約の名義が、明らかに親しい友人関係にあったハリー・バーガーから、この男に変わった。ウォルシュは一九三四年六月一日から一九三四年一〇月九日までそこに住んでおり、それからコンテ・ベルデ号に乗船して、密かに上海を去りトリエステに向かった。ウォルシュはコミンテルンの地方機関の首謀者の一人であり、その立場上極東における共産主義思想の宣伝に関する、数多くの重要文書の作成の任にあったことが明確となった…」

上海市警察の類別は、ゾルゲ事件での関連しあう断片を手際良く結び付けている。（例えば）ゾルゲを補佐していた者は、習慣的に変名やコード名を使って活動していた。通常はパウル、マックス、アレックス、ジョンのような自分等のクリスチャン名だった。コード名でパウルというコミンテルンの工作員が、ゾルゲが日本に移った後に上海地区の責任者となった[*4]ことは、意味有りである。

＊2　米国共産党の有力者であるこの男の存在は意味深い。…「一九二九年には、彼とエマーソン夫人は上海を去ったが、一般の外国人共産主義者の数が減るなどということは全くなかった。三月二〇日から一一月三〇日までウォンショウ公国［訳注　フランス租界によって、イレーネ・ワイデマイヤーが経営するコミンテルン系の書店「時代の精神」の隠語として使われた］に住んでいたゲルハルト・アイスラーとジョージ・ハーディ、J・H・ドルセンが相次いで上海にやって来たからである」

＊3　G2原報告書にはほかにも、主として太平洋岸に住んでいたアメリカ人共産党員につながる手掛かりが豊富にあった。共産主義扇動者、工作員、容疑者として挙げられていた一八もの名前が、ゾルゲ事件と関連があるとして報告されており、裁判記録に載っていた。

＊4　ゾルゲ「この二人の工作員のほかに、パウルとジョンが、ゾルゲ直属の部下として活動するためモスクワから送られて来た」
クラウゼン「私はワインガルトと共に活動した。パウル、スメドレー、ボイト医師もいたが、皆上海で会った人たちだ。パウルは諜報団の指導者としてゾルゲのあとを継いだ」

二四　名前を使い分けていた紛《まぎ》らわしい男たち

一九三〇年にはコミンテルンの工作員が数多く上海にやって来て、汎太平洋労働組合書記局や、極東局と呼ばれるコミンテルンの他の重要な機関と関係するようになった。新しくやって来た者の中には、国籍不明のイレーヌ・ヌーラン（またはパウル・ルユッグ）とヌーラン夫人、アメリカ人のA・E・スチュワート、マーガレット・アンジャス、ジュデア・コッドキンド、それにドイツ人のイレーネ・ワイデマイヤー（ワイテマイヤー）がいた。スメドレーは、左翼の連絡所であり、スパイが情報文書をやりとりする、ツァイトガイスト書店を上海で開いていたワイデマイヤーの仲間だった。ゾルゲと彼の右腕となる尾崎は、ワイデマイヤーの店でスメドレーが引き合わせた。ゾルゲは次のように証言した。「…先に述べた通り、私は上海で初めてスメドレーに会い、仲間に加えた。

私の紹介で彼女はコミンテルン本部に登録された。彼女が米国共産党と結び付いていたかどうかは知らない。尾崎を仲間に加えたのも中国であった。私は日本に行ってから、彼と接触を再開し、協働し、コミンテルン本部に推薦して登録させた。こうして私はこの二人を推薦し、自身も新メンバーの登録に必要な二人の保証人の一人となった。私の推薦と人物報告に押されて、モスクワのもう一人のメンバーが保証人になることに同意した…」

スメドレーについての警察の個人照合カードは、次のように記している。「…アグネス・スメドレー、別名バード及びペトロイコス夫人…以下の団体に属す。ソビエト友の会（Friends of the U.S.S.R)、ベルリン・インド協会（Hindustan Association in Berlin)、ベルリン・インド革命協会（Berlin Indian Revolutionary Society)、ヌーラン擁護委員会（Noulens Defense Committee)、全中国労働連合（All China Labor Federation)、中国民権保証連盟（the China League for Civil Rights)…米・独二種の旅券を保持、ドイツ「フランクフルター・ツァイトゥンク」紙の特派員として、一九二九年五月にベルリンから上海に来る。コミンテルン執行委員会の東方支部で活動し、何度にもわたり地域のインド独立運動者を支援したことがはっきりしている…彼女の主たる任務は労働者間の共産主義者組織の指導である。しかも、彼女はモスクワのコミンテルン執行委員会から直接指示を受けている」

上海市警察はかかる胡散臭《うさんくさ》い男女を、しばしば直接の告発がなされていないのに、監視し、記録した。以上のことは監視の積み重ねによるものだが、その調査書類が理由も無しに公開されることは決して無かった。とにかくこういった名前はマークされた。パウル・ルエッグ（として知られる）イレーヌ・ヌーランの事例は興味も有り、典型的でもある。コミンテルン、またはソ連軍の指導の下で活動している秘密の結社が窮地に立つと、いつでもその擁護に各種の前線組織の支援を当てにできた。擁護の中心となっていたのは、一九二二年に創設され、米国国際労働者擁護団として知られた国際共産主義者救済機関（以後ロシア名の頭文字をとってMOPR＝国際革命運動犠牲者救援会と称す）だった。察するに、擁護団が活動を始める際は常に、その旗振り役がコミンテルンの命令下にあったのは初めから分かりきっていた。騙され易い部外者にとっては、その擁護の行為は、何か情に訴えるところさえある、正当な市民の自由訴求運動のようにさえ見えるかもしれない。だが、知る人にとっては、それはピンク色の法律家や活動家やシンパを動員して看板を掛け替えただけの、赤の前線でしかなかった。ヌーランが極東局長となるために、フレッド・バンデルクルイゼン名の盗んだベルギーの旅券で偽装して上海に来たのは、一九三〇年のことだった。その一五ヵ月後に彼は、フランス共産党員で、当時シンガポールで活動していた、セルジュ・ルフランとしても知られる、ジョセフ・デュクールとの関連での、共産主義活動の科《とが》で逮捕された。裁判（それに有罪判決）の過程で、彼がコミンテルン機関で重要な位置にあったことを当局は知った。このグループの活動は大変な規模で行われており、銀行口座を七口保持し、紛《まぎ》れも無い政治上の溜まり場である家やアパートを一五軒も借りていた。ヌーランは上海で少なくも一二の偽名を使い分け、カナダの旅券並びに二通のベルギー旅券を所持していた。[*5]妻も五つの偽名を使い、二通のベルギー旅券を所持していた。ここでもまた「タイム」紙の記事が身元の興味ある手がかりを示している。「小クレムリン」という小見出しの項目で、こう書いている。

＊5　コミンテルン（共産主義インタナショナル）の極東部（ＦＥＢ）は（ゲルハルト・アイスラーを長とする）政治部と（ヌーランを長とする）組織部の二部門から成り立っていた。現在の中国崩壊（中華人民共和国の成立）に照らして、その使命とされた活動は意味深い。コミンテルンと中国共産党との連絡役、（コミンテルンが取り決める）中国共産党に関する政治上の指針、中国共産党とコミンテルン間の情報交換、コミンテルンと中国共産党との資金上の結び付き、モスクワと中国共産党間の人的交流である。スメドレーとアイザックが行ったヌーラン擁護委員会や、他の党員の支援一切も、こういった国際的な破壊活動の背景に照らして見る必要がある。

「…米国での一切の共産活動は、最高に秘密とされていたものは別として、マンハッタンのユニオンスクエアに程遠からぬ東一二丁目三五番地の九階建ての今にも倒れそうなロフトビルディングから指示が出ていたし、現在も出ている。最上階の部屋には共産党の国際「代表」たちが派遣されていた。P・グリーンとかG・ウイリアムズとかA・ユーアートとかH・バーガー*6とか…、瞬《まばた》き一つでドラブキンとか、B・ミハイロフとか、ブラウンとか、ゲアハルト・アイスラー*7とかにもなりそうな色々な変名を持つ正体のはっきりしない男たちであった。この男たちはモスクワの工作員だった。その九階から、彼等がモスクワから持ち帰った指令が、忠実な活動家や、「デイリー・ワーカー」紙や、ユダヤ語の「フライハイト」紙に働く党の雇われライターや、組織労働者の養成者や、ミルウオーキーのクリシュトッフェルのような男に伝達された。…「タイム」紙に載ったA・ユーアートとか、H・バーガーとか、A・スタインバーグとか、ゲアハルト・アイスラーとかの変名を使っている紛《まぎ》らわしい男たちについて興味あることは、これらと同じ名前や、身元がゾルゲの記録にも上海市警察のファイルにも出ていることだ。彼等がたどった曲がりくねった道は、くねくねと四〇年代に入りこみ、米国に達している。共産党の熟練の活動家のほとんどは、一時期またはほかの時期に上海で活動していたように思われる。赤の脅威に戯れる秘密結社のプロたちや、その追随者であり、騙された者たちだった。そして何処かフランス租界の居酒屋とか、上海の策謀者たちの隠れた集会所では、カチカチという三〇もの銀製食器が触れ合う音が聞けよう。

＊6　パウル・ウォルシュが現れた時、彼に上海のフリラプト街六四三番地ホナイム・アパート35D号室を貸したのは、多数の偽名の持ち主であるバーガーだった。バーガーは競馬場通り38番地が警察の手入れを受けたため、一九三四年七月一九日にインチョウ号に乗船して上海を離れて、ウラジオストクに向かった。その手入れで共産党活動を立証する文書が多数押収されている。彼は「在米工作員」としてカナダでのスパイ事件に登場する。カナダ議会での共産党議員

のフレッド・ローズは、フレダ・リプシッツを橋渡しに使って、彼自身（俗称デブー）とバーガーやワシントン在住の他の者との連絡していた。

＊7 「上海のコミンテルングループは、政治部と組織部から成っていた。政治部は、私がドイツで知り合い、コミンテルン時代に一緒に活動したゲルハルト・アイスラーが統括していた。ヌーランが逮捕されたので、上海でのゲルハルトの立場は危うくなり、彼は一九三一年にモスクワに戻った」。アイスラー氏の蔓《つる》は、遥か先まで伸びて絡んでいた。彼は次にコミンテルン代表として一九三六年に米国に現れた。彼の最初の妻はヘーデ・グンペルツだった。彼は後に欧州に転勤となった。一九三一年に結婚した二度目の妻はヘーデの妹エリであり、一九四六年にも自分は彼の妻だと言っていた。彼は一九四二年に結婚したと思われるもう一人の女性を伴って米国に戻った。このコミンテルン工作員の情事は、その本来の活動並みに込み入っているようだ。ヘーデ・グンペルツはワシントンの地下共産組織を担当していた。後に彼女はスターリンと手を切った。彼女は、組織の一員で国務省の役人であるアルジャー・ヒスを知っており、ノールフィールドのアパートで話をしていた。序《ついで》ながら彼女はヒス事件(注77)（反撃、一九四九年七月八日）の最初の公判で陪審員に自分についての話をすることを禁ぜられた。彼女の前夫の性格から、この話の信頼性が一層増した。

米国の母親たちを僅かながらほっとさせたことの本当の意味：大変な数の若い米国兵士が一九四一―四五年の間に戦死した。その結果ゲルハルト・アイスラーは米国での反逆と破壊活動を、比較的安全に行うことができた。彼は一九四一年に欧州はいたたまれなくなると悟っていたことは注目される。言うまでもなく、何人か政府職員をたぶらかしたのも知れないが、米国での兵役のための徴募には何等触れられてはいない。ニューヨークでのアイスラーの劇的逮捕、及びその後の最近のロンドンへの逃亡は、ずっと以前の一般的なやりくちにぴったりと当てはまる。彼は一九三一年に同様に素早く、同様な理由で去っていた。

二五　コミンテルン機関と上海の出先

［訳注　以下は、二一一～二一四ページ所収の用語説明の繰り返しである。ただし、原注は除く］

共産主義運動への関わり合い、または力の入れ具合の程度が色々異なっているほかの者たちについては、別途触れる。彼等は皆、ただ、外国の主人に対して役立とうと努めていることでしか理解できない。この関係を理解するには、コミンテルン機構の恐るべき世界的な組織の背景を調べる必要がある。それは、ツァーリストが抱えていた野望という、この上なく狂気じみた夢の上を行っていたソ連が、帝国主義者的拡大を行うためのマキャベリアン的道具だ。実際、ソ連が、ツァーリがやり残したことを取り上げ、さらなる、またより重大な歩みを遂げたのはその事実からも語れよう。

(a)　コミンテルン本部　一九三〇年代のモスクワのコミンテルン本部は、ソ連政府の組織構造に匹敵する。一九一九年から一九三五年に、間をおいて開かれたソ連と外国の共産主義者からなる世界大会による指導とは言え、コミンテルンを実際に支配したのはソビエト社会主義共和国連邦（U.S.S.R）だ。世界共産主義者運動の指導的立場を通して、また、大会の主催を務めた国に最大の代表団を認めるとする、コミンテルンの組織上の決まりによるものだ――いずれの場合もソビエト社会主義共和国連邦（U.S.S.R）である。コミンテルンの執行役としての機能は、コミンテルン執行委員会（ECCI）に属した。何人かの外国人委員の存在を強調していたが、実際は圧倒的な数のソ連代表が支配した。世界大会同様、ECCIは主として政策の一般綱領決定のために定期的に開催された。だが、コミンテルンの最終支配は、なかんずく政策委員会、いくつかの常任委員会、それに幹部会員をメンバーとする執行委員会幹部会の手中にあった。コミンテルンはソ連の外交とは別の、外国での活動機関である。一九一九年にモスクワで創設されたコミンテルンは、解散されたと言われる一九四三年まで準政府機関であり、資本主義社会で共産主義者もしくは共産主義者前線を育てることを大方の目的とした。ソ連政府が世界革命の促進、事態によっては、ソビエト社会主義共和国連邦（U.S.S.R）が防衛上欠かせぬと想定する、共産主義の戦略を実行するためだった。

（b）**補助機関**　その数、約一三もの全てが上海に種々な関わりを有し、諸々の媒介を通して活動していたが、ここで直接関心が向けられるのは、僅かなモスクワの付随組織だけである。

（1）PROFINTERN《プロフィンテルン》　赤色労働組合インタナショナル（英語表記 The Red International Labor）は一九一九年に、第二インターナショナル系の国際社会主義労働組合連合（the International Federation of Labor Unions of the Second International）に対抗するために創設された。最高会議幹部会が支配する本部機構と、ソビエト社会主義共和国連邦（U.S.S.R）以外の多くの国では、労働組合反主流派の赤色団体の形態をとっていた付随的な部門から構成されていた。実践の場では、特定の産業内での活動のための國際宣伝活動委員会を組織した。それに加えて、社会民主党系に対抗するため、労働運動の中に、並行的な労働組合連合組織創設の後押しを行った。その中では汎太平洋労働組合書記局（PPTUS）や全中国労働連合は重要な例である。

（2）KRESTINTERN《クレスティンテルン》　赤色農民インタナショナル（英語表記 The Red Peasant International）は、諸国で小作制度下の共産化阻止運動の打破を目的として、一九二三年に設立された。労働者や知的階層向け組織の成果を遥かに下回ったが、中国小作農民連盟を含む、いわゆる小作農民組合を組織した地域の共産主義者グループを指導した。

（3）VOKS《ボクス》　全ソ対外文化連絡協会（英語表記 The Society for Cultural Relations with Foreign Countries）は、ソ連文化を政治的宣伝手段として海外に広めるために、一九二三年にモスクワで創設された。各国の在外ソ連大使館の文化部がVOKSの直接担当となり、その役割上、モスクワのECCIとの連絡役や、またいわゆる友好協会の設立役を務めた。VOKSの活動内容は、対外関係、外国人受け入れ、国際書籍交流、新聞、展示等々の本部に置かれた部門から理解できる。

（4）MOPR《モープル》　国際革命運動犠牲者救援会（英語表記 International Red Aid）[*8]は一九二二年に創設され、コミンテルンの赤十字的性格を有していた。主として政治犯や、現行犯で捕まった秘密工作員や、ほかの「ブルジョアの反動的行為の犠牲者」の支援を目的とした。合法的、または非合法的に六七カ国で機能していたMOPRは、国際労働者救済団体（Workers International Relief）が補助役を努めていた。両機関とも長年にわたり、ドイツの共産主義者ビリー・ミュンツェンベルクが主導してきた。海外ではMOPR自体だけではなく、特別の事例擁護のために組織された別の共産主義者前線が、破壊活動行為で投獄された個々の共産主義者支援に主導的役割を果たした。

＊8　コミンテルンは巧みな計算の下に、大分前にスローガンや資本主義での決まり文句を本来の意味から逸られるように混乱を図っていた。以前からの赤十字の、誰しもの心に訴えるようなことや、弱者や抑圧にさい悩まされる人たちの擁護が狙い目にされた。米国では、そのような機関は国際労働者擁護団体として知られていた。

（5）IURW　国際革命作家同盟（英語表記The International Union of Revolutionary Writers）が、恐らくVOKSの支援で組織されたのは一九二五年のことであり、ソ連寄り、反ファシスト、反戦のテーマを宣伝するために、海外の左翼系作家をメンバーとした。モスクワでは英語版の「モスクワ・デイリー・ニューズ」紙や共産主義思想を海外で普及させるための定期刊行物である「インタナショナル・リテラチヤ」発行の任に当たった。米国の共産主義者詩人のラングストン・ヒューズ、そしてアグネス・スメドレーが寄稿していた。アンナ・ルイーズ・ストロングは長年「モスクワ・デイリー・ニューズ」紙の編集人であり、もう一人のアメリカ人であるフレッド・エリスは、全ソ労働組合中央評議会の公的機関紙である「トルード」（勤労）に採用され、漫画家として働いていた。外国語の定期刊行物の印刷は、国家印刷所が国際書籍出版協会の協力を得て行われていた。とともにソ連の政府関連企業である。

二六　中国の組織と共産主義者前線

コミンテルンの組織は、全国及び部門レベルではしばしばそれぞれの特徴ある色分けを失い始め、色々な形態での共産前線グループとなった。しかし、コミンテルンの各付属組織は海外に出先を有し、多くの場合、根っからの共産主義者から擬似自由運動にいたるまでの、一見無関係のグループが代表していた。それらはコミンテルンの工作員が組織したか、潜入していたものである。数多くの事例では、これらの全国組織の根が入り込んでいたのは、モスクワの一つのグループだけではなかった。コミンテルン常任幹部会の色々な分野に渡って活動していたからである。それらはしばしば直接的な目的に大衆の支持を得るために計算された一時的な組織であったり、地域運動であった。だが、同程度に、それらはまともな長期的な計画でもあった。これらのグループはスメドレーが住んでいた時代の上海の舞台に登場した際に、それらは興味ある、またしばしば高度な、相互に組み入った組織網を形成していたので、相対的に細かな取り扱いが必要である。

（a）PPTUS　汎太平洋労働組合書記局（PPTUS）及びその親組織である極東局上海支部は、一九二〇年代後半から一九三〇年代初期にかけての、極東におけるコミンテルン労働運動の最重要かつ、最高度に組織された機構であった。一九二七年に漢口での会議で設立されたPPTUSには、コミンテルンの有力な指導者の何人かが参加していた。その中には一九二八年にPROFINTERNの書記から、ソ連労働運動の暫定的な指導者としての地位に出世したロゾフスキーもいた。[*9] 漢口会議のもう一人の参加者で、後にPPTUSの初代書記局長となったのは、米国人共産主義者のアール・ブラウダーだった。そして、彼の上海での活動を支えていたのは、米人女性のキャサリン・ハリソンである。ジャーナリストのジェームス・H・ドルセン、アルバード・エドワード・スチュアートという男、それにマーガレット・アンジャスを含むほかのアメリカ人は、ドイツ人女性のワイデマイヤー同様に、PPTUSでは目立った活動をしていた。リチャード・ゾルゲ自身は、一九三〇年上海到着時に、PPTUSの任務を帯びてやって来たのではないかと、上海市警察に疑われた。

＊9　かつてのボリシェビキのソロモン・アブラモビチ・ロゾフスキーは、極東問題専門家として

知られ、極東局（Dalburo）の要職についていた。彼の初期の頃のゾルゲとの結びつきは、注目に値する。

コミンテルンの活動のために中国、インドシナ、マレー、日本、台湾、朝鮮、フィリッピンに設立された汎太平洋労働組合書記局（PPTUS）は、コミンテルン執行委員会（ECCI）とかモスクワの最高幹部会議との直接的な結びつきは無かった。だがPROFINTERNとの連携の鎖は存在し、モスクワと上海間の直接的な繋がりも幾つかの場合に見出された。この特定の時期に、また、主として安全上、PPTUSは、ベルリンに在るコミンテルンの下部機関のである西欧州局（WEB）からと、ハバロフスクとウラジオストクの極東局（FEB）から権限を任されていた。

おおむね（ヒトラー以前の）ドイツ共産党の機関であり、この上なく強力で、巧みに組織されていた西欧州局は、西欧州での諸分派と接触を維持するという定められていた機能を遥かに超えて動いていた。実際西欧州局は、或る時期、独自に活動することも多く、ほとんどECCIと同列であるかのように見えた。上海の極東局は西欧州局から権限を任されていた。ハバロフスクにも［訳注のちにウラジオストクに移転］極東局（FEB）があり、上海の認められてはいない極東局と、モスクワのコミンテルン執行委員会幹部会と直接連絡を行っていた。極東局からの指示や支援資金の分配は、上海でワイン、香水、ほかの贅沢品を取り扱っている輸入事業の連絡便を通じて、ベルリンの西欧州局から送られていた。この輸入企業に属しているコミンテルンの工作員がその資金や指示を、八、九人のヨーロッパ人と何人かの中国人から成る上海の極東局に流していた。極東局の資金は七つ以上の中国の銀行に預けられ、必要に応じて引き出されていた。極東局はコミンテルンの地域統括機関[*10]であり、学生をモスクワでの訓練に送り出したり、PPTUSが指導する中国の組織への資金供給を行っていた。少なくも年に五〇万ドルにもなる資金の大きさから、一九三〇年代初期のコミンテルンが戦略上、中国をそれだけ重要であると認識していたことが窺われる。極東局の活動個体であるPPTUS（TOSSとも言われていた）は上海で母体に先んじて形成されており、そこに従事していた多くの人は同じ人間であった。だが、ＰＰＴＵＳの直接の活動は中国人通訳の助けを借りて、三人の外国人が行っていた。一九三〇年代初期にＰＰＴＵＳで活動していた外国人の二人は、Ａ・Ｅ・スチュアートとＭ・アンジャスだったことが分かっており、三人目はＪ・ドルセンだったと言われている。三人ともアメリカ人である。

*10　コミンテルン極東局設立と同時に、赤色労働組合インタナショナル（プロフィンテルン）は同様に上海に汎太平洋労働組合書記局（ＰＰＴＵＳ）を置いた。プロフィンテルンの補助組織であり、太平洋諸国に於ける先鋭的な労働組合の指導を任としており、一九二九年以来ウラジオストクに本部を置いていた。

一九二九年か一九三〇年にアール・ブラウダーが上海を去った際に、Ｇ・アイスラーがＰＰＴＵＳの書記局長に取って代わったと言われている。アイスラーが一九二九年にはＰＰＴＵＳ関連で、上海にいたことは確かである。[*11] 相互に関連しあう

ゾルゲ記録は、疑いなくこの点を明確にしている。極東局はヌーランが統括する組織部門と、アイスラーが受け持った政治部門に分かれていた。ヌーランが逮捕された際に、アイスラーは逃亡し、他の活動家たちも地下に潜った。逆にこのことからヌーラン擁護グループが浮かび上がって来た。ソ連の工作員たちが別の工作員のために抗議行動を起こしたのである。極東局（ＦＥＢ）及びＰＰＴＵＳ関連で最も有名なコミンテルンのエージェントたちは、イレーヌ・ヌーラン夫妻としての方が通りが良い、パウルとガルトルード・ルユッグである。ヌーランは一九三〇年に、盗んだフレッド・バンデルクルイゼン名義のベルギー旅券で偽装して、極東局長の任につくため上海にやって来た。その一五ヵ月後の一九三一年六月一三日に、彼は共産活動の科《とが》で逮捕された。一九三〇年六月一日にフランス人共産主義者のジョセフ・デュクルー、別名セルジュ・ルフランがシンガポールで逮捕された折に、電信宛先が発見された結果である。ルユッグの逮捕、裁判、有罪判決後に当局は彼やほかのＦＥＢやＰＰＴＵＳのメンバーたちが

七つの銀行口座のほかに、上海で一四ないし一五のアパートや一軒家を借りており、その内の七軒は当時未だ保持されていたことを知った。ルユッグ自身は上海で少なくも一二の名前を使い分け、カナダ旅券一通、ベルギー旅券二通を所持し、彼の妻も五つの名前を使い分け、ベルギー旅券二通を所持していた。[*12] スメドレーが加入していた全中国労働連合は、FEBから補助金を受けていたグループの一つでPPTUSから月額で一万八〇〇〇ドル受け取っていた。[*13]

＊11　この男たちの共産党、及びコミンテルンの策動者としての記録には全く疑いはなく、近年明瞭になった。二人の中ではアイスラーの方が多分一層危険である。彼の最近のポーランド船での逃亡、英国官憲による身柄確保と釈放はその典型である。

＊12　ルフランという男については二枚の紙が発見され、その一枚には「上海郵便局私書箱二〇八」とメモ書きがあり、もう一枚にはHilonoul, Shanghai とあった。…早速、ヌーランが別の名を使って借りていた、他の家の手入れが行われた。その結果大量の共産活動関連文書及び極東における共産運動関連の、何カ国語での文書が押収され、バンデルクルイゼン、モッテ、ルユッグ夫人として知られていたヌーランの妻の逮捕につながった。

＊13　多くの前線組織同様、このプロフィンテルンの機関の分派をすべてたどるのは困難である。中国の労働運動組織として、共産主義の目的達成に資するように労働者たちの不満を流そうとした。外部の相談役としてスメドレーは、PRTUS、極東局（FEB）、それに西欧州局（WEB）との間接的な連携に加えて、全中国労働連合をプロフィンテルンに直接的に結び付けたが、外国人である彼女の地位は必ずしもはっきりとしてはいない。

（b）ヌーラン擁護委員会　先に述べたように国際革命運動犠牲者救援会（MOPR）は、海外では色んな形で存在した。[*14] MOPRは一九三〇年代初期に、別名イレーヌ・ヌーランとか、フェルディナンド・バンデルクルイゼンほか一連の名を使っていた極東局（FEB）の指導者であるパウル・ルユッグの擁護に、上海で目覚しい役割りを果たしていた。パウルとガルトルード・ルュッグが、一九三一年六月一三日に逮捕された際に、国際共産主義者擁護団体はその擁護の任に当たった。ドイツ人共産主義者で、熱心な活動家であり、コミンテルンでの共産主義者や活動家の最も手際よい組織者であったビリ・ミュンツェンベルクは、当初ヌーラン擁護委員会として知られた擁護団体を形成した。その上海支部はハロルド・アイザックスが指導し、アグネス・スメドレーやイレーネ・ワイデマイヤー（またはワイテマイヤー）、さらに宋慶齢(注78)（孫文夫人）らをそのメンバーに有していることを誇っていた。このグループはこれらコミンテルンの工作員たちが判決を受けた後も、引き続き数年間その解放に努めた。*15(注79)

*14　国際革命運動犠牲者救援会（ＭＯＰＲ）は、米国では国際労働者擁護団体と言われ、数年間、下院議員のビット・マルカントニオが率いていた。より最近の流れでは、戦後に発生した公民権運動協議会であり、共産主義者ではない人たちの支援を多数得て純粋の前線グループとなった。これや、他の似通ったＭＯＰＲグループが採ったやり方の重要な部分は民主主義国家の内部に、個々のケースの擁護に向けていわゆる公民権グループを形成したことだった。公民権運動協議会は、その性格から、アイスラー擁護委員会、民衆の集会の権利を共産主義者には否定することに抗議する委員会、公民権の保護を純粋に願う多くのアメリカ人の支持を募り得る他の委員会を形成した。

*15　ベルリンから上海に戻ったばかりの孫文夫人は、色々な急進的な欧州の組織やグループからヌーラン事件への介入を要求したり、被告の解放を要求する一連の電報を受け取った。こういった電報の中には作家や、法律家からのものがあった。共産党国会議員のクララ・ツェトキン（一九三三年六月末にソ連で死亡）、英国下院労働党員グループ、スペインの作家、芸術家、知識人たち、反帝国主義同盟中央委員会、国際労働者擁護連盟中央委員会、ロマン・ローラン、アンリ・バルビュス等々である。一九三一年九月初めに上海の急進的な知識人たちは自分たちが出来ることとして、汎太平洋労働組合書記局支援委員会を立ち上げた。この委員会のメンバ

ーの中にはアグネス・スメドレーもいたし、上海の急進派の中では良く知られているアメリカ人アナーキストの労働組合員や、「チャイナ・ウイクリー・レビュー」誌の編集人のJ・B・パウエルやエドガー・スノーや急進的なアメリカ人ジャーナリストのH・アイザックがいた。

夫は先に上海ではイレーヌ・ヌーランとして知られていたのだが、ルュッグ夫妻は逮捕された際に、アーセンという名のベルギー市民であると名乗り、バンデルクルイゼンといった偽名も数多く用いていた。夫妻はベルギー市民としての保護を要求したものの認められず、共産党のスパイとしての裁きを受けるために中国当局に引き渡された。反帝国主義連盟やほかのコミンテルンのグループは、当時ヌーランとして知られていたその男は、PPTUSの単なるお抱えの書記局長だと抗議した。そうすれば、彼の実際の地位であるFEBの指導者としてよりも擁護しやすいのではないかと思ったからであろう。後に一九三一年に、英国の同様な擁護団体が図らずも彼のことを「ルュッグ」と呼んでしまった。その後の捜査でパウル・ルュッグは現役のスイス人共産主義者だと判明した。一時代前にはスイスでは知られており、彼が一九二四年にモスクワに向かった後は、時折警察の注意を引く程度だった。ルュッグの身元が判明した後、国際委員会は彼の実名を取り入れて「パウル及びゲルトルード・ルュッグ擁護委員会」とした。委員会には著名な共産主義者や、思いつきのシンパや、共産主義者ではない人道主義者が参加したり、参加を要請され、リオン・フォイヒトバンガーやアルバート・アインシュタインの名が、ドイツ委員会のメンバーとして載っていた。そして、当時名声の盛りにあった何人かの情にもろいアメリカ人の名もあった。その中にはフロイド・デル、シンクレア・ルイス、セオドア・ドライサー、ジョン・ドス・パソス、オズワルト・ガリゾン・ビラードも入っていた。

MOPRの努力も空しく、ルュッグ夫妻は扇動的行為で有罪となり、南京で服役した。南京が日本軍の手に陥ちた時、多くの政治犯が釈放されたが、ルュッグ夫妻は一九三七年に自由の身となり、それ以来消息を絶った。ルュッグは一九三九年にナオム・カッツェンバーグ名で米国に入ったとも言われ、ほかにも一九三九年に再度上海入りし、一九四〇年には重慶、一九四一年にはフィリピンにいたとも報ぜられていた。［訳注　ルュッグ夫妻は戦中戦後ソ連に保護され、死亡した］

（c）ソビエト友の会　ソビエト社会主義共和国連邦友の会（The Society of Friends of the U.S.S.R）上海支部は、長年コミンテルンの工作員として知られていたチェコ人ジャーナリストのエドモンド・イーゴン・キッシュが一九三二年に立ち上げた。この親ソ共産前線の上海支部は、ソビエト社会主義共和国連邦と対象国間の文化交流を行う海外での一連の典型的な協会の一つだった。米国支部は、ソビエト友の会及び米国対ソ関係協会の後釜である、表面的には独立した、米ソ友好全国協会として知られていた。こういったグループ創設の裏での目的は、ソ連の政策の利他的な性格を心から信じている「リベラル」分子が、これらの前線組織に参加していることを大いに宣伝することで、ソ連の外交政策課題への支援を取り付けることだった。*16 上海支部の何人かのより有力なメンバーの名は知られており、一九三〇年代初期にはスメドレー、ワイデマイヤー、アイザックスらの名が挙げられていた。共産主義者はことが上手く行った際には、大胆に正体《しょうたい》を明かしていた。この会の性格は共産主義の中国制圧に続いて、今日突然甦ったことで明確になった。「中ソ友好協会」と新たな名称が出現し、その発会式典には共産党の巨魁《きょかい》である周恩来や劉少奇（注80）が出席した。孫文夫人も組織の後援者の一人として挙げられている。その使命は、中国とソ連間の文化、経済、ほかの関係の樹立、確立にあるとされた。

（d）中国友の会　友好協会の本来の役割とは別ながら、現在ソ連の軌道内にある諸国を支援するための外国文化グループに似た國際中国友の会は、前線組織であり、中国共産主義者たちの目的を助長するために、西側の中国に対する同情や、日本の侵略に対する防衛を最大に利用していた。一九三四年にニューヨーク、ロンドン、パリに事務所を置いて設立された中国友の会は、個人のシンパと同様に、中国での抵抗は中国（注81）共産党のみが行っているとし、通常の同情心を中国での一政党の支持に振り向けようとしていた。

＊16　ソビエト友の会の会員であっても、共産党員というわけでもなければ、その証《あかし》でもない。会員になることは何か場違い的な心情の持ち主とでも決め付けられよう。だが、もっと明白な共産主義者グループと付き合うようになると、「友好」協会の会員であることは、共産主義世界が目指すことを熱烈に支持することの具体的な現われとなる。かくて知らず知らずのうちにシンパが育ってゆく。

　友の会が口にしていた目的は崇高だったが、「蒋介石が日本、イギリス、アメリカ帝国主義者とつるんでいたことを暴く上で大いに寄与した」と言うに至っては、真意が見えた。ロンドン支部やパリ支部での活動はそれほどのことではなかったが、当時、欧州のメンバーには下院労働党の院内幹事のロード・マーレイ卿や、長年中国への関心の持ち主として知られていたバートランド・ラッセル(注82)や、現役のコミンテルンのスパイと見做されていたエドモンド・イーゴン・キッシュ、そのほかの名の知れた共産主義者が入っていた。アール・ブラウダーも参加していたし、アメリカ中国友の会ニューヨーク支部は最も活発だった。＊17(注83)共産前線・反戦・反ファシズム米国連盟と連携していた、アメリカ中国友の会は親共産主義の月刊誌、「チャイナ・トゥデイ」を独自に発刊していた。米国グループはマックスとグレース・グラニッチが上海で発行していた同様な性格の、「ボイス・オブ・チャイナ」を後援した。一九三六年三月から一九三七年の後半まで発行され、はっきりとした共産主義刊行物では無かったが、中国共産党を中国の独立を守り、日本に抵抗する唯一のものとして描いた。この雑誌は一八ヵ月以上続いた後に発刊停止となり、グラニッチ兄弟は一九三七年一二月二一日に米国に戻った。

＊17　一九三二年設立の反戦・反ファシズム世界委員会は、ソ連に対する一切の侵略者に反対する世論をあやつり、不干渉平和主義の推進を目指した。その参加者の多くは共産主義者ではなかったが、実際支配したのはビリ・ミュンツェンベルクやアンリ・バルビュズのような共産党員だった。

（e）民権保証同盟　中国民権保証同盟は共産前線組織に転じて行く途次、やがて失われるものの、なんとかそれなりの評価を受けていた(注84)。このグループを当初組織したのは、国民党が当時、反対論者を迫害していた盛りなのに、国民党のリベラルな党員だった宋慶齢（孫文夫人）や、胡適(注85)、林語堂(注86)、蔡元培《さいげんばい》(注87)博士だった。宋慶齢はモスクワに滞在し、また中国共産党からも受け入れられてはいたが、共産主義者とは見做《みな》されていなかった。比較的短命だったが、共産前線として連盟はそういった組織の完璧な例だった。明らかに国民党当局に睨まれ北平［訳注　北京］支部を閉鎖されたが、上海の母体組織の中国人指導者たちは、組織の目的が全く達成されなかったとはいえ、最終的に解散するまで、南京政府による連盟に対する直接的な行動は一切排除した。

（f）反帝国主義同盟　反帝国主義同盟はドイツの共産主義者や、色々な植民地国籍の者たちが、反植民地抑圧闘争同盟として立ち上げたコミンテルンの比較的初期の組織だった。その存在はコミンテルン執行委員会（ＥＣＣＩ）の付随的グループとは一切関係なかったが、モスクワと直接的に結び付いていたことは明らかであり、植民地を有する諸国のコミンテルン支部がコミンテルンに加入するには、植民地での人民解放を唱えさせ、支援することを条件付けている第八条［訳註　コミンテルンの加入条件第八条のことを指す］をその基本としていた。一九二七年のブリュッセルでの会議で、悪名高きビリ・ミュンツェンベルクが反帝国主義連盟を前線として、いわゆる無辜《むこ》の人民グループを立ち上げた。そして、反帝国主義全国革命運動の結集拠点としたり、ソビエト社会主義共和国連邦（U.S.S.R）を植民地人民の解放の旗手に仕上げる役目をさせた。アグネス・スメドレーはベルリン時代に、彼女のインド人の友人たちが、共産主義者たちと同盟創設に参加した際にい合わせたことや、一九二九年に上海に来て間もなく中国反帝国主義連盟の組織化に、積極的な役を担ったことを認めている。中国支部は、西欧支部と共にヌーラン事件の際には集団による圧力の掻き立てに積極的な役を担い、幾つかの排外運動に参加し、後には反戦会議に踏み込んで行った。

共産前線ではまともな引き立て役を捜しだす上でいつもやることだが、反戦会議は労働党下院議員のエレン・ウイルキンソンとか、マーレー卿の名を目玉としていた。一九三二年八月のアムステルダムでの会議後に、マーレー卿や一団の外国人が上海での反帝国主義戦争アジア会議に出席するための船旅についた。中国共産党は、このグループの「リベラル」性にも関わらず幻影を抱くことはなく、使節団の一人で、コミンテルンの有力なメンバーでもあり、フランス共産党機関紙「ユマニテ」と「ルモンド」の発行人であるアンリ・バルビュスの名をとってしばしばバルビュス・ミッションと呼んだ。反戦国民会議が行っていたことは、日本の侵略関連のデータの収集であったようだ。[注88] コミンテルンは一九三一年のリットン使節団を国際連盟[注89]という「帝国主義機関」によるごまかしごとだとして、公然と非難していた。反帝国主義戦争世界会議の中国代表の孫文夫人は、歓迎委員会及びいくつものその使命宣伝の組織を率い民衆を動員しての歓迎デモを組織したが、使節団の訪問を「革命闘争の延長」上の要件と位置づけた。このように表面上は中国問題に関連付けた「ソ連に対する帝国主義の攻撃反対」や「最近の（中国）共産党軍の勝利祝福」や「キリスト教信仰並びにファシズム反対」だった。使節歓迎に当たったのは、アグネス・スメドレーや米国、カナダ、オーストラリア代表だった。だが、反戦国民会議は何等の実績を挙げられなかったようである。マーレー卿は幾つかの会議で演説をしたが、労働者たちの貧弱な居住地区に案内された時には、ショックを受けて上海到着後二ヵ月もしないで退散した。

(g) ツァイトガイスト書店　イレーネ・ワイデマイヤー（またはワイテマイヤー）が一九三〇年に開いた「ツァイトガイスト書店」は、モスクワの国際革命作家同盟が運営する、コミンテルンが各地に設けた精緻な連絡網の一部である。ヒットラーの台頭以前、モスクワに自前の支店を有していたベルリンのツァイトガイスト書店は、コミンテルンの文化紹介窓口として重要な存在であり、ビリ・ミュンツェンベルクが率いるシンジケートの一部であった。彼はまた自殺する二年前の一九三八年にコミンテルンから除名されるまで、反帝国主義同盟のドイツ支部長でもあり、コミンテルン自体がパリで運営する北欧商業銀行の頭取や、コミンテルンが運営する数多くのほかの組織や事業体の長を務めていた。

ツァイトガイスト書店の上海支店は、国際革命作家同盟の中心的な配本所として、ドイツ語や英語の共産主義関連書籍を置いていたが、同時に合法的な、主としてドイツ語の本も、それ以上に置いていた。売り上げが伸びず、表向きは資金不足ということで、一九三三年に閉店された。だが、合法的だったドイツ共産党が破滅したための方が理由としてはもっともらしい。彼女は一九三三年の欧州旅行の後に、今度はニューヨークの国際出版社の上海代表として、再び書籍事業を立ち上げるために一九三四年九月に上海に舞い戻った。国際出版社は長い間米国共産党の著作物の出版や、「インタナショナル・リテラチャ」の米国での販売を行っていた。ワイデマイヤー女史は國際出版社の代理人として振舞っていたが、ほかにも「インタナショナル・リテラチャ」を扱う正規の代理店として知られていたグループがあった。タス通信社の上海支局長の妻であるV・N・ソトフ(Sotov)夫人が「インタナショナル・リテラチャ」を扱う米国書籍・事務用品店を営んでいた。しかし、米国書籍・事務用品店とワイデマイヤー女史の店が四川路四一〇番の同じ建物に居を構えていたのは意味深い。

ワイデマイヤー女史の上海での活動に関する情報には欠落もあるが、彼女はコミンテルンに幾分か関係していた。彼女は一九二五年にドイツで中国人共産主義者の呉紹国と結婚し、一九二六―二七年にはモスクワの孫文大学で、アジアにおける革命運動原理を学んでいた。上海ではアグネス・スメドレーと親しくし、ヌーラン擁護委員会やソビエト友の会に加入していた。彼女も、スメドレーも、アイザックスも一九三二年にはジョン・M・マレーと密接に接触していたと報告されている。マレーは、コミンテルンの窓口で、恐らくはカナダ反帝国主義・反植民地抑圧連盟の前線として挙げられている、バンクーバーのパシフィック通信社のアメリカ人記者である。ともかく左翼書店の主たる役割は革命関連出版物の販売窓口であり、スパイ活動従事者やシンパの連絡所として機能することであった。ワイデマイヤー（またはワイテマイヤ）のツァイトガイスト書店は、ゾルゲ裁判記録のほかの部分で取り扱われている。ゾルゲの右腕である尾崎は、上海左翼の連絡所であり、工作員たちの郵便受け渡し場のこの書店で、スメドレーに引き合わされた。後に巣鴨に収監中、彼（尾崎）は一九四三年六月八日に思いのこもった手紙を書いた。

「…私がアグネス・スメドレーやリチャード・ゾルゲと出合ったことは、より深遠な意味では、予め定まっていた運命とも言えよう…その後、私が狭い道を辿ろうと決心したのも、この二人との出合で決まった…」

この小さな書店はソ連陸軍参謀本部第四部（のちの諜報総局）の人材発掘所として、その役目を果たした。だがその狭い道は尾崎を絞首台に導いた。

（h）米国が果たした補助的役割り　互いに関連しあうゾルゲ事件の裁判記録と上海市警察ファイルは、各国からの紛らわしい人物が長年にわたって、極めて頻繁に出入りしていたことを物語っている。三〇年代に彼らが行っていた秘密活動は、日本の占領による影響の積み重ねの下にあった、南京政府の最近の没落に道を開いた。最近の国務省の白書は、この複雑かつ全般的な問題に、いくらかの覚束ない光を投影している。

「…過剰人口と新規思想が結び付き、最初に孫文の[注90]、後に蒋介石総統の指導の下での中国革命が始まった。ソ連の教義と実践が、殊に経済並びに党の組織に関して孫文博士の思想と原理に無視できないような影響をもたらしたこと、及びコミンテルンが政府及び軍隊内に有力な地位を要求した一九二七年までは、国民党と共産党が協力していたことを忘れてはならない。この二グループの分裂を誘ったのも、この要求のせいであった」

このことは幼児期の共和国がソ連の教義と実践によって育まれて来たことを、遠まわしながら認めている。孫文未亡人が数多くの共産活動の前線であったことや、一九二七年―またそれ以降、国際的な破壊活動と転覆行為を行うためのソ連の道具として認識されていたコミンテルンの、政府と軍に対する要求で、中国共産党がその命令に屈することを、未熟にも受け入れたことも容易に説明される。

　上海市警察の記録には、米国の外交筋や領事館員たちが、国際入植地の保護や、活動家たちへの擬似米国市民権を否定することで、赤の潮を阻止せんとしていた多くの事例が含まれている。米国領事館が「中国の声」の出版禁止に介入したのは、その典型的な例の一つである。『中国白書』は表面上は地下での策謀には触れてはいないが、ゾルゲや上海文書にたっぷり明かにされているコミンテルン機関の影響は確認済みである。スメドレーやシュタインのような個人的な宣伝者、それにコミンテルンが放った多数の破壊主義者、スパイ、シンパ、お先棒たちが、この東洋における惨事の主たる要因であり、そういった者たちの非道な活動が有力かつ決定的な要素でさえあったことは直ちに言える。(注91)

タベナー　私は、あなたがソ連の色々な政府機関や、コミンテルンの部門に関して証言した色々な組織の結びつきをたどった系統図を証拠として、提出致したいと思います。お渡ししますので、それを確認してください。

ウィロビー　間違いありません。

タベナー　私はこれを証拠として提供し「ウィロビー付属文書第四二号」と記されるよう求めます。

ウッド　承認します。（上記系統図は「ウィロビー付属文書第四二号」と記され、ここにファイルされた）

タベナー　その意味合いを委員会に簡単に説明してください。

ウィロビー　上海側の記録を徹底的に調べ、それに東京のG２が入手したそれらを裏付けるほかの証拠からも、コミンテルンの組織系統図を組み立て直すのは比較的容易でした。この系統図の上の部分は共産党の母体となっている部門です。次の部分は在外付属機関で、この場合は中国に通じています。第三の部分は上海に向けられています。国際共産主義者救済機関の枠は、国際労働者擁護連盟（米国）と民権保障同盟につながっています。私は再び、一九五一年二月一七日付の「サタデイ・イブニングポスト」紙のクレイグ・トンプソンが書いた記事に触れたいと思います。この点、米国に関して特にまとめております。私は特に上海に関する部分のみ取り上げました。それがこの図の意図するところであるからです。

タベナー　少将、東京在任中にあなたはフィリップ・キーニーという人物を知っていましたか?あるいはフィリップ・キーニー事件を調べる機会がありましたか?

ウィロビー　国民の一人と致しまして、委員、私は本委員会のお役に立ちたいと大いに切望いたしております。ですが私は連邦政府に勤める身であり、その役目上、軍の規則並びに一九四八年三月の大統領令に文言通りに従うとされております。その条項では私はその人物について詳説することを謹んでお断りせねばなりません。というのも、その人物は連邦政府の職員であり、中傷であろうがなかろうが、彼の個人記録に触れることは許されてはいません。

タベナー　キーニー氏は本委員会に現れましたが、協力はしませんでした。あなたはほかの委員会でも何人かの連邦職員に関して質問されたと思いますが。

ウィロビー　はい、そうでした。

タベナー　そんな時もあなたはフィリップ・キーニーに関してと同様に、答えていたのですか?

ウィロビー　はっきりとした規制がありますので、私が規則上お断りしていたのは同様でした。

タベナー　議長、これで終わりと思います。

ウッド　ドイルさん、ほかに質問がありますか?

ドイル　それでは、この場で少将にお願いするのが相応《ふさわ》しければ、改めて質問をさせていただきます。破壊活動に関してわが国が直面している問題に対処するために、法律をどのように修正すれば良いのか、お考えを聞かせて頂ければと思います。国内で発生したり、外国の扇動によって発生する状況に対応する上で、我々がこの上何かできることがあるかに関して、何かお考えなり、ご忠告がありましたら教えてください。

望まれるＦＢＩの積極的な支援

ウィロビー　私はそういった状況全てに強く危機感を抱いております。この機会に進言とでも申せますようなある種の考えを喜んで述べさせていただきます。

先ず、連邦政府は当委員会に十分、かつ、絶対的な支持を与えるべきです。上下両院合同委員会などは、双方とも同様な調査を行っておりますので、良かろうかと思います。そういった委員会には、調査員の増員が行えますように予算上の配慮を行うべきです。私の印象では、調査員たちは第一級の仕事をしておりますのに、時間的にも、員数的にも限られているのは明らかです。当所のような委員会の調査員を支援するための予算を割り増しするに当たっては、ファイルや記録の集中管理システムを設けるべきです。この種の情報を将来参照出来たり、互いに連動し合う関係を追っていけるように最終的に保持しておくためです。

第二に連邦捜査局（ＦＢＩ）を積極的に支援せねばなりません。私は長年にわたりＦＢＩと付き合って参りましたが、彼らの働き振りには最大の敬意を有しております。破壊行為に関しては、現在の活動領域を国際関係を含む所までＦＢＩの権限を拡大すべきです。

第三ですが、法律上の制約を外してＦＢＩが動きやすいようにしてやるべきです。例えば、ある状況下では盗聴は不法行為だと決めつけていることです。盗聴は犯罪と戦う法の執行人にピストルを所持させるのと同じ事柄です。全ての法の執行人に、殊にＦＢＩに関してですが、盗聴が不法かどうかなど細かな区別をしないで、悪の地下の組織と戦う上での裁量を与えるべきです。そういう輩《やから》と戦う法の執行人には完全な行動の自由を与えるべきです。

第四に、かつてカリフォルニア州議会の非米活動調査委員会について申し上げましたが、各州の立法府がそういった委員会を設け、維持すべきです。そして、この州単位の非米活動調査委員会が、情報交換や事務局同士の連絡で下院の委員会と協力すれば、州単位での調査の網が全国規模に拡大するようになります。私はまた少なくも州立大学一校、あるいは数校に、共産主義の仕組みを研究したり、そういった趣旨での戦いのための文書を配布するための、学位を得られるような、あるいはその肩書が通用するような調査専門学科を直ちに設けることを勧めます。大体、そんなところが本件に関する私の考えです。

ドイル　現行以外の新しい法のことには触れませんでしたが。

ウィロビー　思い出させて頂いてよかったです。皆さんが審理をする上で、経験上これでは不十分だと思ったような法律は全て、強化するか、新しい法律を設けてですね、例えば当委員会が過去における対処の仕方で経験されたことを、今後は満足に遂行出来るようにすべきです。実際、当委員会を永続させ、また、予算を気にさせないようにするような法律です。予算不足から調査員たちがたがたになってしまうことが無いようにです。国や州のレベルで、こういった立派な目的を持った審理を行う永続的な監視機能を置く余地はあります。

ドイル　大変ありがとうございます。

ウッド　ベルデさん、まだご質問がありますか？

ベルデ　少将、あなたが情報部長としてマッカーサー元帥に大変広範囲な、立派な仕事で尽くされて来られた線上で、当委員会に大変すばらしい貢献をなされたことに御礼申し上げます。あなたが証言をなさっているとき、あなたは、一九四八年四月に発令されました大統領令やその後の指令にちょっと拘束されておられるのではないかと思いました。当委員会がFBIファイルの全てや、あるいはG2のファイルの全てを公開するのは、賢明ではないと十分認識いたしますが、或る種のファイル、殊に古いファイルや、人事ファイルや、忠誠度調査ファイルなどは、調査や、審査のために下院委員会が見られるようにすべきだ、と私には殊にそう思えます。この点、ご同意頂けるか分りませんが？

ウィロビー　私は大統領令を批判したくはありませんが、下院に与えられた立法上の自由から、その良心に従って審査を遂行するのをもちろん妨げることはないとでも申しておきましょう。

ベルデ　FBIやほかの捜査機関関連であなたがお勤めになったことですが、私自身も以前はFBIの捜査員でしたので、私もFBIの活動の仕方は承知しております。多くの場合、情報収集のために盗聴器や、秘密装置を仕掛けたりするのに司法長官の許可をなかなか得られないことから、ある種の捜査では、殊に破壊活動では、手を縛られているのは分かります。ですが、ほかに連邦の法律を犯す破壊活動に対しての補強証拠がある場合には、司法長官の権限で、彼のみがその権限を行使できると私は思っていますが、それはできるのです。あなたは、そういったやり方を多少なりとも変えさせるべきだと思いますか？

ウィロビー　お力になりたいのは山々ですが、ベルデさん、私の専門はもちろん、ちょっと別の事柄でした。下院は必要と思うような法律を通すことが出来ると思いますし、私の意見はほとんど意味がないかと思います。

日本の捜査当局、クラウゼンの無電を傍受

ベルデ　ゾルゲ諜報団が日本で活動しているのを、日本の捜査当局が最初に気がついたのは、いつだったと申されましたか？

ウィロビー　当局は長いこと承知していたに違いありません。というのは、彼等はクラウゼンがシベリアの無線局に送った電信を傍受していたからです。そのことから、自分たちがある外国のスパイに接触していることを知っていました。ですが、クラウゼンには英国民のギュンター・シュタインが提供していた発信場所などがありましたので、彼は日本側が捕捉できないように局を転々と変えておりました。

ベルデ　一九三〇年代には、日本はロシアとは平和状態でしたね？

ウィロビー　そうです。それが一つの要因となっていました。

ベルデ　日本側が一九三五年に遡《さかのぼ》ってゾルゲ・スパイ団の諜報活動を承知していましたかね？

ウィロビー　そうは思えませんが。それではあまりにも古すぎます。実際、私の記憶では、ゾルゲは二度関係したり、しなかったりしていました。調べてみねばなりません。

ベルデ　もちろん、それはそれほど重要なことではありません。私はただあなたが、この国にはゾルゲ・スパイ団に見合うものがいる、またはいたと、分りやすく、また何回となく持ち出されたことを、ただ問題にしたかっただけです。それが、米国では未だ機能していると思いますし、わが国でソ連のスパイ団が活動しているという、その最初の決定的な証拠が提示されたのは、一九三四年三月のことです、そんなに以前にですよ。そのスパイ団はその時より以前、多分一九三四年または一九三五年まで遡《さかのぼ》って活動していたと決定ずけられていますがね。そして提示された証拠は、あなたが論じてこられたような高度に秘密の手段によって立証されたと言っても良いでしょう。私が見ますに、我々にとっての唯一の問題点は、証拠が高度に秘密な手段によって得られた後に、法を重んじる法廷で、それが証拠としては認められないということです。我々の優れた同僚であるウォルターさんは、この時期に盗聴やほかの秘密のやり方で得られた証拠を、法廷で認められるようにする法案を法務委員会に提出すること

を考えています。あなたはそうすることは、立法上良い勧めだと同意しますか？

ウィロビー　同意します。私はすでに、広い意味における個人の自由を侵すことなく、彼らが仕事をもっとやり易く、効果が上がるようにするために、法の執行者や捜査機関の妨げとなるような法律的な司法上の異議は一切排除すべきであるとの意見を述べました。私は盗聴を選びました。恐らくほかのものでも良かったでしょう。犯罪者と取り組む際に、道義的にびくびくするなどは私には愚かなことに思えます。

ベルデ　もちろん誰だって個人の権利は侵されたくはないですよ。私はそうですし、あなたもきっとそうだと思います。ですが、我々がそういった方法を用いなかったら、権利の全てが失われてしまうかもしれない場合には、私はその方法は正当化されると思います。

ウィロビー　そういった方法は、破壊的な、また犯罪グループ相手のみに適用されるものと想定しております。誠実な普通の市民がそういった方法に曝《さら》されるようなことは先ずありませんし、もしあったとしたら、容易に自分の立場を防衛できるかと感じております。

ベルデ　再度、ありがとうございました。

ウッド　少将、私はほかの委員諸氏と共に、あなたがここに来られ、当委員会及びアメリカ国民に貴重な情報与えていただいた、そのお骨折りや、あなたの現在の健康状態での大変な消耗という、それに時間もですが、犠牲をなされたことに対して多大の謝意を伝えるものです。とどのつまり、我々は国民の代りに、また代表として仕事をしているに過ぎません。我々にはアメリカ国民に、我々の自由と生き様を攻撃するようなことが起こっている事を最善を尽くして知らしめる以外、何等の力もありません。私は殊にあなたが吐露なされたことに強い印象を受け、そのことを評価しております。この場を利用してあなたが当委員会に示されたご理解に対して、この上ない謝意を表明せずにはおられません。

当委員会が存在し始めてから、そう日が経っているわけではありません。運営の予算も限られております。当委員会には、広範な分野を担当せねばならぬ調査員がたった八人しかいないことは重大です。下院自体から選出された当委員会の各委員は、この外にほかの委員会にも任ぜられております。下院議員として、議会に回ってきた法律を理性と判断をもって検討し、通過させるという一般的な仕事のほかにです。ですから、相談役や職員に対する依存度が多くなるのは自明の理ですし、我々はそういった、誰も恥じることのない、誇りとしている相談役や職員を有していることが幸せであります。

ちょっと思い付いたことですが、今ではなくても時間がある時に、今日でも明日でも、いつか将来の日にでも、当委員会で調査に当たっている人や相談役と機会を見つけて、あなたの豊富な知識と経験から話し合えば、夜昼となく積み重なって行く多種多数の仕事を行う上で役立つようなことを、何か進言出来るのではないでしょうか。私は職員諸君が長時間仕事に携わっていることをたまたま承知しています。時計を気にするような人はおりません。眠りもしないで一気に二四時間仕事をするのも珍しくはありません。私は、あなたが豊富な経験から、何か彼らの役にたつかと思われるような進言をなさって、彼らを助けて上げられる立場にあるかと感じております。委員先生、少将に何かお尋ねしたいような質問がほかに有りますか?

タベナー　当委員会にとって、重要な証言がほかにもあるかと思っております。

ウッド　我々は少将との非公開会議を望んでいた、と理解しています。少将が非公開会議に出席可能なら大変ありがたく思います。

（こうして午後四時五〇分に、ウィロビーの聴問は完結し、非米活動調査委員会の分科委員会は非公開会議に入った）

（注1）［極東軍総司令部］　連合国軍最高司令官総司令部（SCAP・GHQ）のこと。戦後、連合国が敗戦国・日本に対して、対日占領行政を行うために設置した軍政の実施機関。マッカーサー元帥を最高司令官として、日本政府に占領政策を施行させた。一九五二年六月のサンフランシスコ条約発効とともに、廃止された。

（注2）［一九四二年版外事警察概況］『内務省警保局編　外事警察概況（八）昭和一七年』（一九八〇年に龍渓書舎より復刻）「独逸関係」の記述に『第四、ゾルゲを中心とせる国際諜報団事件』として、三九八ページから六〇〇ページにわたって、ゾルゲやクラウゼンの手記などを含む、ゾルゲ事件関係の報告書が掲載されている。

（注3）［「フォーリン・アフェアズ」誌］　米国の国際

政治誌。一九二二年創刊。年五回刊。主として国際関係・文化・社会科学に関する論文を収録、政治家・官僚・学者・ジャーナリストなどに大きな影響力を持っている。

（注4）［以下の節］『外事警察概況』によると、「独逸大使館より情報を得つつあるが、此を列記すれば次の如し」として、三四項目の情報を挙げており、「但し此等の情報は他の情報員の情報と共に綜合し尾崎及び宮城と共に研究討議し正確なる結論を得てソ連中央部に報告し居りたるものなり」と記載されている。

（注5）［ヒトラー］　アドルフ。ドイツの独裁政治家。一八八九年四月二〇日、オーストラリア・ブラウナウの小税関吏の家に生まれる。第一次大戦後、ドイツ労働者党に入党。党名を国家社会主義ドイツ労働者党（ナチス）に改称して、一九二一年に党首に。二三年、ミュンヘン一揆に失敗して入獄。世界恐慌による社会の混乱に乗じて党勢を拡大し、三三年に首相となり、全体主義体制を確立。侵略政策を強行して、第二次大戦を引き起こしたが、連合国の反撃によるドイツ降伏直前の四月三〇日に、ベルリンで自殺した。五六歳。著書に『わが闘争』。

（注6）［松岡］　洋右《ようすけ》。第二次近衛内閣の外相。詳細は本書四四四ページ（注51）を参照。

（注7）［日本政府から委ねられていると告げられた］この情報は上記（注2）の『一九四二年版外事警察概況』の三四項目中の一八項にあり、以下の情報もすべて三四項目の中に含まれている。

（注8）［日ソ中立条約］　一九四一年四月一三日、日本とソ連の間で相互不可侵と相互中立を定めた条約。有効期間は五年。日本は同年七月、関東軍特殊演習（関特演）と称してソ満国境周辺に七〇万の大軍を動員してソ連に軍事的な脅威を与えた。一方、ソ連は有効期限内の二〇年八月九日に、突如対日参戦したため失効、日本は敗戦に追い込まれた。

（注9）［ヘスが英国に飛んだ際に］　ナチス党副党首ルドルフ・ヘスはナチス・ドイツの対ソ攻撃直前の一九四一年五月一〇日、単身飛行機でドイツから英国に飛んで捕らえられて、終戦まで英国に監禁された。英独和平工作が狙いだったのだが、チャーチル英国首相が受け入れなかった。ドイツ側は、この事件を「ヘスが発狂した」として処理した。戦後、ヘスはニュルンベルク裁判で終身禁固刑の判決を受け、ベルリンのシュパンダウ戦犯刑務所で、四〇年間拘禁

生活を送ったのち、一九八七年八月一七日に死去。
（注10）［独ソ不可侵条約］　一九三九年八月二三日、ドイツとソ連との間で締結された、相互不可侵を取り決めた条約。付属秘密議定書では、東欧における両国の勢力圏の範囲が規定されている。同年九月一日に第二次大戦が始まると、これに基いて両国はポーランドを分割・占領した。四一年六月二二日、独ソ戦の開始によって、条約は自然消滅した。
（注11）［駐在武官のショルから］　フリードリヒ・フォン・ショル。ドイツの陸軍武官（中佐）。オット駐日ドイツ大使の補佐官を務めた。第一次世界大戦でゾルゲと同じ連隊に所属していたことから、ゾルゲと親交を結んだ。ショルはゾルゲの情報源として、重要な存在であった。ソ連極東内務人民委員部長官リュシコフ三等大将の日本亡命に関する情報や、ノモンハン事件に関する情報などが挙げられる。中でも、最高の情報は独ソ戦開始に関するもので、ショルがバンコクに駐在武官として赴任の途中、独ソ戦に関する秘密指令を駐日ドイツ大使に伝えるために東京に立ち寄った際、ショル歓迎の宴席でゾルゲはこの情報を手に入れた。
（注12）［両国が協働することになったことを知った］この箇所の『外事警察概況』の文章は、以下の通り。「同月独逸代表ウォルタート、フォス、シュピンドラーより『日本は独逸より軍需品を購入し、独逸へはゴム、石油を送る。両国共同で日本に工場を設置する』などの日独経済交渉の内容入手」云々とある。
（注13）［東条］　英機。のちの首相。当時は陸軍中将、陸軍大臣であった。関連事項として、本書六八ページ（注15）参照。
（注14）［動員の終りには約三〇個師団が満州に集中した］　北方問題すなわち対ソ開戦問題解決のための使用兵力の規模に関して、陸軍省と参謀本部との間には考え方の基本的な差異があった。陸軍省当局は言わば徹底した「熟柿主義」を取り、在満鮮一六個師団以下の主力で、可能な場合に北方問題の解決を図ろうとしていた。一方、参謀本部当局は必要に応じて中国と内地から兵力を満州に移して増強し、二三個師団の兵力によって北方問題の解決を強行する企図を探っていた。独ソ戦開始当時の極東・シベリアのソ連軍の兵力は、約三〇個師団。開戦後も兵力の大規模な西送は見られなかった。このため、日本側が二三個師団の兵力によって、北方問題の解決を図ろうとすれば、増加兵力輸送のための所要期間を

考慮して、少なくともこの一ヶ月前には兵力増強を開始する必要があった。だが、独ソ戦は開戦当初のドイツ軍による破竹の勢いの侵攻にブレーキがかかって、その勝機は徐々に遠のき始めており、北進のための軍事作戦は早くも齟齬《そご》が生じていた。

（注15）［日米交渉は最終段階に入った］　これはゾルゲの調書にあるが、『ゾルゲ事件関係外国語文献翻訳集』№2、九ページに「電文」が収録されている。

（注16）［南進が決定され］　一九四一年六月二二日に始まった独ソ戦の進展に伴って、日本政府は「北進」（ソ連との開戦）か、それとも「南進」（米英両国との開戦）か、最終的な国策を決めかねていた。同年七月二日、天皇臨席の下に宮中で開かれた御前会議は、この重要国事問題に関して、「帝国国策要綱」を決定した。それによると、対南方施策では「南方進出ノ態勢ヲ強化ス」として、南部仏印（現在のベトナム）に対する日本軍の進駐を決定、そのためには「対英米戦ヲ辞セズ」と軍事的な「南進」を選択した。これに対して、対ソ施策は「独ソ戦ノ推移帝国ノタメ有利シ北辺ノ安定ヲ確保ス」と、当面不介入の態度を取ることになった。日本の新国策はこうして、「北進」ではなくて、「南進」と決定されたのであった。御前会議のこの決定に関する極秘情報は、一週間くらいたって、松岡外相からオット駐日ドイツ大使を通じて、ゾルゲに伝わった。もう一つは、尾崎秀実のルートであった。尾崎は同年六月二三日の陸海軍首脳会議で決った南部仏印進駐と、対ソ武力攻撃の大規模な兵力準備を同時に行う、「南北統一作戦」について、西園寺公一に探りを入れて、西園寺が特に異論を唱えなかったため、御前会議が「南進」の決定を下したとの確信を得て、それをゾルゲに伝えた。ゾルゲが喜び勇んでモスクワに通報したことは、NHK取材班がソ連国防省から入手した同年七月一〇日付のゾルゲ報告によって、客観的に裏付けられている。

（注17）［ゾルゲが保証して初めてのことだったのです］　独ソ開戦（一九四一年六月二二日）とともに、電撃作戦を敢行したヒトラーのナチス・ドイツ軍は、同年一二月の時点で首都攻略の中央軍集団三五個師団がモスクワを西南北の三方向から包囲し、その一部はクレムリンまでわずか数一〇キロの地点に迫っていた。これに反攻する首都防衛のためのソ連軍は当初一七個師団しかなかった。スターリンはモスクワ攻防戦で勝利を収めるため、新しい兵力の増強を必

要としていた。ドイツ中央軍集団は一二月中に一個師団の補充も受け入れなかったが、ソ連軍は同じ時期に三三個師団と三九個旅団が増強された。こうして、彼我の兵力の差は明らかに逆転。後続の援軍も加わって、ソ連軍はドイツ中央軍の包囲を打ち破って、モスクワ攻防戦に圧勝したのであった。ソ連の大軍のモスクワ集結は、ゾルゲによる第二次大戦最大の諜報活動の結果であったと、言われている。スターリンはこれにより極東・シベリアのソ連軍から合計三四個師団引き抜いて西送。そのうちの二一個師団がモスクワ防衛の既存一七個師団と合流、ドイツ軍中央軍集団と相対してこれを撃破することができたのであった。

（注18）［ムッソリーニ］　ベニト。イタリアの独裁政治家。一八八三年七月二九日、フォルリ州のプレッタビオで、鍛冶屋の息子として、生まれる。第一次大戦後ファシズム運動を開始し、一九一九年、ファシスト党を結成。二二年、ローマ進軍による政権獲得後、首相などの要職を独占し、独裁体制を確立した。エチオピア併合を機にナチス・ドイツと結び、第二次大戦に枢軸側として参戦。だが、戦況悪化で国内に反乱が起き四三年七月に失脚。一時、ドイツ軍の支援を受けたが、パルチザンによって捕らえられて、四五年四月二八日コモ湖畔のドンゴで処刑された。五三歳。

（注19）［駐イタリア大使］　白鳥敏夫のこと。一八八七年～一九四九年。千葉県生まれ。東京帝大卒後、外務省入り、三〇年情報部長となり、省内革新官僚を代表して軍部と提携、強硬外交を主張。三八年。イタリア大使に。ドイツ大使大島浩とともに、松岡洋右外相の下で日独伊三国同盟締結（四〇年）に活躍。戦後、A級戦犯として、極東国際軍事裁判（東京裁判）で終身刑で服役したが、一九五五年に釈放され、一九七五年に病死。

（注20）［文書では示されていますが］　東郷外相はヒトラーが大島駐独大使に語った「ドイツはアメリカに宣戦する」との情報の確認を急いだ。一二月二日にはリッベントロップ外相は「喜んでドイツはアメリカと戦う」というドイツ政府の考えを表明した。（カール・ボイド著『盗まれた情報』原書房）

（注21）［三国間での三ヵ国条約］　一九四〇年九月二七日、ベルリンで調印された日本、ドイツ、イタリア三国の軍事同盟を指す。三七年に共産主義に対する防衛を目的としたこの三国によって調印された、日

独伊防共協定を強化したもので、ドイツとイタリアは日本のアジアにおける行動を認める一方、日本は米英両国を牽制する相互援助が主な内容。反ソは主要な対象ではなかった。日独伊三国の敗戦により、三国同盟は崩壊した。

（注22）［近衛グループ］　近衛文麿の政治力に期待して、近衛を盛り立てていくことを目的とした側近のグループ。第一次近衛内閣成立直後から、朝、食事をとりながら開かれた勉強会「朝飯会」に集まった人たちを指す。関連事項として、本書六六ページ（注10）参照。

（注23）［ソ連とドイツの戦いに関するヒトラーの誤算］　ヒトラーは「ドイツがバルバロッサ作戦（ナチス・ドイツによる対ソ電撃侵攻）を発動すれば、ソ連という国は二、三ヶ月で消滅してしまうだろう」と、独ソ戦の勝利を信じて疑わなかった。しかし、一〇〇〇マイル（一八〇〇キロ）に及ぶ戦線で自軍兵力を散開した結果、ソ連軍を徹底的に打ち負かすだけの決定的な戦力が不足。さらに反攻に転じたソ連軍の物量作戦に加え、厳しい「冬将軍」の到来によって、精鋭をもって鳴ったドイツ軍も、敗退に追い込まれてしまった。独ソ戦の推移は、情報統制の厳しい東京拘置所で、死刑を待つ身の尾崎秀実やリヒアルト・ゾルゲにも、伝わってきた。尾崎は独ソ戦開始直後から、「私は密かにドイツが重大なる誤算をしたのではないかと思いまして」（『尾崎秀実の手記（二）』と述べていた。ならば、ドイツの誤算の根拠はどこにあったのか？尾崎によれば、「それはソ聯赤軍の軍事的力量を過小評価したというよりは、寧ろソ聯邦社会の結合力を過小評価したということが適切であろうと思われます」（同）と断定。「恐らくドイツが本年度内に戦線から脱落するであろうと思うことを敢えて申したいのであります」（同）と、ドイツの敗戦が間もないことを予測した。ドイツが連合国に無条件降伏したのは、尾崎の『手記（二）』が大審院刑事部に提出されてから、一年二ヶ月後の四五年五月八日であった。

（注24）［トロイの木馬戦術］　紀元前一二世紀、ギリシャ人がトロイを攻撃した戦術にあやかって「トロイの木馬戦術」といわれた。

（注25）［ジャパン・アドバタイザー社］　アメリカ人R・メイクルジョンが一八九〇年、横浜で創刊した日刊の英字新聞。のちに社屋を東京に移転した。創刊当初はその名の通り、広告と船舶発着表を掲載す

るだけで、ニュース記事はなかった。しかし、その後編集陣を強化して日常のニュースを載せるようになった。このため、とくに東京、横浜の外国人社会で部数を伸ばした。大正時代にはロンドン、ワシントン、北京にも特派員を置く有力紙に。三〇年代の日本ではジャパン・タイムズ、ジャパン・アドバタイザー、ジャパン・クロニクス、マイニチなどの有力紙がしのぎを削ったが、四〇年五月、ジャパン・タイムズに吸収合併された。

（注26）［ミス・リー・ベネット］ 女性米国共産党員。ソ連赤軍四部が上海に立ち上げた軍事諜報機関「レーマン（またはジム）・グループ」は、当初、機関長のレーマンと助手役の白系ロシア人無線技師コンスタンチン・ミーシンの二人でスタートした。上海と中国各地およびモスクワとの無線通信網の整備に伴って、レーマン・グループの任務は多忙となった。モスクワからベテラン無線技師マクス・クラウゼンがレーマン・グループに加わるが、ベネットも臨時の応援として米国共産党から上海に派遣された。レーマンは無線暗号に関して知識のなかったベネットを特訓して、通信文の暗号化と解読法を教えた。一九二九年七月ごろ、ハルビン・グループがモスクワなどとの交信に使う無線機を在ハルビン米副館事ティコ・リリーストロームの自宅設置して上海に帰任したころには、ベネットの暗号無線関係の業務能力も向上して、クラウゼンと対等に通信文の受発信のやり取りができるようになっていた。ベネディクトは本党本部の指令で同年十一月ごろ、大連経由でモスクワに向った。

（注27）［レーマン］ ソ連機関員。上海で活動したレーマン・グループの責任者。詳細は本書四六八ページ（注72）参照。

（注28）［ベネディクト］ ソ連赤軍参謀本部第四部がハルビンに設けた軍事諜報機関「ハルビン・グループ」の機関員。イタリア人。一九三〇年前後、赤軍第四部から上海に派遣されたレーマン（またはジム）は、上海と中国の他地域およびモスクワとの無線通信連絡網の確立を急いでいた。のちに日本でゾルゲ機関の無線技師として活躍するマクス・クラウゼンがモスクワと交信する無線設備を現地に設置をするため、二九年七月にハルビンへ行くが、そのときベネディクトが連絡役となってクラウゼンの面倒を見た。ベネディクトはクラウゼンがハルビンで無線機を設置するとき、アンテナなどの購入を手伝った。クラウ

ゼンはベネディクトが引き合わせたハルビン・グループの諜報団長オット・グリューンベルクの橋渡しで、在ハルビン米領事館副館事ティコ・リリーストリームの自宅に無線機を設置した。

(注29)［オット・グリュンベルク］ ソ連赤軍参謀本部第四部から派遣されたハルビン諜報団の団長。在ハルビン米副領事ティコ・レ・リリーストロームと親交を深め、リリーストロームは公邸の二部屋を提供、同時に情報まで与えていた。一九三二年、モスクワへ引き揚げた。関連事項として、本書一四四(注39)参照。

(注30)［リリーストローム］ ティコ・L。在ハルビン米領事館副領事。詳細は本書四六八ページ(注76)参照。

(注31)［アームストロング式セット］ エドウィン・ハワード。一八九〇〜一九五四年。米国の電気工学者。無線技術を研究し、周波数変調方式(FM)を考案した。また、再生回路などを発明して、ラジオ受信機の改良に貢献した。クラウゼンが使ったアームストロング式無線通信機は、レーマンが使っていた旧式のものより、性能がはるかに優れていた。

(注32)［ヒムキ］ ソ連の諜報要員を養成するための極秘の施設がある地名。モスクワ・シェレメチェボ空港からモスクワ市街に向かう国道の右手に入ったところにあった。表面はスポーツ施設のように偽装されており、奥には中国人専用に作られた無線通信士養成の教育施設などがあった。

(注33)［ヌーラン事件］ スイスの共産党員で、「コミンテルンから極東局(上海)組織部長として派遣されたヌーラン(本名 ルュッグ)夫妻が、一九三一年六月一五日、治安妨害容疑で上海市警察に逮捕された事件。ヌーランは表向き、汎太平洋労働組合(PPTUS)書記員の地位にあったが、ヌーランは色々な名義を使っていくつもの家を借りており、家宅捜査の結果、大量の共産党関係の文書と、極東の共産党活動に関連した外国語文書が多数発見・押収された。夫妻の身柄は、南京国民党軍事務局に引き渡されて、同年一〇月、軍事裁判に付され、夫は死刑、妻は無期懲役の判決が下った。関連事項「ヌーラン擁護委員会」について、本書一三九ページ(注31)参照。

(注34)［鬼頭銀一］「宮城与徳の手記」に米国共産党日本人部の指導者として、鬼頭某と名前が出てくる。鬼頭は、ゾルゲと尾崎を引き合わせるために、米国

共産党から上海に派遣された。彼は宮城の前任者というべき人物で、一九二八年から三一年まで、満鉄の下請け会社の「国際運輸上海支店」に勤めていた。三一年に治安維持法違反容疑の木俣豊次を匿《かくま》った容疑で検挙され、懲役二年、執行猶予三年の刑を受けた。神戸に帰って鬼頭ゴム商会を経営した。一九三七年に南洋群島のペリリュー島に一家転住し雑貨商を営むが、茹《ゆ》で小豆《あずき》の缶詰の食当たりで急死。謀殺とも言われている。ペリリュー島への移住には尾崎秀実《ほつみ》の援助があったという家族の回想がある。

（注35）［姜《きょう》］ 上海におけるゾルゲ・グループの協力者。広東人。スメドレーが親しく付き合っていたチュイ夫人がゾルゲに紹介した。姜《きょう》は広東に住み、華南の軍事、経済上の情報をゾルゲに提供した。

（注36）［ハロルド・L・イッキーズ］ 米国の政治家。フランクリン・ルーズベルト大統領時代の内務長官。ニューディーラー中、最も異色の人物で、アグネス・スメドレーを左翼と知りながら、擁護した。ルーズベルトの死後、反共派の副大統領トルーマンが大統領となり、意見が合わずに辞任した。

（注37）［祀《まつ》らせでもしてですね］ スメドレーは生前に、中国革命の軍事指導者である朱徳の生涯『偉大なる道』を完成させようと努力した。スメドレーの死後結局未完のまま遺されたが、一九五五年岩波書店から上下二巻の単行本が初めて出版された。スメドレーは遺言で「全財産と印税の全て」を朱徳に寄贈した。彼女の遺骨は中国共産党首脳の手で、北京西郊八宝山革命公墓に葬られた。

（注38）［ロバート・モース・ロベット］ 第二次大戦中のルーズベルト米国大統領時代、国防長官特別補佐官を務めた。戦後、国務副長官となり、マーシャル国務長官の下で、欧州復興援助の「マーシャルプラン」作成に尽力した。その後、国防長官になった。

（注39）［東京のＧ２］ 戦後、日本を占領・統治した連合国軍最高司令官総司令部（ＧＨＱ）の参謀第二部（Ｇ２）を指す。主たる任務は、情報・治安などに関する占領行政を司どった。Ｇ２部長はウイロビー少将。

（注40）［プレイン・トーク］ 英語表記はplain talk。率直に語り合うという意味。ルーズベルト米国大統領は率直に話をすることで有名であった。ジャーナリストを身辺に集めて行われた対話は「炉端談話」（a fireside chat）と言われた。「プレイン・トーク」は、これに倣った雑誌名。

（注41）［ウイテカー・チェンバース事件］　米国共産党の秘密組織の責任者だった。原爆製造の機密漏洩《ろうえい》事件で、元米国国務省高官のアルジャー・ヒスを陥れる証言をしたことで、全国的に汚名を知られることになった。彼は、スターリン粛清に幻滅を抱き、一九三八年脱党（失踪）した。一九三九年には、友人のために『偽装したアメリカ人』という論文を書き、その中で「挑発されるならば米国共産党の非合法組織の責任者、官庁組織の中の地下組織を明らかにする用意がある」と警告した。

（注42）［アンナ・ルイーズ・ストロング］　米国の著名なジャーナリストで、シカゴ大学で哲学博士号を取得。ロシア革命で社会主義に目覚め、一九二一年にソ連を訪問した。ソ連共産党員と結婚し、モスクワに三〇年間滞在し、英字新聞「モスクワ・デイリー・ニューズ」を発行した。一九二五年に中国を訪問。次いで四六年、毛沢東と会見し、毛沢東の「すべての反動派は張り子の虎である」という発言を報道した。四九年にスパイ容疑でソ連を追放になり、いったん米国に帰国後、中国に渡り、新中国の紹介に努めた。ウィロビー著『赤色スパイ団の全貌』には「一九四九年非米活動調査委員会第五報告書」に「アメリカにおけるモスクワ要員表のメンバーに書き加えられている」と書かれている。

（注43）［中国八路軍］　中国を侵略した日本軍を撃滅するための国共合作によって、抗日民族統一戦線が成立。華北の陝西省北部にあった四万五〇〇〇の労農紅軍が国民党政府軍事委員会の指揮下に入って、国民革命軍第八路軍と改称した。総司令朱徳、副総司令彭徳懐の下で、一一五師（林彪師長、聶栄臻政治委員）一二〇師（賀竜師長、関向応政治委員）、一二九師（劉伯承師長、鄧小平政治委員）の三個師団で編成された。抗日戦争中は、華中で戦闘した新四軍とともに、中国共産党が指導する正規軍であった。一般には「八路」の名で親しまれ、中共指揮下の全軍隊の代名詞のようになった。

（注44）［カール・ラーデク］　父称はベルンガルドビチ。ロシアの一九〇五年の革命中にワルシャワで逮捕され、のちドイツに移り、ドイツ社会民主党（SPD）で活躍した。一九一七年、ドイツ経由の封印列車でペトログラードに帰還するロシアの革命家に加わったが、ロシア臨時革命政府は彼の入国を拒否した。一九二〇年、ソ連に帰り、コミンテルン書記、常任幹部会員となり再選されたが、一九二三年にトロッ

キー派を支持したため、その後コミンテルンの指導機関から解任された。一九二六年にコミンテルンは彼を孫逸仙大学の学長に任命したが、一年後の一九二七年に党から追放、二八年に流刑。一九二九年に自己批判して再入党するも再び追放され、三七年に公開裁判で一〇年間の刑を受け、一九三九年獄死した。

（注45）［ニコライ・ブハーリン］　父称はイワノビチ。一八八八年にモスクワの教師の家に生まれた。一九〇六年ボリシェビキ派に入党。一九〇七年モスクワ大学に入学。二度の逮捕のあと、一九一〇年に流刑になる。翌一一年に逃亡し、一九一二年にレーニンと出会い、活動を開始し、一九一四年オーストリアで逮捕され、スイスに追放になった。さらにスウェーデンで、再び逮捕された。一九一七年の二月革命のときモスクワに帰国。ボリシェビキ党第六回大会で中央委員となる。ブレストリトフスク講和条約の際には、レーニンに反対する左翼の代弁者であった。一九一九年から二八年に至るコミンテルン議長としての傑出した経歴を誇り、一九二八年のコミンテルン第六回世界大会で決定されたコミンテルン綱領の起草者だった。ブハーリン起案のこの綱領は、スターリンによって大きく直された修正案が大会で決定された。レーニンの死後スターリンと組み、世界革命を主張するジノビエフ、カーメネフの左翼反対派、それにトロツキーも加わった合同反対派と激しく闘った。一九二八年スターリンから「右翼的偏向」の攻撃が加えられ、一九二九年にコミンテルンの総ての役職から解任され、一九三三年には「イズベスチヤ」紙の編集責任者になり、中央委員に選出されたが、一九三七年に弾劾され、公開裁判で死刑を宣告され、銃殺された。一九八八年に、党籍回復。

（注46）［アグネス・スメドレーの年表と歩み］　ここに書かれているアグネス・スメドレーの年表と歩みは、なぜかスメドレーの自伝的著書『女一人大地を行く』や、スメドレーの伝記作家ジャニス・マッキンノン、スティーブン・マッキンノン共著『アグネス・スメドレー　炎の生涯』（筑摩書房）とは、多くの点で相違がある。例えば、「アグネス・スメドレーは一八九四年にスメドレー夫妻の五子の最年長」の箇所は、同書では「一八八二年二月二三日」であり、「一番目の子」となっている。

（注47）「八月二五日に結婚」　アーネスト・W・ブルンディンと結婚したのは、八月二五日ではなく、二四

日である。

（注48）［サリンドラナト・ゴース］ 一九一七年、サンフランシスコに密かに住んで、国際的基盤でインド国民党を設立する考えを持った。国外でインドの権益を代表する亡命政府を設立することだった。当時のゴースはマルクス主義を信奉し、ロシアのボリシェビキ革命に光明を見いだしていた。第一次世界大戦をはさんで、植民地独立を志すインド人たちに対する弾圧は、過酷なものがあり、英国、米国は当然、厳しい監視を怠らなかった。

（注49）［五月七日に釈放された］『炎の生涯』によると、「スメドレーはスパイ法により起訴され、産児制限の情報をまき散らして、地区の条例に違反したことも告発された。二人はマンハッタンのトゥームズ刑務所に収監され、スメドレーの保釈金は一万ドル、ゴースは二万ドルとされた。一九一九年の夏、保釈金が用意できて、スメドレーは釈放された」。しかし、保釈されたものの、法廷闘争は続いていた。一〇月になると、再び投獄されている。

（注50）［ベルリンに向かった］ この年月も投獄の体験を基にし、スメドレーが最初に著した『監獄の仲間たち』の掲載月日から推測すると、事実関係は異なるようだ。『炎の生涯』から要約すると、一九二〇年の夏、スメドレーは欧州に行って、世界革命の展開を自分の眼で確かめようと考えた。海外でのジャーナリストとしての自分の腕を試してみたかったのだ。ニューヨークで彼女とゴースの起訴は未決だったので、パスポートなしのまま出発することにした。「一九二〇年一二月一七日、彼女は一〇〇ドルを借りて、ポーランドの貨物船に女給仕として乗り込み、ヨーロッパに旅立った」とある。

（注51）［彼等が結婚することはなかった］ スメドレー自身は『中国の歌ごえ』の中で、次のように書いている。「ビレンドラナーハは、非合法のインド独立運動の縮図のような人だった。彼は私より二〇歳近く年上でサーベルのように鋭く、容赦のない心の人だった」「私が彼を愛したのか否かは、本当のところはわからない」と書いている。『炎の生涯』には「スメドレーの結婚が破綻しはじめたのは間もなくのことだった」と書かれている。

（注52）［ホテル・ルックス］ モスクワのトゥベール通り（旧ゴーリキー通り）一〇番地にある著名なホテル。現在はホテル・ツェントラリヤ（中央）と改称。一九二〇～三〇年代、コミンテルン（共産主義イン

タナショナル）関係者の専用ホテルだった。各国共産党幹部で、コミンテルン本部に勤めていた人々や、各国から出張でやってきた共産主義者たちが、宿舎として利用した。その中には、ディミトロフ、ホーチーミン、チトー、トリアッティ、周恩来、ウルブリヒト、ゾルゲたちがいた。日本の革命家片山潜は、このホテルに住んでいた。

（注53）［ドイツ歴史協会誌に発表された］　スメドレーのインドに関する著作は「国際政治の中のインド」で、この長い論文は当時、ドイツの最も権威のある雑誌『ツァイトシュリフト・フューール・ゲオポリティーク』（地政学雑誌）の一九二五年六月号に掲載された。論文掲載の便宜をはっかてくれたのは、雑誌の創刊者のカール・ハウスホーファーであった。彼は、学位をとるつもりであるならば、ベルリン大学での一年間の学費の面倒をみてもよいと言った。ハウスホーファーは、インド独立運動家との接触にスメドレーが役立つと見ていた。

（注54）［最初の小説、『大地の娘』を書いた］　邦訳出版は一九三四年に白川次郎（尾崎秀実）訳『女一人大地を行く』（改造社）が最初だった。

（注55）［ハロルド・アイザックス］　一九三一年六月一五日、コミンテルン極東局の組織部長ヌーランが上海市工部局警察に逮捕されたとき、ハロルド・アイザックスは「ヌーラン擁護委員会」の上海支部長になった。欧米では、彼の著書『中国の悲劇』は、中国革命に関する古典的著作といわれている。初版は一九三八年にロンドンで刊行され、その後一九五一年、米国のスタンフォード大学から改訂版が出された。日本語版は一九七一年に鹿島宗二郎訳『中国革命の悲劇』（至誠堂、一九七一年）として、刊行されている。

（注56）［蔣介石］　一八八七〜一九七五年。中国の軍人出身の政治家。浙江者の生まれ。日本の陸軍士官学校卒。孫文死後の国民党で実力を伸ばし、北伐をへて南系政府と国民党の実権を掌握し、反共独裁化した。西安事件で国共合作に同意したが、日中戦争中再び反共路線を強めた。戦後、国共内戦に敗れて、一九四九年台湾に移り、中華民国総統となった。

（注57）［『中国共産軍の行進』］　日本語訳は、櫻井四郎訳『死の谷を行く』（一九五二年、ハト書房）中理子訳『中国紅軍は前進する』（一九六五年、東邦出版社）

（注58）［エドガー・スノー］　アメリカの最も優れたジ

ャーナリストの一人。早くから中国革命の歴史証言者として、中国を舞台にして、多くの報告を世界に向けて発信してきた。エドガー・スノー著作集の第一巻に収められた『極東戦線』は、一九三二年から三四年にかけての満州や、ゾルゲとスメドレーや尾崎が上海でめぐり合った時代の革命と反革命の実相を、的確にとらえている。この作品は、スノーがまだ無名の記者だった二七歳のときに書いた。続く第二巻『中国の赤い星』は、一九三六年に延安に初めて入った外国人記者としての目を通して、中国共産党の活動と民衆の固い絆《きずな》の中に中国の未来を見つめ、世界にその状況を伝えた著作として、スノーの名は、一躍世界の注目の的になった。

（注59）［ニム・ウエールズ］　本名はヘレン・フォスター。一九〇九年に生まれた。エドガー・スノーの夫人としても有名。のち離婚した。スノーとともに、中国近代史の転回点となった西安事件の直後に延安に入り、取材した作品が『中国革命の内部』（一九七六年　三一書房）であり、その表題には「続西行漫記」と記されている。スノーの『中国の赤い星』の中国語訳が『西行漫記』だったので、その続編の意味である。双方ともにルポルタージュとして、第一級の作品である。

（注60）［野澤房二］　上海の東亜同文書院教授・学生監。一九〇七年、神戸市御影で生まれる。神戸一中から第三高等学校に進学。一年先輩の名和統一（のちの大阪大学教授）の影響で、左傾化。三〇年に三高卒業後、神戸商工会議所に勤務し、そのときのちの首相近衛文麿と知り合い。近衛の勧めで上海の東亜同文書院教授に。翌三一年夏、ヌーラン事件に絡んで、特高によって検挙。当時は、石綿とセメントの国内生産の九〇パーセントを占める軍需会社の社長だった。野澤は凄惨な拷問に耐えて、容疑を否認。拘留が長期に及んで、軍需生産に支障をきたしたため、陸軍が特高に圧力をかけて、四三年九月、一〇カ月振りに釈放された。ヌーラン事件による検挙関連事項については、本書四七二ページ（注1）参照。

（注61）［周恩来］　本書二〇一ページ下段の該当本人の記述参照。

（注62）［朱徳］　本書二〇一ページ下段の該当本人の記述参照。

（注63）［彭徳懐］　本書二〇一ページ下段の該当本人の記述参照。

（注64）［林彪］　本書二〇二ページ上段の該当本人の記

述参照。

（注65）［毛沢東］　本書二〇一ページ下段の該当本人の記述参照。

（注66）［ウォレス］　ヘンリー。一八八八〜一九六五年。米国の政治家、農場経営者。一九一〇年、アイオワ大学卒業後、祖父が創刊した農業雑誌の編集長となり、農場も経営した。米国の著名な社会学・経済学者ベブレンらの影響を受けて、修正資本主義者となる。フランクリ・ルーズベルト米大統領の農業政策のブレーンとなり、農務長官、副大統領、商務長官などを歴任。ルーズベルトのニューディール（新規蒔き直し）政策の熱心な支持者で、親ソ外交を主張し、リベラル左派から左翼までの統一戦線の支持の下に、進歩党より大統領選（四八年）に立候補したが、落選した。朝鮮動乱（五〇年）後は、反ソ派に転じた。

（注67）［ビリ・ミュンツェンベルク］　コミンテルンの活動家。一八八九年にドイツのエルフルトで生まれる。幼少時は靴職人として働くが、社会主義青年運動の闘士となり一四年初めにスイスの青年社会主義者同盟書記に。革命活動の罪で逮捕され、一八年にスイスから追放。一九年一一月に創立された共産主義青年インターナショナル（ＫＩＭ）書記に選任され、二一年に共産主義インタナショナル（ＥＣＣＩ）委員。二七年にドイツ共産党（ＫＰＤ）中央委員。ヒトラーの権力掌握後、反ナチス宣伝の出版社を起す一方、ファシズム犠牲者救済委員会、スペイン人民支援委員会などを結成した。第二次大戦勃発後、フランスで身柄を拘禁され、四〇年六月の休戦期間中、捕われの身となった捕虜収容所の木に絞首されている遺体が発見された。一方、二二六ページ下段ならびに二四九ページ下段では自殺したとされる。

（注68）［ラングストン・ヒューズ］　米国の詩人、短編作家、劇作家。ミズーリ州出身。コロンビア大学で短期間学ぶ。「クライス」誌などに詩を発表、ハーレム・ルネッサンスの若き詩人として有名。処女小説は『笑わぬでもなし』、戯曲に『混血児』、詩集に『ハーレムのシェイクスピア』など。

（注69）［中国における共産主義者の破壊活動に注目した］　中国共産党の創立は、一九二一年七月である。一九一六年には、組織化された共産主義者は中国にいなかった。共産主義者の破壊活動の多くは、単独またはグループによるもので、中国共産党とは関係がなかった。

（注70）［トム・マン］　一八五六年、英国に生まれる。青年時代は鉱夫、続いて機械工であった。英国労働組合運動で活動。九三年に独立労働党の創立に参加し、その書記長となった。一九〇一年から一〇年までオーストラリアに住み、労働組合活動を続けた。英国に帰国後、戦闘的活動を展開。一二年に逮捕され、六ヵ月間の投獄刑を受けた。第一次戦争中、国際主義と平和主義の立場をとったが、のちに共産主義に傾倒して、二〇年の英国共産党の創立に参加、同年一二月に英国の臨時プロフィンテルン・ビューローの議長に。二一年のプロフィンテルン大会で、その最高機関執行ビューロー委員となる。二八年の第四回プロフィンテルン大会で、執行ビューロー委員に再選、四一年に死去した。

（注71）［ジャック・ドリオ］　一八九八年に、フランスの労働者の息子として生まれる。若いとき社会主義青年運動に参加、共産主義派の宣伝活動家となった。一九二四年末、フランスで共産党下院議員に選ばれ、モロッコ戦争中、「フランス帝国主義」に反対する積極的なキャンペーンを指導した。三二年五月のフランス共産党第七回大会で、党中央委員に再選。書記長モーリス・トレーズとの対立は、モスクワ召還を招いた。しかし、これを拒んだため三四年に党から除名処分を受けた。三六年にフランス人民党（ＰＰＦ）を創立。年とともにファシズムとヒトラー・ドイツに対する脅威が高まり、四〇年のドイツによるフランス占領後、全面協力をするに至った。四四年夏のパリ解放とともにドイツに逃亡。反ボリシェビキ委員会の使命を帯びて活動中の四五年二月、連合軍に車を爆破されて死亡した。

（注72）［ローイ］　マナベーンドラ。一八八八年、インド・ベンガル地方のかなり裕福な家庭に生まれる。学生時代、英国の植民地支配に反対する民族主義党の援助活動に参加した。コミンテルン第五回、第四回大会で共産主義インタナシュナル執行委員会（ＥＣＣＩ）委員に選出。二九年一一月に「右派偏向」と告発され、コミンテルンから追放された。その後インド亡命者小グループを指導したが、秘密に帰国したインドで逮捕され六年間の投獄刑を受けた。三六年に釈放後、国民会議派に加わり、四〇年に急進民主党を創設した。五四年に死去。

（注73）［ヌーラン］　コミンテルン機関員。関連事項として一四一ページ（注28）、二六七ページ（注33）参照。

（注74）［ロシアでのケレンスキーが担っていた］　アレクサンドル・フョードロビチ。ロシア一〇月革命前の臨時政府首相。一九一七年の二月革命で帝政が倒れると、ロシアの権力は事実上、臨時政府とソビエトの間で二分された。臨時政府の首相となったケレンスキーは、ソビエトに集まったボリシェビキを弾圧した。一〇月革命で臨時政府が打倒されると、ケレンスキーは閣僚たちを残して自分だけ女装して米国大使館の車で逃亡。翌一八年フランスに亡命し、四〇年以降米国に住んだ。

（注75）［リオン・フォイヒトバンガー］　一八八四～一九五八年。ドイツの作家。若いころから革命詩を書き、ヒトラーのナチズムに最も勇敢に反抗した作家の一人。ヒトラーが政権を握った三三年に、フランスに亡命。その後、一時、モスクワに滞在。四〇年から米国に在住した。

（注76）［アルバート・アインシュタイン］　一八七五―一九五九年。ドイツ生まれの理論物理学者。一九〇五年特殊相対性理論・光量子論、ブラウン運動の分子運動理論を発表、いずれもその後の物理学に大きな影響を与えた。一六年には一般相対性理論を完成して、それに基づく重力理論・宇宙論を展開した。二〇年以降、重力と電磁気力との統一理の確立に努力した。一九二一年、ノーベル物理学賞受賞。三三年、ナチスの迫害を逃れて米国に亡命した。第二次大戦中、ドイツを打ち負かすため、ルーズベルト大統領に原子爆弾の開発・製造を勧告した。だが、広島、長崎に投下された原爆による大被害を知って、以後、原爆に反対し、熱烈な平和主義者として知られた。

（注77）［ヒス事件］　米国務省高官アルジャー・ヒスが戦後、「赤狩り」の犠牲になった事件。ヒスは一九〇四年、メリーランド州ボルチモアに生まれる。ジョン・ホプキンズ大学、ハーバード大学の大学院で法律を学び、米国務省に入り高官となった。一九四五年二月、ソ連のクリミアで同国の対日参戦の密約が行われヤルタ会談が開かれたとき、米国代表団の一員としてルーズベルト大統領に同行。その諮問に与《あず》かったことがある。同年五月、国際連合の第一回会議がサンフランシスコで開かれて、初代事務総長を務めた。公職の面で輝やかしい経歴があるが、米国共産党の秘密組織の責任者だったウイテカー・チェンバースの謀略によって、「ソ連スパイ」の汚名を着せられた。ヒスは連邦議会委員会で、チェンバ

ースに機密書類を渡したことを否認して、偽証罪で二度裁判にかけられ（一九四九年、一九五〇年）、この事件は米国内で大きな波紋を引き起こすが、二度目の裁判で有罪とされ、五年間の禁固刑を宣告された。釈放後、公職に復帰することはなかった。一九九二年に明らかにされたソ連公文書に記された事実は、「ヒスの無罪を証明している」と言われている。一九九六年に死亡。関連事項として、本書二六九ページ（注41）参照。

（注78）［宋慶齢］一八九二～一九八一年。中国の女性政治家。海南島（広東省）の出身。中国の革命家孫文夫人。宋美齢・宋子文の姉。日本に亡命中、孫文と結婚。孫文の死後、国民党左派に属し、蔣介石と対立。中華人民共和国成立とともに、国家副主席に就任した。

（注79）［引き続き数年間その解放に努めた］ベルリンから上海に戻ったばかりの孫文夫人は、色々な急進的な欧州の組織やグループから、ヌーラン事件への介入を要求したり、被告の解放を要求する一連の電報を受け取った。こういった電報の中には作家や、ドイツの芸術家や、法律家からのものがあった。共産党国会議員のクララ・ツェトキン（一九三三年六月末にソ連で死亡）、英国下院労働党員グループ、スペインの作家、芸術家、知識人たち、反帝国主義連盟中央委員会、国際労働者救援機構中央委員会、ロマン・ローラン、アンリ・バルビス等々である。

（注80）［劉少奇］中国の政治家。一八九八～一九六九年。のちの中国国家主席。文化大革命で党籍を剥奪されたが、死後一九八〇年に名誉回復。

（注81）［中国共産党］中国の政党。一九二一年。李大《りたい》釗《しょう》や陳独秀らが上海で結成した。中国国民党との提携・分裂をへて、三一年毛沢東指導の下で、江西省瑞金に中華ソビエト共和国を建設したが、国民党の弾圧を受けて、延安（陝西省）に根拠地を移動。西安事件後、第二次国共合作による抗日統一戦を結成。毛沢東の新民主主義論を採択して思想統一と党勢拡大に努め、八路軍、新四軍を擁して抗日戦を戦った。第二次大戦後、国民党との内戦に勝ち、四九年一〇月に中華人民共和国を建国した。

（注82）［バートランド・ラッセル］英国の数学者・哲学者。一八七二～一九七〇年。ホワイト・ヘッドとの共著『数学原理』で記号論理学を集大成し、論理学によって数学を基礎づけた。とりわけその理論分析の方法は、現代分析哲学の出発点となった。社会

評論にも健筆を振い、核兵器の廃絶運動やベトナム反戦運動などにも尽力した。

（注83）［共産前線・反戦・反ファシズム米国連盟］一九三二年設立の反戦・反ファシズム世界委員会は、ソ連に対する一切の侵略者に反対する世論をあやつり、不干渉平和主義の推進を目指した。米国連盟はその下部機関。参加者の多くは共産主義者ではなかった。

（注84）［国民党］中国国民党の略称。一九一九年、孫文が中華革命党を改組・改称して組織した中国の政党。孫文が唱える「三民主義」を綱領とした。孫文没後、蒋介石が台頭して北伐を遂行。反共に転じて、南京に国民政府を樹立。第二次大戦後、中国共産党との内戦に敗れて、四九年に蒋介石らは台湾へ逃れた。

（注85）［胡適］中国の文学者・思想家・教育行政家。一八九一～一九六二年。字は適之。米国で哲学者デューイに学ぶ。一九一七年に口語による文学を提唱。新文化革命の指導者の一人となる。第二次大戦中は駐米大使。のちにマルクス主義に反対し、伝統思想擁護の立場に移る。中華人民共和国の成立（四九年十月）で、米国に亡命。台湾で没。著書に『中国哲学史大綱』など。

（注86）［林語堂］中国の作家・言語学者。一八九五～一九七六年。福建省竜渓の人。本名は和楽、のち玉堂、さらに語堂と改名。欧米に留学後、北京大学などの教授。雑誌『人間世』『論語』などを魯迅の実弟周作人とともに、小品文やユーモアを提唱した。一九三六年に渡米し、英文で中国文化を紹介した。著書に『北京好日』など。

（注87）［蔡元培］中国の思想家・教育家。一八六六～一九四〇年。紹興（浙江省）の出身。字は鶴卿。号は民。清末の革命運動に参加。中華民国成立後は初代教育総長、北京大学校長などを歴任。文学革命や五・四運動を支援した。著書に『中国倫理学史』など。

（注88）［リットン視察団］一九三一年九月一八日、満州事変が起きると、国際連盟は翌三二年一月英国の政治家ビクトル・アレクサンドル・リットン卿を団長とし、米仏独伊各国から成る調査団を現地に派遣、満州を巡る日本と中華民国間の紛争の実情を調査させた。調査団は同年一〇月、満州事変を日本の侵略と断じて、満州国を日本の傀儡《かいらい》国家と決め付けたが、日本の満州における権益を認め、日中間で満州に関

する新しい条約の締結を勧告するなど、妥協的な結論を打ち出した。

（注89）［国際連盟］　第一次大戦後、国際間の協力によって国際平和を維持する目的で、米国大統領ウィルソンの提唱によって、一九二〇年一月一〇日に創設された国際機構。本部はスイスのジュネーブに置かれた。創立当初の一〇年間は、国際協力面でかなりの成果をあげた。しかし、三〇年代から日独伊三国の侵略的行為に対して、有効な対策・措置をとることができずに、弱体化して行った。日本はリットン報告書の公表に強く反発。連盟臨時総会に提出された解決策が、リットン報告書と同じ趣旨で満州国を否認したため、三三年二月二四日の投票の結果解決策が四二対一、棄権一で可決されるや否や国際連盟を脱退した。参加国は多いときに五八カ国にのぼったが、日本に続いて独伊両国も脱退したため、その数は減って行った。米国は独自の「孤立主義」に基き、最後まで未加盟であった。戦後の四六年四月、解散、代わって現在の国際連合が発足した。

（注90）［孫文］　中国革命の指導者・政治家。一八六六～一九二五年。広東省香山の人。字は逸仙。号は中山。初め医師となったが、革命運動に入り、一八九四年興中会を組織。一九〇五年、東京で中国革命同盟会を結成して、「三民主義（民族主義、民権主義、民生主義）」を綱領とした。辛亥革命（一九一一年）で臨時大統領に就任後、政権を袁世凱に譲ったが、その独裁化に抗して、第二革命を開始。二五年中華革命党を中国国民党と改組して、国共合作を実現。革命推進のために広東から北京に入ったものの、病死。著書に『三民主義』『建国方略』など。宋慶齢は夫人。

（注91）［この東洋における惨事の主たる要因］　この見方は、米国の偏見である。一九四九年一〇月の新中国の成立（中国革命）は、上海中心の「赤の陰謀による」という史観は、必ずしも客観的とは言えない。第二次大戦後の中国の超インフレ、中国国民党の政・軍の腐敗による人心の離反の方が、「赤の陰謀」よりも大きな要因であったと言えよう。

【証言の分析】吉河光貞検事報告と事件関係者の証言

渡部富哉

はじめに

日露歴史研究センター代表白井久也氏は、一九五一年八月米国下院非米活動調査委員会で行われた、ゾルゲ事件に関する吉河光貞検事に対する聴聞の全記録を入手した。その存在はかねてから知られていたが、日本でその内容が紹介されるのは初めてのことである。この機会に、これまで日本のゾルゲ事件研究者にもあまり知られていない事件関係者の証言を掘り起こして紹介することは、今後の研究に多少とも益するところがあると考える。

GHQによるゾルゲ事件調査の開始

戦後、日本を占領した連合国軍最高司令官マッカーサー元帥とともに、日本に上陸したウィロビー少将(連合国軍最高司令官総司令部(GHQ)参謀第2部長)は、政治犯釈放指令(いわゆる一〇月四日の「人権指令」)によって、マクス・クラウゼン(秋田刑務所収監)が一〇月九日、彼の妻アンナ・クラウゼン(栃木女子刑務所収監）が一〇月七日に釈放されたことを、自分と対立していたE・R・ソープ准将率いる民間諜報部（CIS）発行の活動報告『情報月報』で知った。

クラウゼンは、逮捕当時、体重は一七六ポンド（八〇キロ）あったが、秋田刑務所に収容されたときは九九ポンド（四五キロ）しかなかった。釈放直後、心臓病と脚気の治療のために秋田赤十字病院に入院した。政治犯釈放指令の現地調査にやって来た対敵諜報部隊（CIC）のウイリアム・B・シンプソンの事情聴取を初めて受けた。面会は一〇月七日に行われた。シンプソンは同一八日、クラウゼンに関する長文の報告書を作成した。

クラウゼンは欧州、中国、日本で情報活動に従事していたことをこの係官に伝えた。クラウゼンは何度か陸軍に服務し、ドイツ商船にも乗船した経歴を持つ組合活動家で、ドイツ共産党の軍事組織「赤い戦線」のメンバーでもあり、共産主義の政治活動に従事していた。ソ連の諜報組織に加わり、米国領事館の職員の助けを借りて、ソ連の諜報部員が利用していたハルビンのラジオ局に潜り込み、偽名で米国を旅行し、東京のある民間会社をソ連諜報活動の前線基地として利用していた。ドイツ語、ロシア語、中国語、日本語を話し、民間人の身分だが、赤軍の「少佐」に準ずる給料と、特権を与えられていた、と語った。（ウイリアム・B・シンプソン著『特権諜報員』現代書館）

ソ連大使館の手引きで国外脱出したクラウゼン夫妻

シンプソンの報告書の提出後、クラウゼンは東京に移送された。クラウゼンは、自分の弁護士だった浅沼澄次を通じて、妻のアンナと連絡がとれた。だが、米軍の追及の手がのびたことを察知したクラウゼン夫妻は、在日ソ連大使館の手を借りて、ひそかにウラジオストクへ脱出した。米軍によるゾルゲ事件の追求は、このときから始まったのである。

戦後、政治犯釈放を積極的にすすめたのは、民間諜報局（ＣＩＳ）部長のＥ・Ｒ・ソープ准将だった。彼はのちに非米活動調査委員会に喚問された中国問題の研究者オーエン・ラティモアの証人になっている。その配下のＴ・Ｐ・ディビス中佐はクラウゼン夫妻を釈放すると同時に、ゾルゲ事件の調査を開始し、日本の司法省刑事局の「ゾルゲ資料（１）〜（２）」を入手し、それに基づいて一九四六年春に作成した報告書を、ワシントンに送った。

この報告書はさらに民間諜報局のＨ・Ｔ・ノーブル博士によって詳細にまとめられ、一九四七年一二月一五日に「ゾルゲ・スパイ団―極東における国際諜報の一例の研究」として「民間情報部紀要」（第一二三号）に掲載された。またこの報告は原爆スパイ事件の教材として、米国陸軍の情報将校に対する訓練の教本として関係部署に配布され、米国議会記録にも採録されている。一九四六年のディビス報告以来、東京駐在の米特派員はその公表を執拗に求めたが、米陸軍省は「諜報の技術を公開することになる」と言い、頑として許可しなかった。

ＣＩＣの防諜教材に使われるゾルゲ事件

吉河光貞検事はこれに関連して、「外国人は絶対に入れない対敵諜報部隊（ＣＩＣ）の学校に行ったら『ゾルゲ事件はＣＩＣの学校の教材として防諜の教科書にしている』と学校長が語った」と、びっくりした感想を述べた。さらにゾルゲの諜報活動に関しては、「普通のスパイ活動ではなく、軍事、外交の機密を技術的な面を使うが、情報活動の最終の目的は明日を予言することです。過去を知ったり、現在を見ることではない。ひとつの予測をするには、予めそれについての詳細な情報を準備し、最後の結論について目標の人物にぶつかって打診する。その結論として、『イエス』『ノー』を引き出す。さらに一歩進んで、積極的な内容を引き出すという非常に巧妙な活動です。押収されたゾルゲの証拠品のなかには、ジャーナリズムの立場から彼が書いた『日本の近代外交史』のタイプ打ちした草稿が、みかん箱一杯分あった。（戦災で焼失）日本を徹底的に研究し、それによって得た知識を土台にして諜報活動をやったのだ」（雑誌『法曹』一九七二年一一月号）と、ゾルゲの諜報活動が従来のそれと全く異質な点を吉河は指摘している。

国際政治の舞台でゾルゲ事件が華々しい駆け引きの道具となったのは、極東国際軍事裁判（東京裁判）の法廷だった。駐独大使大島浩の弁護で喚問されたフォン・ペータスドルフ証人が、ゾルゲ事件に触れた発言をし、それに対して大島担当のカニンガム弁護人が反対尋問をしようとしたときのことだ。ウエッブ裁判長とソ連のワシリエフ検事との間で激しい論戦が展開、ワシリエフ検事がモスクワの日本大使館から押収した河辺虎四郎武官の報告書などを提出して、ウエッブ裁判長に反論するなどの一幕もあった。法廷は「討議を却下する」決定をしたが、カニンガムはそれにもかかわらず尋問を継続しようと頑張った。「冷戦」はすでに始まっていたのである。

近衛内閣の書記官長をつとめた風見章は、国際裁判に関連してソ連検事に呼ばれ、ゾルゲ事件について尋問を受けたが、その際、風見は「伊藤律端緒説を述べた」と自ら語っている。（拙著『偽りの烙印』五月書房付録　伊藤律遺稿「ゾルゲ事件について」参照）非米活動調査委員会の公聴会の尋問者、F・S・タベナーは東京裁判のとき、キーナン首席検事の次席のような仕事をした人物で、日本に対する予備知識は十分に持っていたのである。

全文三万二〇〇〇語の『ウィロビー報告』発表の余波

一九四八年六月二五日、米国務省はベジル・スミス駐ソ米国大使の特別の要請によって、ゾルゲ事件調査報告の発表を希望するとの電報をマッカーサーに送った。モスクワ駐在の米国大使館員が諜報活動の容疑でソ連側から告発を受け、それに対抗する資料として発表が要請されたのである。ウィロビーは、この発表は必ず当該人物からの抗議を予想して、当該人物にたいする身元調査を米国連邦捜査局（ＦＢＩ）に依頼した。東京の参謀第２部（Ｇ２）は、七月一二日、ワシントンに対して「不用意の発表は思わぬ反撃を受けるから、十分に慎重を期すよう」に警告を発するとともに、主要証人とゾルゲ事件の被告の証言と一六枚の複写写真および証明書付翻訳文をワシントンに空輸した。

一九四八年一二月、ゾルゲ事件の全貌を明らかにした。それまで秘密扱いにされていた理由は、パール・ハーバー以前の諜報事件に数人のアメリカ人が関係しているために慎重を期したのだという。（ウィロビー『赤色スパイ団の全貌』東西南北社）

一九四九年二月一〇日、米国防総省が発表した「リヒアルト・ゾルゲのスパイ組織―極東の国際スパイ団の研究」と題する報告書（通称「ウィロビー報告」）は、全文三万二〇〇〇語に及ぶが、機密保持のためにいくつかの章がはぶかれていた。それにもかかわらず、ソ連で発表された著作によると、ゾルゲ諜報団の活動が歴史的に見ていかに素晴らしいものであったか、次のようにそれを高く評価する結論を下している。

「ソ連の大スパイ組織が、真珠湾攻撃直前に突如、日本で発覚した。おそらく、歴史上かってなかった、果敢かつ成功した組織であろう。緊張した八年間、この大胆かつ巧妙なスパイ機関は、日本において心の祖国ソ連のために働いたのだ。精力的な活動で大成功をおさめたこの機関は、全然疑われることもなく、覚られもしなかった。発覚したのは、失策したからではなくして、全くの偶然からである。ゾルゲはソ連に一九三三年から四一年まで、日本の軍事や経済の可能性や企てをことごとく伝えていたのである」(S・ゴリヤコフ、B・パニゾフスキー共著『「ゾルゲ」世界を変えた男』、原著は『ラムゼイの声』モスクワ労働出版、一九七六年)

米国の報道機関は米陸軍省の発表と同時に、この事件を大々的に取り扱った。国際的に著名な女性ジャーナリスト、アグネス・スメドレーが「ソ連のスパイ」と名指しされた。しかし、スメドレーも黙っていなかった。ワシントン発UP電によると、ニューヨークでスメドレーは「嫌疑は卑劣な虚構である」と言下に否定し、マッカーサーを告訴する構えをみせた。スメドレーの強硬態度に慌てたのは、陸軍省であった。発表後、わずか一〇日たって、陸軍省広報部のアイスター大佐は「このような報告書は現下の情勢では公表すべきではなかった。証拠が手元にないのに、スメドレー女史に関して述べられた書類を発表するのは米陸軍省の方針ではない。人間は、有罪の判決を受けるまでは、罪人扱いは避けなければならない」と神妙な態度を表明した。スメドレーはひとまず矛先を収めた。もっともここまでは前哨戦であって、軽いジャブの応酬だった。

ゾルゲ事件関係者の証言と資料の収集

面目を失墜したウィロビーは、軍人の特権を放棄してあくまで闘う強硬な姿勢を示すとともに、対抗措置としてゾルゲ事件関係者の証言と資料の収集に乗り出し、日本政府に命じてゾルゲ事件の資料を集めさせることにした。日本政府は「東京にあった資料はすべて戦災で焼失した」と回答した。事件関係者が個人的に持っている資料を収集するよりほかなかった。だが、ウィロビーはやがて山梨県甲府市に資料が密かに保存されていることを突き止めた。（チャルマーズ・ジョンソン『尾崎・ゾルゲ事件』弘文堂新社）

ゾルゲ検挙の指揮をとり、直接取り調べた吉河光貞もウィロビーの要請によって、いったんは横浜の山奥の地中に油紙に包んで隠してあった資料を掘り出して、ウィロビーに提供した。（『法曹』同上）

ウィロビーの調査は徹底していた。「ゾルゲ事件資料」に記載されている人物はすべて洗い直しを行い、関係資料の提出を求め、証言をとった。尾崎秀実の予審判事だった中村光三も召還された。ゴードン・プランゲ著『ゾルゲ・東京を狙え』に中村光三の「陳述書」が引用されている。彼の息子の中村稔の思い出によると、「亡父（中村光三）は思想弾圧に加担した責任を問われるのではないかと危惧していた。米軍兵士の食料雑貨（レーションといわれる携帯食糧）一週間分のパックを土産にもらって帰宅したときは、すっかり安堵していた。チョコレート、煙草、石鹸などがぎっしりつまったパックは、戦後あらゆる物資が欠乏していた私たちには玉手箱であった。父は断続的に何回か呼び出され、尋問を受けた」（中村稔『私の昭和史』、青土社、二〇〇四年）とある。

事件当時、特高係長でゾルゲ事件捜査の現場指揮をとった宮下弘によると、「一九四九年四月ころ、MPのジープに乗せられて湯島の岩崎別邸に連れて行かれ、『われわれはゾルゲ事件の資料を持っていないから、あなた方の協力を得たい』というんです。『ゾルゲや尾崎とスメドレーの関係について証言できる人間がほしいんだが、共産党員や警察官でもいけないんだ』と、それで私は川合貞吉のことを教えてやった。その他にいろんなことを聞かれたが、眼目はスメドレーの告訴を退ける証人がほしかったのだと思います」。（『特高の回想』田畑書店、『偽りの烙印』第七章「ウィロビー報告にはじまるCIAの陰謀」参照）と述べ、ウィロビーの追及が並大抵なものではなかったことがうかがえる。

尾崎秀実の弁護人だった小林俊三は、ウィロビー本人から直接取り調べを受けた一人で、ウィロビーの反共意識の凄《すさ》まじさについて、こう語っている。

「戦後、ウィロビーに呼ばれて調べられたことがある。調書のメモは終戦のときに焼いて、惜しいことをしたと思った。かなり広範囲にこの調べをやったらしく、やがてウィロビーから招待状がきて、麹町の屋敷［註 沢田ハウス］で日本人関係者が二〇人以上ごちそうになったことがある。そのとき、ウィロビーは、一同に、『日本は共産主義に対する防壁で、軍備をここまで潰すことには、私は反対であった。これは連合軍の一大エラーであった』などと、はっきりしたことを言っていた」（野村正男『法曹風雲録』朝日新聞社）。

『ゾルゲ―ソビエトの大スパイ』の刊行

こうして集められた資料は、やがて単行本として出版された。陸軍少将チャールズ・A・ウィロビー著『ゾルゲ―ソビエトの大スパイ』、（邦訳『赤色スパイ団の全貌―ゾルゲ事件』東西南北社）である。ウィロビーは、その中で「とくにわれわれの関心をひいたのは、アグネス・スメドレーとギュンター・シュタインについて書かれた部分だった。両名は実際に共産主義者であり、その両名ともゾルゲ・スパイ団に積極的に協力していたことをこの資料は裏書している。これら一連の証拠物件はゾルゲ・スパイ団の活動に関して十分な、そして完全に証明するに足るものと考えられる」と書いている。

吉河光貞に対する非米活動調査委員会の公聴会の主要な聴問目的は、第一にアグネス・スメドレーとギュンター・シュタインの二人を俎上にのせて、ソ連のスパイの共犯者を抉《えぐ》りだすこと。第二にゾルゲの上海時代以来のアメリカ人共犯者を暴くこと。第三にソ連が連合国の一員としてヒトラーとの闘いで、米国から莫大な援助を得ながら、ソ連はなぜゾルゲを通じて日本の南進（対米英攻撃）の政治工作をしたのかを、明らかにすることであった。それはまさしく同盟国に対する背信行為ではないのか。連合国はソ連に対するヒトラーの侵攻作戦を事前にスターリンに知らせたのに、ゾルゲから真珠湾攻撃の情報を得ていたのなら、ソ連は、なぜそれを米国に通報しなかったのか。もし隠されたこの事実関係を暴露できれば、それはソ連に対する不信を強調する絶好の材料となるものだ。これに加えて、共産主義は容易に自国を裏切るものだということを実証できることにもなる。ゾルゲ事件が常に国際・国内政治の狭間で問題になる所以《ゆえん》なのだ。

元日本共産党政治局員志賀義雄によると、「当時、国務省には、モスクワの米国大使館員のスパイ活動を正当化するために、ローゼンバーグ夫妻の原爆スパイ事件を利用しようとする一派と、極東に対するソ連邦の陰謀に対抗するために、日本にいる米国占領統治者が、ゾルゲ事件を利用しようとする一派があった。その公表のわずか一〇数日前に日本共産党は三〇〇万近い得票で三五議席を得ていた。明らかに国際的にも国内的にもアメリカ帝国主義の反ソ、反共の大カンパニアの幕が切って落とされた」（『共産党史覚書』田畑書店　一九七五年）のだという政治状況もあった。

このウィロビーの著作は一九五一年、上院司法委員会に提出された。さらにウィロビーは下院非米活動調査委員会に、「ゾルゲ諜報事件の記録」と『日本司法省刑事局編集、昭和十七年外事警察概況』の翻訳（抜粋）の二つの資料を提出している。ウィロビーの著作はその後、米中央情報局（ＣＩＡ）に保管された。

日本の新聞各社『ウィロビー報告』を大々的に報道

吉河光貞を証人に喚問して開いた「公聴会」は、まさにこれらの資料に基づいて「ウィロビー報告」を裏付けるために行われている。米国でウィロビー報告が公表された翌日の一九四九年二月一一日、日本の新聞各社はＧＨＱ命令で一斉にこれをトップ記事として、大々的に報道した。上記の志賀義雄発言を裏書きするその謀略性と事実関係については、拙著『偽りの烙印』第七章に、伊藤律の証言に触れながら、詳細に書いたので、ここでは省略する。

ウィロビーによると、「ソ連は米国の政府内に食い込み細胞を作ったように、日本政府にも共産党細胞を植えつけた。日本人スパイの指導者であった人びとが現在の労働運動の指導者となっている」と指摘して、それが伊藤律だと名指している。だが、伊藤律をスパイの指導者とするのは、全く荒唐無稽で根拠がない。ウィロビーの発想は、「共産主義者は簡単に祖国を売る」という短絡思考で、非米活動調査委員会と同工異曲であった。それはこの吉河光貞の聴聞記録からも、十分に読み取ることができる。

元特高係長宮下弘は、ウィロビーに喚問されて、アグネス・スメドレーがゾルゲ・スパイ団の一員だったことを証言できる人物として、川合貞吉の名を告げた。（前出『特高の回想』）川合はウィロビーによって直ちに逮捕され、ウィロビーの秘密アジト（東京・湯島の岩崎別邸）に連行された。川合の尋問開始は四九年二月一八日で、つづいて三月と四月に尋問は続行された。次に、その経過を川合貞吉の著書『ゾルゲ事件獄中記』から要約する。

スメドレー糾弾の証人になった川合貞吉の苦渋の弁明

「（川合の）前には事件関係書類が山のように積まれた。そのなかには自分が予審法廷でみた、船越寿雄の渋紙で包まれた資料や自分の警察調書もあった。その記録に基づいて尋問がはじまった。すでに証拠書類は揃っている。これを否定するにも否定しようがない。そこで自分の立場を主張しておくべきだと考えて、われわれは米国の反ファッショ戦争と同じ立場で闘ったのだと主張する態度を決めた。すると雑誌『民衆の友』に私が書いた『戦いに抗するひとびと―尾崎秀実とゾルゲ』が示された。そこには尾崎やゾルゲ、スメドレーと上海で会ったことが書いてある。スメドレーはゾルゲ事件に関係がないと主張し、陸軍省に抗議していることを私は知っていた。彼らはスメドレーの抗議に対して反証を固めようとしている。スメドレーは尾崎やゾルゲが彼女について何も陳述していないと推測して否定したのだ。しかし、実際には供述がとられていた。雑誌の私の記事はS女史となっているが、それを裏付けるに足るものだった」

ウィロビーの追及にあった川合は、「調書にはアグネス・スメドレーとあるが、私は一度もS女史がスメドレーであると名乗られたことはないから、その婦人がスメドレーであるかどうかわからない」と答えたと記述している。しかし、そんな子供染みた言い逃れでウィロビーを納得させせられるはずはない。戦前の治安維持法違反容疑者に対する特高の取り調べでは「名前は知らない」と否定すると、写真を示して「この人物に間違いないか」と確認、追及するのが常であるからだ。川合が挙げたような雑誌の記事のような証言力の低いものは、ウィロビーは見向きもしないし、必要がなかった。ウィロビーが追及しているのは、彼が入手した「川合貞吉警察訊問調書」の供述を川合本人から確認を取って、それを証拠にして、スメドレーを血祭りにあげることだった。

川合貞吉、「スメドレーはゾルゲ諜報団の重要メンバー」と供述

川合はその「警察訊問調書」でスメドレーについて、次のように供述している。「ゾルゲが今次関係の中心人物であることは容易に予想できます。またスメドレーも、昭和八（一九三三）年一月の私の北支那天津における活動当時は支那人・外国人を含めた関係において、指導的立場にありましたので、ゾルゲと同様に中心人物の一人であると思います」。（現代史資料『ゾルゲ事件』、「第四回被疑者訊問調書」昭和一六（一九四一）年一一月九日、訊問者、小俣健）ウィロビーにとってはこの供述だけで十分なのであって、川合がいう第二次世界大戦の性格の論議など最初から問題にしていなかった。川合はこの「警察訊問調書」でスメドレーの名をはっきりと示し、スメドレーがゾルゲ諜報団の中心的な、重要なメンバーとして活動していた事実を具体的かつ詳細に供述している。「警察訊問調書」の供述は事実が持つ迫力があり、これに比べれば、『ゾルゲ事件獄中記』での弁明は川合の苦し紛れの弁明にすぎなかった。

ウィロビーによれば「川合は自発的にスメドレーに対する証人になることを承認したとほのめかし、アメリカ解放軍にたいし、感謝の念を示しているように見える。彼の協力は全く自発的なものである」（チャルマーズ・ジョンソン著『尾崎・ゾルゲ事件』）と、川合が自発的に米軍に協力したように書いている。だが、川合が岩崎別邸に二ヵ月間も監禁された事実を考慮すれば、米軍に対する協力が自発的に行われたとは到底思われないが、捕られわれの身であり、「訊問調書」に川合が供述している証拠を握られている以上、拒絶ができなかったというのが真相であろう。川合は尾崎秀樹とともに伊藤律糾弾の急先鋒だった。その筆誅は伊藤律が北林トモの名を自供し、それがゾルゲ事件摘発につながったというのである。

この経緯からみると、川合には伊藤律の「自供」がゾルゲ事件摘発の端緒になったと責める立場にないことが分かる。「目くそ鼻くそを笑う」たぐいのものではないだろうか。

今日では筆者の『偽りの烙印』やロシアから発掘された「特高警察員に対する褒賞上申書」（『国際スパイ

ゾルゲの世界戦争と革命』社会評論社）などによって、伊藤律端緒説は完全に崩壊したと言えるだろう。伊藤律と川合の際立った相違点は、伊藤律は、ゾルゲ事件端緒説が災いして、野坂参三の手により、北京の監獄に二七年間も幽閉されたのに対して、川合はウィロビーによってスメドレーの証人に仕立てられたものの、証人台に立たされることは、ついになかった。川合が非米活動調査委員会に喚問された一九五〇年八月八日に、スメドレーが奇しくも亡命先のロンドンで客死したからである。

この吉河光貞の聴聞記録に関連して、ウィロビーが送った証拠書類の中に川合の証言があるはずだが、現段階ではまだ確認されていない。

背景としてのマッカーシー旋風――世界史の中の冷戦

第二次世界大戦のもたらした直接的な影響は、植民地解放と諸民族の独立に象徴されている。なかでも六億の人口を擁し、毛沢東に指導された新中国が誕生（一九四九年一〇月一日）したことは、世界史の動向に決定的に影響を与える大事件だった。「冷戦」の進行はまさにこの中国の動向と並行して進行した。

一九四七年三月の「トルーマン・ドクトリン」は、米国が反共、反革命の支援にのりだすという対外政策を表明し、世界は米ソ両陣営に分かれて対立し、「ドミノ（将棋倒し）理論」が生まれ、「冷たい戦争」が始まった。非米活動調査委員会によるハリウッドの赤狩りが始まったのは一九四七年のことで、「来なかったのは軍艦だけ」といわれた日本の「東宝争議」（一九四八年）も同時期である。この非米活動調査委員会は超保守主義者、親ナチ、親フランコ、人種差別主義、反ニューディール派の結集の場となり、上下両院に作られ、国内治安委員会（マッカラン委員会）や政府活動委員会（マッカーシー委員会）などと並んで、そのメンバーのほぼ全員が政治警察の連邦捜査局（ＦＢＩ）の元職員という経歴だったから、最初から思想弾圧の性格は歴然としていた。しかも、その活動は全面的にＦＢＩの捜査資料に依拠していた。だから、エドガー・フーバーＦＢＩ長官の意向に沿ったものになって行くのは、当然の帰結だった。（陸井三郎『ノーマンの死とその背景』）

有名なマッカーシー米上院議員が巻き起こした「マッカーシー旋風」は、この「吉河光貞聴聞会」の前年の一九五〇年二月九日、「国務省に五七人の共産党員がいる」という議会演説に端を発している。彼らの行動は、ナチス・ドイツに対する国際的な反ファシズム統一戦線を打ち壊し、冷戦をさらに激化させるために、ＧＨＱからニューディーラーとよばれた人たちや自由主義者を狙い撃ちにして、日本から米国本国へ送還させるのと並行しており、それは朝鮮戦争勃発の時期と重なっている。

「赤狩り」の網にかかったアメリカ人の総数は二二〇万人

「赤狩り」は必ずしも国内の共産主義勢力に限定されなかった。「米国内におけるソビエト活動」が調査対象で、この聴聞会記録の元になっている「ウィロビー報告」は、彼らの危機感を煽り、共産主義の脅威を具体的に国民の前に示す強大な武器となり、梃子《てこ》となった。彼らはこの「ウィロビー報告」によって、さらに危機感を募らせ、国民を煽った。アグネス・スメドレーの友人だった石垣栄太郎・綾子夫妻もＦＢＩから喚問を受け、連邦裁判所でゾルゲ事件やギュンター・シュタインやスメドレーとの関係をしつこく尋問されている。喚問は一度だけで終らなかった。石垣綾子によると、「一九四八年だけでもその網にかかったものは五四万ケースで、総数はざっと二二〇万人に及び、彼らは職を失い追放されていった」（石垣綾子著『さらばわがアメリカ』三省堂）という。わが国に吹き荒れた「レッドパージ」（一九四九年〜五〇年）と対比しても、それは桁外《けたはず》れに巨大な政治的圧力と言わなければならないだろう。

一九四八年にはニクソンによって共産主義者として異端審問され、一年以上も長く投獄された元国務省高官アルジャー・ヒスの例がある。彼はヤルタ会談のときはルーズベルト大統領の補佐として随行、国連創立総会では事務総長を務めた。続いてハリウッド・テンと呼ばれる映画界の監督、脚本家の大物一〇人の「赤狩り」（陸井三郎著『ハリウッドとマッカーシズム』筑摩書房参照）があった。次に、彼らの攻撃目標は、太平洋問題調査会のオーエン・ラティモア、ジェサップ・フィールドなどに及んでいった。その背景にあるのは、台湾ロビイストの活動だった。台湾からの米国の政界工作費は、米国が台湾に支出した対蒋介石援助資金が当てられた。（陸井三郎『ノーマンの死とその背景』）

太平洋問題調査会（略称ＩＰＲ　インスティチュート・オブ・パシフィック・リレイションズ）は太平洋地域に利害関係をもつ諸国の相互理解と関係改善のために作られた民間の国際調査機関で、太平洋沿岸の十数ヶ国が参加し、一年おきに会合を開いていた。太平洋問題調査会のメンバーが「アメラシア事件」としてでっちあげられた経緯は（中野五郎著『アメリカの暗黒』「早すぎた赤狩り―アメラシア事件」角川書店）に詳しい。事件の発端は一九四五年二月、米国戦略諜報局（ＯＳＳ）が「アメラシア」（発行部数二千部）編集部から「いわゆる」機密文書を摘発したことからはじまった。発行人フィリップ・ジャッフェは同時に「今日の中国」も編集していた。「アメラシア事件」ではギュンター・シュタイン、フィリップ・Ｏ・キーニー、オーエン・ラティモア、アンナ・ルイーズ・ストロング、ビッソン（『日本占領革命』の著者）、マーク・ゲインン（『ニッポン日記』筑摩書房の著者）、スメドレーらはその寄稿者として追及された。

摘発された極秘文書とは、「ドイツ軍の戦闘命令書、米海軍が日本軍暗号を解読済という最高軍事機密を明らかにした報告書などである」として、大問題となり、追及が始まった。しかし、オーエン・ラティモアによると、その機密文書とは「秘密などは一つもなかった」。秘密とか極秘とかスタンプは押してあるが、もうすでに秘密扱いは解除されたものばかりだった」という。その結果、FBIによって検挙されたものは六人。そのなかには『ニッポン日記』のマーク・ゲイン、『日本のディレンマ』（新興出版社）のアンドルー・ロスらがいた。事件は米国の新聞界が言論の自由を問題にし、証拠物件の不法な入手方法を追及するに及んで、世論の猛烈な非難を浴びた。訴追を免れた人たちは、「ディクシーミッション」（一九四四年六月、アメリカ軍デービッド・D・パレット大佐率いる延安視察団）として延安を訪れている。そのメンバーのひとりに、日系二世のコージ・有吉（ハワイ共産党員）がいる。彼は延安で野坂参三のインタビューに成功している。

尾崎秀実《ほつみ》が参加した太平洋問題調査会の国際会議

「ウィロビー報告」はギュンター・シュタインと、「太平洋問題調査会日本支部」などの一章を設けて、激しく追及している。それによれば、尾崎秀実《ほつみ》はカリフォルニア州のヨセミテで行われた太平洋問題調査会の国際会議（一九三六年）に出席し、日本海軍のためにアラスカ諸島海域の漁業調査の名目で調査の許可をとった。のちにこの調査は、日本が同諸島の攻撃の際に詳細な軍事情報として役立てられた、と何の根拠もなしに、伝聞にもとづいて書いている。

尾崎秀実《ほつみ》が参加したこの会議は、日本から芳澤謙吉を団長に山川瑞夫（貴族院議員）を副団長として、西園寺公一、牛場友彦、近衛文隆（文麿の長男、戦後シベリアに抑留されて死亡した）らが参加しているが、戦後、米国の元駐日大使ライシャワーのハル夫人も、このときアシスタントとして参加している。(『ハル・ライシャワー』講談社)その著によると、すでにこのとき一部には「左向き」という声があり、警戒されていたという。ハルの回想によると「物の考え方がそれまでと一変した」という。それだけにウィロビーやマッカーシーらにとって眼の敵となったのだろう。太平洋問題調査会は一九六〇年に三五年間の歴史を閉じた。

スメドレーは「ウィロビー報告」に抗議はしたものの、身の危険を感じて英国に亡命。皮肉にも非米活動調査委員会への喚問が公表されたその夜に、ロンドンで客死した。中国共産党機関紙「人民日報」は英語版でその半分をさいてスメドレーの死を悼んだ。作家、茅盾は「アグネス・スメドレーこそ、まだ世界が反動の渦のなかに巻き込まれているとき、中共の支配地区の実情を世界に最初に伝えた人であった。世界中の平和愛好者は、アメリカ帝国主義に指導されている国際的反動ブロックが、新しい戦争を準備している今日、彼女の死を重大な損失と考えるだろう」と語った。彼女の全財産、印税はすべて朱徳に遺贈され、遺骨は中国共産党首脳の手で、北京西郊の八宝山革命公墓に丁重に埋葬された。

スメドレーの伝記作家のなかには「スメドレーはソ連のスパイではなかった」と主張する者もいる。しかし、「裏の顔を直視しないこうした単純素朴な議論は、一見すると『異端審問』の迫害から彼(彼女)を擁護する主張のようでありながら、その実、彼(彼女)の政治的闘いを闇に葬り去ることで、彼(彼女)の果たした歴史的役割を見失わせ、かえって「異端審問」の時代をベールで覆うことになりかねない」(『アメリカ共産党とコミンテルン』の翻訳者渡辺雅男あとがき)のではないだろうか? 今、ロシアではゾルゲ資料の公開がすすみ、スメドレーが上海でゾルゲと共同して中国革命の成功のために命をかけて情報活動をした功績が公然と語られている。ようやく、ベールをとって真実を語る時代がきたというべきだ。これはウィロビーらがスメドレーとともに、ターゲットに据えたギュンター・シュタインにも当てはまる。

東大新人会の活動家だった吉河光貞の華麗な転身

ゾルゲ事件関係者の「それぞれの事件後」について記録しておくことも、ゾルゲ事件に対する理解を深める一助となるだろう。この公聴会の主役吉河光貞は学生時代に左翼団体、東大新人会の活動家だった。東大新人会は当時、全国的に作られた左翼学生運動の組織のひとつで、共産党弾圧の「三・一五事件」に関連して解散させられた。これに関して、著名な社会思想研究者石堂清倫は、ゴードン・プランゲ著『ゾルゲ・東京を狙え』（原書房一九八五年）の解説のなかで、次のように問題提起をしている。

「もうひとつの問題がある。ゾルゲ事件の主任検事であり、戦後アメリカ軍の事件調査に協力し、アメリカ国会の非米活動調査委員会でゾルゲについて証言した吉河光貞のことである。ゾルゲと尾崎を文字通り死刑台に送った吉河が、戦前の学生時代に、東大新人会の活動家の一人であった事実は、プランゲもマーダー（ユリウス・マーダー、上海時代のゾルゲの秘書だった。『ゾルゲ事件の真相』朝日ソノラマ）も気づいていないように見える。ゾルゲ事件がたんなる大がかりなスパイ物語でなく、まさに現代史のひとつの縮図であるという私の主張は、事件のもう一人の立役者吉河の登場を待って完結するのである」。

東大新人会は、大正デモクラシーの旗頭であった吉野作造の影響のもとに生み出された学生運動の組織だった。その会員のなかには西田信春のように共産党員となり、九州の党組織の再建活動中に逮捕され、拷問死を遂げた者、尾崎秀実《ほつみ》に入党を勧誘した冬野猛夫（日本労働組合評議会の書記をつとめた）、是枝恭二、古川苞《しげる》らのように共産主義活動のゆえに検挙され、獄死した者もいる。

また、ゾルゲ事件（中共諜報団事件）で検挙された津金常知、宮城与徳の同級生で宮城の情報活動に積極的に協力した喜屋武保昌ら、ゾルゲ事件に直接関係した者もいる。戦後、水野成夫のように「財界の四天王」と呼ばれた人、ジャーナリズムで活躍した大宅壮一、最高裁判事になった河村又助、経済団体連合会副会長を務めた花村仁八郎、満州七三一部隊に徴募され戦後、自責の念にかられて自殺した医学者もいる。学生時代の左翼活動家が半世紀もたってそのまま、変貌しないわけにはいかないだろう。

吉河は一九〇七年に東京・本郷に三代続いた鰻屋に生まれた。第一高等学校をへて一九二七年、東大法学部に入学し、新人会の活動家になった。新人会は一九二五年から急速に会員がふえ、以後八年間に二九八名を数えるに至り、一九二六年から出身高校別読書会は二三〇〇人の会員を擁したという。（石堂清倫『わが異端の昭和史』）つまり吉河が東大に入学した時は新人会の最盛期だった。会員のうち治安維持法違反容疑で検挙された者は一〇〇名近くにのぼる。『新人会員の足跡』（創造書房）によると、「吉河は卒業後、運動と絶縁したばかりか、一八〇度の転向を遂げた。辣腕思想検事〈吉河〉の名を高めたのは一九四一年のゾルゲ事件で、彼はこの事件の主任検事を務めた。次いで一九四九年、在日朝鮮人連盟を解散。一九五〇年の日本共産党中央委員の追放。一九五二年破壊活動防止法の成立推進。一九六七年には同法の全学連に適用の準備をするなど次々に弾圧措置を強化し、戦後〈特高の再現〉と批判された。最高検検事をへて一九六四年公安調査庁長官になった」と記録されている。

司法省に買われた学生時代の左翼活動の経歴

吉河が名古屋地裁から東京地裁に応援として上洛《じょうらく》したのは、一九三九年九月だった。彼の有名な二〇〇〇ページに及ぶ論文「所謂米騒動事件の研究」（司法省刑事局『思想研究資料』特集第五一号）は、司法省の屋根裏にあった古い報告書や判決書を研究材料として、一九三九年二月に刊行された。いわばこの著作は、吉河の思想転向を確認し、ゾルゲ事件の捜査の網をたぐりよせる主任検事に起用するための、リトマス試験紙ではなかったのか。彼は学生時代の左翼活動家の経歴が買われて、ゾルゲ事件の主任検事（ゾルゲ担当）として指揮をとるべき恰好の人材として、抜擢されたのではないだろうか。因みに尾崎秀実《ほつみ》を担当した玉沢光三郎のほうが、吉河より二期先輩に当たるのだ。

当時三四歳だった吉河は、「東京地検の検事になるというのは若手検事のエースであって、よそから来た検事が、いきなり、東京地検に入ることはまずありえないという非常に権威があるものだった」と回想している。この『思想研究資料』に掲載された吉河論文は、刑事局長松阪広政に大変喜ばれた。状況証拠になるが、この時期は尾崎秀実《ほつみ》が近衛から遠ざけられ、「もう会ってくれない」と宮城与徳にこぼしたという時期に当たる。

米国下院非米活動調査委員会のこの公聴会で言及された『ウィロビー報告』に出てくる『ゾルゲの手記』は、次のような経緯をたどって作成された。

「東京拘置所内で、ゾルゲ宅から押収したタイプライターを使わせて、ゾルゲ本人に打たせ、一章ごとに調べを進めたが、出来上がった内容を読んでみると不十分なので満足できずボツにし」、改めて吉河はやりなおしをさせ、正式な『ゾルゲの手記』を作成した。しかし、翻訳文は別として、他の『手記』は全部戦災で他の記録と一緒に焼失した。敗戦後、その最初のボツにした『手記』の原稿が吉河の手元に残った。正式な『ゾルゲの手記』の第一章（ドイツ大使館関係の記述のある）の写しは、戦災に遭う前に、ドイツ大使館に送られた。戦後になって、吉河がウィロビーに贈ったのは、焼失を免れた『手記』（最初の原稿）である。ウィロビーはそれを彼の「報告」に写真版で載せたのである。つまり、もっと詳細で正確な『ゾルゲの手記』

があったが、戦災で焼失したのだという。

ゾルゲ情報の何が歴史をリアルに動かしたか？

二〇〇三年六月一四日に開かれた日露歴史研究センター主催のシンポジウム「世界戦争と情報戦の二〇世紀」で、評論家立花隆と映画監督篠田正浩の対論が行われた。そのなかで立花は『国際スパイ・ゾルゲの真実』（NHK出版）の松崎正一の解説にふれて、次のように問題点を指摘している。

「ゾルゲはいかなる情報をソ連にもたらしたのか、どの情報がどれだけリアルに歴史を動かしたのか、私は松崎氏の解説を読んでなるほどと思いました。それは軍事情報だというのです。オット大使を通じて、陸軍参謀本部の情報がゾルゲにながれていた。その証拠が吉河光貞検事作成の「国際諜報網一覧表」で、そこではゾルゲの情報網は陸軍内部の参謀本部にしっかりと食い込んでいる。これは従来知られていた内務省警保局保安係作成の「ゾルゲ情報網一覧」とは大きく違ったところです」（雑誌『世界』二〇〇三年八月号）。戦前は、陸軍参謀本部の情報がゾルゲに筒抜けだった事実は発表ができなかったが、戦後、吉河はこの「国際諜報網一覧表」を雑誌『法曹』（一九七二年一一月）に、初めて発表したのである。もしかすると、この「国際諜報網一覧表」は非米活動調査委員会の吉河証言の説明用として作成されたものかもしれない。

現代史資料『ゾルゲ事件』に掲載されている『ゾルゲの手記』（一・二）には、月日の記載がないので、それが何時作成されたものか分からなかった。吉河の証言によると、完成したのは一九四二年二月初めのころだったという。現代史資料『ゾルゲ事件』には、ゾルゲに対する検事訊問調書の第三四回から第四七回まで掲載されている。（それ以前のものは見当たらない）その第三四回は二月一〇日に行われていることから、

『ゾルゲの手記』に沿ってゾルゲに対する尋問が行われていると推定できることは、注目してよいだろう。そうだとすると、一体誰が真の尋問者であったのか。果たして『手記』をこえるゾルゲの供述を引き出し得たのかという疑問が残る。これも、今後の研究課題になるだろう。

吉河は米下院の公聴会で、「ゾルゲが最後まで隠し通した部分があるか」との問いに対して、「支那における大事な組織など、半分以上アメリカ人の外交官やジャーナリストが上海で参加しているが、ゾルゲはこれらの本名なども言っていない。ハルビンの米国総領事館が彼らの無線電信の発信基地になっていたことも、これにはアメリカもびっくりしちゃったんですよ。だから私がアメリカに行ったときは大変でした」(「太平洋戦争前期」、『昭和史探訪』番町書房)と述べていることからも、ゾルゲ事件の衝撃の大きさはこの公聴会記録でも窺い知ることができる。

尾崎の諜報能力は共産主義イデオロギーと合致

尾崎秀実《ほつみ》の弁護は高根義三郎(尾崎の第一高等学校時代の同級生で、東京地裁判事)が三輪寿壮と相談して、「色がついていない人」がいいということで、「小林俊三に依頼した」と『尾崎秀実伝』に書いてあるが、全く尾崎と関係がなかったわけではない。小林が関係していた雑誌「社会及び国家」には、尾崎は論文を何回も寄せていたそうだ。尾崎の弁護を引き受けた小林は、尾崎について次のように書いている。「裁判記録は地下室で見てくれ、メモはいいが記録の複写は困ると、かなり厳重だった。尾崎は起訴事実を全部認めているから正面切っての弁護ができなかった。弁護の方針として、被告に対する尋問のなかで、尾崎はゾルゲとの間でニュースを交換しているうちに深入りしたというシナリオを組み立てようとした。

尾崎には『こうなったのは、本来、国をどうしようという意図などなかったが、ニュース交換の過程でついそうなったのではないか…』と助け船を出した。ところが、尾崎は『そうなると、私があたかも知らずして乗せられたようになるが、そうではなく、私のはっきりした意思でやったのである』と、私の誘導にのってこなかったのです。その点はなかなか立派でした。尾崎は殉教的な共産主義者ではなかったかと思う。ゾルゲに対する尾崎の協力は、尾崎自身の固い決意に基づいて行われたもので、決して生半可な気持ちでできることではなかった。自分の行為が国法に触れることは十分に認識していた。それでも敢えて尾崎が国禁を犯して諜報活動に協力したのは、それは尾崎が信奉する共産主義イデオロギーと合致したからに他ならなかった。尾崎の党籍は確認されていないが、真のコミュニスト・国際主義者だったことは間違いない（『法曹風雲録』）

死刑確定囚尾崎に対する小林健治予審判事の回想

死刑が確定した尾崎秀実《ほつみ》について、予審判事の小林健治が尾崎の取り調べを行った。小林はゾルゲ事件に六ヵ月遅れて摘発された中共諜報団事件の裁判を担当したので、この関係で尾崎の供述を取る必要が生じたのだ。小林は尾崎の取り調べの模様について、「死刑確定囚を取り調べるということはなかなか深刻なものだ」（雑誌『法曹』一九六八年六月号）と、次のように回想している。

「尾崎の処刑の直前に、半月くらい尾崎を中西の証人として、巣鴨の東京拘置所の予審取調室で取り調べた。私は尾崎が予審の際、廊下などで時折みかけておりましたので顔は知っていた。尾崎の事件は極度に秘密を守っていましたから、私ども同僚の予審判事も意識的に近づかなかった。巣鴨で尾崎にあって髪の毛がほとんど白髪になり、人相がまるでかわっていたのには驚きました。死刑の判決はわずかの間に人間をこうも変わらせるものかと思った。

尾崎の一審の裁判があったのは一九四三年一〇月二九日、死刑執行は一九四四年一一月七日ですから予審時代と私が証人として調べた時期の間隔は一年余のことだ。

尾崎という人は実に次元の高いものを持っていると思った。話し振りも語彙《ごい》が豊富で文学的なものがあり、物静かであるが、一つのリズムがある。内容的にも説得力があり、感心した。まさに信念的コミユニストという感じだった。日本共産党よりもっと高次元のところにいたようだ。あの人は共産圏でも最高のランクにあったのではなかったかと思う。」

予審の取り調べというものは、予審判事と被告が二人きりで「差し」で見ているので、よく雑談が入る。小林は尾崎とも大分雑談をやったものだ。尾崎が大物だったこともあるが、その中には忘れ難いものがあった。尾崎のゾルゲ評価も、その一つであった。それをまとめると、次のようなものであった。

「尾崎はゾルゲという人を非常に尊敬信頼していて、『ゾルゲを、一度、どこの国でもいいから、総理大臣にしてみたい。ゾルゲ総理大臣のもとで、ぼくは官房長官をやってみたい』というようなことを言っていた。『ゾルゲは世界で十本の指にはいる男だ』とゾルゲを褒めちぎっていた。」

尾崎自身は、当時、「支那通の第一人者」と言われていた。だから、「尾崎の進言は近衛内閣に相当の影響を与えているのではないか」と小林は考えた。「とにかく世界のスパイ史上これ以上のものはないだろう」という凄い国家機密や極秘情報をものにしたからだ。そうした中で中共諜報団事件に連座して摘発された中西功は、尾崎にときどき支那情勢の分析を書き送っていた。この点を小林が突っ込むと、「尾崎はうまいことを言っていた」と、小林は尾崎の次のような言葉を書き留めている。

「中西が私にこういう情報を提供してくれたのは、支那学者としての私の知識を肥やすためであって他意はない。私がコミンテルンに連絡があるとは中西は知りますまい」

この小林の回想は、恐らく拘置所職員と処刑立会人を除けば、尾崎と会話を交わした最後の証言になるだろう。小林から直接話をきいた中西功によると、それは尾崎が処刑される二一〜二三日まえのことだという。（中西功「尾崎秀実論」『世界』一九六九年四〜六月号）その意味でこの回想は尾崎の思想転向を含めて、尾崎問題を再検討するひとつの貴重な証言になるだろう。

【証言の分析】ウィロビー証言の意義とその限界

来栖宗孝

はじめに

戦後の米ソ冷戦と、米ソの代理戦争といわれた朝鮮戦争の勃発は、第二次大戦の戦勝国である米国に「マッカーシー旋風」に代表される「狂気の赤狩り」を生み、全米を恐怖のどん底にたたき込んでしまった。その主要な舞台となったのが、ほかならぬ米国下院非米活動調査委員会（以下＝委員会）であった。反ソ・反共主義者の間では国際スパイの大物リヒアルト・ゾルゲと日本の特高警察が摘発したゾルゲ事件は、米国のイデオロギー上の仇敵であるソ連をたたきのめすにはもってこいの材料と考えられた。委員会は一九五一年八月九、二二、二三日の三日間、職業柄ゾルゲ並びにゾルゲ事件に詳しい吉河光貞検事とチャールズ・A・ウィロビー少将を公聴会に喚問して、聴聞を行った。

ウィロビー少将は極め付きの反共主義者

ウィロビーはドイツのハイデルベルクの出身。一九〇八年に米国に移住して、ゲティスバーグ大学を卒業した。第一次大戦に志願して職業軍人となり、一九四〇年に参謀副長としてフィリピンへ赴任。翌四一年にマッカーサー米極東陸軍司令官の参謀となって、太平洋戦争中は主に情報を担当した。日本降伏に伴って、戦後、連合国軍最高司令官並びに米極東軍最高司令官に任命されたマッカーサー元帥とともに日本に進駐して、マッカーサーの片腕として、情報収集や治安などに関する占領行政を指導した。彼は徹底した反共主義者で、日本の特高警察が秘匿していたゾルゲ事件関係の資料をいち早く押収。ゾルゲ事件を反共・反ソ攻撃の材料とする陰謀を固め、ゾルゲの協力者であった米国人女性ジャーナリスト、アグネス・スメドレーを、「ソ連のスパイ」として、告発した。ウィロビーにとって、非米活動調査委員会の公聴会は、極め付きの反共主義者として、自己の信念を吐露するための格好の舞台となった。

朝鮮戦争と原子爆弾、マッカーサーとトルーマン

ウィロビーをして「赤狩り証言」に駆り立てたのは、朝鮮戦争の最中に原爆の使用を主張したマッカーサーをトルーマン大統領が罷免。これに伴って幕僚の一人であったウィロビーも、辞職に至らざるを得なかったことと関係している。

中国人民義勇軍の突如の参戦によって、劣勢に追い込まれた国連軍（主力は米軍）と韓国軍は、その起死回生策として、マッカーサーが中心となって中国人民義勇軍の兵站《へいたん》基地となっている中国東北部に原子爆弾を投下して、中国軍を朝鮮から駆逐する作戦計画を立て、隠密裡に工作を行っていた。これに対してトルーマンは、原爆を使用すれば、中国ばかりかその背後にいるソ連との全面戦争が不可避になることを恐れて、マッカーサーに自重を促していた。それにもかかわらず、マッカーサーはなおも執拗に原爆使用の必要を上

院共和党議員に訴えたのだ。これを怒って、トルーマンは自分に与えられた米国軍最高司令官の権限を行使し、対日戦争勝利の英雄マッカーサー元帥を一九五一年四月に突然、罷免する決断を下したのであった。

この事件は、軍人が最終的には文官（シビリアン）である大統領の指揮下にあることを示す民主主義の規範のひとつとして、戦前・戦後の長年にわたり、軍人（武官）の専断に悩まされてきた日本国民に強い感銘を与えることになった。

これに伴って、マッカーサーの幕僚のひとり、ウィロビー少将もG２部長を辞職する羽目になった。「四一年間の兵役を終え、私は痛恨の思いで陸軍を去らんとしております」というウィロビー証言（本書八〇ページ下段）に、彼の真情がよく現れている。

公聴会に呼ばれた機会に、長年、情報機関の長として情報収集及び秘密工作に従事した結果得た豊富な知識経験を洗いざらいぶちまけて、反ソ・反共の機運を盛り上げて、米国が冷戦で勝利をおさめるきっかけを作りたい─これがマッカーサーに殉じて職を退いたウィロビーの心構えであった。ただし、公聴会でウィロビーに質問を行う委員や調査員も、ウィロビーと同じ反ソ・反共主義者。公聴会での議員とウィロビーの聴聞のやり取りを読むと、読者をして「八百長芝居」の感を与えるのは、これらの事情が重なってのことに基づくのであって、全米が赤狩りに狂奔していた時代の米国の政治情勢を映す鏡として、非常に興味深い。

『ウィロビー証言』はどう構成されているか

「ウィロビー少将の証言(1)」の証言で、それ以後さらに詳細に敷衍《ふえん》された諸項目の要約が、すでに包括的に説明されている。極言を許されるならば、ウィロビー証言は後半部分で繰り返しが多く、この第一回分をもって事足りているのである。すなわち、時系列的に整理するならば、ウィロビー証言は次のような事項から構成されている。

一　ウィロビーの経歴と委員会出席の理由。

二　コミンテルン（共産主義インタナショナル）の国際的陰謀の一環としての上海における共産主義的諸組織・団体の活動と、それらに参加したゾルゲ・グループの諸人士。

三　上海諸組織及び日本におけるゾルゲ諜報団の発覚の端緒と、調査訊問を担当した吉河検事。

四　上海及び東京における諜報活動等に関する、日本占領米軍司令部の報告書の提出・公表と、米国防省による撤回。

五　以上の諸事項に対するウィロビーの所信表明。

これらにつき、各事項に関係した赤色人士の多数の名前が掲示されて、人名に関する限りほぼ尽くされている。

上海では、一九二〇年代始めに工作を始めた者を割愛すると、一九三〇年代半ばまで活動した著名人には、アグネス・スメドレー、ルート・ウェルナー、イレーネ・ワイデマイヤー、リヒアルト・ゾルゲ、ゲルハルト・アイスラー、ポール&イレーヌ・ルュッグ（ヌーラン夫妻）、ギュンター・シュタイン、マクス・クラウゼン、尾崎秀実《ほつみ》、川合貞吉らである。それに、米国共産党書記長であったアール・ブラウダー、その後任書記長ユージン・デニスの名が加わる。（クラウゼン、尾崎、川合は東京におけるゾルゲ諜報団のメンバーでもある）

上海市警察の調査資料に依拠

東京では、ゾルゲ、クラウゼン、尾崎、川合、特に重要なのは宮城与徳である。ところが、「証言」にはブランコ・ド・ブケリチ（アバス通信社＝フランス通信〈ＡＦＰ〉の前身＝の特派員）の名前が出てこない。不思議なことであるが、ウィロビーが依拠しているのが、主として、上海市警察作成の調査資料であったため、上海に在住せず、東京でゾルゲに協力したブケリチの名前が欠落したと思われる。

ウィロビー少将の証言⑵で繰り返し言及されている上海における共産主義系諸組織・団体名は、本書二一一～二一四ページ上・下段に、また同種の米国内組織としては一二三一ページ上・下段に列記されているが、二三九～二四一上・下段に見られるように繰り返しが多いことから、ウィロビーが証拠として依拠しているのは、上海市警察資料であろうと推察されるのである。

同時にここで指摘しておかなければならないことは、膨大な上海市警察資料に記載されているかどうかは不明だが、委員会及びウィロビーが三〇年代中葉に上海で活躍していたエドガー・スノー、彼の前妻ニム・ウェールズについては、一言も触れていない事実である。（これについては後述する）

「ウィロビー少将の証言⑵」は、午前と午後にわたる長いものである。午前の部は、一九四一年六月、ドイツ軍がソ連に侵攻を開始した、独ソ戦に関する日本の政策決定をめぐる内容を主としている。

日本がドイツ軍と呼応してソ連を攻撃する（北進）か、情勢の推移をみすえつつも南方の資源を求めて侵攻（南進）するかについて、四一年六月から一〇月にわたって、ゾルゲと尾崎秀実《ほつみ》がその情勢分析に最も心を砕いたことであって、近衛内閣の内閣嘱託の要職にあった尾崎の大きな役割も、取り上げられている。

結果として、日本は北進せずに南進する決定を下し、それで対米英戦争に突入することになるのであるが、今度は前述した通り、ゾルゲのモスクワ宛の報告（日本南進、対米英戦決意）を、ドイツに対抗する事実上の同盟関係にあった米国に、通報していたのかどうか、が問題とされた。

これは、吉河検事証言にもある通り、そしてまた、ゾルゲも把握していなかったように、四一年一二月八日（米国時間一二月七日）の日本海軍のハワイ群島真珠湾基地に対する奇襲攻撃は、ソ連は事前に知らなかったから、米国に通報することはありえなかったのである。

この点は、委員会にとって、当初の目的が達成されなかったことのひとつである。また、午前の部のウィロビー報告のもう一つの焦点は、ゾルゲの諜報活動の協力者クラウゼンの上海時代の活動であった。しかし、ここでもクラウゼンがハルビンと上海に秘密無線局を設置したとき、ハルビンの米国領事館の協力者の名前を特定することはできなかった。

ウィロビーの証言＝午後の部は、主として米国人左翼系作家アグネス・スメドレーの非難攻撃に充てられている。したがってまた、スメドレーが活躍した上海の左翼系組織に関する証言が繰り返されている。これは、ウィロビーにとっては無理からぬことであった。

第二次大戦後、米国陸軍省は一九四九年二月一〇日、「リヒアルト・ゾルゲのスパイ組織―極東のスパイ団の研究」（通称「ウィロビー報告」。ただし、ドイツの週刊誌「シュピーゲル」の一九五一年六月号以後一七回にわたるゾルゲ特集記事では「マッカーサー報告」）という表題の報告書を公表した。

スメドレーが米国国防省に強硬な抗議

アグネス・スメドレーは、彼女自身が、この報告書の中で、共産主義の工作者として大きく取り上げられていた（もう一人はギュンター・シュタイン）ので、即座に、この報告書の記載は「誤りであり、真実性に欠け、違法である」と非難し、「すべての公表の差し止め」を求めた（本書二一、九一ページ）ことを明らかにして、スメドレーは「名誉棄損で訴える」とまで、声明した。

このスメドレーの強硬な抗議に、米国陸軍省は慌てて報告書公表の一〇日後に、次のような趣旨の声明を出して、報告書を撤回してしまった。「報告書の中で、スメドレー女史をソ連のスパイと名指したことは誤りであった。ウィロビー報告は日本の官憲の資料に基づいたものであり、公表に際して、このことを明記すべきであった。また、発表の仕方に重大な誤りがあった」（本書一九八、二八五ページ）。

米国陸軍省に『ウィロビー報告』を撤回させたとはいえ、スメドレーの上海や中国各地における諸活動と中国紅軍（中国共産党軍）との親密な関係は事実なので、委員会がスメドレーを公聴会に喚問する計画を避けるため、スメドレーは急拠、四九年一二月二日、英国に亡命した。彼女は祖国に対する失意の中に、亡命先ロンドンで癌《がん》のために客死（一九五〇年八月八日、享年五六歳）してしまった。

米国政府の動きと、それにまつわるスメドレーの言動に侮辱を受け、面目を失墜したウィロビーは、これに対抗するため、改めて上海市警察調査資料を精査するとともに、日本国内のゾルゲ事件裁判関係文書類を、日本政府に命じて収集させた。また、ゾルゲ事件関係者、たとえば司法官、事件被告等を個別に事情聴取させて記録を取った。前者には吉河検事、中村光三予審判事、後者には川合貞吉が含まれている。こうして、ウィロビーは一九四九年二月の報告書を補強する『ゾルゲ―ソビエトの大スパイ』を一九五一年に単行本として出版した。この著書は同年春、米国議会に提出された。

下院非米活動調査委員会の喚問は、この著書の裏付けとして開催されたのであるから、吉河光貞やウィロビーの証言は、まさに、「八百長芝居」の趣を最初から匂わせていたのは、自明であった。マッカーサー司令部参謀第二部（情報部）長ウィロビー少将にとって、アグネス・スメドレーは不倶戴天《ふぐたいてん》の敵であり、まさにスメドレーはそれに価する大物コミュニストであった。上海と東京における左翼の活動家の中でも、彼女はゾルゲと並ぶ双璧であろう。

左翼系組織・団体とその関係人士

「ウィロビー少将の証言⑵」は、上海における種々様々な左翼系組織・団体とその中で活動した多くの人士の説明に充てられている。これらの諸組織・団体の具体的な名称は前述の通り、本書二一一〜二一四ページとその他に紹介されており、それぞれ詳細な説明が付与されている。

その主なものを以下に列記すれば、次の通りである。

1　コミンテルン（共産主義インタナショナル）の上海における出先機関
2　赤色労働組合インタナショナル（略称　プロフィンテルン）
3　赤色農民インタナショナル（略称　クレスティンテルン）
4　全ソ対外文化連絡協会（略称　ボクス）
5　国際革命運動犠牲者救援会（略称　モープル）
6　反帝国主義同盟（コミンテルンへの加入条件第八条は、各国共産党に植民地・従属国の民族人民の独立解放闘争を支援することを義務づけている）
7　ソビエト友の会（正式にはソビエト社会主義共和国連邦の友の会）

8　国際革命作家同盟（2〜8の中国支部）

9　汎太平洋労働組合書記局（PPTUS）一九二〇年代後半から三〇年代初期にかけての組織。米国共産党書記長になったアール・ブラウダーと後任のユージン・デニスは、ともに相次いで、この時期にこの書記局で働いていた。

以上のほかに、一時的カンパニア組織として、

10　ヌーラン擁護委員会（コミンテルン極東局組織部長ポール・ルュッグとその妻ゲルトルードが一九三一年六月一三日、上海市警察に逮捕されたとき、ゾルゲは夫妻の釈放のために努力した＝ヌーラン事件）

11　中国民権保証同盟

12　ツァイトガイスト（時代精神）書店　一九三〇年代初めイレーネ・ワイデマイヤーが開いた上海の書店で、左翼系の書籍を扱うとともに、それ以上に上海における左翼の連絡場所であった。（同時代の上海には、内山書店が知られている。書店の経営者の内山完造は日本語の左翼文献を取り扱うとともに、その意図の有無にかかわらず、左翼人士を擁護した）

ウィロビー証言の後半は、彼が証言中読み上げた資料の再録であるので、上記の諸組織につき二回説明が繰り返されたのと同じである。

ウィロビーは証言の最後に臨んで、委員会の誘導に乗るように、スパイ防止・「破壊」活動防止のために、人権を損ねないように配慮しつつ（?）、法律の強化または新法の制定（すなわち捜査活動に盗聴を許す法律の制定、捜査機関の職員の増員と予算の増額）を勧告して、証言を結んでいる。

ワシントン・上海・東京

証言記録全体を俯瞰《ふかん》すると、原註が多く付けられていて、読み手の理解を助けていることが、ひとつの特徴となっている。ウィロビー少将証言を概括すると、次の通りである。

一　ワシントンで開かれた委員会では、ゾルゲは単なる赤軍参謀本部第四部（のちの諜報総局《グルウ》の前身）の一スパイとして、多くの工作員の中に含められ、完全に矮小化されてしまっている。前述したように、ゾルゲは優れた才能を持つ有能なスパイで、大物と言うべきである。また、ウィロビーの怨恨と憎悪の標的とされたスメドレーも、ジャーナリストとして大物であったといわなければならない。

二　委員会が開かれた一九五一年八月は、まさに朝鮮戦争の最高潮期であった。一旦、朝鮮半島南部に進出した北朝鮮軍を駆逐して、国連軍（実質は米国軍）が鴨緑江まで北上したところで、中国人民義勇軍（実体は中国人民解放軍）が、突然、参戦。太平洋戦争の赫々《かくかく》たる勝利者の米国軍は北緯三八度線の南まで退却させられるという屈辱を味あわされていた。戦線はその後一進一退を繰り返し、膠着状態を保つのだが、中国大陸の喪失（中国共産党の制覇）、朝鮮戦争への中国軍の参戦、背後におけるソ連の軍需物資補給という形での参戦のために、米国はたちまち反共ヒステリーに陥ってしまった。委員会はそのバロメーターであった。

特に、米国上院のマッカーシー委員会の「赤狩り」旋風は異常極まりないもので、根拠もなく国務省の職員や大学教授（例えばオーエン・ラティモアら）を糾弾して、職を失わしめた。こうして、有能な中国・極東問題の専門家が追放されたことによって、米国のアジア政策を狂わせる結果さえ招いたのである。米国は小島・台湾に逼塞《ひっそく》した国民党を中国の正統政権とし、広大な中国大陸を統一した中華人民共和国政権を認めないという倒錯を長年続けて、（日本もこれに追随した）国際政治の正常な運営を歪曲する結果を招いたのであった。

三　ウィロビーによれば、「中国共産化の真の原因は、クレムリンが操るコミンテルン（共産主義インタナショナル）の命令の下に、プロの共産主義者が行った過去二〇年にもわたる長期の破壊活動」（「本書八一ページ下段）の結果にほかならない。

また、ウィロビーによると、「スメドレーやシュタインのような個人的な宣伝者、それに、コミンテルンが放った多数の破壊主義者・スパイ、シンパ、お先棒たちが、この東洋における惨事の主たる要因であり、そういった者たちの非道な活動が有力かつ決定的な要素でさえあったことは直ちに言える」（本書二五四ページ上段）のであった。（傍点、引用者）

いかにも反ソ・反共の「ファシスト」（マッカーサー元帥は部下のウィロビー少将を「私のファシスト君」とふざけて呼んでいた）らしいウィロビーの言であり、俗耳に入りやすい。これは単純なアメリカ人が飛びつく陰謀史観でもある。

さて、一九三七年七月（日中戦争開始）から一九四九年一〇月（中華人民共和国の成立）までの実に一二年間、上海ではコミンテルンの有効な「陰謀」などはなかったのだ。日本軍が上海を占領して、共同租界は自治権・治外法権ともに剥奪されていたからである。

国民党敗北の陰謀説は非常な偏見

上海における「陰謀」は一九三七年には、いち早く終焉している。一九二〇年代から三〇年代前半の「陰謀」を公聴会で三回にわたって繰り返したウィロビーも、三七年~四九年(中国共産党の政権樹立)については一言も述べていない。国民党敗北の「主たる要因」がコミンテルンの陰謀だとすることは、凝り固まった偏見にすぎない。歴史をそのように見る目は、客観性に欠けている。

第二次大戦終了後、一九四七年の段階では、米国から近代兵器の供給を受けた国民党軍は、共産軍を終始圧倒していた。共産軍には、航空機、戦車、軍艦がなかったうえ、通常兵器の大砲やトラックすらも圧倒的に僅少であった。なぜ、その共産軍が国共内戦で最終的に国民党軍に勝利することができたのか。「陰謀」?!国民党軍の中国東北部に移送の際にも、米国は、自国軍の輸送船(LST)と多数の輸送機を提供し、その便宜を図ってやったのではなかったか。(この問題は、項を改めて述べることにしよう)

四 日本軍が一九四五年八月に、無条件降伏した後、諸々の要因が複合して、中国経済は超インフレ状態に陥った。(敗戦国の日本でもドイツでも、超インフレに見舞われた。それゆえ、戦勝国の米国は経済援助を行った)

これに加えて(インフレの要因でもあるが)国民党員の党・政府・軍各部門における腐敗・汚職が民心の極端な離反をもたらした。逆に、共産軍の厳正な軍紀が、民衆の支持を得ていった。その何よりの証拠は、国共両軍の大規模な戦闘行為は事実として行われなかったことである。中国東北部(旧満州)における瀋陽作戦、華北における北京・天津作戦、華中における武漢・南京・上海の解放戦は、いずれも共産軍司令官の出した将兵の生命保障を条件とする国民党軍の集団投降の繰り返しであった。前線の移動とともに、共産軍の規模は雪達磨式に膨れ上がっていったのである。

ウィロビーの「中国の惨事」とは、彼の考える共産党の勝利と言うよりも、国民党の自己崩壊のことである。この観点をまったく欠いた委員会での発言は、歴史的に、理論面と現実の政治面の双方について、決して評価できるものではない。

上海時代はゾルゲの諜報工作の練習・習熟機関

五　なぜ上海にスメドレー、ゾルゲ、シュタイン、ハロルド・アイザックスのような有能な人士をコミンテルンは配置したのか？（以下思いつくまま疑問に答えてみよう）

イ　当時の上海には、フランス租界と日英米の共同租界という二つの租界があり、ともに治外法権区域で、ここでは中国官憲は手が出せなかった。

中国共産党中央の周恩来の地下活動、ゾルゲ、スメドレーらの活動も、租界にいたから可能であったのである。彼らの活動が、租界を転覆するようなものでない限り、租界警察は干渉してこなかったし、検挙されるようなことはなかった。つまり、租界利用効能である。

ロ　コミンテルンは、一九二一年、二三年のドイツ革命敗北後、欧州では革命の機運が遠のいたのに対して、中国では一九三一年以降、江西省瑞金を首都とする臨時中華ソビエト共和国と名乗った共産党による地方政権が、小なりといえども成立していた。半封建的・半植民地的中国の解放と民族統一を希求する民衆の動きは、弾圧されながらもなお維持され、戦いが継続されていたのだ。そうした中で、コミンテルンは世界革命の一環としての中国における革命工作に精力を注いだのである。

六　日本軍による、一九三一年九月一八日の「満州事変」とその成功（東北三省の占領）は、ソ連を刺激し、日本に対する警戒心を一段と強化した。

コミンテルンとしては、有能な要員を多数上海に送り込んで、日本の大陸侵略政策やその軍事的動向を探らせて、柔軟に対応する必要があった。

また、ソ連はコミンテルンを通じて日本共産党に、いわゆる「三二年テーゼ」を与えて、戦争反対、ソ連擁護、軍国主義の元凶とみなした君主制＝天皇制反対の行動を指示した。（しかし、この運動は成功しなかった）

情勢の変化により、ソ連はゾルゲを一九三三年、東京に派遣した。ゾルゲにとって、上海時代は諜報工作の訓練と習熟の期間であり、日本帝国主義の本拠地東京で、その才能を十分に発揮することが出来たのであった。

結語——ウィロビー証言の不可解な部分

ウィロビーは一九四九年一一月、中国共産党の勝利直後、アジア太平洋労働組合代表者会議における劉少奇の演説—植民地・従属国等後進国の支配者＝帝国主義国に対する闘争は、必然的に、武力闘争になるというテーゼ—については、一言も言及していない。そして、一九五一年八月、朝鮮戦争最中の緊迫した時点から、過去に遡及し証言した。したがって、一九三〇年代前半の上海における左翼の運動を過大に評価してしまった。彼は現在の立場と状況を過去の事象に投影したのである。

ウィロビー報告書にも、委員会の証言の際にも、一九三〇年代半ばの上海におけるエドガー・スノーについては、一言も触れられていない。

毛沢東は、死ぬまでスノーを米国中央情報局（CIA）の手先と信じて、その見方に固執していた。しかも、毛沢東は、CIAの手先であれ誰であれ、中国共産党のことを正しく客観的に報道してくれる者ならだれでもよい、とスノーを受け入れていた。

スノーは、『中国の赤い星』、『アジアの闘い』や、戦中戦後の欧州情勢を述べた『ソビエト勢力の形態』等の名著を著述して、中国共産党の毛沢東、ソ連のスターリンを一貫して支持した。

委員会とウィロビーがこのような経歴をもつスノーと、彼の前夫人ニム・ウェールズ（ヘレン・フォスター）について、まったく無視するのは、不可解としか言いようがない。多分、米国的なご都合主義か、米国お得意のダブル・スタンダード（二重基準）のせいであろう。

中国政府公認の「中国人民の友」の中で、エドガー・スノー、アグネス・スメドレー、アンナ・ルイーズ・ストロングの三人については、それぞれの姓の頭文字であるSを取った、中国に「中国三S研究会」という研究団体があると聞いている。また、北京の西郊八宝山革命公墓には、ストロングと、外国人非共産党員としてスメドレーが葬られている。

（注）その他祀られている外国人は、オーストリア人技師レウィ・アレイ、カナダ人医師ベチューンである。

第二部

「ゾルゲ事件」報告書

連合国軍最高司令官総司令部（GHQ）民間諜報局（CIS）編

序 文

ゾルゲ事件で主導的役割を果たしたリヒアルト・ゾルゲ、尾崎秀実、宮城与徳は最早この世にいない。事件そのものが過去の出来事となっている。だが、それは重要な出来事であり、裁判終結以来、日本の内務省や司法省に放置されていた、秘密記録文書の中に埋もれてしまうには重要さが過ぎる。そこからは高度な諜報活動の古典的な事例が知られる。そこでは共産主義思想のある種の並々ならぬ面を率直に浮かび上がらせている。そこからは日本政府の要人の部屋で展開された葛藤や、戦前数年間の外交に関する情報が得られる。その重要性のゆえに、この事件を研究用に明かすことにした。

「ゾルゲ事件」報告書出典

Ⅰ　東京地方裁判所検察局記録

A. リヒアルト・ゾルゲ(注1)、第七巻
B. マクス・クラウゼン(注2)、第三巻、第四巻
C. アンナ・クラウゼン(注3)、第一巻、第二巻
D. 宮城与徳(注4)、第二巻、第四巻
E. 尾崎秀実《ほつみ》(注5)、第三巻、第四巻、第五巻
F. 西園寺公一(注6)、第一巻、第二巻

［訳注　ゾルゲから西園寺に至る文書の各ナンバーは、詳細は不明だが、東京地裁検事局が保管しているゾルゲ事件関係個人情報の記録文書の出所を指すものと思われる］

Ⅱ　東京地方裁判所判決

A. 秋山幸治(注7)
B. 船越寿雄(注8)
C. 川合貞吉(注9)
D. 北林トモ(注10)
E. アンナ・クラウゼン
F. マクス・クラウゼン
G. 九津見房子(注11)
H. 小代好信(注12)
I. 宮城与徳(注13)
J. 水野成
K. 尾崎秀実
L. リヒアルト・ゾルゲ

M. 田口右源太[注14]
N. ブランコ・ド・ブケリチ[注15]
O. 山名正実[注16]
P. 安田徳太郎[注17]

Ⅲ　リヒアルト・ゾルゲが法廷に提出した共産主義、コミンテルン（共産主義インタナショナル）及びソ連共産党に関する覚書

Ⅳ　秋山幸治が翻訳した資料一覧（日本特高警察編集）

Ⅴ　社会運動の状況、内務省警務局発行特別機密文書、一九四一年版

Ⅵ　『愛情はふる星の如く』尾崎英子が編集した獄中の夫の便り

Ⅶ　ゾルゲグループメンバーの個人経歴記録（日本特高警察編集）

A. 尾崎秀実
B. 川合貞吉
C. マクス・クラウゼン
D. 宮城与徳
E. 水野成
F. ブランコ・ド・ブケリチ

一　探知、逮捕、裁判

ゾルゲグループの通信担当だったマクス・クラウゼンは、ソ連政府が利用した外国工作員には三種類あったと法廷で述べた。彼が「テロリスト集団と呼ぶ」第一の部類は、ソ連との戦争が始まったら、その国の産業や軍事施設を撹乱することを目的として、外国に定住している一群の男たちと定義された。第二の部類は、一般市民を共産主義に仕向けるために外国に潜入している者たちである。第三は、諸国の政治、経済、社会、軍事状況を調査し、その成果をモスクワに流していた者たちの集団である。クラウゼンは、一九三〇年代にテオ将軍[注18]の下で満州で活動していた「テロリスト集団」をその第一グループの例として示してくれた。第二グループでは、その名前は一切明かしてはいないものの、彼はそういった者たちを、日本共産党の要職につくためにモスクワから何年にもわたり相次いで帰国した日本の共産主義者たち[注19]だ、と正面から見ていた。ゾルゲ諜報団はクラウゼンの言う第三の部類の工作員に当てはまる。

一九四一年六月に日本共産党中央委員［訳注　当時、伊藤律は中央委員ではない］の伊藤律が、共産党員の大量検挙で逮捕された。彼の膨大な尋問記録の一節から、警察はゾルゲと彼の友人たちに注目した。伊藤は、数年も前にロサンゼルスで米国共産党に入ってはいたが離党していた、取るに足らない小物の裁縫師だった北林トモが、スパイ活動をしているのではないかと述べた。これは多分当てずっぽうの発言だった。というのは北林はゾルゲグループの他の者と同様に、日本では共産主義運動には全く関係していなかったからであり、伊藤は北林のことを何か知る立場ではなかったからである。実のところ、伊藤はゾルゲ諜報団のもっと重要な一員であった尾崎秀実《ほつみ》と同じ南満州鉄道（満鉄）の組織内で働いていたが、尾崎の策謀的な活動に関しては一切関知してはいなかった。警察は北林夫人と、彼女の活動を承知してはいたが、加担はしていなかった夫を逮捕した。北林夫人は彼女なりにちょっとのことで、宮城与徳の手伝いをしたと自供した。警察はゾルゲグループ工作員間の連絡状況をたどり、一九四一年九月から一九四二年六月の間に一人、二人、三人と、そして全員を逮捕していった。

氏名	逮捕日
北林トモ	一九四一年　九月二八日
宮城与徳	一九四一年一〇月一〇日
秋山幸治	一九四一年一〇月一三日
九津見房子	一九四一年一〇月一三日
尾崎秀実	一九四一年一〇月一五日
水野成	一九四一年一〇月一七日
リヒアルト・ゾルゲ	一九四一年一〇月一八日
マクス・クラウゼン	一九四一年一〇月一八日
ブランコ・ド・ブケリチ	一九四一年一〇月一八日
田口右源太	一九四一年一〇月二〇日
川合貞吉	一九四一年一〇月二二日
アンナ・クラウゼン	一九四一年一一月一九日
山名正実	一九四一年一一月一五日
船越寿雄（注20）	一九四二年　一月　四日
河村好雄	一九四二年　三月三一日
小代好信	一九四二年　四月一一日
安田徳太郎	一九四二年　六月　八日

もし北林トモの米国での共産党との古い繋がりを日

本人が知らなかったならば、この事件が発覚することは決してなかったかもしれない。

日本の警察は、暁にスパイを銃殺してしまうようなことはしなかった。彼等は全体像の把握の方にはるかに関心が高かったからである。内務省及び司法省が行った事前の調査や裁判は、上級審への控訴を含めて二年以上も続いた。当局が完璧な仕事を行いえたのも、容疑者の自宅や本人から得た物証、日本の無線局が傍受した東京と満州―シベリア国境間の暗号電報、それに容疑者全員が結局は包み隠さず自白したからである。調査の結果は警察の事件記録に、裁判の速記録に事細かに記録された。常に完璧を目指す日本の警察と検察は、遺漏が無いとは言い切れはしないが、全てを明らかにした。

裁判は何ヵ月にもわたって入念に行われた…非公開で。*1 一九四三年九月に地方裁判所で判決が下された。ゾルゲは控訴をしたが、大審院(注21)は一九四四年一月に棄却した。［訳注　控訴は提出期限を過ぎて行われたため認められず、死刑が確定した］尾崎の控訴棄却は同年四月だった。判決は以下の通りである。

*1 大審院(注22)で審理に当たった判事は、以下の通り。
高田正（裁判長）　樋口勝　満田文彦
大審院控訴審担当判事は、以下の通り。

被告	裁判官
リヒアルト・ゾルゲ	岸達也（裁判長）、宮城実、宮内聡太郎、十川寛之助、寺島祐一
尾崎秀実	沼義雄（裁判長）、駒田重義、久礼田益喜、日下巌、吉田常次郎
船越寿雄	坂本秀男（裁判長）、江口亀、神原甚造、三宅正太郎、下川久市
田口右源太	沼義雄（裁判長）、駒田重義、日下巌、大塚今比古、吉田常次郎

被告	判決
アンナ・クラウゼン	懲役三年
マクス・クラウゼン	無期懲役
リヒアルト・ゾルゲ	死刑

ブランコ・ド・ブケリチ　無期懲役
秋山幸治　懲役七年
船越寿雄　同一〇年
川合貞吉　同一〇年
北林トモ　同　五年
小代好信　同一五年
九津見房子　同　八年
宮城与徳　未決拘留中死亡
水野成　懲役一三年
尾崎秀実　死刑
田口右源太　懲役一三年
山名正実　懲役一二年
安田徳太郎　同二年、執行猶予五年

[訳注　ゾルゲ事件に連座し、判決を受けたこの人名リストには、一九四二年一二月一〇日、未決拘留中に病死した河村好雄の氏名がなぜか脱落している]

ゾルゲと尾崎の絞首刑は、一九四四年一一月七日に執行された。ブケリチと船越はそれぞれ一九四五年一月と二月に獄死した。アンナ・クラウゼンと北林トモは短期刑期を終えて釈放された。[訳注　ここでのこの二人の記述は誤り。前者は一九四五年一〇月に釈放。後者は病気保釈後に死亡した] グループの他の者たちは、政治犯は全て日本の刑務所より釈放すべきであるという連合国軍最高司令官（ＳＣＡＰ）の指令により、一九四五年一〇月に自由を回復した。

ゾルゲ事件は太平洋戦争における最も目を見張るような出来事だと言われて来た。あまりにも多くが想像による推測に基づかざるを得なかったため、多くの人の心の中では愛と不倫の幻想ロマンとなった。ゾルゲ自身には男性版マタハリ(注23)のような資質があった。法廷で裁かれた中心的な役を務めた少数の者たち以外の多くの人たちは、自らの意思で関与したのだと言う説が有力だ。

だが、ゾルゲは金銭のために諜報活動をしていた訳ではない。書類を盗んだこともない。腰を折って鍵を開けるようなことも滅多になかった。彼も仲間も、気付かれないように全く自然に振舞った。また自分たちの環境に合うような保護色をまとった。彼等の破壊活動の特徴は、そのやり口にではなく、狙いにあった。事件に加わった各人は二つの部類に区分けされる。自分から加わった者たちと、中心的な活動家に心までではなくも知識や知恵を利用され、罪も無く、そうとは知らずに、巻き込まれた者たちとである。日本の警察は最大の注意を払って羊と山羊を区別した。それゆえ、公式記録に特にその旨記されなかった者は、自覚を持ったグループの一員とはされなかった。オット大使や、米国領事館のユージン・ドゥーマンや、英国大使館付武官のF・S・ピゴット少将は公式記録に広範囲に触れられてはいるが、もちろんソ連のスパイではない。近衛内閣の私設顧問の西園寺公一を公平に見れば、彼が執行猶予付きで懲役二年の有罪となったのは、重要な情報を余りにも大らかに生涯の友人である尾崎秀実と共有したからで、意識してソ連に情報を流していたからではないと言えよう。一般の人たちがこの事件に関する知識を有しないことから広がって行った噂話を信じて、ゾルゲ諜報団に加わった者たちを非難するのは、この上なく不当であろう。だが、その優れた構想、高度な政治の場での活動、ゾルゲ諜報団は日本国全体がスパイ熱に犯されていた時期に八年以上にもわたり、日本警察の警戒の目を逃れていたことからしても、この事件が有名になったのはそれだけのことはある。こんな役目を、かかる長期間成功裡に成し遂げられたのは、自分が最初で自分だけであるとゾルゲ自身も自慢していた。

ゾルゲ事件に関する情報はほんの僅かしか公開されていない。逮捕後七ヵ月になる一九四二年五月一七日付の新聞に、告発の事実関係と中心人物の略歴を載せることが許可された。判決が載ったのは一九四三年九月二九日のことである。だが、事件の詳報は㊙として内務省と司法省に渡されていた。現在、これらの記録に従って研究がまとめられている。終戦の年の混乱の内に記録の多くの部分が失われたり、破棄されてはいるが、この出来事は歴史として記録されねばならず、そのために、はっきりと理解するのに十分なものが残っている。後世の人たちに、数多くの非常に重要な教訓を教えるのに十分なものが残っている。この話を語るには、関係した色々な個人の人生や活動に結び付けるのが、最善である。

二　リヒアルト・ゾルゲ

リヒアルト・ゾルゲの祖父［訳注　大叔父の誤り］アドルフ・ゾルゲは、マルクスの第一インタナショナル時代の組織で、カール・マルクスの秘書をしていた。

父親のクルト・ゾルゲはドイツ人の技師で、コーカサス［訳注　東はカスピ海、西は黒海に挟まれた一大地峡。古くからアジアと欧州を結ぶ回廊の役割を果してきた地域］の石油会社で働いていた。ということから、ゾルゲは一八九五年一〇月四日にバクーで生まれた。一家はゾルゲの幼児期にベルリンに戻り、リヒターフェルデ地区に住むことになった。そこで彼は高等実科学校[*2]に入る前に、普通の小学教育を受けた。一九一四年に第一次世界大戦が勃発したため、この若者の教育課程は中断された。彼は新兵として志願し、西部戦線で戦い一九一五年には負傷し、ベルリンの病院で療養。高等実科学校に復学し、卒業した後にベルリン大学の医学部に入った。一九一六年に再度入隊し、今度は東部前線でまた負傷した。一九一八年に除隊後、最初はキール大学で、次いでハンブルク大学で政治と経済を学び、一九二〇年に政治学博士となって卒業した。彼はハンブルクのナショナルユニオンの本部で教官補佐、アーヘンのカール商業高等学校の教官補佐、炭鉱夫、そしてフランクフルト大学の社会研究所図書館図書係となった。一九二〇年頃から彼は新聞記事を書き始め、言うところの物書きになった。

＊2　高等実科学校は、第一次世界大戦前のドイツで一般的であった、一種の九年制の新しい学習志向の学校。

彼が初めて左翼の政治グループに出会ったのは、軍隊時代及び陸軍病院で療養していた間だった。祖父（同）アドルフの信条を思い出し、また、一九一七年のロシア革命に強く印象つけられた彼は、共産主義の書物、当然ながらマルクス、エンゲルス、トロツキーを読み始めた。一九一八年に彼は独立社会党に入党した。一九一九年のドイツ共産党結成時にはハンブルク支部の一員となった。一九二三年には、モスクワのマルクス・エンゲルス研究所の所長であるD・リャザノフ[*3]に手紙を書き、祖父（同）の著作を研究所に提出した。

＊3　一九二七年に出版されたリャザノフの『マルクス・エンゲルス伝』は、大英百科事典が引用する権威ある論文である。

一九二四年にゾルゲはフランクフルトでのドイツ共産党秘密総会に出席した。(注24)彼はコミンテルン代表のヨシフ・ピャトニツキー、ドミートリ・ザハロビチ・マ(注25)ヌイリスキー[*4]、オットー・ウイルヘルム・クーシネンとソロモン・アブラモビチ・ロゾフスキー[*5]をもてなすための歓迎委員会の一員となった。年末にかけてこのソ連代表たちの招待でモスクワに送られた。彼はドイツ共産党を辞めて、ソ連共産党入りをし、コミンテルン（共産主義インタナショナル）の情報部の一員となった。

＊4　ドミトリ・ザハロビチ・マヌイリスキーは一八八三年に生まれ、サンクト・ペテルブルク大学で教育を受けた。一九〇五年には同市で共産主義宣伝を行い、一九〇六年にクロンシタット蜂起に参加したために、キエフに追放された。一九〇七年に国外脱出し、一九一七年に帰国後ボリシェビキに加わった。一九一九年には赤十字使節の長としてフランスに渡り、拘禁された。一九二〇—二一年にはウクライナ革命委員会の委員を務め、一九二四年からソ連共産党中央委員となり、同年来のコミンテルン最高会議幹部会メンバーである。

＊5　ソロモン・アブラモビチ・ロゾフスキーが生まれたのは、一八七八年である。外務人民委員代理であり、ソ連情報局総裁代理でもある。学校長の息子として生まれ、世に出た当時は鍛造工だった。一九〇一年にロシア社会民主労働者党に入り、一九〇五年の革命時には積極的役割を果たした。革命運動の廉《かど》でサンクト・ペテルブルクの帝政ロシア秘密警察に二度逮捕されている。フランスに渡りジャーナリストとして生計をたてた。第一次世界大戦中、またソ連の内乱時には革命運動や、国際労働運動に身を投じた。一九三三年にソ連外務人民委員部の三人の代理の一人に指名された。労働組合主義に関する著作が多数有る。以上、一九四四年版連合国政府紳士録による。

［訳注　コミンテルン幹部の、ピャトニツキーとクーシネンの説明が原注にないのは、不可解かつ不自然である］

ゾルゲは一九二七年にはスカンジナビアと英国にコミンテルンの情報・組織局の特別代表として派遣された。一九二九年まで留まって、スカンジナビア諸国や英国の共産党と協働して労働問題や共産主義活動に関する情報を集めた。

一九二九年の五月か六月にモスクワに戻ったゾルゲは、共産党関連の情報活動からの離脱を申し出た。政治、経済、軍事情報の収集に特化したかったのである。自分の活動の場は極東、と決めた。コミンテルン情報部を去った彼はソ連の赤軍第四部に配属され、早速第四部内で極東諸国、殊に日本の政治、外交、財政、経済、軍事、他の資料を集める組織の結成に着手した。こういうわけで、彼の仕事の成果がコミンテルンにもたらせるのは、間接的にソ連政府を通してのみとなった。ゾルゲはこの立場の変更を次のように説明した。

「ソ連共産党はコミンテルン指導部よりも、影響力が強まりました。今日、実際に共産労働運動の旗振りをしているのはソ連共産党です。このことは現実的にソ連共産党の指導者とコミンテルンの指導者との関係を見れば分かります。以前コミンテルンの指導部は何事につけ外部から干渉を受けることはありませんでした。特別な案件についてソ連共産党の指導者と相談するのも、ごく時たまのことでした。後に相談の回数も増え今日に至っており、コミンテルンの指導者が、國際労働運動の先駆けとなり、かつてジノビエフ(注26)の指導の下に行っていたように、ソ連共産党とは独自に行動することは適《かな》いませんでした。コミンテルン指導部とソ連共産党の統一は、ソ連共産党の優位性が認識された際に達成されました」

「自分のほかにも多くの人たちが、コミンテルンでの仕事からソ連共産党の立場に移動させられたのを知っています。実際、自国を捨てざるを得なかった多くの労働者たちが、ソ連の建設作業のために移動させられました。彼等は、以前はソ連政府のためではなくコミンテルンのために働きたがっていたのです。多くの共産主義者が状況判断に誤りを犯した[*6]ことに気付きました。ソ連の成果の偉大さの前に、コミンテルンを低く評価する者がいるということです。コミンテルンはもはや必要ないとまで言う者までいます。こういった誤りはソ連の発展の偉大さの証《あかし》でもあります。それはまたソ連共産党の指導部が國際労働運動に貢献したことへの、間接的な称賛でもあります。だが、ソ連共産党がこのような異常な立場を永久に維持出来る訳がありません。他国の共産党が力をつけたなら、重力の中心は再度ソ連からコミンテルンに移りましょう。ソ連共産党が輝いていられるのは一時的なことであります。それでも過去一〇年間、今日、次の一〇年間、その輝きが問題となることはないでしょう」

＊6　「状況判断に誤りを犯した」人たちの格好の例は、一九三三年に転向した、日本共産党の指導者だった佐野学と鍋山貞親だった。彼らの主張の全文は民間情報局（CIS）の出版物「左翼、右翼」に掲載されている。彼らは、共産主義運動が国際的な運動からソ連国家主義運動に脱皮して行ったから、心を入れ替えたのだと明言した。ゾルゲとは違って、彼らは「重力の移動」が永遠だと考えた。

「こういった状況が、わが諜報グループの活動に影響を与えてきました。革命労働運動における重心がコミンテルンの指導部からソ連共産党に移動したことは、私自身がたどった道にも見られます。当初、私の行動の一切がコミンテルンに結び付いていました。後に私はソ連の下で直に働くようになりました。こういった変化はあっても、私や私のグループのメンバーの活動が、全体としての共産主義運動を疎外することはありませんでした。我々の活動が、国際的な場から、同様に重要な領域であるソ連の発展のために移っただけのことです。この活動はソ連の経済的、政治的安定に役立ちました。我々の活動目的は外交政策と外部からの政治的、軍事的攻撃からソ連を防衛することに関心が移りました」

「取調べが始まった時、私に指示を出していたのは、どの組織だったかと問われましたが、私は『モスクワ本部』でした、と故意に曖昧《あいまい》に答えました。コミンテルンのために働いていたのか、ソ連のためだったのかという問題を避けたのには、私なりの理由がありました。私がコミンテルンからソ連に移動させられた複雑な問題を、説明せねばならなくなるだろうと思ったからです。完全な説明を行うには、私は共産主義運動における指導部の重心の移動を説明せねばならなかったからです。これを通訳を通して行うことは、ほとんど不可能なことでした。一九二九年以前は、私のモスクワでの本部はコミンテルンでした。一九二九年以後に共産主義運動の世界での状況が変化した際に、私の位置づけも変りました」

「私がソ連の仕事をするようになった後の、ピャトニツキーとかマヌイリスキーやクーシネンといったコミンテルンの指導者たちと、私との関わりを話しましょう。この人たちは皆昔からの友人でした。私は自分を彼らの教え子だと思っていました。私が入党した際には、保証人となってくれたものでした。

それだけでなく、私にソ連共産党中央委員会の下での新しい任務を約束してくれました。彼等は皆、国際革命運動での経験豊かな人たちでした。私がコミンテルンを去った後にも、多くの忠告をしてくれました。私がソ連共産党で働くようになった後に、コミンテルン関係者で会ったのはこの人たちだけです。この人たちはコミンテルンの指導者というだけではなく、ソ連共産党中央委員会のメンバーでもありました。私が中国、日本で行う諜報活動は全く新しいことで、今まで行われてはいなかったことを思い出してください。ということで、この三人の友人は事のほか関心を示してくれました。私の日本での活動に関しては殊にそうでした。というのもこの種の仕事をかくも長期にわたって、成功裡に成し遂げたのは私が初めての男であり、私以外にはいなかったからです。私への命令、指示は一切赤軍第四部から来ました。コミンテルンからの命令はありませんでした。ということで、私がコミンテルンの指導者たちに会ったのは、公式なことではありませんでした」

一九三〇年一月、第四部からの指令でゾルゲはドイツの「ゾチオロギッシェ・マガジン」(注27)の特派員となり、同部のメンバーである「アレクス」と無線通信士の「ワインガルト」(注28)の二人とともに中国に行った。三人は上海で、「ミーシン」(注29)とマクス・クラウゼンという二人の工作員と落ち合った。「アレクス」が上海にいたのは六ヵ月ほどで、その後はゾルゲがグループの長になった。この時期にそのグループに属していたのは、次の者たちである。

ワインガルト　ドイツ人、無線通信士
マクス・クラウゼン　ドイツ人、無線通信士
「ジョン」(注30)　ゾルゲの助手
「ポール」
アグネス・スメドレー　アメリカ人ジャーナリスト、フランクフルター・ツァイトゥンク紙記者
ハンブルク夫人　ドイツ人女性
ジェイコブ　アメリカ人ジャーナリスト
王夫妻(注31)　中国人
陳　中国人

李　　　　　　　　中国人
尾崎秀実　　　　　日本人、朝日新聞記者
川合貞吉　　　　　日本人、上海ウイークリー通信員
水野成　　　　　　日本人、東亜同文書院学生
船越寿雄(注32)　日本人、上海毎日通信員
山上正義　　　　　日本人、聯合通信記者

ゾルゲの活動の中心は上海だったが、彼の工作網は南京、杭州、漢口、広東、開封、西安、北京から満州国に広がっていた。彼は南京政府、中国における日本の軍事力、日本の対満州国政策、上海事件とそのソ日関係への影響に関する日本の政策データを、収集した。ゾルゲの最も価値ある情報源は、尾崎秀実と川合貞吉だった。南京政府のドイツ人顧問も、有益な情報源だった。彼自身も中国を広く旅した。

一九三二年一二月にゾルゲは、「ポール」に中国グループの長を譲って、モスクワに戻った。ゾルゲは日本に転勤させられることになっていた。この新しい門出への準備は、入念に行われた。一九三三年五月に彼はベルリンに行き、フランクフルター・ツァイトゥンク、ベルリーナー・ベルゼン・クーリエ、技術評論、アムステルダム商業新聞の日本特派員の指名を取り付けた。ナチ党の入党願いも出したが、資格認定は問題なく受け入れられた。そして新しい任務につくため、サザンプトン、ニューヨーク、バンクーバー経由で、一九三三年九月六日に横浜に着いた。

ゾルゲは東京市麻布区永坂町三〇番地に居を定めた。一〇月に彼はベルリンで作成した計画通りに、ドイツ人無線通信士の「ブルーノ・ベント(注33)」、偽名「ベルンハルト」に帝国ホテルのロビーで接触した。同月、彼は「ユーゴスラビア政治日報」の特派員としてパリから日本に来ており、本郷区の文化アパートに住んでいたクロアチアの写真技師であるブランコ・ブケリチに会った。ゾルゲはニューヨークで日本人協力者が東京に送られると言われていたので、ブケリチは一九三三年一二月にジャパン・アドバタイザー紙に、「求む浮世絵」という広告を出した。これはゾルゲが米国で会ったことのある画家で、［訳注　ゾルゲは米国で宮城に会ったことはない］かつての米国共産党員であった宮城与徳への応答を求める合図だった。ブケリチはゾ

ルゲが上野美術館で宮城に会えるように取り計らった。

ゾルゲは宮城に頼めば、左翼活動に理解があって、しかも警察の監視下にはない有名人をグループに加えられるのではないかと思っていた。しかし、宮城は一九一九年から一九三三年まで米国に住んでいたので、この大胆な計画を実行するのに必要な背景も、人脈も無いことがはっきりしていたので、ゾルゲは、上海時代に大変役に立った朝日の記者である尾崎秀実《ほつみ》を思いついた。一九三四年六月に宮城はゾルゲが奈良公園で尾崎に会うお膳立てをした。その後間もなく、尾崎は好都合なことに東京転勤となった。

一九三五年五月にゾルゲは「ベルンハルト」と妻をモスクワに送り返した。あまり役に立たぬと見たからである。六月には彼自身もモスクワに行った。彼は赤軍第四部長の「ウリツキー」(注34)将軍に話して、昔の仲間であるマクス・クラウゼンを日本で「ベルンハルト」と交代させることにした。彼が東京に戻ったのは九月だった。一九三六年、彼はブリティッシュ・フィナンシャル・ニューズの通信員であるギュンター・シュタイン(注35)*7をグループに引き入れた。シュタインは一九三八年に日本を去るまで引き続き協働した。そうこうするうちに、この諜報組織は上海時代から知っていた川合貞吉や、水野成や、船越寿雄や、以下の脇役の男女を加えて大きくなっていった。

＊7　シュタインは一九〇〇年に、恐らくドイツで生まれた。彼は時には「ベルリン日報」、他の大陸や、英国紙の通信員を務めた。彼は一九四四年に数ヵ月、記者として日本に滞在していた。［訳注　シュタインは逮捕を逃れるため、一九三六年に日本から逃亡している。それが戦中の一九四四年に日本へ再来することはありえない］彼には一九四五年にマグローヒル社から出版した『共産中国の挑戦』を含め何冊かの著作がある。シュタインが離日した際に、もう関係を持たぬように命ぜられた、とゾルゲは言っている。それゆえ彼は一九三九年にシュタインが住んでいる香港に行った時には、彼を避けていた。シュタインの暗号名は「グスタフ」だった。

小代好信　兵士
河村好雄　満州日々新聞記者
山名正実　労働運動家
北林トモ　裁縫師
安田徳太郎　医師

九津見房子　共産運動家
田口右源太　労働運動家

上記名簿はゾルゲの日本での活動を意識して助けた、個人たちを網羅している。時に応じて登場したその他の人たちは、知らずに情報を提供していた者で、グループの色々な人物との友好関係や信頼関係を通して知っていることを、ゾルゲにもたらしていた。ゾルゲ自身は高等教育を受け、教養があった。彼は物事を綿密に分析する性質だった。ドイツ・ロシア・スウェーデン・英語を話し、読めた。多分、中国語もだろう。彼は努めて相手国の文化的背景を学ぶことにしていた。東京では一、〇〇〇冊以上の日本関係書籍を所有しており、その中には難解な古典である『古事記』や、『日本書紀』や『源氏物語』も入っていた。彼の知識水準の高さや博学振りや個人的魅力から、彼の友人や付き合う人たちは誰しもそのとりこになった。

ゾルゲは、白鳥敏夫[*8]とか出淵勝治[*9]のような日本政府の有力者や、ドイツ大使館の高官や、日本にいるドイツ人実業家への紹介状を携えて日本にやって来た。こういった紹介状に加え、日本到着後間もなく、彼が正式にナチ党員に登録されたことから、彼はドイツ大使のヘルベルト・フォン・ディルクセン(注36)や、その後任となったオイゲン・オット(注37)や、ドイツ大使館[*10]のその他の館員から快く迎えられ、身内として、部外顧問として、信頼を持って受け入れらた。ゾルゲはドイツ大使館内に一室を与えられ、オット将軍夫妻の最も親しい個人的な友人となった。彼は日本における大使館の情報組織には欠かせぬ要素となった。その見返りとして、彼は極東で起こっていることのほぼ確実な事前情報を得ていた。殊に一九四〇年九月二七日の三国［訳注　日独伊］同盟署名以後、日本の陸海軍参謀たちは自分等が抱える多くの問題を、あけすけに大使館員と論議していた。オット大使と随員たちは代わるがわる率直にゾルゲに意見を求めていた。

＊8　白鳥敏夫　職業外交官、一九三〇―三三年に外務省情報局長、一九三三―三六年にスエーデン、ノルウェー、フィンランド公使、一九三八―三九年にローマ大使。
＊9　出淵勝治　職業外交官、一九二〇年代なかば外務省アジア局部長、一九二八―一九三三年米国大使。
＊10　ドイツ大使館　ゾルゲグループは女性の名をドイ

ツ大使館員の符牒として使っていた。オイゲン・オット大使＝「アンナ」、顧問ショル博士＝「マーサ」、海軍駐在武官パウル・ベネッケル＝「パウラ」。ゾルゲもシュタインもブケリチも、新聞社の記者だったので、彼らは情報局の外国新聞記者会見に出席し、各国からの記者たちが出来事を議論していた外国人記者同士の交流の場に、自由に出入りしていた。ブケリチは殊に上手く付き合っていたようだ。彼の証言によると、彼は英国大使館付武官のフランシス・S・ピゴット少将とは、何回となく親しく話していた。彼は一九四〇年七月に彼が逮捕された後に、憲兵本部の窓から身を投じたロイター通信社のジェームズ・M・コックス(注38)とは、極めて近い関係にあった(注39)。アバス通信社のフランス人仲間のロベール・ギランを通して、彼はフランス大使館で話題となっている論議を聞いていた。また口の軽いヘラルド・トリビューン紙のジョセフ・ニューマン(注40)からは米国大使館員、殊に顧問のユージン・ドゥマンの意見を聞いていた。同時に尾崎秀実《ほつみ》は、満鉄東京事務所や、朝日新聞や昭和研究会(注41)の朝飯会で、内閣顧問の仲間たちから、日本関係の情報を入手していた。

それより下のレベルでは、補助役の工作員たちがゾルゲやグループのトップが論じているような天下国家の問題ほどは戦略的ではない、具体的な情報を拾い集めていた。こういった人たちのある者は、得た情報を主として尾崎を通じて流しており、他の者は宮城与徳を通じて提供していた。船越寿雄は大半北支で活動しており、支那問題研究所を立ち上げていた。彼はこの組織から得た情報を尾崎に流していた。ある時期、天津での船越の研究所に繋がっていた川合貞吉は終《しま》いには東京に支所を開き、後に尾崎の紹介で大日本再生紙株式会社に職を得た。彼は尾崎のために研究所や、北支新人民協会や、それに再生紙会社の従業員から一般情報を集めた(注42)。ゾルゲグループ逮捕以前に亡くなった満州日々新聞の河村好雄は、新聞社の活動で入手した一般情報を尾崎に渡した。実際のところは尾崎が面倒をみていた水野成は、京都地域を活動の場としていた。彼は尾崎と宮城のために働いた。洋裁教師をしていた北林トモは、裁縫学校の生徒や、顧客や、通っていた教会の信者たちの噂話を伝えた。医師の安田徳太郎は、患者から聞いた話を宮城に伝えた。陸軍伍長の小代好信は、陸軍関係に力を入れた。労働者を焚《た》きつけていた田口右源太は、宮城に北海道の世事を伝えた。かつて三田村四郎[*11]の内縁の妻だった九津見房子は、プロレタリア政党の思想の流れを宮城に報告しており、一方、共産党系の農民運動家である山名正実は、農業関連の動きを調査した。秋山幸治の役は翻訳であった。

＊11　三田村四郎　日本共産党創設以来の党員であり、一九二九年に投獄され戦後まで収監されていた。

　このようにしてゾルゲは、見解や意見、それに具体的な出来事の情報を、ありとあらゆる日本の政治、社会階層から集めた。尾崎同様、彼は個々の情報は最初にそれがどれだけ重要または秘密なものと見えても、それ自体はほとんど価値が無いと感じていた。彼が狙っていたのは長期にわたる傾向と、可能性に関する実像であった。クラウゼンの無線や、伝書使を利用して、彼がモスクワに送っていた報告は、数多《あまた》の事実を慎重に吟味した成果である。彼が基本的な根拠としたものの多くは、ドイツ大使館員や尾崎からの情報を選び抜いたものだが、判断するに当たってこういった根拠を額面通りに受け取ることは滅多に無かった。個々の事例は他の無数の断片からなるジグソーパズルに嵌《は》め込められた。各報告を自身の目で慎重に評価してから、彼は確認のために尾崎や、オットや、クレチメル（注43）や、ベネケル（注44）とそのことを論議した。ブケリチは、大使館筋の噂話に大抵通じている新聞記者仲間と論議した。モスクワへ伝達したものは、最終的な分析を元にして書き上げたものであり、その情報の主たる出所[*12]に関しては慎重に検討が行われた。報告された事項の単なる大筋だけでも、裁判記録の二八ページをも占めているということからも、このグループの効率の良さが分る。だが第四部［訳注　ゾルゲを日本に送り込んだ赤軍参謀本部内の諜報担当部署。のちに諜報総局＝ＧＲｕ《グルウ》となる］の要求には限りがなかった。かつて日本陸軍の演習要綱がモスクワに送られた際に、モスクワはこんなものに貴重な金を使う必要などないと無線で指示してきた。ゾルゲは「下巻は合法的には入手不可能である。合法ルートのソ連大使館に入手してもらうように」と、やりかえした。一九四〇年にモスクワは、金を使ってまでして入手せねばというものではない、今後の送金を考える、と再度断じた。ところが、これは誤った判断だったことが証明されている。

＊12　送信に当たっては、その主たる出所が「暗号名で」常に伏せられていた。例えば尾崎は「インベスト」

であり、宮城は「インテリ」、ドイツ大使館の人間は女性の名（＊10参照）が付けられていた。

　このグループの首魁《しゅかい》は、ゾルゲだった。彼の主たる役割は情報の評価だった。だが、必要な際には仕事の具体的な細部にまで立ち入った。（注45）クラウゼンに暗号化を頼むようになった一九三七年、一九三八年以前には、モスクワへの一切の電文を彼が暗号化した。報告書や書類をマイクロフィルムに収める際[＊13]にはブケリチの手伝いもした。それにもちろん、彼はドイツ大使館や他の情報入手先との接触に忙殺されていた。彼は、レストランや自宅でちょくちょく会っている無線通信士で経理担当のクラウゼンや、写真担当のブケリチや、調査員の尾崎、それに情報集めに歩き回っている宮城のほかは、注意深くグループの他の人間には近づかないようにしていた。このうち三人が新聞関係者だったので、彼らとの出会いは何年もの間、全く自然な状況下で行うことが出来た。ゾルゲが彼らとの会合を秘密裡に行うようになったのは、一九四〇年に警察の監視が厳しくなってからのことである。クラウゼンの尋問調書には、グループ員が従った予防策として主に無線操作や外部の者との関係について述べられている。

＊13　ブケリチはライカを使っていたが、ゾルゲが使っていたのはロボットカメラ［訳注　ロボットはブランド名で、オット・ベルニングが一九三三年に創立したドイツ・ロボット社製のカメラ。シャッターを押して撮影すると、バネの動力で自動的にフィルムが巻き上がる仕組みになっていた］だった。

ゾルゲの活動原則は、次の通りであった。

一　世間を欺くためにグループ全員は、何かまともな仕事を持たねばならぬ。

二　グループ員は日本の共産主義者あるいはそのような人間と交流してはならぬ。

三　無線の暗号は一仕事ごとに異なる乱数を使用して、変更せねばならぬ。

四　発信機は一仕事ごとに解体し、スーツケースにしまってから持ち運ばねばならぬ。

五　送信は場所を変えて行わねばならぬ。絶対に同じ家を長期にわたって使用せぬこと。

六　「モスクワ伝書使」との連絡は最大の秘密裡に行い、いずれの側からも名前を言ってはならぬ。

七　各員は偽装用の名前を持たねばならぬ。無線や会話で本名を口にしてはならぬ。

八　通信所の名前は、ウラジオストクを「ウィースバーデン」、モスクワを「ミュンヘン」（注46）という具合に、暗号で偽装せねばならぬ。

九　クラウゼンがブケリチの家に出かける時は、平河町のドイツ人クラブまでタクシーに乗り、その中継場所から目的地までは別のタクシーに乗る。

一〇　書類はその役目が終わったら、直ちに廃棄すること。

一一　如何なる場合でも、ロシア人［訳注　正しくはソ連人］を仲間に入れてはならない。

グループのほかの者と同様、ゾルゲは自分やその仲間は大義のために働いているのであり、決して金銭目的ではないということをこの上なく強調していた。第四部がこのグループに支給していた費用は、年額一〇〇〇〇米ドルだと明言したが、予備費として上限月一〇〇〇米ドルを認められていた。ゾルゲが出した俸給明細は、経理担当のクラウゼンが言った数字と大体一致した。ゾルゲの陳述によると、主たる月ごとの費用は、以下の通りである。

ゾルゲに　　　六〇〇～八〇〇円
宮城に　　　　三〇〇～四〇〇円
クラウゼンに　六〇〇円
尾崎に　　　　場合に応じて
ブケリチに　　四〇〇円

このほかに家賃がクラウゼンに一七〇円、ブケリチに五〇円出ていた。［訳注　本文三九六ページ下段参照］

在任中ゾルゲが専念した最重要な課題は日本の対ソ政策であり、日本のソ連に対する態度に影響を及ぼす対欧州強国並びに対米国政策であった。ゾルゲはこの全般的な目標を次のように説明している。

「ウリツキー将軍が最初に述べたように、我々の目的はソ連と日本の間の戦いを避けることでした。私は彼がそう述べたことの重要性を強調したく思います。（注47）というのはウリツキーはスターリンやウォロシーロフ（注48）に近い存在だからです。私が初めて日本に来た時、ソ連がドイツと戦う危険よりも、日本と戦う危険の方が遥かに大きかったことを思い出して欲しいのです。それゆえ我が課報グループは、二ヵ国間の平和維持に寄与するような日本の政治、外交、経済、軍事データの収集を目的としたのです」

ゾルゲは彼が最大に活動した年である一九四一年の一年間に生じたことを、事細かに法廷に説明した。

「先ず最初に思い出してもらいたいのは、日米交渉は別に秘密でも何でもなかったことです。その内容は日本の新聞でも、米国の新聞でも論評されていました。グルー大使が舞台裏で積極的に動いたことは、良く知られています。東方会(注49)の中野正剛(注50)や他の国粋的な組織が交渉に反対したことも、同様に良く知られています。私自身はフランクフルター・ツァイトゥンク紙から、詳細な報告をするようにとの指示を受けていました。殊に米国が日中間の調停を行うかの見通しについてです。私は長文の電報を打ちました。何も検閲されることはありませんでした」

「日米交渉の焦点は支那事変についてでした。米国は何回にもわたって日本と蒋介石間の調停を申し出ました。日本の見解と米国のそれとは食い違っていました。松岡(注51)と野村(注52)が行った交渉の詳細は分りませんが、調停問題は米国内で宣伝上の話題として注目を浴びました。日本の新聞も同様に採り上げました。本多大使が抗議のために東京に戻ったのは、在中国の日本人がこの提案に反対したからです。松岡は本多が何故戻ってきたかを、ドイツ大使館に説明のしようがなく、大いに弱ったようでした。それから後に、日米間の意見が異なるために、何等の解決も期待し得ないことが、かなりはっきりして来ました」

「私が最初に情報を得たのは、ドイツ大使館からです。オットは松岡との会話の要点を、また松岡辞任後は、豊田(注53)との会話を語ってくれました。そして尾崎がさらなる資料を与えてくれました。最終的に私は、一九四一年五月に支那に行った際に、日本陸海軍の態度に関する重要な情報を得ました」

「その中国への旅は、ドイツ大使館の特命によるものでした。私は在中国の日本の要人と面談し、米国の中国並びに日本との関係に関しての彼らの考えを確めました。大陸での日本人の意見は、米国による如何なる調停も決定的に反対するということでした。日本政府が何等かの宥和《ゆうわ》策に応じるようならば、現地で猛烈な反対を受けることは目に見えていました。在中国の日本人は、関東軍（注54）の影響を受けていました。彼らは本多大使支持に結集する日本の反米、反英団体の支持を得ていました。私は報告書を暗号化してオット大使に送り、大使は一語も変えずに本国政府に伝達しました」

「松岡が欧州から戻った時に、対米交渉の性格は変わっていました。松岡にとってもドイツにとっても、重要な展開と考えられました。松岡より二日前に戻ったオットは、何が起こったのかと私に尋ねた。松岡は、対米交渉は厳格に三国同盟（注55）に沿って行われること、また米国が中国支援の商船隊を送るようなことを行うとすれば、日本は、それは米国の日本に対する敵対行為であると解釈すると彼に話していたと語りました。松岡はこの二点を書面で米国に通告するだろうと明言していました。松岡はこんな風にドイツを宥《なだ》める意向でした。彼が約束を実行したかどうかは、推測に頼るほかありません」

「松岡は本心では交渉に反対していたのではないかと思います。彼の辞任は、交渉の持続を意味しました。私がこの結論を引き出したのは、ほかの者たちから得た情報からではなく、事実を考慮した上でのことです。豊田が松岡の後任に任ぜられた時に、ドイツは交渉を廃棄させるためにあらゆる努力をしました。オットは、豊田のドイツ及び三国同盟に対する姿勢は冷淡であると話しました。豊田は三国同盟破棄に繋がっても、対米交渉を成功裡に締結したいと仄《ほの》めかしました。彼の努力にも拘わらず、日本軍によるインドシナ進駐（注56）で交渉は決裂したのです」

「一九四一年八月にドイツ大使館は軍事専門家と、満州から呼び寄せた事情に明るい者からなる会議を開き、大陸動員（注57）を論議しました。私も出席しました。同月、満州視察旅行から戻った武官は、その年に日本がソ連を攻撃するようなことはあるまいと語りました。およそ同時期にオットも、一九四一年中に日本がドイツと一緒になってソ連と戦う望みは捨てたと語りました。八月にベネケルは、日本の海軍軍令部（注58）から直ちに、日本は南方での戦闘開始をせねばならなくなるかも知れないので、ソ連を攻撃することは無いと聞きました。彼は、陸軍、殊に青年将校はこの決定を不服としていることや、政府や海軍の同意抜きで陸軍だけで戦闘開始は出来ないことを話しました。

「クレチメルは、日本の参謀本部（注59）はドイツがソ連侵攻をする時にはソ連攻撃を行う事を決したと語りました。ベネケルはそれを否定しました。オットは、日本を戦争に誘導するように最善を尽くせとの訓令を受けていると言いました。ドイツが攻撃を始めた二日か三日前に、尾崎は大島（注60）が日本も協力するよう日本政府に迫ったと伝えたが、ドイツ大使は、日本政府は戦争の推移待ちとしたむね自信をもって述べた」

「一九四一年八月に、東京で行われた関東軍と参謀本部の会議の模様を、クレチメルは私に話してくれました。クレチメルは東京に来て間もないので、日本の参謀将校たちのどうにも取れるような話をどう解釈して良いか戸惑っていました。後に私は、尾崎からその年には日本は如何なる戦いにも参戦しないだろうと聞かされました」

「オット大使が土肥原将軍（注61）と会った時、『日本はドイツを助けるか』と真っ向から問い質しました。その答えは『日本の体制が整っていないから今年は駄目です』でした」


ゾルゲは近衛内閣の命運をかけた最後の日々を、次のようにまとめた。

「日本が米国の要求に屈するか、反抗するかを決するのは米国次第であり、日本が決めることではないと見ました。それは、米国という国の見識か、それとも愚かさで決まってしまうでしょう。日本に過大な要求をしている米国国民の政治的感覚の鈍さから、両国間で交渉が成功裡にまとまる希望はほとんどありませんでした。どのつまり、日本は戦争を仕掛けて南方に糸口を見出さざるを得ないでしょう。これは米国との戦いを意味するので、日本がソ連を攻撃する可能性はゆっくり遠ざかりました」


ということで、ゾルゲの見方は日本政府の東条に同調する役人たちの意見と驚くほど合致した。

ゾルゲは、ソ日戦争は有りそうもないと結論付けた際に、自分たちの使命は完了したと感じた。ゾルゲとクラウゼンは話し合った後に、ソ連国民にとって諜報するだけの価値の有る情報は、最早日本には存在しないと胸を張った。一九四一年一〇月一五日に、ゾルゲは実際モスクワに撤収許可を求める電文を書いた。その電文が発信されることはなかった。彼もクラウゼンも、遅らせることにしたからである。

しかし、札を回収して、ゲームから手を引こうとするにはもう遅すぎた。北林、宮城、秋山、九津見、それに尾崎はすでに警察に拘留されていた。ゾルゲ、クラウゼン、ブケリチは三日後の一〇月一八日に逮捕された。ゾルゲはモスクワに流したものは、実際はほとんど国家機密とは考えようもないものだ、と尋問の際に断固として述べた。知識人なら誰でも入手出来るようなデータを提出しただけだ。グループの活動が反国家的だったというのは、それが日本の厳しい国防法に触れたからであり、グループ員が日本の国益に反し、ソ連のために、自主的に活動したからに過ぎない。ゾルゲは次のように自己弁護をまとめた。

「日本の法律は、広義にも、また厳格に条文通りにも、解釈次第で適用されます。厳密に言えば、機密漏洩法で罰することも出来ようが、実際面では日本の社会は秘密を守らねばならないような仕組みにはなってはいません。起訴に持って行く上で我々の活動や、我々が入手した情報の性格を十分に考慮してもらえるとは思えません。ブケリチが送ったデータは秘密でもないし、重要でもありません。新聞記者なら誰でも知っているようなニュースを持ち込んだだけです。国家機密など入手し得ようもありません。宮城についても同じことが言えます。政治情報とでも言えるようなものを手に入れていたのは、尾崎と私だけです」

「私はドイツ大使館から情報を得ていましたが、その際でもまた、〝国家機密〟などと言えるようなものは全くと言えるほどありませんでした。相手が自主的に出してくれたものです。私が罰せられるような策略を図ってまでして、入手などはしていません。騙したり、無理をさせたりするようなことは、決してなかったのです。オット大使も、ショル博士も、殊にショル博士でしたが、私に報告書を書いてくれと頼んだものでした。私としてもこういった情報は信頼していました。なにしろドイツの参謀本部で利用するために陸・海軍の武官が吟味し、纏《まと》め上げたものだからです。私は、日本政府がドイツ大使館にデータを提供する際には、その何割かは漏れるものだと思っていたと信じています」

「尾崎はニュースの大半を朝飯会で得ていました。だが朝飯会は、公の会合ではありません。グループ内で交換された情報は、他の似通ったグループでも話題にしていたのは間違いないでしょう。当時、そんなグループは東京にわんさと存在していました。尾崎がこれは重要かつ秘密だと見做《みな》したデータですら、実際上はその時点ではそんなことはなかったのです。彼は秘密情報源からそのデータが出た後に、間接的に入手していたからです」

だが、日本の防諜法(注62)は容赦しなかった。尾崎と共にゾルゲは一九四三年九月二九日に死刑の判決を受けた。尾崎とゾルゲは大審院に上告したが、棄却された。尾崎と共にゾルゲは、一九四四年一一月七日に絞首刑を執行された。

リヒアルト・ゾルゲ処刑執行公式記録
一九四四年一一月七日執行

市谷刑務所及び東京拘置所[*14]における、一九三二年から一九四五年の間の死刑執行記録台帳からの抜粋

＊14　刑の執行は、新しく建設された東京拘置所（巣鴨刑務所という呼び名の方が通りがよい）で行われた。旧市谷刑務所は廃所された。記録台帳は両刑務所共通である。

名前　リヒアルト・ゾルゲ
国籍並びに住所　ドイツ国ベルリン市
職業　文筆家兼新聞記者
生年月日　一八九五年一〇月四日
罪名　治安維持法、国防保安法、軍機保護法、軍用資源秘密保護法各違反
判決　東京刑事地方裁判所第九部の第一次裁判にて一九四三年九月二九日下される
上告審　大審院上告棄却、一九四四年一月二〇日
収監　一九四一年一〇月一八日
刑執行　一九四四年一一月七日

立会い人　東京刑事地方裁判所遊田検事、秋山書記
犯歴　初犯
執行指示伝達状況　市島刑務所長(注63)が、罪人の氏名年齢を確認後、司法大臣の命により本日刑が執行されること、及び穏やかに死につくように告げた。所長は、遺骸、遺留品、その他の処置に関し、先に記しておいた遺書に何か付け加えたいことがあるかとゾルゲに訊ねた。ゾルゲは「私の遺志は書き置いた通りです」と答えた。所長は「何かほかに言いたいことがありますか?」と尋ねた。ゾルゲは「いいえ、何もありません」と答えた。このやりとりの後に、ゾルゲは教誨師や他の刑務所職員に向かい「皆さんのお心遣い全てに感謝いたします」と繰り返し述べた。次いで彼は処刑室に導かれ、何ら動揺の兆《きざ》しも表さずに処刑された。
処刑時間　一〇時二〇分から一〇時三六分
遺体処置　本人の遺書と監獄法第七三条、第二章、第一八一項に従い遺体は仮埋葬された
(立会人の認証印)　(刑務所)所長　市島*15
(刑務所)典獄補　大坪
(刑務所)文書主任　後藤

*15　通常は副所長が行うところを、尾崎とゾルゲの刑執行には所長が立ち会ったということからも、この二人がどれだけ重く見做されていたかが分る。［訳注　死刑執行の立ち会いは、刑務所長の職務となっている。この記述は、明らかな誤まりである。］

三　ブランコ・ド・ブケリチ

ユーゴスラビア陸軍中佐の息子である、ブランコ・ド・ブケリチは一九〇四年にクロアチアのオシエクで生まれた。父が生まれたザグレブの高校卒業後、彼は美術学校に進んだ。そして一九二四年九月から一九二六年六月まで、ザグレブ大学で建築を学んだ。一九二六年にはフランスに渡り、パリ大学で法律を学び、その後パリでジェネラル・エレクトリック社に職を得た。

一九三〇年一月に、後に宮城与徳が「表紙に向いているだけの退屈な女」(注64)と表現したエディットという名のデンマーク人の女性と結婚した。一九三一年八月には辞職して国に戻り、ザグレブ歩兵連隊に入った。同年一一月には病気のため除隊して、療養のため母とフランスの地中海地方で過ごした(注65)。一ヵ月後には、彼の運命を変えることになる「オルガ」という女性に出会

った。

ブケリチはザグレブでの学生時代に、プロレタリア向けの政治に関心を持ち始めた。ザグレブ・マルキスト学生連盟に入会し、一九二四年には民衆扇動の廉《かど》で逮捕されている。彼は誰しもが読むマルクス、エンゲルス、トロツキーといった共産主義の定本を読んだ。一九二五年頃から共産分子が支持するクロアチア独立運動に参加した。彼が実際に共産党員となったのは、以前にザグレブ・マルキスト学生連盟の仲間だった男たちに、一九三二年にパリで会ってからである。一九三二年三月に、この仲間がブケリチを「バルチック女のオルガ」に引き合わせた。彼女はいうところのパリの赤色国際諜報組織に入るように口説いた。彼はユダヤ系ソ連人の同僚から、日本かルーマニアに派遣されるだろうと聞いた。彼はエディットを同伴することにし、「オルガ」の同意を得てから、エディットが諜報員の身分を隠すための表向きの仕事につけるように、デンマークに短期間行かせて体操の指導員の資格を取得させた。

一九三二年一〇月に、夫妻は東京に行くことになったのを知った。ブケリチは、フランスの写真誌「ビュー」とユーゴの日刊紙「ポリティカ」の日本特派員に任名された。ブランコ、エディット、それに子供は一九三二年一二月三〇日にマルセイユから船出し、シンガポールと上海経由で一九三三年二月一一日に横浜に着いた。東京では帝国ホテルに仮住まいし、その後文化アパートに居を移した。ブケリチは「オルガ」に言われていた通りに、直ちに「ベルンハルト」(注66)に接触した。「ベルンハルト」は、当時「シュミット」と自称していたリヒアルト・ゾルゲに引き合わせた。一二月一四日から一八日にかけてブケリチはジャパン・アドバタイザー紙に、宮城与徳に知らせるための合図である「求む浮世絵」という広告を載せた。彼は広告会社の一水社で宮城に会い、上野美術館でゾルゲがさりげなく宮城と落ち合えるように仕組んだ。

一九三三年一一月にブケリチ一家は牛込区左内町の一軒家に引っ越した。そこで彼は書類の撮影とフィルム現像用に暗室を設けた。一九三四年の四月と五月の間に「ベルンハルト」は無線送信機を組み立てたが、素人仕事だったのでしょっちゅう不具合が生じた。一九三五年一二月から一九三六年二月の間に、一九三五年一一月に日本に来ていたマクス・クラウゼンが、最初の送信機を組み立てた。ブケリチとクラウゼンは、「ベルンハルト」がソ連に戻った後、一九三六年五月に「ベルンハルト」のどうしようもない送信機を、山中湖の水中に葬った。

一方、ブケリチは新聞仲間の付き合いを広げていた。一九三五年五月に彼はアバス通信社［訳注　のちのフランス通信社］の社員となり、ロベール・ギランと付き合うようになった。彼は東京記者クラブで友人作りをした。一九三七年の夏から彼はゾルゲともっと気楽に付き合えるようになった。ドイツ通信社（DNB）の正規通信員のバイスが休暇でドイツに戻っている間、ゾルゲがその代役を務めて、新聞界での場所を得たからである。ゾルゲとギュンター・シュタインを結び付けたのも、ブケリチだったのではなかろうか。少なくも、ギュンター・シュタインの彼女が香港でシュタインと結婚する途上、一九三八年の夏に横浜に着いた時にゾルゲが会いに出かけたのはブケリチのお蔭だった。また彼の記者としての仕事上、諸外国の大使館員を友にしたり、顔見知りとなった。一九三八年にロベール・ギランがアバスの東京支局長としてやって来たことで、彼はフランス大使のアルセーヌ・アンリや大使館員とのパイプが出来た。最も重要だった一九四〇年から一九四一年にかけて、彼は「ニューヨーク・ヘラルド・トリビューン」紙のジョセフ・ニューマンやユナイテッド・プレスのマクス・ヒルらと自由に話ができる間柄だった。一九四〇年には仕事が殊に役立って、ブケリチがノモンハン(注67)の戦場視察の記者仲間に加われるようになった。一方、彼はロボット・カメラを使ってゾルゲの書類の複写のほとんどをこなしていた。彼はクラウゼンや他の人間が上海に旅した時や、「モスクワ連絡員」から入手した材料を使って写真を撮り、フィルムの現像をしていた。

一九三八年七月にブケリチと妻のエディットは仲違いをし、エディットは目黒区に別居した。ブケリチが日本女性、山崎淑子(注68)に恋をしたためである。彼は妻を説得して離婚にこぎつけた。離婚は一九三九年一二月一八日に成立し、山崎淑子は一九四〇年一月二六日にブケリチ夫人となった。淑子がスパイ活動に絡んでいなかったことは、ほぼ確かである。というのは、ブケリチの家には淑子がいつもいるので、無線機を使うのが難しいとクラウゼンが不満を漏らしていたことからも分かる。エディットは結局、妹のいるオーストラリアに行くことにした。[注69] ゾルゲはモスクワの承認を得て、エディットを手放し、また彼女に五〇〇ドルを渡したが、この金を巡ってブケリチとクラウゼンの間で激しい争い[注70]が生じた。彼女は英国の避難船「アンフイ」号で一九四一年九月二九日に去った。

　ブケリチは新聞報道や、大使館で聞いた話や、色々な情報から幅広い報告書をまとめ上げた。一九四〇年九月にはギランを通して、フランス大使館から日本が安南［訳注　現ベトナム］米を買い付けているという内部情報を得た。同年一二月には、ゾルゲはブケリチに日本の対仏、英、米関係についてのあらゆる論評を、可能な限り集めるように強く要請した。一九四一年五月には、仏領インドシナ占領に関して、詳しい報告書をまとめた。一九四一年一〇月八日に、彼はニューマンから、グルー大使[注71]が東京の米国クラブの会員に本音を語った*16その全文を入手した。一九四一年一〇月一七日ブケリチはゾルゲにオデッサ陥落を告げた。一九四一年五月にニューマンは、日本海軍は支那事変での米国の調停を求めている、と米国大使館のユージン・ドゥーマン参事官から聞いたとブケリチに話した。海軍の提案は、日本は支那内陸部から軍を撤退すること、及び三国間協定の狙いは、米国が欧州での戦いに巻き込まれるようになったら、日本海軍が太平洋での治安維持に当たると解釈している、ということだった[注72]。その見返りに日本は米国に、満州国の独立承認と対日経済援助供与を行うことで、石井・ランシング協定[注73]の復活を求めることになろう。一九四一年六月に、ニューマンは、ドゥーマンの話から、米国はベルリンから戻ったら身を引くと思われている松岡を毛嫌いしていると思う、とブケリチに語った。米国が日本に対し、支那からの全軍撤兵、大陸侵攻の中止、汪精衛政権[注74]排除を要求したのは、松岡追い落としのための外交戦略であった。ドゥーマンは、日米交渉がまもなく事実上終了すると感じていた。

＊16　グルー大使の講演は日米関係を取り巻く危険な状態についての詳細な討議であり、非公開で行われたものだった。真珠湾以後に逮捕され、尋問されたアメリカ人たちは、日本の警察がどうやってこの全文を入手したか、ずっと不思議に思っていた。

ゾルゲが日本警察に対し、ブケリチや他のメンバーを批判していたのは、彼等がやっていたことを最小限に抑えて救おうとしていたのか、単に自身の誇り高き重要さを強調するために配下の者を軽く見做《みな》そうとしていたのかは分かりようもない。尋問の際も法廷でも、ゾルゲは、尾崎だけは例外としても、自分の配下だった誰しもを労《ねぎら》うようなことは述べなかった。ブケリチについては以下のように述べた。

「ブケリチは我々の諜報グループに加わるという明確な目的を持って、日本にやって来ました。同時に彼は、私自身と同様に身を隠すために新聞社の通信員となっていました。私は情報集めが本来の仕事だったので、記者仕事には熱が入りませんでしたが、ブケリチはますます記者仕事に熱中し、耳にしたことは何でもお構いなしに、私に何度も語って聞かせたものでした。それが重要かどうかの判断は、私に任せていました」

「ブケリチは同じ建物に入っていた、ニューマンから聞いたことは、一切合切《いっさいがっさい》私に話しました。ニューマンはその元の話のほとんどをドゥーマンから仕入れていました。ドゥーマンがインドシナやシンガポールについて言いたがっていたことを、私に伝えたのはブケリチだと思いますが、私はドゥーマンの話しは重要だとは思っていなかったので、それがどんなことであったのかは覚えてはいません。先ず第一にドゥーマンは大使館員でしかなかったし、ワシントンがどう考えているかを知る立場にはありませんでした。第二にドゥーマンは事実関係には気を使わず、もっぱら宣伝工作ばかりしていたものです。第三に英米政府は仏領インドシナ［訳注　現在のベトナム］、タイ、それにオランダ領東インドに関しては、すでに考えがまとまっていたということから、私はドゥーマンの言葉は当てにしませんでした」

一九四一年一〇月一七日に、ブケリチは、人伝《ひとづて》に聞いたオデッサ陥落の知らせを鸚鵡返《おうむがえ》しにゾルゲに伝えた。ゾルゲは消息不明となった尾崎と宮城がどうなったのか、情報を探れと命じた。ブケリチはその翌日に、逮捕された。

終身刑を受けたブケリチはその後、一九四五年一月一三日に獄死した。

四　宮城与徳

宮城与徳は宮城与正の次男として、一九〇三年二月一〇日に沖縄で生まれた。農夫であった父は一九〇六年にフィリピンのダバオに渡り、麻の栽培を行った。一年後に事業に行き詰まった父はカリフォルニアに行き、ロサンゼルス近郊の農場で働いた。与正は一九二〇年に沖縄に戻り、一九三八年に亡くなった。

このような環境の下で、息子の宮城与徳は沖縄で母方の祖父母の手で育てられた。一九一七年に高等小学校を終えた彼は、首里の師範学校に入りたかったが、先生の一人が普通校を受験するように説得した。彼は師範学校に入学したが、肺病にかかって一九一九年三月に退校した。

一九一九年六月に与徳少年はカリフォルニア州ボールドインパークの父のもとに行った。彼は英語を習うために、近くのブローレーの学校に二年間通った。その後、一九二一年九月から一九二二年半ばまで、サンフランシスコの美術学校に行ったが肺病が再発したため、退校せねばならなかった。一九二五年九月にサンディエゴの美術学校に入り、一九二六年九月に卒業した。

与徳青年はロサンゼルスに引っ越すことになった一九二六年九月まで、ブローリーの近くの農場で働いた。同年一一月、彼は屋部憲伝[注75]、又吉淳[注76]、幸地新政[注77]、中村幸輝[注78]とか、何人かの日本人仲間と組んで「梟《ふくろう》」という名のレストランを開いた。一九二七年の夏に、彼は八巻千代[注79]と結婚した。そうこうしているうちに、彼と新妻はロサンゼルスで北林芳三郎[注80]の家に住んだ[注81]。芳三郎は農夫であり、その妻は後に東京でゾルゲ諜報団の一員として脇役を務めることになる。一方、宮城はレストランからとは別に、十分自立して行けるだけの収入を絵の売り上げで得ていた。

宮城は若くして、社会問題への関心があった。彼は自分で、次のように明かしている。

「自分が子供の頃、純粋、かつ単純にいっぱしのナショナリストだった時期があった。だが、その時期でさえ日本の官僚主義の横暴さには嫌気がさしていた。医師、弁護士、銀行員、引退した役人らは鹿児島から来るのが当たり前であり、金貸しとなって地元の農民を搾取していた。私は祖父から絶対に弱い者いじめをするなと言われていたので、こういった人間たちが大嫌いだった。祖父は同様に、二〇〇年前に島津藩に征服され、準植民地状態にされたり、明治維新後に抑圧されたことを例に挙げて、それ以前は栄光の時代だったと沖縄の歴史を教えてくれた。祖父はこういった官僚主義の横暴さや、沖縄の人たちの貧しさを痛烈に批判していたのがきっかけで、自分の関心が政治問題に向くようになった」[*17]

*17　これは沖縄に行き渡っていた日本の支配に対する不満の率直な表明である。鹿児島の大名である島津が琉球諸島を一六〇九年に征服した。列島は一八七九年に日本に併合された。

米国に渡ってからの宮城は、現状不満の仲間の影響を受けるようになり、社会問題の関連書を読み始めた。この変遷の時代に関して、彼は「自分は仲間や、読んだ書籍の影響を受けなかったとは言わないが、それより動かされたのは実際目にしたものによってである。米国資本主義の矛盾、支配階級の横暴さ、それにとりわけアジア人種に対する非人道的な差別である。こういった一切の病《やまい》を治せるのは、共産主義であるとの結論に達した」と明確に述べていた。

宮城はカリフォルニアでの初期の頃には共産党に入党はしていなかったが、党がどんな事をしているかを大いに知りたくて関心をもっていた。彼は後になって、ジョン・リード(注82)というアメリカ人をソ連に連れて行った片山潜[*18](注83)や、農業学校出の田口運蔵(注84)が一九一九年にニューヨークで活動していたことを知った。西村義雄、山辺清、石垣栄太郎(注85)、それに矢田と鬼頭[*19]という名の二人は、一九二三年と一九二四年にカリフォルニアで活動していたことも知っていた。彼は、およそ一九二四年からサンフランシスコとロサンゼルスが在米日本人の共産活動の中心となったと述べている。

*18　片山潜は一九二四年から一九三三年に死亡するまで、モスクワでコミンテルン執行委員会委員だった。

*19　多分、後に上海でゾルゲグループに加わった鬼頭銀一であろう。

一九二六年に宮城とその仲間たちは「梟《ふくろう》」で、社会問題を議論する学習会を立ち上げた。集会を二回か三回持った後に、矢田とか、高橋とか、ハーバート・ハリス(注86)というソ連人の教授、それにフィスター(注87)という名のスイス人といった共産主義の指導者が、東海岸からロサンゼルスにやって来て加わり、皆に講義をした。

他の共産主義者も徐々に講座に出るようになったが、本願寺の僧侶である樹心院真道や、前ロサンゼルス日本人協会長であった近藤長衛のような共産主義とは関わりの無い人たちも増えていった。その集まりは黎明会と呼ばれた。

一九二七年に共産主義者と自由主義者間の争いがあり、黎明会は分裂した。共産主義者たちは離脱して階級戦線社という結社を形成し、矢田と高橋が指導者になった。未だ共産主義者にはなってはいなかった宮城は、黎明会に留まった。一九二八年に階級戦線社は拡大し、労働協会となり、「階級戦」という雑誌や、週刊の「労働新聞」を発刊した。米国共産党カリフォルニア支部がおよそ同時期に、ロサンゼルスに支部を設けた際に労働協会の会員は参加した。監物貞一[注88]が米国共産党日本人部会をサンフランシスコに立ち上げた際には、「労働新聞」がそこで発行された。

一九二九年には労働協会の後援で赤木鉄[注89]と吉岡という名の男が、プロレタリア芸術協会を創成した。監物や、北林夫人や、彼が後に結婚した八巻といった会員の多くが宮城の仲間だったので、彼も参加した。これで彼は共産主義組織に初めて直接関係を持ったようだ。

一九二九年に監物と小林勇[注90]がサンフランシスコで、堀内鉄治[注91]と山口栄之助[注92]がロサンゼルスで逮捕された際に、矢野努[注93]がニューヨークからやって来て、カリフォルニアでの活動を行った。一九三〇年のロングビーチでの党集会で、共産党員の無差別逮捕が行われた。逮捕者中七名がドイツ大使の保証の下に、ハンブルクに追放されたが、宮城は、彼等はソ連に行ったものと思っていた。日本人部会は一時的に終わりを告げたが、二世たちに教養を感化させようとして、一九三一年に再建された。一世移民たちはそのほとんどが芯《しん》から共産主義者となるには年を取り過ぎており、考え方が古過ぎると思われていた。彼等は米国市民ではなかったので、そういった日本人移民が政治活動を行うのは違法だったが、二世はそうすることが出来た。この時期に引き入れられた新しい会員の中に、宮城も北林夫人[*20]も含まれていた。

＊20　北林夫人は後日、キリスト教婦風会に加わった際に離党した。

宮城は自分が共産党員になったことを、以下のように述べている。

「私は一九二九年に米国共産党員になるよう誘いを受けたが断った。健康に優れなかったせいもあるが、日本人が入党する意味が分らなかったためである。米国の法律の下では日本人が政治的に自由に動けるわけなどなかった。だが、一九三一年に、モスクワからの指示に従い、カリフォルニアの米国共産党第一三支部の人種問題部、アジア人種担当内に日本人グループが組織された。この人種問題部の主たる目的は、黒人解放だったが、他の人種へも関心を示していた。アジア人種担当の中には中国、フィリピン、ヒンズーも入っていたが、メンバーのほとんどが日本人だった」

「一九三一年の秋に、モスクワから戻ったばかりのコミンテルン工作員の矢野努が、ロサンゼルスの我が家を訪ねて来た。彼は第一三支部長のサム・ダーシーと連絡をとっていた。矢野は私に入党するように勧めた。私が入党したのは、共産社会のみが労働者に安定を与えるものであり、アジア人種担当内に働き場所があると確信したからである。入党申請書一切に記入することはなかった。私は矢野に任せ、コミンテルンの工作員だった彼が登録をしてくれた。党での私の呼び名は『ジョー』だった。私の本名が正式に党の原簿に登録されたかどうか実際は知らない。同様に、本名は恐らく記録簿に残っているかも知れない」

「私は矢野に、自分が参加するのは党の人種解放運動のみで、その他の活動一切には手を出す積もりはないと告げた。私は身体が弱いので、集会に出る必要もないし、余計な活動に参加することもないと聞いていた。私は、東洋問題の最重点だと思っていた日中関係に関心があった。アジア人種の解放は中国と日本のプロレタリア連合を基にして行われるべきだと思った。私は、当時、共産党のような反戦組織に加わった主たる動機は、満州事変の勃発だったと隠さずに述べた。私が満州の占領に反対しているのが分かって、軍人上がりの角田が私を責めた。私は、侵攻すれば中国の日本を見る目が変わり、英米に東洋での勢力を強化する格好の口実を与えるから反対しているのだ、とはっきり言った。角田が、私に日本人の生活水準を中国のクーリー並みに下げたいのかと問いかけたので、そのような非人間的な状態が無くなるくらいまでに、生活水準を引き上げたいのだと答えた。私の考え方はそんなものだった」

一九三二年の終わりにかけて、宮城は矢野ともう一人のコミンテルンの工作員の訪問を受け、コミンテルンの工作員として約一ヵ月間東京に行ってくれと言われた。彼らは何のために行くのかは正確には知らなかったようだ。彼等は、ロサンゼルスのロイ(注94)という共産党員を訪ねて、指示を受けるように彼に告げた。宮城は絵の仕事が忙しかったので、月毎に出発を延ばした。だが、一九三三年九月にロイは、米国には早急に戻れるだろうと約束し、直ぐ発つように迫った。ロイは彼に二〇〇ドルを渡した。また、東京で彼が会うことになる男に提示するための一ドル札もくれた。その男も照合用に通し番号のついたもう一枚の札を持っているという。宮城は妻も、米国で持っていた物一切も残して、発った。彼がそれらに再び巡り会えることはなかった。ロイは多分、彼を騙そうとしたのではないだろう。というのも、ロイはその後北林夫人を何度も訪ねて、宮城が戻ったかと尋ねていたからである。

宮城は一九三三年一〇月に東京に着き、ほぼ一一月の終わりにブランコ・ド・ブケリチを介して、リヒアルト・ゾルゲと出会った。四、五回会っているうちに、彼はゾルゲの役目は諜報であり、自分は彼のために働くのだと分かった。一九三四年一月にゾルゲが正式に申し出た際に、宮城は多少の気詰まりはあったが、同意した。彼は逮捕後に、自分のはっきりしない態度について、日本の取調官に次のように述べている。

「私は直ぐにゾルゲグループに入ろうと決めたわけではない。私が米国にいたなら立場も異なっていたであろう。だが、日本で働く日本人の立場はどうなるのだろうか？殊に、私の関心は人種解放だったので、グループに入ったら自分の意向に矛盾しないのだろうか？だが、私は加わることにした。日ソの戦いを回避させようとしていた。その使命が有する歴史上での重要性を認識したからである。私はそのような仕事につく訓練を全く受けていなかったので、当初は、誰か私に代わる人が見つかったら直ちに身を引くつもりだった。時が経つにつれて、この手の仕事を進んで引き受けるような人間はいないことが分かった。自分がやっていることは不法行為であり、戦中なら絞首刑になるだろうことも良く分かってはいたが、やむなく続行した」

宮城はしばらくの間、ゾルゲグループの他のメンバーのことはあまり知らなかった。ゾルゲにはブケリチを介して会ったものの、ブケリチがメンバーだと知ったのは、一九三六年か一九三七年のことだった。それはブケリチの家に呼ばれてゾルゲに会い、ブケリチが書類を写真に収めていたのを見た時である。宮城は大阪で初めて尾崎に会った。尾崎とゾルゲの奈良公園での出会いを仕組んだ時である。だが、その男が深く関わっていることを知ったのは、尾崎が東京に転勤となった後のことである。一九三八年の夏に、ブケリチの家でクラウゼンに会った。クラウゼンが「あなたのことはもう何年も前から知っているよ」と言った際に、宮城はこの言葉から、ゾルゲが無線での通信のことや、忙しい合間を縫って彼がグループの無線要員を務めていることを話していたことを思い出した。ゾルゲはグループの誰にも、彼等がソ連政府のために働いているということを知らせていなかった。宮城は情報の送り先が何処なのかは知らなかった。最初はグループがコミンテルンの情報局に属していると思った。ゾルゲが軍事情報の収集に力を入れ始めた際に、彼は自分たちがソ連軍のためにも働いているのではないかと思った。わざわざ尋ねることはしなかったが、ソ連の宛先はいつでも「モスクワ本部」となっていた。ゾルゲは第四部とは決して言わなかった。

宮城が活動を始めて間もなく、ゾルゲは身の回りの費用一切を出すと言ったが、宮城は断った。彼は米国から三〇〇〇円持ってきており、絵を売って生活が出来た。ゾルゲから受け取った金は旅費や、口説いて情報収集をしてもらった下請けの支払いに充てた。一九三四年に彼は、一九三一年に北林の家で会ったことのある秋山幸治に、一ヵ月六〇円から一〇〇円で翻訳をしてもらうことにした。一九三六年には山名正実を一ヵ月六〇円で雇って、農業関係の情報集めをさせた。同様に一九三六年に医師の安田徳太郎と、無料で色々な世間話をしてくれた九津見房子と関係を持つようになった。初めのうち九津見はときたま二〇円とか三〇円をもらっていたが、社会大衆党に職を得てからは、一銭も受け取らなかった。一九三八年に、一九三六年に日本に戻っていた昔仲間の北林夫人に話して、ちょっとした手伝いをしてもらうことにした。一九三九年には、田口右源太と若い兵隊の小代好信を、仲間に入れた。

　宮城は自分でもまた、下請けを使って、世間話や、新聞記事や、官報や、雑誌類から情報を集めた。世間話や、軍事関連情報の大部分をもたらしたのは、それぞれ田口と小代である。一般的な事柄の報告は口頭でなされたが、日本がソ連を攻撃する可能性だとか、日本農業が抱える問題点というような事柄は、日本語で書いた。報告の重要性がはっきりしているような時には、彼は日英両国語で提出した。そうしょっちゅうではないが、英文のみでも資料を出した。ゾルゲがあらゆる方面について関心を持っていたことは、一九三八年に粛清を逃れてシベリア国境を歩いて越えたソ連の将官リュシコフ(注95)のことや、樺太国境を橇《そり》に乗って越えてソ連に消え去った日本人の共産主義者俳優の杉本良吉(注96)と女優の岡田嘉子(注97)事件の調査を宮城に頼んだことからもうかがえる。ゾルゲは宮城の報告が出て来る前に、ドイツ大使館から全貌を聞いていた。ゾルゲは、二人の俳優は日本のスパイとして、ソ連に送り込まれたと疑っていたが、宮城は「彼等は舞台での役割を実生活に再現したまでだ」と彼らの動機が純粋なることを納得させた。宮城は提出した報告の幾つかは、ブケリチが写真に撮ったり、幾つかは他の資料と一緒に無線で送られたのは間違いないと思ったが、どのくらいがモスクワに伝達されたかは知る由もなかった。

　一九四一年の初めに、ゾルゲはドイツの対ソ攻撃を心から心配するようになった。ヒトラーが英国侵攻を見限ったら、ソ連に矛先を転じるに違いないと感じた。四月中、彼はドイツがバルカン作戦を終了次第、攻撃開始をするに違いないと思った。五月初旬、彼は第三帝国(注98)が東部国境沿いに軍隊を集結していると警告を送った。それはゾルゲの、日本の対ソ攻撃の恐れを際立たせるだけだった。今やゾルゲの身近な存在となり、この時点では尾崎の情報のほとんどを、自分たちの首領に伝達していた宮城は、次のように自分の活動を正当化している。

「我々は二国間の戦争回避のために、ソビエト・ロシアに対する日本の態度を読むために、あらゆる努力をした。もし我々が二ヵ月前に攻撃を予告できたら、外交手段で戦争を回避できよう、一ヵ月前に示せたらソ連は前線に軍隊を送って、防衛準備を完成し得よう、二週間前に警告を発信できたら、ソ連の防衛最前線の備えができよう、我々の警告が攻撃一週間前などという僅かな時期に届いたとしても、ソ連の損失はそれだけ少なくて済む、とゾルゲは常々言っていた。日本のソ連に対する態度を決定する一つの要素である日米関係は重要である」

「日ソ間で戦いが勃発するようなら、自分のしているることは日本のためにならないことは、承知していた。だが、自分は国防の主たる目的は、戦いを回避することだと考えていた。ソ連と日本に関する限り、ソ連側から攻撃が仕掛けられることは無いと私は確信していた。だが、一九三一年から太平洋戦争勃発まで、日本側が仕掛けるかもしれぬ可能性は常にあった。ということから、自分達がやっていることは、日本のソ連攻撃を回避させようとすることだった」

一九四一年一〇月に逮捕された際に、宮城は自殺をはかったが果たせなかった。何等の束縛もなかった若い頃から、いつも一定期間休養して肺炎の慢性的な発病をなんとか免れようとしていた。だが、留置や、尋問、裁判による重圧は、彼の弱った肺には過重であった。彼は拘留中の一九四三年八月二日に死亡した。

五　尾崎秀実《ほつみ》とその政治的見解

尾崎秀太郎(注1)の次男、秀実《ほつみ》は一九〇一年五月一日に岐阜県で生まれた。父が台湾日々新聞の編集長だったために彼は台北中学に通った。その後、彼は東京の第一高等学校、次いで東京帝国大学法学部に進み、一九二五年に卒業した。卒業後、彼はもう一年間大学に留まり、社会学の本を精読した。一高と東大で、彼は戦争一〇年前に次の時代に重要な役割を果たすことになる日本の若い官僚や、彼が初めて生涯の友とする多くの人たちと出会った。少年時代から才能に優れ、人に好かれる気質の持ち主だったので、友を作るのは容易だった。

尾崎は父に倣《なら》ってジャーナリストになった。一九二六年五月に、彼は東京で朝日新聞に職を得た。一九二七年一一月には大阪朝日新聞に転勤となり、一九二八年一一月に特派員として上海に行った。三年の中国勤務を終えて一九三二年二月に大阪に戻り、一九三四年の秋には東京転勤となり、間もなく東亜問題調査会[注2]の会員となった。調査会は、東洋での出来事に関する朝日の編集方針に関連して研究を行っていた。彼は一九三八年七月に朝日新聞社を退職して、近衛公爵の下で内閣嘱託となった。一九三九年一月に第一次近衛内閣の崩壊を機に彼は内閣嘱託の職を辞して、同年六月に南満州鉄道（満鉄）東京支社の嘱託となり、一九四一年一〇月に逮捕されるまでその職にあった。

　尾崎は大体において弱者に関心が有り、殊に中国の弱者に対しては一層だった。それは彼が子供の頃に、台湾に移住した大陸人に向けられた差別を見たことに由来する。吉野作造[注3]とか、福田徳三[注4]のような自由主義者の教授がなんら憚ることなく「改造」とか、「解放」とかの雑誌や新聞に意見を寄せていた時代に、彼は感じやすい中学生だった。彼はそういった記事を貪り読み、深く印象付けられた。彼はドイツの哲学者に惹かれ、一層強く感化された。二二歳の時に、一九二三年六月の最初の共産党員一斉検挙に心を強く動かされた。彼は殊に、農民運動社を運営していた森崎源吉[注5]の家族全員が、関東大震災の翌日に隣家から逮捕されたことや、大杉栄[注6]や、その妻と甥の虐殺にじっとしてはいられなかった。彼は大森義太郎のセミナー[注7]で「史的唯物論」を学んだ。マルクス・エンゲルス・レーニンや多くの中国関係の本を読んだ。こうして、彼は徐々に共産主義に心を許すようになったが、日本共産党に加わることはなかった。朝日の一員となった後に彼は、同じく共産主義に関心を有していた報知新聞記者の清家敏住[注8]に出会った。清家が労働運動に加担するようになった際に、彼は尾崎に日本労働組合評議会[注9]、関東出版労働組合に「草野源吉」という偽名で加わるように勧めた。「草野」は二度会合に出たが、一九二七年に朝日が大阪に転勤を命じたので関係を断った。

　上海で尾崎は中国の左翼文芸協会である創造社と交わるようになり、「白川次郎」とか「オツォーチ」[*1][注10]というペンネームで、会報に寄稿した。[*2]同様に、彼は東亜同文書院[注11]の左翼がかった学生や、楊柳青の中国共産青年同盟と交流した。こういったグループを通して、彼は上海の中国共産党の政治顧問と知り合いになった。

＊1　このペンネームの由来ははっきりしている。白川とは尾崎が生まれた村の名であり、次郎は次男につけられるありふれた名前である。尾崎は次男である。「オツォーチ」は尾崎の中国語読みである。

＊2　楊柳青は台湾で教育を受けた中国人である。彼は日本の共産主義運動に最も密接に関係していた者の一人である。台湾に根を有し、日本語を話せたからである。彼は山本懸蔵とか、渡邊政之輔とかの日本共産主義者の指導者とは親しかった。楊が中国で逮捕された時に、彼は日本国籍を主張して日本に引き渡された。彼は台中刑務所で獄死した。

尾崎は上海・九江路にあるツァイトガイスト書店(注12)を定期的に訪れた。そこで彼は店主のワィデマイヤー夫人(注13)と知り合った。一九二九年終わりか、或いは一九三〇年の始めに、この女性は彼を有名なアメリカの共産系ジャーナリストであり、フランクフルターツァイトゥンク紙の通信員を務めていたアグネス・スメドレー＊3(注14)女史に紹介した。尾崎のスメドレー女史に対する友情が深まるにつれて、彼は彼女との情報交換に同意した。

一九三〇年の一〇月か一一月に、安南［訳注　現在のベトナム］経由で上海に来ていた米国共産党員である鬼頭銀一が尾崎を事務所に頻繁に訪ねていた。最初の訪問後間もなく、彼は尾崎に「ジョンソン」(注15)という名の米国のジャーナリストに会いたくないかと訊ねた。尾崎は鬼頭と言う男をそうは信用していなかったので、スメドレー女史にこのことを話した。スメドレー女史は危ないから、そのアメリカ人のことはそれ以上口にしない方が良いと注意した。しかし、その後いくらもしない内に彼女自身がそのことを口に出して、尾崎にジョンソンを引き合わせたいと言った。彼女は南京路のレストランで出会いのお膳立てをした。鬼頭はジョンソンを特にアメリカ人だと言っていたが、尾崎は彼がヨーロッパ人だと推量した。尾崎はジョンソンがコミンテルンの工作員だとは告げられてはいなかったが、尾崎はそうでないかと思った。鬼頭もスメドレー女史も共産党員だと知っていたからである。

＊3　アグネス・スメドレーの略伝は、彼女が一八九〇年にオクラホマ州で生まれたか、あるいは、一八九四年にミズーリ州で生まれたかといった細部での違いがある。コロラド州の炭鉱作業場で送った子供時代は、辛いものだった。彼女は最初、アリゾナ州で技師と結婚した。第一次世界大戦中、ニューヨークでインド解放運動に関心を抱き、ドイツに渡り、ベルリンでヒンズー革命家［訳注　ビレンドナラーハ・チャントプンターヤ］と親しくなり、そこで八

年間生活を共にし、共に活動した。ヒンズー革命家はヒトラーの台頭で活動が厳しくなると、ベルリンを逃れてモスクワに行った。彼女はある時期には産児制限に関心を持ち、ベルリン最初の産児制限医療所を立ち上げたことで知られている。のちに彼女はドイツとイタリアの新聞の通信員として、中国に渡った。そこで彼女は中国の共産主義者の大義に深く共鳴した。彼女の主たる作品は次の通りである。

・『大地の娘』一九二九年(白川次郎訳『女一人大地を行く』一九三九年、改造社。尾崎秀実《ほつみ》訳、一九五二年初版、一九五三年重版、酣燈社。角川文庫版、一九六二年)

・『中国の運命』一九三三年(中理子訳『中国の運命』一九五三年、東邦出版社)

・『中国紅軍は前進する』一九三四年(櫻井四郎訳『中国紅軍は前進する』一九五三年、ハト書房)

・『中国の逆襲』一九三八年(高杉一郎訳『中国は抵抗する—八路軍従軍記』一九六五年、岩波書店)

尾崎が「ジョンソン」の正体を知るようになったのは、その六年後のことであった。尾崎が太平洋問題調査会(注16)のヨセミテ会議から東京に戻った一九三六年に、オランダの代表が「ジョンソン」をリヒアルト・ゾルゲ博士だと言って紹介した。

一九三〇年に尾崎が初めてゾルゲに出会ったその時に、彼は中国国内事情並びに日本の対中国政策に関する情報収集を依頼された。尾崎は二つ返事で引き受けた。別にコミンテルンや、自分が働くことになるグループについて特に知っていたからでもない。実際、赤軍第四部を初めて知ったのは一九四一年に逮捕され、尋問されてからのことである。組織のことに関しては、一切関心が無かった。コミンテルンと何らかの関係を有している諜報グループと協力することで、自分が何か価値有ることをしていると確信したから同意したのだ。

この時から一九三二年二月に上海を去るまで、尾崎はゾルゲとスメドレー女史に色々なレストランや、スメドレー女史のアパートで月に二、三度会った。ゾルゲは特定の問題に関する情報を得るよう尾崎に割り振ったことはない。この三人の仲間はそういうことではなく、時事問題の討議を行っていた。尾崎は、東洋関連の広範な知識を有していたし、朝日新聞とのコネがあったので、ゾルゲの問いに答えることが出来た。彼は、一九三一年八月の漢口の洪水や、満州事変、日ソ間の紛争の可能性、上海事変、米国の対中投資、中国軍の強さといった事柄について時宜に適《かな》い、核心を突いた情報を出せた。彼はそういった出来事の政治上の意義を、日本の視野から説くことが出来た。

尾崎は、スメドレー女史を除いては、ゾルゲグループの白人のメンバーに関しては一切知らなかった。尾崎は、ゾルゲの方が大きな権限を持って動いていたので、重要度が高いと思ってはいたが、スメドレー女史の地位がゾルゲより高いのか、低いのか分らなかった。上海での彼の日本人仲間内には、次のような人間がいたことは漠然ながら知っていた。

船越寿雄　上海毎日記者

鬼頭銀一

水野成　東亜同文書院学生

尾崎自身、左翼関連の一切の関係を絶つことを条件に、「上海週報」(注17)の記者である川合貞吉をゾルゲに紹介した。一九三一年の事変勃発後の満州の状況を調査させるために、誰かいないかとゾルゲに問われて、尾崎は楊柳青に相談してから、すでにスメドレー女史を知っていた川合を推した。一九三二年に尾崎が日本に呼び戻された際に、彼は後釜として「聯合通信」の通信員の山上正義を推薦した。山上はグループへの参加を断ったので、船越が後を継いだ。

「朝日」が尾崎を大阪に呼び戻した際に、ゾルゲは彼を手放したくはなかった。尾崎は、上海に居残るとしたら「朝日」との関係を断たねばならぬし、そうすればグループへの役割が損なわれることをゾルゲに説明した。帰国後、ゾルゲと連絡し合うことはなかったが、スメドレーとは手紙で友人関係を維持した。スメドレーが彼に北京で会いたいと言ってきた際に、彼は素早く応じて一九三二年一二月二五日に神戸を発った。スメドレーは自分が北支で支援している新規の情報組織に加わるように、尾崎に頼んだ。尾崎は断ったが、自分の代わりに川合貞吉を勧めた。尾崎は帰国時にスメドレーの全著作の翻訳権を持ち帰った。間もなく彼はスメドレーの自伝小説『女一人大地を行く』を翻訳して、改造社から白川次郎というペンネームを使って出版した。この後、オデッサで療養中の女史からは、一年以上連絡がなかった。一九三四年の夏に彼女は再び彼に手紙を書き、九月に上海へ戻る途次、日本で彼に会った。この時期までは尾崎はゾルゲと再度手を組んでいた。ゾルゲは、スメドレーのような共産主義者の仲間と交信するのは危険だ、と尾崎に言った。ということで、美しい友情は終わりを告げた。

一九三四年の初夏に南隆一と名乗る、見知らぬ人が大阪「朝日」に尾崎を訪ねて来て、上海の友が彼に会いたがっていると伝えた。彼は後にその男は宮城与徳だと知った。社内でその男と話をするのは具合が悪かったので、その夜、中華料理店に招いて夕食を共にした。宮城はその上海の友とは、尾崎にとっては依然「ジョンソン」だったが、ゾルゲのことだと明かした。宮城は次の日曜に二人が奈良公園で会えるように取り計らった。ゾルゲは、コミンテルン（共産主義インタナショナル）は中国の革命後には上海を中心として活動して来たが、日本が公然と帝国主義的政策を抱くようになった一九三〇年代の初めから、コミンテルンは中国より日本を重視するようになったと説明した。ということで、ゾルゲは活動の場を日本に移して、尾崎に協力を求めた。

上海での場合と同様に、尾崎はゾルゲの組織がどういうものか、そんなにはっきりと知ってはいなかった。当然ながら宮城は知っていたし、彼からグループには無線技師も写真技師もいると聞いた。尾崎は宮城が「デブ公」と呼んでいた無線技師に、ゾルゲの家で一度会ったことがあるが、写真技師には会ったことはなかった。宮城は、その男が共産主義者ではない日本女性と結婚したので、その男の作業場で書類の撮影をするのが難しくなった、と不満を述べていた。グループのもう一人のメンバーのギュンター・シュタイン[注18]が、ある日ゾルゲの補佐役として尾崎に会いに来た。一九三八年にシュタインが日本を去るまで、二人は四回ほど会った。尾崎は水野成、川合貞吉、それに船越寿雄は上海時代から知っていた。彼自身も、他に脇役を務める人たちをグループに加えた。

尾崎とゾルゲは「リッツ」とか、「アジア」とか、色々なレストランのロビーで落ち合ってから、一緒に席について議論をした。そうやっても、両人ともジャーナリズムの世界に関係していたので安全だった。後に、ロイターの通信員であるJ・M・コックス[注19]が逮捕され、自殺した後に、警察の監視が一層厳しくなったので、暗くなってからゾルゲの家で会うようにした。尾崎と宮城も同様にレストランを変えて会ったが、尾崎はそうすることが高くつき不便だと感じた。良い具合に、最後まで主人が反体制活動に関わっているなどとは知らなかった尾崎の妻に、娘は絵の勉強をしたほうが良いと持ち掛けた。宮城はちょっとした画家だったので、彼は先生として家族に引き合わされた。一九四〇年の初めから宮城は毎日曜日に尾崎の家で絵の手ほどきをした。水野や、川合や、他の普通の日本人とは特別な配慮をする必要は無かった。尾崎はいつでも会いたいと思ったら、葉書を出していた。

尾崎は「朝日」時代に、中国専門家として名をなしており、多数の寄稿をしていた。一九三四年にはその才能が認められて東京に転勤となり、また一九三五年には中国問題を研究する東亜問題調査会の発足時に、そのメンバーとして選ばれた。彼の名声は「中央公論」のような評判の高い雑誌に載せられた署名入り記事や下記の著作で一層高まった。

『嵐に立つ支那』一九三七年
『現代支那批判』一九三八年
『支那社会経済論』一九四〇年
『現代支那論』一九三九年
『アジアに於ける列強の力』一九四一年

こういった本には、著者が共産主義に理解を示しているかけらも見えず、出版元も中央公論社とか岩波書店といった一流どころであった。折にふれて彼は、雑誌「現代日本」に気軽に英語で記事を書いていた。[*4]

＊4　数年にわたる尾崎の著作の断面が「現代日本」への寄稿文から良く分る。

記事	発行月
「中国の日本の友人」	一九三五年九月
	（訳注　「現代日本」にはない） 一九三七年三月
「中国最新動向」	（訳注　「現代日本」にはない） 一九三九年四月
「極東新外交」	一九三八年六月
「呉佩孚と汪兆銘の活動」	一九三九年四月
「新国家構造」	一九四〇年一〇月

一九三七年四月に、尾崎は近衛文麿公爵が後援する昭和研究会[(注20)]が主宰する支那問題研究会の会員となった。支那問題研究会の会長は、一九三七年六月の第一次近衛内閣の書記官長を務めた風見章[(注21)]だった。風見が閣僚になった際に、尾崎は昭和研究会の彼のポストを引き継いだ。尾崎の重要性が段々と認められるようになったことは、次のようなことからも推しはかられる。七月に、支那事変勃発に関する閣議が持たれた直後に尾崎は風見を訪ねて、この事変が第二次世界大戦に発展

するかどうかは、日本の態度にかかっていると警告した。「覚悟はできている。心配するな」と風見が口にした時、尾崎は近衛の私設秘書である牛場友彦(注22)に与えた警告を繰り返し、そして自分が危惧していたことを「南京事件」と題して、「中央公論」一九三七年九月号に載せた。

　一九三八年六月に外務省は北支の政治、社会、経済状態を研究するための調査班を北京に置くことを提案した。風見は中国問題専門家を手許の東京に置いておきたかった。彼は尾崎を選んだので、尾崎は一九三八年七月から内閣が変わった一九三九年一月まで、内閣嘱託の地位を得ることになった。この地位についたので、尾崎は国家の重要文書に接することができた。この立場を利用して、尾崎は野村合名会社の調査部と情報交換を行い、金融情報を多分に得た。

　尾崎が、東京の第一高等学校での同級生だった牛場友彦と岸道三(注23)という近衛の二人の私設秘書と親しい関係にあったことは、この準公的地位に勝るとも劣らなかった。この二人を中心にして、自由に話し合いの出来る場である、いわゆる「朝飯会」が持たれ、よく「近衛ブレイン・トラスト」と言われていた。近衛内閣が結成されて間もなく、牛場と岸は、作家やジャーナリストや大学教授ほか著名な人たちを夕食に招いて、時勢に関する自分らの考え方がどう受け取られているかを聞き出すことを常とした。その会合に出席した著名な知識人の中には、次の人たちもいた。

犬養健(注24)　一九三二年の五・一五事件で殺された犬養毅首相(注25)の息子で、近衛内閣の嘱託
笠《りゅう》信太郎(注26)　朝日新聞論説委員
松方三郎(注27)　同盟通信役員
松本重治(注28)　同盟通信社記者、近衛の親友で政治専門家
蝋山《ろうやま》政道(注29)　東京政治経済研究所
西園寺公一《きんかず》　西園寺公望公爵の孫で、近衛の親友
佐々《さっさ》弘雄(注30)　朝日新聞論説委員
平貞蔵(注31)　南満州鉄道経済分析担当
渡邊佐平(注32)　昭和研究会会員、西園寺の日本国際問題研究協会会員

　こういった人たちは、どんな事柄にでも自分らの考えを忌憚《きたん》無く、事細かに述べていたリベラルと言われたグループに属していた。夕食会出席が都合悪くなった後には、朝の集いに朝食が出されたので「朝飯会」

と名がついた。当初、例会はおよそ月二回だった。一九三九年から一九四〇年の秋まで、毎水曜日に催された。第一次近衛内閣の時には牛場家で行われた。近衛の辞任後には万平ホテルがその場となった。一九三九年四月から一九四〇年一一月までは、西園寺が自宅を提供した。その後は、首相官邸に集まるようになった。

近衛内閣が崩壊した後の一九三九年六月に、尾崎は内閣の嘱託を解かれて南満州鉄道（満鉄）(注33)の嘱託に任ぜられ、東京支社の調査部に配属された。彼は逮捕されるまで、この地位に居た。満鉄は日本と満州国両政府が綿密に管理していたので、尾崎は立場上どこからみても両政府の役人同様だった。一九四〇年初めから満鉄の情報部門は三井物産の情報部門と自由に情報のやりとりをしていた。

尾崎はこういった情報源を徹底的に利用して、ゾルゲのために資料を集めた。その上、彼は文書やニュースを得るために高い地位についている親しい友達を利用した。だが、彼は情報を何でもかんでも流していたわけではない。得た知識を頭に入れ、関連する資料と照らし合わせてその重さを見定め、そうして予めの自分の評価に合わせせた。彼は、意見の交換を促すために自分自身の意見は十分説明した上で、自分が出した結論を友人や知人たちと語り合った。ゾルゲの問いに対しては、最終的な評価のみがもたらされていた。ということから尾崎の情報源となった人たちは、自分らが見境無く利用されているとは気付いてはいなかった。それどころか、自分らは尾崎から得ていた方がより多かったと感じていた。ゾルゲのために複写したり、撮影するために文書を借り出したとしても、自分の役柄からそれが疑われるようなことは無かった。裁判中、尾崎は自分の活動を次のように述べている。

「私のやり方で何か特別のことをしていたかとお尋ねなさるなら、私は特別な事は一切行わないで活動していたのがその特徴である、とご返事いたします。別の言葉で申し上げれば、私が上手くやれたのは自分のやっていることへの取り組み方のせいだったとでも申せましょう。私は生まれ付き人懐こい男でした。人との付き合いが好きでしたし、ほとんどの人とは友達になれました。それ以上に人に親切にしてあげるのが好きでした。自分の付き合いの範囲が広かっただけではなく、殆どの人たちと親しくしていました。私が情報を得ていたのはこういった人たちからなのです」

「私が特定の情報を追い求めるようなことは、決していたしませんでした。第一に、色々な報告や、噂話に基いて一般的な傾向を自身の頭の中に包括的な絵として描き、対象とする問題について自身の考えを定めました。特定の情報を求めるようなことは決していたしません。私に情報を与えた人の誰しもが、私が情報を漁《あさ》っているなどとは思いもしなかったことは、間違いありません。大抵の場合、私がある程度情報を有しており、彼らの方こそ情報を得ていると感じていたと思います」

「実のところ、今日のように政治情勢が不安定な時期には、それがいくら重要であったり、また秘密であったとしても、個々のニュースそのものには本質的な価値などはほとんど無いものです。重要な決定といえども、突如として変更されてしまい勝ちだからです。例えば、政府や軍は断固としていたいでしょうが、彼らの自由にならない外的な環境から考えを変えさせられてしまうことが、良くあります。ですから、重要なことは、口にされたことや、決められたことを正確に知ることよりも、一般的な傾向を確かめることとです。私が間違いなく先んじて得られるかもしれないと思った唯一の重要な情報は、日本の対ソ攻撃の正確な時期予測でした」

「私のやり方でどうしても特別の点を上げろとおっしゃるなら、次のような行動原則を強調しましょう」

一　情報を入手したがっているなどと思わせるな。重要な事柄に携わっている人たちは、相手の動機が情報入手だと思ったら話すことはしない。

二　情報を与えてくれそうな人間は、自分よりも相手の方が詳しいと感じたら、にこにこしながら話してくれるものだ。

三　一緒に夕飯を食べながら話せば、情報を得やすい。

四　何かの専門家であることは好都合だ。私は中国問題専門家であり、色んな所から相談を受けていた。自分に相談を持ちかけて来る人たちから資料集めが行えた。

五　新聞や雑誌に記事を書いていたのが、大いに役立った。

六　全国各地からの講演依頼が結構多かったので、地方の人たちが一般的にどう考えているかを感じ取るには好都合だった。

七　情報収集に従事している主だった組織と関係を持つことは、重要である。私は朝日と関係しており、後には内閣や、満鉄と関わっていた。

八　とりわけ、別に不自然な動きをしないで情報を吸い上げるには、相手方の信頼を得られるようにしなければならない。

九　不安定な時代に優れた諜報員であるためには、自分自身が有用な情報源だと思わせねばならない。そのためには常日頃の研究と、広範な経験があってこそだ。

尾崎にはユダ（注34）を想わせるようなところはない。金で国を裏切った訳ではない。六年間以上もの間、報酬は一切受けてはいなかった。一九四一年には月一〇〇円から一五〇円を受け取ってはいたが、これでは自分の費用を賄うどころではなかった。彼は或る期間川合や水野を事実上面倒をみていたし、篠塚虎雄＊5には自分の懐から旅費として数一〇〇円を払っていたからだ。尾崎は、第二次世界大戦は不可避であり、日本を救う道はソ連や革命中国との協力であると信じ込んでいたことが、純粋な動機となっていた。

＊5　篠塚虎雄は尾崎の父の友人の孫で、殊に軍備を中心に軍事問題を研究していた。宮城は現代兵器に興味のある画家として、紹介された。篠塚は尾崎が諜報活動をしているとは、知らなかった。

「第一次世界大戦は資本主義社会での内部抗争の結果でありました。資本主義の高度化が進むと、新しい市場が必要になります。新規市場を求めれば、帝国主義的拡大が伴うものです。帝国主義的拡大とは海外植民地での大衆の搾取を意味します。資本主義国家相互間での反目を生じさせます。要するに、こういった思想傾向が第一次世界大戦の原因となり、その結果連合国軍の勝利となり、敗戦国植民地の再分配となったのです。資本主義は勝利国、殊に英、米、仏では一層高度に発達を遂げ、その得たものは大きかったのです。日本とイタリアは連合国側だったが、得たものは僅かでした。それ故、両国は戦後ドイツと手を取り、普通の意味での資本主義に基く発展は終えました。第一次世界大戦後、資本主義国家の自治領や植民地は解放を求めて声を同じくしました。一方、資本主義を一切排除したソ連はしっかりと殻に閉じこもりました。ナチのドイツ支配、イタリアのエチオピア侵攻、日本の満州事変誘発、この全てが戦争を唆《そそのか》すような状況下で起こったものです」

尾崎は世界の出来事の研究から、早くも一九三七年には確信を得ており、支那事変[(注35)]は第二次世界大戦を招くという有名な記事を「中央公論」の九月号に発表した。第二次世界大戦は、第一次世界大戦の場合のように植民地の再分配に終わることはなく、世界全体での根本的な社会変革を招くことになろう、と彼は思っていた。ソ連に始まった共産革命は、その最終的な完成に達するとは未だ期待は出来ぬものの、決定的な段階に達した。

「先ず第一に、国家間の相互紛争による現在の社会、経済システムの崩壊で第一次世界大戦後にソ連で生じたようなプロレタリア革命が、世界規模でもたらされるでしょう。第二に、ソ連が国家として確立されたことは、前提として受け入れられるに違いありません。終局的にはソ連はドイツに勝利し、その結果、ドイツは内部崩壊が生じる初の国家となりましょう。第三に、資本主義国家の植民地、殊に英国、米国、西欧諸国の擬似植民地である中国は自由を獲得するでしょう」

日本に関して、尾崎は封建的な伝統、貧弱な天然資源、軍事費優先が原因となっている不健康な経済構造を重要視して、次のような結論を導いた。

「日本は社会変動を経験する最初の国となろう。とどのつまり、日本は英米と衝突する運命となっている。戦争の初期の段階では日本は敵を負かすことができるが、日本経済の脆弱《ぜいじゃく》さや、長引く支那事変[*6]での疲弊から、勝利は長続きすることはない。最終段階では、支配階級は国の行方を変えることでも、再建を行うことでも無力になろう。国家を救えるのはプロレタリアのみだ」

＊6　尾崎は一九四二年三月五日の尋問時に、日本の軍

事上の成功にもろに直面しながらこの予言を行った。

「わが国を不必要な犠牲から救い、英米に圧倒されないようにするために、日本が採れる唯一の道はソ連と手を結ぶことであり、ソ連の助けを得て国の社会と経済の仕組みを再建することだと私は考えました。資本主義国家の日本は、東洋で英米が有する権益に対抗する運命にあります。だが、日本が社会主義国家になり、支那で共産主義支配が確立すれば、両国はソ連と共に東アジアにおける新秩序の核を形成出来ましょう」

別言すれば、尾崎は、日本がドイツとイタリアと実行していたのに似た共産三国同盟を提唱していたのだ！

内閣嘱託の尾崎は、結局は大政翼賛会(注36)となる近衛公爵の新体制運動に深く関わっていた。彼は裁判で裁判官に、次のように述べている。

「私はこの仕事に個人として加わりました。従って私は、ゾルゲが私にいたしたどんな質問にも答えられました。元々新体制運動は近衛がこの国の再組織のために考えたことです。この危機の中を国家を導くには、古い政治体制では弱すぎると誰しもが同意していました。問題は、近衛内閣が主導するとしたらどんな体制が必要かでした。実際、誰も考えを持っていませんでした。それで先ず近衛が、国の全域に協力を求める宣言と声明を出したのです」

「その第一歩とも言えることは、いわゆる国民精神総動員運動でした。一九三八年の夏、私が嘱託に任命されて間もなく、風見は私にこの『精神』主義を国民的運動に盛り上げる方法を考えるように言いましたが、私はその後間もなく結成された国民精神総動員中央連盟には加わりませんでした。何かもっと実際的なことが必要だったのです。もっと具体的に、首相の指導の下に全政党を一体とするような政治的な運動です」

「色々な案が出されました。結局、何か具体的な案を内閣が用意せねばならぬことになりました。風見はそういった案の二つ三つを私に示して研究してみてくれと言いました。私は久原房之助*7が考えた満州国協和会案を叩き台にして、それに経済関連項目を付け加えて、目論見書を纏《まと》め上げました。私はこの案を風見に渡しました。風見は、政治運動を紙の上に細かく書き出すことなどは出来ないが、運動は国家の政治生命の自然の成り行きに従って展開されるものだから、概要は記しておくべきだと明言しました。風見自身も案を作成しました」

＊7　久原房之助は政友会指導者の一人である。

「ある日、近衛は首相官邸の和室に私を招き意見を求めました。話の終わりに、彼は自分が思うに、一般民衆は彼が提唱した国民再組織の意味が分かってはいない、と明言しました。求められていることが、既成政党を一つに纏《まと》め上げることなら、彼は明日にでも出来ましょう。だが、そんなことを望んではいませんでした。要するに彼は新しい政治の中心を立ち上げるには、時期尚早と思っていたのです。私は全く同感だと表明しました」

「後に有馬[*8]が案を纏《まと》め上げて内閣に提出しました。有馬の案は私と風見の案を下敷きにしたものだと思います。そして一二月に、末次[*9]が新規に作案すべきことが閣議で決定されました。その内容は公にはされなかったのです。だが、その案を国会に提出することとなりました。私はその案を見せてもらいました。余りにも官僚的内容だと思ったので、満足とは言えませんでした。もう一つ新規に省庁を設けることを意味しているようなものでした。私は風見にそう告げたのですが、彼は政治運動に発展して行きさえすれば、案などはどうでも良いのだと繰り返し述べました」

＊8　有馬頼寧《よりやす》子爵は生涯社会改革に関心を有していた。

＊9　末次信政は海軍大将で、民族主義者だった。彼の案は東亜建設連盟観を代表していた。

「一九四〇年一月四日に、近衛内閣が崩壊したので、その案が国会に提出されることはありませんでしたが、政界や、新聞では議論の対象となりました。私はその問題について何回も寄稿や、講演を依頼されました。私がこの問題に特に関心を有していると多くの人が思ったからです」

実際、新政治体制の枠組みとされたのは、風見と尾崎の考えを叩き台にした有馬案だった。

理想主義者の尾崎は、国際共産主義への忠誠が人並みではなかった。彼は諸国の大衆同士の間では、または世界中での色々な共産組織の間では国境を認めなかった。地球は、たまたまソ連にあるコミンテルン(注37)を中心にした一つの世界であった。共産主義の拡大でソ連が享受する一切の恩恵は、ソ連共産党(注38)が世界の共産主義やソ連政府の指導権を得るという利点となって現れた。一九四二年三月に、尾崎は次のように述べた。

「ゾルゲとの日本での長い付き合いの間、私はソ連の防衛計画に直接関与するような情報を与えるように要求されました。それで私は、与えている資料が直接ソ連により使用されているのではないかと疑いました。だが、それで私がうろたえるようなことはありませんでした。ソ連の防衛は、國際共産党員の義務の一つであったからです。簡単に言えば、我々のグループはコミンテルンに属していたのです。現在コミンテルンはほぼ完全にソ連共産党の手中にあります。ソ連政府の核となっているのはソ連共産党です。それゆえ、ある意味では、この三つの組織は全て一つであると考えて良いでしょう。それゆえ、三つの組織全てが我々の情報を利用していたのです」

「我々の組織が、日本共産党(注39)と直接結びついていることはありませんでした。私の了解ではわれわれのような諜報グループは、それらが活動する国での共産党とは、全く分離されていました。直接管理していたのは、常にモスクワの中心機関でした。身の安全を間違いなくするため、それらの組織は実際地域の一切の共産組織から、厳格に離れた存在である必要があったのです。ゾルゲとスメドレーは、中国の共産主義者の活動には、出来るだけ関与しないように、私に何度となく言いました。同様な理由で私も、日本での諜報活動を命ぜられた際に、米国共産党を離党していた宮城に、日本共産党との一切のしがらみを捨て去らねばならぬと注意しました」

尾崎は逮捕され、太平洋戦争が勃発した後に、幻滅を感じた。一九四二年一一月には、ほぼ一年にわたる検事とのやり取りを振り返り、自分の計算が二箇所で狂っていたと告白した。第一点は戦争の結果に関してであった。ソ連は資本主義国家間の一切の戦争に中立を保つと思っていた。ドイツの侵攻でソ連が英米と手を組んだことに、全く驚かされた。中国でも革命軍が勢力を伸長すると思っていた代わりに、国民党の勢力が英米と手を組んでより強力になった。第二に、尾崎は日本人の潜在的強さを評価する上での自分の誤りを認めた。短期で、一方的な戦いの代わりに、日本は忍耐比べである長期の争いを始めた。アジア経済の再建は、戦争をしていては出来ないと依然信じていたが、彼が可能だと夢見ていたよりもずっとうまく立ち回っていた。この二点について、尾崎は自分の予言が誤りだったと認めた。しかしながら、彼の共産主義への忠誠は依然固かった。第二次世界大戦は資本主義国家にとっては、「全てのけりをつける」ことになるであろうとの基本的な確信は捨てなかった。彼は死ぬまで、この二つの信念は固く維持した。

西園寺公一と犬養健に関する尾崎の証言は、この二人に対する告発や、この二人が後日政治的に重要な地位を占めたことからも、殊に興味深い。尾崎は次のように述べた。

「私が日華条約に関し最初に特定の情報を得たのは、一九三九年の終わりにかけてでした。西園寺は最初からいわゆる汪兆銘工作(注40)に興味があり、日中間の色々な交渉のたびに参加出来る立場にありました。私も近衛内閣との結びつきから、汪兆銘工作には幾分関心がありました。西園寺と私は親友関係でした。それ故私が内閣との結び付きがなくなった後でさえも、彼は新しい進展を話してくれ、私の意見を求めるようにしていました」

「一九三九年の終わりに、日本政府代表と汪グループが協定を纏《まと》め上げた時に、西園寺は私に写しを見せてくれました。自分が頼んだか、西園寺の方から進んで見せてくれたかは覚えてはいませんが、私は駿河台の彼の家を訪ねて借り出しました。家に持ち帰り、直ぐ複写したものです。私は写しを宮城に渡し、彼がゾルゲに報告しました。写しが戻って来た際に、私はそれを一九四〇年の夏までとっておき、焼却しました」

「私が二回目に特定の情報を得ましたのは、一九四〇年二月に犬養から日華基本条約(注41)をもらった時です。この条約取り決め交渉は、その年の七月に南京で阿部大使[*10]と汪の間で始まっていました。犬養も加わっておりました。彼は八月だったか九月に、興亜院、外務省、それに陸軍の関係者と相談するために、草案を携えて帰国しました。私は犬養に頻繁に会い、議論の成り行きを聞きました。彼は、日本の役人は細かいところばかりにこだわると不満顔でした」

＊10　阿部信行　中国派遣特使、元首相。

「或る朝、私は四谷の犬養邸に行った時に、犬養は私の意見を聞きたいと、検討できるように草案の写しを私にくれました。私はそれを満鉄の事務所に持ち帰りました。この頃、私は忙しかったので、主要点を書き留めただけで、その晩帰宅途中に返却しました」

命運をかけた時期である一九四一年に、尾崎からゾルゲに渡った情報は三つの見出しに分けられる。

日ソ関係

独ソ開戦の可能性

日米交渉

日ソ関係に関して、尾崎は以下のように明言した。

「日ソ問題に関して、なぜ私が情報を集めたかを説明する前に、私がこの件一般をどう考えていたかを説明したいのです。ゾルゲグループの活動目的は、ソ連の防衛だったとすでに述べました。われわれではソ連に対する攻撃を阻止することは出来ないので、出来ることは、コミンテルンとソ連政府が状況を想定出来るような、出来るだけ正確な情報を集めることだけでした。それゆえ、私はゾルゲと宮城と共に政治、外交、経済、軍事に関する資料を集めて、ソ連政府が、日本がいつ、いかに、どの時点で攻撃を開始するかを判断するのに役立つように、われわれ自身の適切な意見を付してコミンテルンに送りました」

「私は、日本軍の目的はアジア大陸の支配だったから日本がソ連を攻撃する危険が存在すると常に信じていました。それはとりもなおさず、ソ連の影響を払拭《ふっしょく》することを意味します。この危険は満州事変後に一層差し迫っていました。一時はそんなことが起こったら、日ソ戦争に発展しかねないように見えたのです」

「ゾルゲと、スメドレー、それに私が川合貞吉を調査のために二度満州に派遣することにしましたのは、そのようなことからでした。われわれは、東清鉄道[注42]の譲渡だとか、ソ連の中立条約提案に対する日本の反応とかの件に特に注意を払って、引き続き情報収集を行いました。同様にわれわれは日独間の日独防共協定に関する情報を集めました。この協定で二国が一層緊密に手を結ぶようになるかも知れぬと思ったからです」

「満州事変後突如、勢力を増した日本のいわゆる革新勢力の台頭について、われわれは、彼らが日本の対ソ政策の決定に重要な影響を有するかも知れぬと思いました。ゾルゲと私は五・一五事件[注43]、二・二六事件[注44]後に徹底的にこのグループの調査をしました。私は、日本が中国を攻撃する以前にソ連を攻撃する可能性が大きいと思っていました。そう思った理由は、すでに述べたように日本軍の大陸における主たる目的はソ連の影響を一掃することだったからです。だが、支那事変勃発後でさえ、日ソ間の戦争の危険は消えてはいませんでした。ソ連と満州、ソ連と蒙古国境で数多く生じている小競り合いのどれしもが、戦争に発展し得たのです。支那側から見れば支那事変は民族解放戦争と見做《みな》すことも出来たでしょう。それゆえ、ソ連関連政策の上に意味することも多多ありました。ソ中間の中立協定の成立で、支那事変は結局日ソ間の戦いとなるだろうという私の思いも強まったのです」

「欧州戦争勃発時に独ソ間の中立条約［訳注　独ソ不可侵条約のこと。中立条約は誤り］が署名され、日ソ中立条約[注45]につながった際に、日ソが戦う可能性は一時的に遠のきましたが、一九四一年六月に独ソ戦が始まって、危険は再度大きくなりました。一九四一年七月の日本の総動員［訳注　関東軍特種演習を指す］は、日ソ情勢に密接に結びついていると見《み》做《な》しました。私は関連情報の収集、及びその正確な解釈に専念しました。一九四一年八月の終わりに、私は今年中には対ソ戦はないとの結論に達し、そしてそのむねゾルゲに告げました」

「以上は私がソ連と日本に関する観測の概括です。もっと具体的に言えば、一九四一年に私の頭を一杯にした初めての事柄は松岡外務大臣が欧州に行って、その結果、日ソ中立条約が出来たことです。この条約は全く想定外だったので、ゾルゲも私も驚かされたものでした。松岡の欧州行きに関し、私はその目的が何か知りたかったので、西園寺に誰が一緒に行くのかと尋ねました。西園寺は、松岡は個人的にヒトラーや、スターリンや、その他の要人と知り合うこと、ドイツが英国侵攻をする実際の計画があるかを見出す以外には、別段決まった使命はないと述べました」

「中立条約に関して、ゾルゲはこの国の一般的な反応を確かめるように求めました。そこで私は、以下のように語ったものでした。

一　近衛自身が松岡を帰国時に出迎えて首相官邸に伴い、乾杯をしたことからも分るように、政党は条約を歓迎した。

二　東京に戻ってから松岡の評判が高まったことから見ても、一般大衆も同様に歓迎した。

三　陸軍が政策を認めない時は、彼らは声明を出すのが普通だ。それが黙っているのは、暗黙の了解を意味する。

四　赤尾敏[*11]ほか僅かな者を除いた民族主義者は、条約支持に回りそうだ。

五　要するに、国全体が条約を支持したのだ。ノモンハン事件以来感じていた不安(注46)から解放されたので国民はほっとした。三国同盟と日ソ中立条約との関係に関しては、枢軸派は三国同盟は勅令に従って締結されたものだから、日ソ中立条約に優先すると主張している。一方、外務省や、満鉄や朝飯会のメンバーと話したところ、この人たちは、中立条約ははっきりとソ連を別扱いとしており、日本の中立国としての責任を再度強調したものだとの考えだった。個人的にはこの条約で日ソ関係が安全になるとは思っていなかった。関係は状況に応じて変化するものだと思った」

＊11　赤尾敏は根っからの反ソ連民族主義者で、反ソ宣伝をする結社を何年にも亘って結成していた。

ドイツのソ連侵攻に関して、尾崎は次のように明快に述べている。

「この問題に関し、主題を二つ付けて自分の見方を説明しましょう。われわれの見込みと、日本の態度です。最初の主題ですが、ゾルゲはドイツの攻撃開始の三ヵ月も前に、そのような危険があると指摘していました。攻撃実行直前に私はゾルゲに『もしドイツがコーカサスの石油、ウクライナの穀物を要求しているとすれば、ソ連は大変な経済上の譲歩を犠牲にしても戦争を避けるべきだ』と言いました。ゾルゲの返事は『もしドイツがそんな要求をしてきたら、ソ連は呑んだだろう。われわれが怖れているのは、ドイツがそういった要求をちらつかせないで突如攻撃して来ることだ』でした。彼は独ソ戦の可能性が大きいことを強調したのです」

「第二の件に関しましては、独ソ間の敵対関係に向けての日本の態度に関する情報は、一九四一年六月二二日に先立っては何もありませんでした。先ずわれわれは日本陸軍がこの戦いの結果がどうなると見ているのかを知りたかったのです。私は様々な会合に出たりして、また満鉄からも資料を集めました。それらから分かったことは、日本政府も日本陸軍もソ連は呆気《あっけ》なく破れ、次いでスターリン政権が崩壊すると思っていたことです。朝飯会でもこの問題について話が弾みました。西園寺と渡邊佐平は黙っていましたが、牛場友彦や、松本重治や岸道三はソ連が破れて、スターリンが権力の座から落ちることで同意見でした。彼らは大島大使[*12]やオット大使は、三―六週間もすればドイツが決定的な勝利を得るだろうと想定していると明言していました。私はこういった政府筋での想定を、ゾルゲに伝えました。だが、満鉄では、平館(注47)や、西尾(注48)や、仁木(注49)ほか若い者が、ソ連はそう速く崩壊することは無いと考えていました。私はこのことも報告に付け加えました」

＊12　大島浩。駐独大使。

「独ソ戦が勃発して間もなく、私はゾルゲに『日本はソ連を攻撃する意向はない』と話しました。近衛は、日本は支那事変で手一杯だと言っていたのです。近衛は米国との交渉がどう転がるか読めなかったので、ソ連との戦争を望んではいなかったのです。だが、もし彼が米英との戦いをとるか、ソ連との戦いをとるかと迫られたならば、彼はソ連との戦いを選んだことでしょう。彼はソ連を好いてはいなかったからです。私は近衛自身に問うことなく、この結論を出しました。首相に近い何人かが朝飯会で近衛の政策を話しているのを聞いていたから、近衛の支那事変に対する見方も知っていたのです」

「一九四一年七月二日の御前会議で、日本の重要国策の基礎が決まりました。私はそのことを朝日の田中慎次郎[注50]から聞きました。新作戦要領は、北進と南進の調整を計るために両軍間での密接な協力が行えるように陸軍と海軍が協力して纏《まと》め上げられたそうです。米国との交渉が満足なものではないと分かったならば、陸海軍は戦争に向かうことでしょう。私はこのことを宮城に告げました」

「私は、御前会議では重要な四つの点が決せられた、と思いました」

一　日本は、支那事変の満足すべき解決を追求するように努めるべきだが、同時に、軍隊をどちら方向にでも派遣出来るように総動員を行い、北方及び南方での如何なる緊急事態にも備えねばならない。

二　日本はドイツにもソ連にも中立を維持する。

三　日本政府がソ連の崩壊を予測していることは、近衛に近い者たちの話から推量される。陸軍も同じような見方をしていることは、満鉄の報告からもうかがえる。

四　ドイツとソ連に対しての中立政策は、明確に決せられた。

「私はゾルゲに報告する前に、自分の読みを西園寺と語り合って確かめました」

「私は七月の総動員中の軍隊の動きに、十分な注意を払いました。こういった動きからソ連との戦争の可能性に関する有力な兆候が見えるからです。兵士が双方、北方にも、南方にも、送られているのを確かめるのは難しくはありませんでした。それがどんな割合になっているかは分かりませんでした。大阪では陸軍がアイスボックスや蚊帳《かや》を買っている、と噂されていました。納得できそうな話でした。そこで私は、結構な数の部隊が南方に向かっていると話しました。麻布の大和田で鰻を食べながら、風見は五〇〇万もの人間が動員で影響を受けていると話しました。その事を宮城に繰り返し伝えたことを覚えています。七月の終わりに、三井物産の船舶部門の次長である織田に会った時に、陸軍は北方の何処かを突くらしいと私の考えを仄《ほの》めかしました。織田は私に全く反論することはなかったのですが、彼は『自分が得た情報では兵隊は北方ではなく、南方に向かっているらしいですよ』と答えました。彼の読みでは二五万が北方に送られ、三五万が南方、四〇万が本土に残留ということでした。私がこういった数字に驚かされたのは、北方に送られる方がもっと多い、と思っていたからです」

「後に八月の半ば頃、私は関東軍の代表が陸軍省の高官とソ連攻撃を開始するかについて相談をしに東京に来た、と満鉄の誰かから聞きました。この話を確かめるために私は西園寺に『やることに決めたのか？』と聞きました。西園寺は『そういった動きはしないことを先週決めた』と答えました。私がこの話をゾルゲにした際に、もしソ連の対独戦争が思わぬ方向に転じ、シベリアで混乱が生じるようなことが起こったら、日本は再度ソ連攻撃を考えるかも知れない、という私なりの説明を付け加えました」

日米交渉に関して、尾崎は次のように述べた。

「一九三九年の夏、日英会談が不調に終わった後に、日本政府は米国と妥協するのは支那事変解決の一法ではないかと思い始めました。それが不調に終わったのは米国が日米通商交渉を撤回したからです。この撤回から米国の了解なしには支那事変の解決はないことがはっきりしました。この時点まで、日本の外交政策を決定する際の主たる要因は、英国の動きでした。今や米国がそれに取って代わったのです」

「平沼の在任中でさえ、日本はグルー大使[注51]を通じて米国に接近しようとしていたのです。欧州での戦争の進行と共に、英国の米国依存は高まって行きました。日本の政治指導者は、支那事変の解決には米国の了解を取り付けねばならぬと認識するようになりました。第二次近衛内閣は、松岡を通じてこの政策を実行するかのように見えました。松岡の外務大臣就任後間もなく、米国で教育を受け、ルーズベルト大統領[注52]の個人的な友人だった野村提督[注53]が米国大使に任ぜられました。彼が任命された理由は、野村のハル長官[注54]との会見報告から明らかです。私はそのことを、近衛が考えていたことと、野村と松岡の個人的経歴を考慮して、野村の任命時にゾルゲに報告いたしました」

「一九四一年四月末にかけて、米国との交渉が本格的に始まりました。当時、私はゾルゲに、松岡は欧州に行って欧州の状況を直ちに理解出来たので、交渉を開始する意向だと伝えました。松岡はこのほど締結した日ソ中立条約が大変有利に働くと考え、対米交渉をかなり強気に行う意向でした。新聞界や、上海の英字紙では、松岡は自ら交渉を行うために、重慶かワシントンに行くつもりだとの噂が専らでした。だが、近衛(注56)内閣は彼の帰国を待たなかったのです。内閣は野村に交渉を始めさせました。松岡はこれを個人的な侮辱と受け取って、大いに怒りました。彼は病気と称して会議には出なかった、と言われていました。私はこの情報を主として満鉄から得ましたが、西園寺は、松岡は中立条約締結成功の線で対米交渉を開始したがっていると確認しました。同時に南京政府も、在支那の陸軍も、対米交渉には反対していました。私はこのことを本多大使が南京の抗議を携えて帰国する前に、ゾルゲに告げることが出来ました」

「第三次近衛内閣の結成については、七月半ばにゾルゲに話しました。私は対米交渉継続を次のように言い表しました。米国との関係は経済封鎖後に大変、悪化した。第三次近衛内閣は松岡の追放を狙って結成された。他にも理由は有ったが、内閣の方針に相応しくない松岡の対米交渉への姿勢が、主な動機だった。それゆえ、今後近衛(注57)は交渉の成功にあらゆる努力を払うことになる。松岡は平沼や、柳川*13とは仲が良くはなかった。それ以上に、彼は欧州から帰国後、近衛とは意思の疎通を欠いていた。近衛が米国問題を成功裡に纏《まと》め上げようと熱心に張り切っていたのに対し、松岡は近衛の方針に無関心であるというか、反対だった。私がいつ、どこで聞いたかは言えないが、満鉄には松岡派の人間が数多く居た。

*13　柳川平助。法務大臣。

いやでも色々なことが耳に入った。朝飯会での話からも、同様な印象を受けた。近衛が一層断固とした動きをすることは、松岡の代わりに豊田貞次郎(注58)を任命したことからも、推量出来た。豊田と新商工大臣の左近司政三(注59)の両人とも海軍中将だったので、日本の米国に対する態度は一層強硬になると考えた人たちも、当然多かった。だが、私は別の見方をしていた。豊田は外交担当であり、英米との宥和《ゆうわ》策を唱えていた。左近司は海軍将校と言うよりも財界人であり、彼も宥和《ゆうわ》派に属していた」

「日本が仏領インドシナに侵攻した後、一九四一年七月二六日に英・米・蘭・豪による経済封鎖が宣言されました。交渉が進行中に、日本はインドシナに侵攻して、諸国を怒らせたのです。日本はまさかボイコットをされるとは思ってはいなかったので、うろたえました。新しい状況は、日本にとって生死の問題だったのです。私の考えでは、とれる道は二つしかありませんでした。最初は米英に完全に頭を下げて、経済交渉により困難から抜け出す道を見出すことです。第二は南方から天然資源、殊に石油ですが、それらを入手するために米英と戦うことです。私は、対米交渉は次の理由から、不調に終わるに違いないので、戦争は不可避だと考えました。

一　共通の関心は有っても、一方では日本の要求と、他方では米英の要求には齟齬《そご》が大きい。双方が同意に達するような望みは無い。

二　政財界の上層部は戦争回避を願っていたが、支那事変勃発以来の宣伝に乗っていた日本国民は、「聖戦」を成功裡に遂行できると信じており、米英との妥協に反対していた。枢軸寄りの一派は、一般大衆の支持を得ていた。

三　日本の経済状況は全体的に極端に悪かった。実戦部隊、殊に海軍の装備が良かったことはなかった。

私は満鉄で耳にした会話から経済封鎖に関する結論を出しました。また、日本全国での講演会から日本国民がどう思っているかの結論を出しました」

「近衛の談話（メッセージ）(注60)」が新聞に出た一九四一年八月二八日前後に、私は、近衛内閣が、経済状況が極端に悪いので対米交渉をやり直すことを決めたとゾルゲに告げました。日本政府は、今後は公爵自身が任につくと米国に伝えました(注61)。私は問題となっている日本の要求四点と米国の三点を説明しました。日本政府は楽観的でしたが、両国の要求の間には大きな隔たりがあったのです。私は満足な結論が出るとは思いませんでした。次のように推論したからです」

「近衛が牛場*14、西園寺、それに松本*15と考え方の確認のために箱根で密かに会っていたのは知っていました。そのころルーズベルトとチャーチルの会談から、近衛が交渉を自分でやりたがっているのではないかと思うようになりました。私は折に触れて、西園寺にさりげなくそのことを尋ねたものです。例えば『経済封鎖で日本は絞め殺されようとしているんだ。喉を掴んでいる男と交渉するなんて、理屈に合わない。先ず身動きが出来るようにならねば。交渉はそれからだ』と私は言いました。これに対して西園寺は『経済封鎖は彼らの切り札だよ。了解に達したら封鎖を解こうと彼らが言うのは、至極当然なことさ』と答えました。私は再度『米国が本当に願っているのは日本が枢軸を離脱することだよ、そうだろう？』と言ったところ、西園寺の答えは『そりゃそうだよ。だがそんなこと出来るわけがないよ』でした。もう一度私は『もし蔣介石が日本の提案受け入れを拒んだらどうなるんだ。米国が間に入ったとしても、支那が日本の要求受け入れを拒否することは有り得るよ』と言ったのですが、西園寺は『米国が支那を説得できなかったらどうにもならないさ』とやり返しました。こうして私は情報を少しずつ集めたのです。

＊14　牛場友彦。
＊15　松本重治。

近衛の談話に関しては、八月二八日に新聞に出るまで私は何も知りませんでした。それに関しては、公にする積もりは全く無かったことを満鉄と同盟通信から聞き出しました。だが、米国政府が故意にか、誤ってか秘密を漏らしてしまったのです。それゆえ日本政府も慌てて公にするようにした次第です」

「私は西園寺と、日米交渉に関して議論をしました。その際、彼は提案をあらかじめ見せてくれると約束しました。私は自分が交渉には絶対反対だとまでは言わなかったのですが、目に見える結果が得られるとは思っていませんでした。私は、交渉が上手くまとまったとしても、支那問題は解決されることはないと西園寺に言いました。政府首脳の考えに反して、一般大衆は反英、反米だったのです。そこに政治の難しさがあったかも知れません。私は、日本はもっと自信を持たねばと思ったし、また経済封鎖の解除が行われると思っていることを少なくも表明せねばならないと思いました。だが、西園寺は、全ては交渉をどう行うか次第だと言って、提案の内容を見せてくれると約束してくれました」

「私は提案を読んで、直ぐ返しました。コピーはしませんでした。後にゾルゲにそのことを話しました。西園寺に、中身はどうだと聞かれた時に、私はちょっとばつの悪い思いをしました。記憶を手繰って返事をしたのですが、どうしても半端にならざるを得ませんでした。ゾルゲに、誰にその文書を見せてもらったのかと聞かれた時に、近衛に近い筋からだと答えました[*16]」

*16 当時の西園寺の地位について、尾崎は「西園寺は内閣と外務省の嘱託である」と言った。それがどんな地位なのかはっきりとはしないが、西園寺は近衛の米国との交渉を助けていた。尾崎は首相官邸内に一室を与えられていた。彼と牛場は主として外交政策に関わっていた。尾崎は次のように述べた。「私はその年の九月に仕事がどうなっているかを知るために西園寺を二度訪ねた。彼は交渉の提案を見せてくれ、私の考えを知りたがっていると思った。私は『大体こんな所じゃないの。良いと思うよ』と言って、そしてそれ以上は言わないで、書類を戻した」

「その年私が満州から戻った丁度その時に、若杉[*17]が内閣と軍に相談のために急いで戻ったことからも読めるように、対米交渉は突然新局面に入りました。若杉は米国に妥協を図るための案を何か持ち帰ったと思いました。私はその妥協とは、日本が中支及び南支、それにインドシナからの軍隊撤収に同意することだと思いました。だが、この提案が失敗したら、陸海軍が合同しての軍事行動計画が何か用意されていたのは明らかです。日本側に見られる緊張感と比して、米国の態度は冷静のようでした。米国は間違いなく解決を欲してはいたが、態度にはそれほど表れてはいなかったのです。一方、日本政府は、困難はあるが解決に望みがあると認識していました。こういった点を大陸の満鉄の人たちの話から推論の上、私は解決の望みは極めて僅かであるとの結論に達しました」

*17 若杉要。野村と共に米国に赴任した公使。

「私は、政府は楽観的だが対米交渉は行き詰まると信じていました。結局、陸軍と海軍は政府に交渉締結の時間の限度を求めました。そこで私は、いつ交渉が決裂するかを確かめるために、この時間制限を慎重に検討してみました。私の見方では軍事行動は、八月の終わりにかけて南方で開始されようということになりました。だが、色々と意見は異なり、限度は九月の終わりか、一〇月の初めだと言う人たちもいました」

「一〇月の初めに私は、月末までに日本は南方で軍事行動を起こすかどうかの結論を出さねばならぬことになるだろう、と宮城に言いました。私はこのことを満州に行く船上で、バンコクの領事館員から聞いた噂話から、確かだと思いました。この人は、二月から五月に熱帯地方で戦争を始められっこないと明言しました。この時期に日本人は三〇分とは戦えないからです。私はシンガポールを陥すには、三ヵ月はかかろうとはじいていました。私は、海軍は対米交渉は一〇月初めに決裂すると読んでいるとゾルゲに伝えました。満鉄の私の同僚の酒井(注62)は、海軍は一〇月末までは待てないし、戦いは一〇月初めに始まるに違いないと言っていました」

「私は対米交渉が成功しても、日本人は満足すまいとゾルゲに告げました。支那事変は失敗に終わったと考えるからです。近衛内閣の責任だと思われましょう。一〇月初めまでに日米関係は重大な段階に達しました。(注63)私は宮城に、日本軍が中支、南支からの撤収に同意するかの結論を出すのを、月末まで待たねばならぬと伝えました。それは政治的に不可能でした。近衛内閣の辞職話が囁かれていました。私は『噂では、内閣は直ちに辞職しないと、対米交渉は今や挫折せんとしていると言っているが、政府は論議を始める前に軍と何等かの了解を得ていたに違いない。政府は支那からの撤収という問題の解決を期待して、交渉を継続している。話し合いが今直ぐ決裂するとか、内閣が辞職すると思うには時期尚早である』と宮城に言いました」

尾崎が逮捕されたのは、一九四一年一〇月一五日のことである。尋問と裁判は二年間以上も続けられたが、尾崎に関する限り反逆事件の取り調べとか、裁判を超越していた。それは才溢れ、理想に走った心の翳《かげ》りの無い深さを証すものだった。尾崎が結末を恐れることは決してなかった。彼は常日頃、自分のやっていることが表に出たら、死ねば良いのだと思っていた。逮捕されてみると、実際はそう簡単なことではないと知った。彼が反体制活動を行っているなどとは、全く思ってもいなかった家族に対する愛情の問題、彼が巻き込んでしまった無実の友人たちへの信頼感の問題が、彼の心に重くのしかかってきたのだ。彼が行った証言は、自分が迷惑をかけた人たちへの良心の咎《とが》めからの謝罪の念で一杯だった。彼が死刑の宣告を受けたのは、一九四三年九月二九日だった。彼は上告したが、一九四四年四月五日、大審院で棄却された。

一九四四年一一月七日朝早く、尾崎は故郷を去り台湾に戻っていた年老いた父の面倒を切々と願った葉書を、妻宛に書いた。彼は終わりが来たことを知らなかった。だが、数分後に巣鴨刑務所の所長が彼の監房に入って来たのを見て、その時が来たことを感じ取った。彼はこの時のために用意しておいた一式の清潔な衣服に改めて、絞首台へと落ち着いて歩んだ。

尾崎秀実処刑執行公式記録
一九四四年一一月七日執行

市谷刑務所と東京拘置所[*1]に於ける一九三二年から一九四五年までの死刑執行記録よりの抜粋

＊1　巣鴨刑務所と言った方が通りの良い東京拘置所が新たに建設された。後に廃止された、昔の市谷刑務所に代わって刑の執行はここで行われた。両刑務所を通じて同じ執行記録が使われた。

（姓名）　尾崎秀実　尾崎秀真（秀太郎）の次男
本籍　東京都小石川区西原町二丁目四〇番地
職業　無職（前南満州鉄道株式会社東京支社調査部嘱託）
生年月日　一九〇一年五月一日
罪名　治安維持法、国防保安法、軍機保護法違反
第一審判決　一九四三年九月二九日、東京刑事地方裁判所第九部
上告　一九四四年四月五日、大審院にて却下さる
収監　一九四一年一一月一日
処刑　一九四四年一一月七日
立会官　東京刑事地方裁判所遊田検事、秋山書記
犯歴　初犯
執行命令言渡状況　所長市島典獄が罪人の氏名、年齢、住所確認後、司法大臣の命により当日刑が執行されること、及び何か言い残すことが有れば教務課長に申し出れば良いと罪人に伝えた。尾崎は丁重に受け入れ、頭を下げた。
教誨と遺言　加藤教務課長は尾崎に茶菓を勧め、彼の死を誰に伝えたら良いか、遺品の処分をどうすべきかと訊ねた。尾崎が遺書の説明をするのを聴いた後、ま

た尾崎が話を聴けるようになるまで待ってから、教務課長は「〃心頭滅却スレバ生死一如〃、それは如来の大憐悲に全てを託すことです」と話した。そして教務課長は尾崎を仏前に導き、大無量寿経の(注64)「三誓偈」(注65)を読んだ。尾崎は静かに教誨師の話に耳を傾け、焼香をして、目を閉じ、頭を下げた。そして彼はそこにいた職員全員に謝意を伝えて、執行室に入った。彼が「南無阿弥陀仏」と二回唱えた時に刑は執行された。

屍体の処置　尾崎の遺言に従い、竹内金太郎弁護人(注66)を介し妻英子(注67)に彼の死が知らされ、彼女が屍体の引き取りに現れ、屍体は彼女に渡された。

処刑時刻　九時三三分から九時五一分まで

処刑確認のため立会い人捺印　刑務所長　市島*2

典獄補　大坪

文書主任　後藤

*2　死刑の立ち会いは、刑務所長の職務。ゾルゲ同様、刑務所長の市島が尾崎の死刑に立ち会った。

六　マクス・クラウゼンとアンナ・クラウゼン

マクス・ゴットフリート・フリードリヒ・クラウゼンは一八九九年八月に、小さな店を持ち、自転車修理もしていた貧しいヨハン・クラウゼンの息子として、ドイツのシュレスウィヒ・ホルシュタイン地方にあるフスム郡ヘルゴラント沖のノルトユットラント島にて生まれた。母は彼が三歳の時に亡くなっており、彼を育てたのは叔父である。小学校を出た後しばらく父の店で手伝いをしたが、間もなく鍛冶屋の徒弟となった。クラウゼン少年は夜間は職業訓練校に通って、教育を補った。

第一次世界大戦中の一九一七年にクラウゼン青年は、ドイツ軍に徴兵された。彼はメクレンブルクのシュトレリッツの電信隊に配属となり、西部戦線で活躍した。彼の兵役中に父が死亡したので、彼は一九一九年に除隊となってから気ままに職業を転々と変えた。先ずは鍛冶職《かじしょく》に戻り、次いで泥炭採掘夫となったが、後に州の少年院の助教員に採用された。一九二一年にはハンブルクで船乗りになっている。

クラウゼン青年が敗戦ドイツの政治上、社会上の混乱に関心を持ち、軍隊仲間だった男から左翼の宣伝を聞き、戦後欧州での失業問題を関心を持って見るようになったのは、ハンブルクであった。彼が、カール・

レッセ(注68)が率いる共産系ドイツ海員組合に加わったのも、ハンブルクであった。彼は共産党の「赤旗《ローテファーネ》」や、マルクス・エンゲルスが一般人向けに書いた小論文や、共産活動に従事する、そう大物ではない人たちが作成したパンフレットを読んだ。一九二七年に、ドイツ共産党のハンブルク支部に入党するまでになっており、そこで彼は港にいる船員たちの教化のために積極的に活動を行った。日本での裁判で、彼は共産主義者になった経緯を、次のように語っている。

「私は少年時代には政治には全く関心がなかった。だが、軍隊に入って多くの兵士、殊に共産主義思想に入り浸っていたり、共産主義宣伝に従事している直属の古参兵たちに出会った。食事も不味く、不愉快な環境下での軍隊生活は、共産主義の教義を広めるには格好の場だった。そこでわれわれの仲間の若い兵士たちは、古参兵の説く思想に徐々に引きつけられて行った。私が共産主義に傾斜していくのに、どの程度古参兵の影響を受けたかは今では分からないが、私の心の中に反帝国主義思想を吹き込んだのは間違いない」

「戦争が終わって、上司の多くは兵舎を去り、グループ内での共産主義への思いは衰えていった。私は部隊に残って国に尽くしたいと願ったが、父が、故郷での鍛冶仕事に戻って欲しいと願っていたので、そうはいかなかった。私が政治的に次に感化されたのは、全ドイツ人民党を支持していた鍛冶《かじ》の親方だった。彼の指導で私は共産主義支持者になった」

「一九二一年に船員になる前に、私が折に触れ職を探しに行っていた職業紹介所で、失業中の若者たちが熱っぽく議論しているのを聞いていた。彼らの議論の内容を思い出し、当時、ドイツに蔓延していた社会状態を考えると、私は共産主義は真実を説く教義だと感ずるようになった」

「国中の機械工全員がストライキに入った一九二二年には、私は船で働いていた。共産主義同調者だった私は、ピケに加わった。当時、船乗りは皆、社会民主党の表立った組織の一翼であった全ドイツ運輸労働組合海員部に属していた。言うまでもなく、私も組合員であった。だが、一九二三年に共産分子がドイツ海員組合を結成すると、私は海員組合に加入した」

「ドイツの経済状態は極端にひどくなっており、失業者は六〇〇万人を数えていた。政府は全く手の打ちようもなかった。仲間の船乗りが、私に共産主義原理を教え、パンフレットをくれたので、私はそれを熱心に読んだ。ドイツ国民をこの悲惨な状態から救える唯一の教義は、共産主義であると感じるようになった。私が「ネプチューン」号でソビエト・ロシアに行き、ソ連の工業が素晴らしい機械・装置を使っているのを目撃した時に、私は共産主義が世界に最高に幸せな社会をもたらすと確信した。この時期までにドイツ共産党は合法的な政党となっていたので、私は入党し、共産主義運動に従事する意を固めた。一九二七年に航海を終えハンブルクに戻って、直ぐ私は入党申請をした」

「入党願いは直ぐには受け入れられはしなかった。当初六ヵ月間私は海員組合支部に入れられた。私は同乗の船乗りたちと党是を語り合う講師に任命された。その役割を務め始めた後に、私は組合の指導者であるカール・レッセに試された。試験に合格して初めて私は正式に共産党員になった」

一九二八年にレッセの推薦と、戦時中の技術上の経験から、クラウゼンはただゲオルグと呼ばれているソ連の工作員に無線通信技師として、國際諜報団に加わるよう招かれた。彼は迷わず同意した。一九二九年二月に彼はモスクワに呼ばれ、第四部として知られている赤軍の諜報組織の一員となった。彼がモスクワに向かった時に経験したことは、コミンテルン活動の秘密主義を良く現している。[注69]彼はソ連の首府のある場所で、ビノグラードフという男に会うように指示された[注70]が、その指示は、彼が列車の中で読んだ、トマス・マンの小説中に明示された文字によるものだった。ビノグラードフは彼を、第四部長の（ラトビア人の）ベルジン将軍[注71]に引き合わせた。

クラウゼンがモスクワにいたのは、極めて短期の教育期間だけだった。一九二九年四月に彼はベルジンから上海に赴くように命を受け、この中国の港で第四部諜報員のために無線技師として働くことになった。上海に発つ前に、彼はベルジンの秘密秘書からハルビン行きの切符と、一五〇米ドルを受け取った。彼は会って直ぐ分るように、ミーシンという男の写真を見せられた。彼は上海のパレスホテルに行き、そこでロビーで座って新聞を左手に、パイプを右手に持つように言われた。ミーシンが話しかけて来た際に、彼は「エルナがよろしく言っていた」という合言葉を言うことになっていた。

　クラウゼンはミーシンの家の二階に二室を借りた。そこで彼は無線通信技術を習い、ミーシンにはモールス信号を教えた。(注72)ミーシンの信頼を得た後に、彼はグループのレーマンに引き合わされ、グループから離脱していたゴーブル(注73)というポーランド人工作員に代わることになると言われた。この時から一九三三年まで彼は中国の舞台全域でその後の上司たちの下で働いた。

　レーマン(注74)　別名グレビチ、ドイツ人
　アレクス　恐らくロシア人
　リヒアルト・ゾルゲ　ドイツ人
　パウル

　コンスタンチン・ミーシンと共に、クラウゼンは無線機を組み上げ、シベリアに有る他の無線局と短波で連絡した。この北方無線局はウィースバーデン(注75)と名付けられていた。クラウゼンにはこの局が位置するのが、ウラジオストクなのかハバロフスクなのかはっきりと特定できなかったが、多分、前者の方だと思った。後にモスクワをミュンヘンと呼んでいたことから、最初の字の韻《いん》が地理上の「隠語名」*1を現していると推し量《はか》られたからである。クラウゼンが上海で組み立てた他の無線機用の部品は、フランスの外交官がハルビンに密輸した。一九二九年八月に、クラウゼン自身がハルビンに行って無線機を組み立てた。そこで彼はベネディクトという名の工作員と、モデルネ・ホテルで会った。ベネディクトは彼をオット・グリューンベルクという名のハルビングループの長に引き合わせた。クラウゼンは、自分の住まいの二室をオット・グリューンベルクに使用させていた米国の副領事であるテイコ・L・リリーストローム*2(注76)の家に、無線機を設けた。彼が上海に戻ったのは、一九二九年一〇月だった。

＊1　ドイツの地名が選ばれたのは、ソ連の組織網がゲルマン風を装っていたからである。

＊2　リリーストロームは一九四三年に死亡した。

　一九三〇年一月に、レーマンはクラウゼンにアンカーホテルで友人に会うように命じた。この友人は、クラウゼンがハンブルクで知っており、グループに加わるためにやって来たドイツ人のヨセフ・ワインガルト

という名の男だった。二、三日後にワインガルトは彼をリヒアルト・ゾルゲに引き合わせた。一九三〇年の三月か四月にレーマンはクラウゼンとミーシンに広東行きを命じた。彼らはニューアジアホテル内の部屋に無線機を設置したが、距離のせいか、ホテルが鉄筋コンクリート構造だったせいか、ウィースバーデンには通じなかった。彼らは英国租界の中に木造家屋を借りて同じことを繰り返したが、結果は同じだった。無線機の出力が弱すぎると思ったクラウゼンは、部品を買いに上海に戻った。今度の無線機も、前のと同様に役に立たなかった。そのころゾルゲが、広東にやって来た。彼はクラウゼンと一緒に情報を集め、暗号化した。夏にはクラウゼンは上海に戻り、モスクワに帰ったレーマンと交代したアレクスと会ったが、「だが、アレクスは留まることはなかった」

　クラウゼンは南方都市での無線交信が上手くゆかなかったので、一九三一年三月に上海に戻った。アレクスが去り、ゾルゲがグループの長となっていた。ワインガルトはゾルゲの補佐役のジョン(注77)にクラウゼンを引き会わせた。一九三一年九月にゾルゲはクラウゼンにハルビン行きを命じた。ワインガルトは上海側の作業を単独で処理出来た。そこでクラウゼンが不要になったのだ。ゴーブルはグループを偽っており、クラウゼンの身元が発覚するのを怖れたため、クラウゼンは上海を去る必要があった。彼は青島に行き、ジョンが上海から何かフィルムを運んで来るのを待った。彼はフィルムをハルビンに運び、そこでグリュンベルク・オットからコミンテルンの極東活動網の長であるテオ将軍(注78)に引き合わされた。クラウゼンは一九三一年一二月までハルビンに滞在し、そこで奉天［訳注　現在の瀋陽］に行って、無線基地に相応《ふさわ》しい場所を探すようテオに命じられた。

　一九三二年一月に、クラウゼンは奉天の中国人の家に居を定めた。彼は近所の店で買った部品で無線機を組み立てた。無線の仕事のほかに、彼は金に困っていた白ロシア人から飛行場や軍事施設の写真を買い取り、そのフィルムを自身の手でハルビンのテオに届けた。

　一九三二年二月にテオ配下のハルビン・テロリストグループで活動していたドイツ人のシュールマン・ハインリヒト(注79)が、彼に加わった。このハルビングループは日ソ戦争の際に、鉄道や工場の破壊を行うといった計画を有していた。クラウゼンは、シュールマン・ハインリヒトが奉天［訳注　現在の瀋陽］行きを命じられたのは、テロリストたちの出番がなく、テオが彼を疎《うと》んじたためだと思った。

　クラウゼンが未亡人のアンナ・ワレニウスと結婚したのは、一九三二年八月の上海であった。アンナは一八九九年四月にアムール河の河口にあるノボ・ニコラエフスクで生まれた。父はフィンランド人の貧しい仕立て屋だった。彼女はロシア人のゲオルギー・アリボビチ・ポポフの養女となった。一六歳の時に、彼女はフィンランド人の裕福な皮革加工業者であるエドワード・ワレニウス[＊3]と結婚して、カザフスタンのセミパラチンスクの郊外に行った。ロシア革命でやむなく事業を売却したワレニウスと、彼女は中国に行き北京、天津、そして上海と移り住んだ。一九二六年にワレニウスが亡くなり、アンナは最初は縫製工となり、次いで上海の隔離病院で看護婦となった。

＊3　フィンランド軍前参謀長のK・マルッチ・ワレニウスの弟。一九三三年三月のフィンランドで不成功だったクーデター後に、他の指導者と共に逮捕された。一九三七年にはフィンランド軍事使節団を率いて訪日した。

　アンナがクラウゼンに出会ったのは、彼がアンナが住んでいた下宿に引っ越してきた一九三〇年のことである。彼女は彼のことをまずまずの収入が有る、善良で安定した自動車修理工だと思った。そして恋に落ちた。彼女は夫と共に革命の犠牲となっていたから、共産主義は嫌いだった。クラウゼンと婚約して約一週間後に、彼女は彼が夜になると出かけることが多いので、クラウゼンが何かやっているのではないかと疑うようになった。だが、彼が反ナチ協会に入っている、と控え目に説明したので安心した。

　彼女がマクスの内縁の妻となってから一、二年後の一九三一年か一九三二年に奉天で、彼女は初めて彼の言う政治結社の本拠がモスクワにあるのだと知った。数年後にクラウゼンは日本の法廷で、アンナの共産主義嫌いがなくなることはなかったと述べた。彼女が夫を助けることに同意したのは、モスクワの制裁を恐れたからであり、彼が絶えず衣服だとか、二〇〇〇ドルもする毛皮のコートだとかの高価な贈り物をしていたり、時折の五ドル札のためだった。

　結婚で子供が出来たかと法廷で問われた彼は、ソ連のスパイがいくら愛しても、金を出しても、その女が妊娠するように口説くことは出来なかったと言った。マクスがアンナと結婚したのは、見張りを必要としていたのと、「カムフラージュ」のためだった、とアンナは年がら年中不平たらたらだった。「ゾルゲやブケリチのような新聞記者だったら結婚しないでいても通るが、マクスのように事業をしている人間には隠れ蓑《みの》が必要だ」と彼女は言った。彼女は夫のしていることを楽園の夢だと言って馬鹿にした。

一九三三年八月にクラウゼンはハルビン、シベリア経由で奉天を去った。本来の命令では他の女をカムフラージュに使って旅をすることとなっていた。アンナ以外と行くことは出来ないとクラウゼンが面と向かって言ったので、その女の代わりに妻を連れて行くことが許された。アンナは自分たちがドイツに行くのだと思い、ハルビンでドイツ行きの旅券を得た。モスクワに到着したその夜、クラウゼンは、自分たちのドイツ旅券を含め、持ち物一切を騙し取られてしまった。多分、第四部が彼らの誠実さを単に調べていたのだ。だが、マクスはソ連の首都滞在中は、引き続き派手な赤軍の軍服を着続けていた。

オデッサで六週間の休暇を取ってから、クラウゼンはモスクワの無線学校に入り、更なる訓練を受けた。それから突然彼は、「中国で、無能と評価された罰」として、ボルガ川沿岸のチュートニック・ソビエト共和国（注80）に送られた。そこで彼は、ウォロシーロフ将軍（注81）の命令でレーマンや、ゾルゲや、ワインガルトに会うために、モスクワに呼び戻される一九三五年の春まで、靴の修繕をしたり、畠を耕したり、宣伝活動をしていた。ゾルゲは日本での無能振りから、自分の配下から解任したブルーノ・ベント（注82）の代わりの無線技師を探していた。ゾルゲから東京に呼ばれたことに関して、クラウゼンは「子供の頃から私は日本の悪業ばかり聞かされてきた。私は殊に日本の満州侵略を嫌悪していた。だから私はそこで、ゾルゲのために働くことに喜んで同意した」と述べた。

一九三五年七月に、クラウゼンは第四部の部長であるウリツキー（注83）将軍と同部極東課のカリン課長より、派遣命令を受けた。九月に彼はアンナを置いて、イタリアとカナダの旅券を携えて、単独でモスクワを発った。彼はその時の旅行について、次のように述べている。

「本部には色んな国の旅券が何百とあった。それらはソ連政府が正当な持ち主から正規に買い上げたものなので真正だった。氏名と写真のみが偽物だった。出発前に私は旅券の取り扱いについて説明を受け、米ドルで一八〇〇ドルを受け取った。私は、レニングラード［訳注　現在のサンクトペテルブルク］、ヘルシンキ、ストックホルムを経て、ル・アーブルに行った。スウェーデンの首都で米国の船員証明書を買い「ボストン号」に乗船して、ニューヨークに向かった。到着時に私はドイツ領事館で自分のドイツ旅券を更新し、指示されていた通りにリンカーンホテルに泊まった。そこでジョーンズと名乗る男から、電話を受けた。ジョーンズは私に「金が要るか」と尋ねたが、私は申し出を断った。「彼がソ連大使館員であるか、諜報員であるかは分らなかった」からである。クラウゼンは一九三五年一一月一四日に「龍田丸」でサンフランシスコを発ち、一一月二八日に横浜に着いた。彼はそのまま上海に行ってアンナに会い、夫に貞淑な女にする［訳注　正式に結婚する意味］つもりだった。だが、彼はそのための金に事欠いていたので、マクスは日本に直行せざるを得なかった。アンナはモスクワで待つほかなかった。

　一方、アンナは大変臆病だった。マクスがモスクワを離れて数日後に、第四部から派遣されて来たと言う知らない女がアンナを訪ねてきて、彼女に自宅にこもって、他人とは付き合わないようにと伝えた。その女は引き続き毎日のように訪ねてきた。知らない男が時折やって来て、生活費を置いて行った。そして一九三六年三月に、その男は、行く先は後で明かすが、長旅の準備をするようにと伝えた。数日後に、その女と男が、駅頭でアンナを見送った。彼らは米ドルをいくらかくれた。彼らはアンナに、エマ・ケーニヒという名の旅券が車中で車掌から渡されることや、ウラジオストクでは迎えが出る、と説明をした。車中で旅券が渡されることはなかった。ウラジオストクでは誰もアンナを出迎えなかった。その代わりに彼女は合同国家政治保安部（ＯＧＰＵ）[注84]の取り調べを受けた。

　三日間の取り調べの後に、駅でアンナに会うはずだった男が出現した。彼はお金を幾らかと、上海までの切符、それに、中国の港に着いたら直ぐ破棄せよという、エマ・ケーニヒという名の旅券が渡された。彼女はマクスからの手紙を、上海中央郵便局か（国際旅行会社の）トマス・クック旅行社で受け取れると言われた。彼女は沿岸航路の船を待って一ヵ月過ごした。上海に着いて郵便局に行ったが、手紙は無かった。クック旅行社には伝言があったと言うが、無くなっていた。彼女は友人の家に部屋を借り、その住所をクック旅行社に残して、そこに落ち着き、その後の成り行きを待った。マクスが彼女の居場所を突き止めて、上海にやって来たのは七月になってからのことであった。両人はドイツ領事館で、結婚希望の通常の届出をした。マクスは八月に上海に戻り、結婚の手続きをしてからアンナを連れて東京に戻った。

　ゾルゲとクラウゼンは別々にモスクワを発ったが、彼らは火曜の夜に東京の数寄屋橋近くのバー、ブルーリボンで会うことにしていた。クラウゼンが着いた翌日、二人は平河町の東京ドイツクラブで偶然に出会った。それは全く偶然からのことだった。ゾルゲは国家社会主義ドイツ労働者党（ナチス）(注85)の正規党員だった。クラウゼンは一九二九年以前に、ドイツ共産党の党員であったが、それはずっと昔のことだったので、彼は快くクラブに迎えられた。彼は総ての点で忠実な体制順応型のドイツ人だと見られた。クラウゼンはゾルゲグループ*4の無線技師として、ブルーノ・ベント、別名ベルンハルトという人物と入れ替わった。当時グループには以下の者たちがいた。

＊4　一九四一年の三月か四月に、ソ連大使館でゾルゲとの連絡役をしていたビクトル・ザイツェフ(注86)は、自分が知っているグループ員と「外部協力者」のリストをクラウゼンに示した。リストにはそれらの偽名や暗号名がいくつか含まれている。

ゾルゲグループ

名前	暗号	暗号名
ブランコ・ド・ブケリチ	ジゴロ	
リヒアルト・ゾルゲ	ラムゼイ	フィクスまたはインソン
尾崎秀実	オットー	
宮城与徳	ジョー	インテリ
Dr.フォイクト(注87)	――	コンマーサント

［訳注　ロシア語で、実業家を意味する。コメルサントともいう］

ビクトル・セルゲエビチ・ザイツェフ	セルゲイ	
マクス・クラウゼン	フリッツ	

　いくつかの暗号名が意味することは直ぐ分かる。尾崎は、最高の政治的縁故を使っての調査担当の首

領であり、宮城は部下の工作員や何も知らないでいる情報提供者を使っての広い範囲の情報網を通じて、具体的な雑多な最重要の情報収集者だったからである。商業に関係していたドイツ人全員を、グループでは「コメルサント」と一括して呼んでいた、とゾルゲは言った。

リヒアルト・ゾルゲ　ドイツ人
ブランコ・ド・ブケリチ　チェコスロバキア人（注88）
マクス・クラウゼン[*5]　ドイツ人
Dr.フォイクト　ドイツ人
尾崎秀実　日本人
宮城与徳（注89）　日本人
イングリッド　スエーデン女性
小代好信[*6]

＊5　ゾルゲの話では、Dr.フォイクトは中国に住んでおり、以前は商業に関わっていたが、後に、多分領事館の役人としてドイツ政府で働くようになった。
＊6　小代好信の暗号名は「ミキ」である。

クラウゼンが「外部協力者」と言う人たちは、

エディット・ド・ブケリチ　ブランコの妻
ギュンター・シュタイン　通信社記者
マルグリッド・ガンレンバイン[*7]　通信社記者
アンナ・クラウゼン　マクスの妻

＊7　マルグリッド・ガンレンバインはスイスの新聞の記者である。彼女は一九三八年七月一五日に香港でギュンター・シュタインと結婚した。マルギットはシュタインの手助けをしたが、ゾルゲグループとは直接関係してはいなかった、とゾルゲは言っている。

第四部の活動要領基準では、個々の諜報員がその活動を隠蔽するために、見かけに合った職業につくことにしていたので、クラウゼンは輸出入業を立ち上げようとした。

最初の事業は失敗だったが、一九三七年夏に、彼は青写真用の印刷機販売会社、M・クラウゼン商会（注90）の設立に成功した。この事業は大変繁盛したので、一九四一年二月には資本金一〇万円の合資会社となり、クラウゼンは八万五〇〇〇円を出資した。瀋陽にも払い込み済み資本金二万円で支店を出した。顧客の中には三菱、三井、中島、日立や、日本陸軍・海軍の軍需工場も数えられた。

クラウゼンの主たる活動は、言うまでもなく無線通信作業だった。彼が日本に来て最初の関心事は、彼の前任者のベルンハルトが使っていた使い物にならない無線機の始末だった。釣竿と大きなランチ入れの籠を持って、山梨県の山中湖に車を乗りつけた二人の外国人が、ソ連のスパイのブケリチとクラウゼンで、日本では手に入らない部品類をふんだんに使った高出力の送信機を、深い水底に葬ろうとしていたとは、誰も疑わなかった。それからクラウゼンは他の部品を手に入れることにした。買うのが難しかったり、足がつきそうな部品は、クラウゼンは自分で作った。銅管を使っての短波発信コイルなどである。全体で、向こう六年以内に彼は長波無線機を改造したり、送信機三台、最長受信可能域四〇〇〇キロもの受信機を三、四台を次々に製作した。クラウゼンはこれらを自宅や、諜報団員や「外部協力者」の家庭で組み立てた。機械が完成すると、彼は安全と思われる色々な場所で使った。彼が主として通信拠点にしていたのは、以下の場所である。

期間	場所	家屋住人
一九三六年二月～一九三七年一〇月	麻布区本村町	ギュンター・シュタイン
一九三七年三月～一九三八年一〇月	麻布区新竜土町	マクス・クラウゼン
一九三八年五月～一九四一年一〇月	牛込区佐内町	ブランコ・ド・ブケリチ
一九三八年八月～一九四一年　九月	麻布区広尾町	マクス・クラウゼン
一九三九年三月～一九四一年　八月	目黒区上目黒	エディット・ド・ブケリチ

彼は、日本の方向探知機は五・二平方キロの範囲を超えては、正確に自分の作業場所を特定できないと考えた。彼は、作業を終えるたびに無線機を解体するか、場所を変えてスーツケースに隠しておくとかして、家宅捜査で逮捕される可能性を避けた。電文のいくつかは日本側に捕捉されていたが、それを解読したり、何処から発信されていたかを突き止めることは出来なかったことが、ゾルゲ裁判中に判明した。専門家がクラウゼンの無線機を調べた際に、作りが粗雑だと見做《みな》さ

れたが、それでも実際役に立っていたのである。
最初の内はウィスバーデン向けの電文は、全てゾルゲ自身が暗号化と解読を行っていた。だが、一九三七年か一九三八年初めに彼は暗号の組み立て方をクラウゼンに教えた。電文は英文か独文だったが、暗号は極東に住んでいるドイツ人なら、ほとんどの人が実際に持っている一九三五年版のドイツ帝国統計年鑑を基に数値化されていた。しばらくの間クラウゼンは、自ら進んで事を処することもあったくらいに、熱心に仕事をしていた。かつてゾルゲが上海に行っている時に、彼は直ちに本部に送信せねばならぬと思った情報を見つけた。彼は本文を暗号化し、自分で署名して発信した。このことで彼は第四部から褒められた。大変喜んだ彼は、ゾルゲが戻った時にその話をした。自己中心的なことを、多分最大の弱点としていたゾルゲは、激怒した。

無線作業に加えて、クラウゼンはグループの会計係りを務めていた。月毎の経費は三五〇〇円から四〇〇〇円だった。[*8] 各月の決まった支払い額は以下の通りである。

＊8 ゾルゲの出納簿では次の記号が使われた
「Ⅰ」はゾルゲ　「W1.」はクラウゼン家賃
「Ⅱ」はクラウゼン　「W2.」はブケリチ家賃
「Ⅲ」はブケリチ　「W3.」はエディット・ブケリチ家賃
「O」は尾崎　「ミキ」は小代好信

リヒアルト・ゾルゲに八五〇円
マクス・クラウゼンに七〇〇円
ブランコ・ド・ブケリチに四五〇円
宮城与徳に三五〇円から四〇〇円
尾崎秀実《ほつみ》に一〇〇円から二〇〇円

この数字［訳注　本文三三九ページ下段参照］は、グループのメンバーそれぞれが、金のために働いているのではなく、心底仕事に打ち込んでいたということを如実に物語っている。金は伝書使が現金で届けたか、銀行送金された。一九三六年から一九四一年の秋まで、クラウゼンが金庫番を務めていた間、彼は伝書使から米ドルで二万四五〇〇ドル、日本円で一万八三〇〇円を受け取ったほかに、銀行送金で約一万ドルを受け取ったので、総額では四万ドルなにがしかになった。
一九三九年までモスクワとの連絡は、ほとんどが上海と香港で行われ、マクスや嫌々だったアンナを含む、東京の色々なメンバーが時折出張した。一九三六年四月と七月、それに一九三九年に再度、クラウゼンはマイクロフィルムに撮った文書を上海に運び、そこで彼は「合図」をした知らない男から金を受け取って渡した。ある時、彼はマイクロフィルムを受け取った。それをブケリチの家の壁に投影すると、ソ連にいるゾルゲの妻からの私信が、他の資料の書類の中に紛《まぎ》れ込んでいるのが見つかった。一九三七年には、ゾルゲとシュタインは、フィルムをそれぞれ香港と上海に運んだ。フィルムのカートリッジは、紐を掛けて衣服の下に即席のベルトにして隠すのが、普通のやり方だった。

　一九三七年一〇月と一九三八年一一月にもアンナは上海に行った。グループの正規のメンバーが中国に旅するのが、余りにも危険になったので行かされたのだ。最初に頼まれた時、彼女はそのような役目は嫌だと断った。彼女は共産主義に良い感じを持っていなかったし、捕まるのも怖かったからである。マクスは、検査官は女性には手を触れないから、胸の所に包みを隠しておけば見つかる心配はないと説明した。彼女が断り続けると、マクスは彼女が行かないと自分が行かねばならなくなると説いた。その結果、旅立ちの遅れをモスクワに伝えねばならなくなるだろう。そうすれば多分、一九三五年にボルガ川沿いの一共和国(注91)に流されたのと同じような処罰を受けることになるだろうと説明した。

　最初の上海行きを命じたのは、ゾルゲである。二回目は直接モスクワから命ぜられた。アンナはその都度《つど》三〇本ものフィルムを運び、「モスクワの男」から六〇〇〇米ドルほどを受け取り、香港上海銀行の夫の口座に預けた。二回目の上海行きの際に、アンナはモスクワにいるゾルゲの妻宛の小包みを運んだ。最初の運搬旅行では、アンナは身元照合のために三センチほどの黒のブローチと、黄色と黒の縞の肩掛けを身に着けた。密会の場所には新百貨店と静安寺路の書店が指定された。受け渡しは書店で行われた。二回目のアンナの身元照合は黒のハンドバッグ上に、十字状に配された一対の手袋だった。出会いの場所はパレスホテルのコーヒーショップと、キャセイホテルのロビーだった。引き渡しはコーヒーショップであったり、歩道上であった。この時折の運搬役のほかに、アンナはマクスが無線作業中に、クラウゼンの家の二階の寝室の窓辺で、訪ねて来る人物を見張る「修道女アンナ」役を演じた。マクスが家にいない時は、無線機の見張りをした。時折、彼女は彼の仕事を隠蔽するために一緒に劇場に行ったり、グループの仲間との集いに行った。

一九三九年に、ゾルゲは伝書使との連絡は日本でするように、無線でモスクワに頼んだ。支那事変が発生したために、支那に行くのが危険過ぎるようになったことによる。クラウゼンが受信したモスクワからの指示は「フリッツには数字の大きい方の切符二枚。小さい数字の一枚は連絡員に」だった。間もなくクラウゼンは、東京中央郵便局の私書箱で帝国劇場の切符二枚を受け取った。指定された日に、マクスとアンナは観劇に出かけた。マクスは二枚の切符の小さい方の番号の席に座った。暗闇の中で彼は、ゾルゲがドイツ大使館から借りてきた書類から撮った写真が入っているマイクロフィルム三八本を右隣の男に手渡した。この見返りに彼は五〇〇〇ドルを受け取った。

この時の「モスクワからの男」は東京のソ連領事セルゲイ・レオニードビチ・ブトケビチ(注92)だった。クラウゼンは四月に宝塚劇場で、その男に更にフィルム三〇本を渡し、二〇〇〇ドルと二五〇〇円を受け取った。間もなく彼がモスクワに戻った際に「セルゲイ」がその役を代わった。クラウゼンはセルゲイに一〇回以上会い、セルゲイ（S）に会った（treffen）ことを現す「S—TR」という記号で日記に記している。会合は主としてクラウゼンの事務所で手短に、要領よく行われた。ゾルゲが顔を出したのは、たった一回だけである。

活動の初期段階で、クラウゼンがゾルゲと落ち合ったのは、ドイツ人同士が顔を合わせても誰も不思議とは思わないような、ドイツ人の溜まり場であるラインゴールド［訳注　ドイツ人ヘルムート・ケーテルが経営するドイツ風レストラン兼バー］とか、フレーダーマウス（コウモリ）とかローマイヤーであった。後にはゾルゲの家で会ったが、安全な場合には門灯が点灯されていた。初期の頃に、ゾルゲがクラウゼンを信用していたことや、同じようにクラウゼンがゾルゲに一目置いていたことは、マクスが法廷で語った次のようなことからもうかがえる。

一九三八年五月一三日にゾルゲは乗っていたオートバイを、米国大使館の塀にぶつけた。前歯のほとんどが折れてしまい、他の部分の怪我も大変なものだった。彼は処置のために聖路加病院に運ばれた。彼は直ぐクラウゼンを呼んでもらった。彼はその時、ポケットに持っていた秘密文書をマクスに手渡し、その直後に気を失った。マクスは大変感銘を受けた。当日は一三日の金曜日だったので、彼はその日の事を良く覚えていた。ゾルゲの入院中は、クラウゼンがドイツ大使館の武官から得た情報の送信を、自らの責任で行った。

クラウゼンがブケリチに会ったのは、大抵ブケリチの家であったが、日本料理屋で会うこともあった。公の場では、彼らは偶然に出会ったように振る舞った。彼らはフィルムや、連絡事項やお金を、タバコが一、二本入っている箱に入れて手渡し合った。受け取る側がタバコをねだるやり方だったが、それは普通ブケリチの役だった。そこでクラウゼンがフィルムの入っているタバコの箱を差し出す。するとブケリチがタバコを抜いて箱を戻した際に、クラウゼンは「ほかにも持っているから、取っておきなさい」と言うのだ。事は極めて自然に、気楽にとり行われた。

クラウゼンの事業は繁盛し、景気が良くなると彼は共産主義が嫌になって来た。失望が高まり、また、一九四〇年の四月から八月まで、病床につくことを余儀なくされた軽い心臓病と相まって、クラウゼンはゾルゲから回ってくる量の増えた電文を発信するのが、億劫《おっくう》になった。だが、一九四〇年の秋までは、彼は受け取った全てを発信した。その年の暮れから、彼は受け取った中の約三分の一しか発信しなかった。その結果、モスクワから文句がついたが、それに対してクラウゼンは「大気の状態が良くないので発信できなかった」と応じた。ということで、「セルゲイ」が新しい無線局の呼び出し符号と周波数を知らせてきたが、クラウゼンは全く使用しなかった。クラウゼンは送信量を日記に、次のように記録している。

一九三九年　二万三一三九語　五〇本
一九四〇年　二万九一七九語　六〇本
一九四一年　一万三一〇三語　二一本

一九四一年一〇月一五日に、クラウゼンがゾルゲの家を訪ねた時に、ゾルゲは宮城が一三日に来ることになっていたが現れなかったと言った。今まで宮城が約束を反故《ほご》にしたことは無かったので、ゾルゲは不安になった。二人が待っていたのに、尾崎も現れなかったので、不安は一層増した。ゾルゲはクラウゼンに電文の原稿を渡した。その電文は日本軍のインドシナ侵攻に関する情報を伝え、彼はこれ以上グループが日本に留まっていても意味がないと考えていたので、今後の対策への指示を求めたものである。クラウゼンはその電信文を返した。というのも、後にした方が良いと思ったからである。一〇月一七日にクラウゼンが再びゾルゲの居宅を訪ねたところ、矢張り不安顔のブケリチがいた。クラウゼンは家に戻る途中、警視庁鳥居坂署の特高係の青山に出会った。この出会いに彼は狼狽して、自分の手元に有る書類と無線機をどうしたら良いのかと話し合った。書類は焼却すべきか？無線機は庭に埋めるべきなのか？とどのつまり、彼は何もしないことにした。

　次の朝、クラウゼンが自宅で未だ床についているとき、青山ともう一人の警察官が彼を逮捕に来た。アンナが逮捕されたのは、一一月一九日のことである。

　クラウゼンとアンナは死刑は免れたが、それぞれ終身刑と懲役三年の刑を課せられた。二人が釈放されたのは、一九四五年一〇月のことである。

七　脇役を務めた人たち

外国人であるゾルゲにとっては無理なことだったが、宮城与徳と尾崎秀実《ほつみ》は手助けをしてくれる日本人協力者を集めることができた。二人は、彼らの後ろ盾になったり、金銭的な支援をしたり、国際的な大義に訴えたりして、脇役となる仲間を引き入れた。候補者選びには細大の注意を払った。グループが、何年もの間無事に活動が出来たことからも、実際、発覚したのはほんの偶然からだったことからも、彼らの人選能力が優れていたことが知られる。

　船越寿雄は一九〇一年に岡山県の刑部町《おさかべまち》で生まれ、高梁《たかはし》中学を卒《お》えて東京の早稲田大学に進学したが、一九二五年九月に退学して、北支の青島に行った。引き続き一九二七年三月には上海に行き、上海毎日新聞の記者になったが、間もなく新聞連合通信社の上海支局員となり、漢口と天津の支局長を務めた。一九三五年一一月から一九三七年までは、読売新聞の天津支局長だった。一九三八年一〇月から一九四一年五月までは、日本陸軍漢口駐屯軍の嘱託[*1]だった。

＊1　嘱託とは文字通りには、職を託された職員のことで、正式の雇用ではないが、日本の組織で雇用されている人間である。換言すれば、別枠で雇用されている人たちのことである。タイピストから高位の顧問まで職種に限りはない。

船越が共産主義に関心を抱いたのは、一九二九年に尾崎秀実《ほつみ》の研究会のメンバーになった上海でのことである。一九三〇年には、彼は川合貞吉も会員だった共産主義研究会に加わった。一九三二年三月に川合は彼に、山上正義に代わって日本人グループとコミンテルンの諜報団との間の連絡役になるように求めた。一九三二年九月に、川合はリヒアルト・ゾルゲとアグネス・スメドレーに船越を紹介した。この時以来、一九三二年九月［訳注　原文通り］までに、船越は川合と彼自身が集めた、中国での日本軍や政治状況についての情報を渡すために、五日ごとにゾルゲに会っていた。一九三二年九月［訳注　原文通り］、ゾルゲは船越をパウルに引き会わせた。船越は一九三三年二月に漢口に転勤となるまでパウルの下で活動することになった。その後は、後任の野澤房二(注1)を通じて資料を流していた。一九三六年一一月に、彼は支那問題研究所(注2)を立ち上げた。そこには、日本人のコミンテルン工作員の中西功(注3)や、尾崎庄太郎(注4)が月次報告を寄稿していた。

船越は一九四二年一月四日に、当時、支那問題研究所を運営していて、北京で逮捕された。彼は裁判のために日本に送還され、懲役一〇年の判決を受け、後に、一九四五年二月二七日に獄死した。

川合貞吉は一九〇〇年に生まれ、一九二五年三月に明治大学を卒業した後に、仕事を転々と変えた。一時日本新聞社で、次いで帝都土地株式会社で働いた。一九二八年三月に中国に渡り、一九三〇年から一九三二年まで上海週報社(注5)の記者を務めた。一九三三年一月から一〇月まで、彼は天津で古書店を経営した。その後、彼は数多くの職についたが、どれも長続きはしなかった。一九三九年の或る時期に、彼は陸軍の大迫特務機関(注6)で働いた。一九四〇年九月には日本に戻り、尾崎秀実の紹介で日本再生紙株式会社(注7)に軽い役職を得た。

川合は仕事を渡り歩きながら、諜報活動を巧みにこなしていた。彼が共産主義に関わるようになったのは、全員が共産主義研究会の会員であった副島隆起(注8)、小松重雄(注9)、日高為男(注10)、それに手島博俊(注11)たちの左翼文献研究会に入った、一九二八年、上海でのことであった。彼はこのグループで、他の日本人共産主義者の中でも船越寿雄や水野成を知るようになった。彼がこのグループに協力して日支闘争同盟(注12)を立ち上げた際に、彼の活動が疑われたために、一二月に北京に逃れた。一九三一年に上海に戻った彼が古書店で働いていた時に、水野成、日高為男、手島博俊、坂巻隆(注13)から軍事、政治情報を集めるように指示された。一九三一年一〇月に、川合は尾崎に会い、ゾルゲとスメドレーを紹介された。ゾルゲは彼に、満州に行って満州事変後の状況に関する情報を集めるように求めた。関東軍の動向や、その地の白ロシア人の状態についてである。この時点から川合はずっと北支と満州で大変積極的に活動した。彼はハルビン、奉天、北京、天津のような諸都市に住み、広く旅をし、ゾルゲや、ゾルゲの後継者の「パウル」や、上海では尾崎の後継者の船越寿雄、それに北京ではスメドレーに、途切れなく情報を流した。彼は一時、中国人のスパイや日本人のグループと密接な関係を持った。一方、彼は尾崎とは友人関係を保っていた。

一九三四年に、中国人スパイとの関係が途切れた後に、川合はたまの機会を利用して東京に戻った。尾崎は、彼が最早共産主義者たちとは往来が無くなっていたので、天津に戻しても大丈夫だと思った。彼は一九三五年に東京に戻ったが、尾崎は今度は彼を暫《しば》し留め置いて、宮城与徳の手助けをするようにと引き合わせた。川合はある時期には国家主義者だったので、国家主義者との関係もいくらか留めていた。ということから宮城は、川合に右翼の活動の調査をさせた。宮城のために、発禁となっていた北一輝(注14)の『日本改造法案大綱』(注15)や、磯部浅一(注16)や村中孝次(注17)の「禁制パンフレット」(注18)を入手したのは川合である。一九三六年に彼はまた北支に渡り、船越の支那問題調査研究所に入り、たまの東京行きは別にして、最終的に一九四〇年に帰郷するまでそこに留まった。

ゾルゲスパイ団の脇役に関する宮城の話はいつも興味深いが、次のように述べている。

「私に川合を引き合わせたのは尾崎である。川合は言うところの支那浪人のようなものだった。いつでも金がなくなると、彼は尾崎の所に駆けつけ、金を貰っていた。彼が最後の支那行きから戻った後、こんな状態が一九四〇年九月まで続いたかと思う。

尾崎は重要な地位についており、彼を訪ねて来る人たちも皆、責任ある立場の人たちだったので、川合が尾崎の所に立ち寄るのは、尾崎にとって具合が悪くないかと思った。ゾルゲと相談して、それからは私が川合の面倒を見ることにした。ゾルゲは同意し、川合を助手として使えるように訓練しろと私に言った。私は毎月六〇円から一〇〇円を支払った。一九四〇年五月には、川合にははっきりとした信念が無いことが分ったので、尾崎の元に引き取ってもらった」

「彼の共産主義理解の程度は低く、私生活も品行が悪かったので、私が川合を信用することは全くなかった。だが、彼は尾崎に心服していた。私は川合のために名古屋で書店を開こうかと思い、ゾルゲもその考えに同意した。だが川合は何をしたいのかを言おうとはしなかった。彼はわれわれに好かれていないから、東京から追い払われるのではと思ったのではないか。私は彼に仕事を探そうと色々やってみたが、彼は働くのがいやだった。結局、尾崎は一九四一年五月に彼を製紙会社に斡旋した」

川合は一九四一年一〇月二二日に逮捕され、懲役一〇年の刑を受け、一九四五年一〇月一〇日に釈放された。

水野成は一九〇九年に生まれ、京都府の宮津中学を卒業後、一九二九年に上海の東亜同文書院に進んだ。ほぼ入学直後に共産主義グループ[注19]に関わった。一九三〇年四月に、左翼で有力な安齋庫治が主宰する東亜同文書院の読書会に入り、共産主義関連の本を読み始めた。同年一〇月に安齋と、白井行幸[注20]を助けて校内に中国共産党の細胞を作り、学生ストライキの音頭をとった。彼は一二月に日本海軍士官候補生に反戦運動の政治ビラを配布した科《とが》で日本領事館警察[注21]に一〇日間拘留され、一九三一年一月には停学処分を受けた。

一方、水野は上海での有力な共産主義者たちとは皆付き合っていた。彼が尾崎と知り合ったのは一九三〇年一〇月のことだった。一九三一年四月には台湾で教育を受けた中国人の共産主義者、楊柳青が鬼頭銀一を水野に紹介した。鬼頭は一九三一年五月に彼にゾルゲを紹介した。一九三一年一月から八月まで東亜同文書院から追放されてはいたが、彼は、軍事、政治情報を集める上での指示を出していた坂巻隆の助けを得て、生徒の中に入り宣伝活動を行っていた。一九三一年八月に水野は、上海市工部局警察(注22)に逮捕されて、領事館に引き渡された後に日本に追放となった。この処置に憤慨したこの若者は、一層過激的になって行った。

日本に戻った水野は大阪の大原社会問題研究所(注23)に職を得て、そこで素早く尾崎との友人関係を新たにした。彼は日本共産党再建運動に参加した科《とが》で逮捕された一九三六年まで、大原社会問題研究所にいた。この時点で彼は東京に行き東洋協会(注24)の職員となった。

東京で水野は尾崎と協働し、尾崎は一月には水野とゾルゲの面会を仕組み、七月には水野を宮城に引き合わせた。以後、水野はゾルゲグループで活動し、一般的な社会、政治問題に関するニュースや、殊に京都地域関連情報を集めた。その後、彼が一九三八年から一九三九年まで昭和研究会に勤めたことや、大日本青年団の年鑑編集で働いたことは、ゾルゲに協力するうえで役に立った。彼は調査の上、大日本青年党の組織と政策とか、一九四〇年の旧来型政党の再編成とか、黒龍会(注25)ほか民族主義組織の構成とか、農村に於ける経済状況とか、一九三九年七月の第一六師団の、また、一九四〇年八月の第一一六師団の、動向と装備とかの課題について、長文の報告書を書いた。

水野について、宮城は次のように述べた。

「彼には一切金を渡したことはない。彼は尾崎との関係が深く、定職を持っていた。金が不足した時は尾崎が助けてやっていたと思う。彼にはもっと重要な仕事をさせたかった。実際、私が国内旅行をする時間を捻り出すために、彼に私の東京での仕事を代わってもらいたかった。だが、ゾルゲも尾崎も、その考えを認めなかったので、何事も起こらなかった」

水野が逮捕されたのは、一九四一年一〇月一七日のことであり、懲役一三年の刑を受けた。彼は一九四五年三月二二日に宮城刑務所で獄死した。

秋山幸治は一八八九年に生まれ、東京、神田の正則中学校卒業後に短期間小学校の教員となった。一九一四年に彼は立教大学に入ったが、貿易会社に入って米国へ行くために、一九一六年に中退した。ロサンゼルスでは、普通高校や、ロサンゼルス・ポリテクニク・ハイスクールと、カリフォルニア・ビジネス・カレッジの各夜間部に通い、そこを一九二三年七月に卒業した。その後、彼は一九三三年五月に帰国するまで書店で働いていた。

東京に戻った秋山は果てしなく続く職探しを始めた。彼はロサンゼルスの北林トモの家で紹介されたことのある宮城与徳に会った。彼は宮城が与えてくれた、書類や報告書を英語に翻訳する仕事をすることになった。彼はこの翻訳仕事を、何年もの間僅かな給金で続けた。宮城が一九三八年から一九三九年まで外国人に情報を流していたことを、彼が疑いもしなかったのは、彼の心情、また野心の無さを知る上でも意味深い。彼は食べるのに精一杯で、そんなことまで気を回せなかったのだ。

秋山について、宮城は次のように述べた。

「私は米国にいた時からこの男を知っていた。彼が日本に戻った時は収入が全くなかったので、およそ週に一回くらいだが、彼と会った時にはいつも二〇円から三〇円を渡した。後に彼を同居させるため家に連れてきて、小遣い銭程度を手渡した。それから後に、彼にわれわれの報告書の英訳をやらせ始めて、毎月六〇円から一〇〇円支払った」

「秋山は諜報活動に向いているような男ではなかった。私には彼をグループに引き入れるつもりは全くなかった。だが、彼にはいつでも翻訳を頼めたので、役に立つと思った。だが彼は社会問題には関心がなかった。一九三九年に専門の翻訳者を雇おうと尾崎と相談したが、満足できるような者は見つからなかったので、引き続き秋山を使った」

「もちろん秋山は、私が共産主義者だとは知っていたが、何回も注意するようにと警告したのに、彼には私の仕事がどれほど秘密か、また重要なものかを十分には分かっていないようだった」

秋山は一九四一年一〇月一三日に逮捕され、懲役七年の判決を受けた。彼が釈放されたのは、一九四五年一〇月一〇日のことである。

九津見房子は一八八八年に岡山県で生まれ、一九一二年に女学校を卒業した。(注26)彼女はキリスト教の牧師の高田集蔵と結婚したが、娘を二人もうけた後に一九二〇年に離婚した。娘達は手元に引き取った。

離婚後、彼女は社会問題に関心を持つようになった。彼女はそのころ東京の早稲田大学で結成された(注27)暁民会(注28)に入会した。そこで彼女は、三田村四郎とか高橋貞樹といった共産主義者と知り合うようになった。一九二一年八月には彼女は三田村の内縁の妻になり、左翼的労働運動に活発に従事した。一九二七年一一月に彼女は日本共産党の正式党員となり、北海道地区委員になった。

一九二九年四月に九津見はほかの党の幹部と共に逮捕され、懲役四年の刑を受けた。そのため一九三四年六月まで収監されていた。釈放直前に彼女は新聞で佐野学[注29]と鍋山貞親[注30]の転向声明を読み、彼らの考え方に共鳴した。夫の三田村も同様に感じ取っていたのを知った彼女は、労働運動で扇動行為をする際に彼らに同調しようと決めた。だが、彼女は、佐野と鍋山が階級闘争を捨てて、国家社会主義[注31]に走ったと感じたので、次第に考えを改めて共産主義に戻って行った。一九三六年三月に九津見は宮城与徳と会い、彼がコミンテルンの工作員であることを打ち明けられ、手助けをして欲しいと頼まれた。彼女は即座に、二・二六事件や、社会大衆党[注32]や、全日本労働総同盟や、大日本青年党や、同様な題材の資料集めに合意した。

九津見は一九四一年一〇月一三日に逮捕され、懲役八年の判決を受けた。彼女が釈放されたのは、一九四五年一〇月八日のことである。

安田徳太郎は一八九七年に生まれ、京都帝国大学医学部を卒業した。在学中にカール・マルクスの著書を日本に紹介した河上肇教授[注33]と親しくした。一九三〇年には医学博士号を得た。安田は、彼を育て、一九二九年には暗殺された、労働運動の指導者［訳注　この記述は誤り。山本は生物学者で社会運動家］であったいとこの山本宣治[注34]の影響で、左翼思想に引かれた。安田はプロレタリア科学研究所や他の同様な協会に加わって、共産主義運動に参加した。

安田は一九三五年一月に患者としてやって来た宮城与徳に会った。一九三六年三月には、九津見房子の話から、宮城はコミンテルンの工作員だと知った。一九三七年九月に宮城から手伝いを頼まれたが、安田は断った。それでも彼は医療品の不足状況や、食料品の供給状態や、来院して軍人などから得た部隊の移動等々の情報についての宮城の質問には進んで答えていた。

安田は一九四二年六月八日に逮捕され、懲役二年の判決を受けたが、五年の執行猶予がついた。

北林トモは一八九五年に和歌山県で生まれ、一九二〇年に北林芳三郎(注35)と結婚後、彼とロサンゼルスに渡った［訳注　芳三郎とトモが結婚したのはロサンゼルスであった］。北林は農民であり、トモが裁縫を教えて家計の手助けをした。

トモは一九三一年にロサンゼルスでプロレタリアン芸術協会に入った。そこで彼女は宮城与徳ほかの共産主義者と知り合い、八月には米国共産党第一三支部の日本人部会に入るように口説かれた。一九三三年五月にトモは、女性クリスチャン禁欲連盟に宗旨替えをして党籍を離れたが、実際、妻を連れて北林の家庭に住んだ宮城とは引き続き友人関係にあった。トモは一九三六年一二月に一人で日本に戻り、一九三九年一二月に和歌山県・粉河町で夫と一緒に生活するようになるまでは東京のエルエー洋裁学院で教えていた。

一九三八年四月に、宮城は北林に情報を集めるように求めた。彼女は彼がコミンテルンの工作員ではないかと思っていたが、同意した。いずれにしろ、彼女は米国でロイも矢野も知っていた。彼女が流していた情報の大方は、彼女が洋裁の教え子や、通っていた教会の信者から聞いた噂話だった。

トモは一九四一年九月二八日に夫とともに逮捕されたのは、日本共産党員の伊藤律(注36)が面と向かって警察官に告げたからである。夫の芳三郎は無実だと分かって釈放された。だが、妻は五年の懲役となり、刑期終了間際に釈放された。［訳注　トモは服役中に危篤となり、仮釈放直後に死んだ］

山名正実は北海道の農民の息子であり、一九〇二年生まれである。教育は小学校だけしか受けていない。一九二五年一一月に日本農民組合、北海道連合会の書記になった彼は、その結果、生涯農民運動に関心を持った。彼は徳田球一(注37)だとか、渡邊政之輔(注38)だとか、堺利彦(注39)といった共産党の幹部と知り合い、一九二七年一一月に党員になった。一九二八年三月一五日に逮捕され、重労働五年の刑を受けた。一九三六年三月に出所後、九津見房子は山名を宮城に引き合わせ、彼は情報収集に同意した。最終的に、彼は満州で製粉会社に職を得た。

宮城は山名について、次のように述べた。

「山名は共産党の三・一五事件(注40)に関わって、刑を受けた。彼が北海道からやって来て間もなく、九津見房子が彼を私に引き合わせた。彼女は彼に仕事を探してやってくれと頼んだ。私は、日本の農業問題を除いて、彼をわれわれのグループ関連で使う積りはなかったが、彼が時政会(注41)に関係するようになり、私の所に政治、経済問題のニュースをもたらし始めたので、彼を利用するようになった。私は九津見との約束をおぼえていたので、一九三六年の春から一九三八年の始めまで毎月六〇円を彼に支払った。彼が調査で旅に出た時には、私がその費用を支払った」

「山名に定職を見つけようとしたが出来なかった。彼は何処で、どうやって暮らしているかは全く言わなかった。われわれは私の下宿か、東京のレストランで落ち合った。一九三八年のいつだったか、私は山名が私との関係を終わりにしたがっているのが分かった。何故なのか知りたかったので、私は当時偶々《たまたま》知っていた彼の家を訪ねた。それが女のことからであるのが、直ぐ分かったので止めることは出来なかった」

「それから間もなく、山名は農業組合に職を得た。次いで、一九三八年末か一九三九年の初めに、彼は東方会に職を得た。彼は樺太、北海道、青森、秋田、宮城、福島、富山、石川ほかあちこちと旅をした。私は北海道、東京、名古屋、大阪、九州、それに北陸のメンバーをまとめて自分のグループを立ち上げようとしたが、適当な人物が居なかった。私は山名なら相応《ふさわ》しいかと思ったが、彼は気楽な生活を送りたいと思っていたので、断念せざるを得なかった。

山名は一九四一年一二月一五日に逮捕され、懲役一二年の判決を受けた。彼が釈放されたのは、一九四五年一〇月七日のことである。

田口右源太は一九〇二年に北海道で生まれ、北海道の中学を卒業した後、一九二二年に東洋大学に入ったが、一九二四年には明治学院に転学した。そこで、彼は共産主義同調者になった。一九二六年に中退した彼は札幌に行って、日本労働組合評議会傘下の労働組合に入った。一九二七年一二月には日本共産党に入党し、一九二八年三月一五日に逮捕されて、三年の懲役の刑を受けた。

田口は一九三九年一一月に再度上京し、すぐさま山名正実から宮城与徳に引き合わされた。宮城の依頼で、彼は北海道や石油や石炭や、食料の状況、他の件での情報収集を始めた。

田口について、宮城は次のように述べている。

「私は当初、九津見が田口のことを諜報活動には不向きな『公式主義者』、と言っていたので、協力者に加えるつもりはなかった。彼はすでに満州に泥炭工場を立ち上げる準備をしていた。彼は満州に金儲けに行こうとしていたので、私の判断基準では純粋な共産主義者とは見なせなかった。彼はいつも何か奇妙な事業に熱心だった」

田口は一九四一年一〇月二九日に逮捕され、懲役一三年の判決を受けた。彼が釈放されたのは、一九四五年一〇月六日のことである。

小代好信は一九〇九年に生まれ、一九三五年に明治大学を卒業した。彼も多くの同世代の者たちと同じく、成人後のほとんどを軍隊で過ごした。彼が召集されたのは一九三六年三月で、満州に送られた(注42)。一九三七年七月の支那事変の勃発時に彼は綏遠の前線に居た。一九三八年一一月に伍長になった彼は、予備役に編入された。だが、直ぐ再召集を受けて満州に送り返され、次いで朝鮮に回された。一九三九年三月に彼は除隊となった。彼は東京の用紙店に職を得て、結婚し、子供をもうけた。一九四一年七月に再召集を受け、南支に送られた。

小代は明大在学中に、喜屋武保昌(注43)という隣人の男の影響で、共産主義に関心を持った。数年後の一九三九年に、喜屋武は彼に宮城を紹介した。宮城は自分がコミンテルンの工作員であることを認めた上で、彼が軍に関係していることから、軍事関連や部隊の移動に関する情報を入手するように頼んだ。そこで、小代が短期間民間人だった一九三九年五月から一九四一年四月までに、彼は、ノモンハン事件(注44)や、満州国防衛計画(注45)や、部隊の配置や装備や、武器の威力に関する情報を宮城のために集めた。日本軍の歩兵や、工兵や、空軍の操典や、他の軍事出版物を入手したのは小代だった。宮城はこの若者を大変信頼していたので、ゾルゲを通じて彼が一人前のコミンテルン工作員として認められるように、彼の履歴書をモスクワに送ったほどである。

小代について、宮城は次のように述べている。

「小代好信は父と一緒に住んでいたので、金銭的援助は全く不要だった。私が彼に会ったのは、彼が除隊した一九三九年の春のことだった。彼は素直で、率直だったが、控え目だったのが目に止まった。私は彼を訓練したら立派な協力者に成ると思い、ゾルゲと彼の将来について相談した。ゾルゲは、協力する意思が有るなら、彼に毎月およそ一〇〇円を支払ってもよいと言った」

「小代が私と会った一九三九年五月に『もしソ連と日本が戦争したら、両国の農民や労働者だけではなく、日本人全体が大きな犠牲を払うことになる。そのような悲劇、つまりソ連と日本の戦争のことだが、それを避けるために、自分はコミンテルンに日本の状況についての色々な情報を送っているのだ』と話した。私は小代に、軍隊について知っていることを話したり、同僚から軍事情報を入手したりして手伝う気が有るか尋ねた。彼には報酬を支払うと話した。小代は手助けをするとはっきりとは言わなかった。ただにこりとして、彼は秘密の事は余り知らないと言った。彼は自分には貯金が有るので、金の心配は無用だと私に言った」

「その時以来、彼は立場上知りえた様々な事を話し始め、私は毎月約五〇円を与えた。彼が旅行をした時には、もっと支払った。私は彼を二年ほど訓練して、われわれのグループで自立のメンバーにする積もりだった。一方で私は、彼が軍事情報に接せられるような何処かの職場で働けたら都合が良いだろうと思った。陸軍省、それも出来ることなら動員局が良かろうと思ったが、私がそのお膳立てをする前に、彼は父親の友人の伝手《つて》で白進社に職を得た」

「もちろん私は自分の考えをゾルゲに相談し、小代を彼に引き合わせ、履歴書をモスクワに送ってもらった。グループ内で彼がどんなことをしているかを本部に知ってもらうために、彼から上がってきた情報の報告書には、いつでも彼の名前を欠かさなかった。われわれは彼の名が表に出ないように『ミキ』と呼んでいた。だが、彼は長男でもあり両親も存命していた。さらに、彼は除隊直後に結婚し、後に子供が生まれた。こんな状況が重なっては、彼を諜報員にするのは不適だった。そこで私は考えを変えた」

「一方、小代は一九四一年八月に再度召集された。小代も、尾崎も、私がどう考えているか知らなかった。時機が来たら話すつもりだった」

ゾルゲグループの他のメンバーに対する尋問は、小代を悩ました。彼は部隊で勤務していた中国で、一九

A	B	C	D	E	F	G	H	I	J	K	L	M	N	O
5	87	80	83	3	92	95	98	1	84	88	93	96	7	2
P	Q	R	S	T	U	V	W	X	Y	Z	.	(	)	
85	89	4	0	6	82	99	91	81	97	86	90	94	94	
1	2	3	4	5	6	7	8	9	0					
11	22	33	44	55	66	77	88	99	00					

四二年四月一一日に逮捕された。彼は刑事裁判でスパイとして裁かれるために一九四三年一月に、不名誉除隊となった。判決は懲役一五年だった。釈放されたのは、一九四五年一〇月八日だった。

噂話と情報を篩《ふる》い分けるために選ばれたこういった人たちは、その人となりの関心の深さでゾルゲや、尾崎や、宮城にはかなわなかった。彼らが巻き込まれたのは、高邁な思想上の目的や、知性の程度の高さからではなく、信用しても良いと思われたからである。彼らは目的に身を捧げ、その行動に代償を支払った、普通の男女だった。

八　ゾルゲが使った暗号

日本国内の、また満州でのラジオ局は、連続した数字が羅列する暗号文が、長期にわたって傍受されていた。それが一体何なのかは、日本側には見当がつかなかった。彼らは大いに戸惑いはしたが、傍受された一連の暗号文を収集し続けた。そのため、ゾルゲ一味が逮捕された際に、日本の警察は自分らが不思議な数字による通信文の大元を追っていたことに、直ぐ気がついた。そこで暗号の読解が最大の関心事となった。ゾルゲとクラウゼンが暗号の組み立て方（注46）を説明したので、警察は通信文の翻訳を進めた。その結果、その後のゾルゲ諜報団の活動の解明を行う上で計り知れぬほどの下地が出来て、やがてゾルゲ裁判におけるのっぴきならぬ証拠の一つとなった。

暗号の基本部分は比較的単純であり、通信士は万一のために頭に入れておいた。

この暗号を良く見ると、〇から七までと八〇から九九まで、それに同じ数字の並列から成り立っていることが分る。〇から七までの一桁《けた》の数字は母音と、最も頻繁に出て来る子音S、R、T、Nを表すのに使われている。八〇から九九までは頻度がそれほどではない子音や、ピリオドや括弧といった必要とされる句読点に割り振られた。一桁《ひとけた》と二桁《ふたけた》の数字双方が使用されているので、暗号の解読が一層難しくなっている。通信文中の数字は混乱を避けるために、「九四」で前後を囲んで括弧内に入れることにした。

実際の通信文の最初の語は、常に宛先の暗号名だった。東京の宛先はゾルゲの暗号名の「ラムゼイ」または「インソン」だった。シベリアの宛先である第四部極東局(注47)は、極東を意味する「ダーリヌイ・ボストーク」を縮めた「ダル」だった。実際の通信文の最後の語は、常に「ダル」、「ラムゼイ」、「インソン」といった送信者の署名だった。通信文全文が、宛先から署名まで数字による暗号で組まれていた。

次に、こうやって得られた一連の数字は五桁《ごけた》の群に仕分けされ、最後に余分になった数字は常に署名の一部であり、本文とは関係がないので切り捨てられた。あるいはその署名の切捨て部分が多過ぎて、何と読むかがはっきりしなくなるようなら、本文のつながりから容易に分かるような他の数字を切り捨てて、本文を五桁《ごけた》規則に合うように作成した。

次に暗号化された通信文の数字に、乱数字(注48)が加算されるが、その際、各行の和(注49)の下一桁《けた》のみが使われた。乱数字はドイツ帝国統計年鑑から任意に抜き出した一

「DAL. IN CHINA STEHEN（25）DIVISIONEN. DAVON IN NORD CHINA（10）DIVISIONEN. INSON」
「極東局。中国に25個師団が駐屯している。その内北支に10個師団。インソン」

宛先と署名を付け加えると、暗号数字は次のようになる。

D	A	L	.	I	N	C	H	I	N	A	S	T	E	H	E	N
83	5	93	90	1	7	80	98	1	7	5	0	6	3	98	3	7
(	2	5	)	D	I	V	I	S	I	O	N	E	N	.	D	A
94	22	55	94	83	1	99	1	0	1	2	7	3	7	90	83	5
V	O	N	I	N	N	O	R	D	C	H	I	N	A	(	1	0
99	2	7	1	7	7	2	4	83	80	98	1	7	5	94	11	00
)	D	I	V	I	O	N	E	N	.	I	N	S	O			
94	83	1	99	1	2	7	3	7	90	1	7	0	2			

2番目の「DIVISIONEN」から「SI」が、最後の「INSON」から「N」が削除されているのに気がつこう。5桁での群作りをするために、署名の部分を多く切り捨てないで済むようにするためだ。

前ページの数字列に、年鑑からとった連続数字列が加算された。

暗号	83593	90178	09817	50639	83794	22559	48319
年鑑	49149	38150	65221	72215	54139	51312	12130
合計	22632	28228	64038	22844	37823	73861	50449
暗号	91012	73790	83599	27177	24838	09817	59411
年鑑	66331	88918	19913	80126	21099	78724	75451
合計	57343	51608	92402	07293	45827	77531	24862
暗号	00948	31991	27379	01702			
年鑑	60261	38413	07111	15082			
合計	60109	69304	24480	16784			

この合計数字列が、完全に暗号化された通信文となった。

連の数である。東京側は年鑑の白の概況ページ部分を利用し、「ウィースバーデン」側は緑の国際概況ページ部分を利用した。年鑑には数字が無数に載っているので、使用するには正にぴったりだった。事業に関心の有るドイツ人なら殆どの人が持っているごくありふれた出版物なので、使用しても疑われることは全く無かった。ある時は一九三三年版が使用されていたが、後に一九三五年版に変わり、それが最後まで使われた。

ゾルゲ裁判で引用された典型的な通信文は、次のものである。

次に、乱数字の鍵となる数字群が、暗号化された通信文の先頭に付け加えられた。それは二桁《けた》で本文中の乱数字の位置を示し、次の一桁《けた》でページの行数、二桁《けた》で年鑑のページ数の末尾二桁《けた》を表して、五桁《けた》群としている。これに乱数通信文の最初から三番目の数字群と、最後から三番目が加算されて安全用の鍵が完成される。ページ数の最初の番号は、試行錯誤で確認できる。ということで、もし年鑑の三九一ページの一行目の最初の番号が基本乱数字に選ばれたら、その数字は０１１９１となる。見本の通信文を使うと、最初から三番目の６４３０８と、終わりから三番目の６９３０４が加

24423	22632	28228	64038	22844	37823	73861	50449	57303	51608
92402	07293	45827	77531	24862	60109	69304	24480	16784	25197

算されることになる。得られた数字が暗号の鍵となる。

次に通信文の最後となる数字群は、通信文の通し番号、例えば、二五と語数、見本文では一九とそれに日付の最後の一桁《けた》、例えば二七日の七で構成されるので、群としては25197になり、通信文の内容を表す数字となっている。そこで発信される電文は上のような数字列となる。

01191
64038
＋69304
24423

「ウィースバーデン」の呼出しコードは、モールス信号(注50)では「AC」であり、東京は「XU」だった。このコードは、クラウゼンがモスクワ通信学校で「レーマン」から習ったものなので、モスクワが割り当てたものに違いない。呼び出しコードに続いて、通信者が発信日を符号で送った。発信日は、その日と月数を合計した数字の末尾で示された。したがって第六の月の第二七日に当たる六月二七日は、27と6を足した数字の末尾の3となる。日本からシベリア（即ち「ウィースバーデン」）宛の電文では、「Los Angeles」という語の配列の中の三番目と、「Selegna Sol」と逆にスペルされた中での三番目の、二つの文字を選ぶことで、その数字の3はさらにぼやかされる。

1	2	3	4	5	6	7	8	9	10
L	O	S	A	N	G	E	L	E	S
S	E	L	E	G	N	A	S	O	L

ということで、「3」は「SL」になる。シベリアから日本向けの電文では、「Los Angeles」に代わり、「San Francisco」から「co」を抜いて使われた。

1	2	3	4	5	6	7	8	9	0
S	A	N	F	R	A	N	C	I	S
S	I	C	N	A	R	F	N	A	S

そこで「3」は「NC」となる。この解読は簡単である。

受信した暗号電報から鍵を求める方法は次の通りである。（呼び出し符号と発信日を無視して）通信文の終わりから四番目の数字群と、頭から四番目の数字群を加え、（見本文では次のようになる）

その合計が先頭の数字群から差し引かれ、それが鍵となる。

$$\begin{array}{r} 64038 \\ +69304 \\ \hline 22332 \end{array}$$

（訳注　23332の誤り）

$$\begin{array}{r} 24423 \\ -23332 \\ \hline 01191 \end{array}$$

電文中では個人名は必ず、オット大使[注51]なら「アンナ」、ベネケル提督[注52]なら「ポーラ」と言った具合に、暗号名で表示された。それに加えてグループは、ドイツ海軍なら「ホワイトボトル」、日本海軍なら「グリーンボトル」といった、普通語に相対する暗号化された言葉を使っていた。ということで、暗号は非常に単純で、有能な通信士にとっては、優れた記憶力と、統計年鑑一冊さえあれば良かった。ゾルゲが一九四一年一〇月に逮捕されるまで、この暗号が解読されないでいたということからも、その有効さが知られる。

九　ゾルゲの狙い

日本の警察は、ゾルゲとクラウゼンに教えられて、暗号解読の仕方を会得してから、長い間日本と満州の各地のラジオ局を戸惑わせていた傍受電文を、解読するという根気の要る作業に取り掛かった。この解読電文を根拠にして、警察はゾルゲグループのメンバーの取り調べを始め、彼らがそれまで収集していた情報と、どうやってその情報を集め回ったかの裏付けを取った。この取り調べから、ゾルゲ事件捜査のリストを作成した。

内務省警保局[注1]の公式㊙年次報告である、「社会運動の状況」（一九四一年版）に掲載されたこの捜査概況は、ゾルゲ諜報団が如何に効率的に機能していたかを表す最大の賛辞とさえなっている。このリストは、ゾルゲが日本並びに極東においてどうやって政治、社会、経済、軍事、外交問題を綿密に調べていたかを現している。彼が、起こっている事が将来どうなっていくかを見据え、如何に慎重に、また優れた分析の眼で見ていたかを示している。また彼が、現在時点と、それが将来に持つ意味の総合的な姿を得るために、個別の小さな情報を、関連する資料と如何に結び付けていたかを示している。さらにこのリストから、ゾルゲがどうやって情報源を利用していたかがはっきりと窺われる。

ゾルゲが日本に来て間もない頃には、彼の知識の最も重要な源泉は疑いもなくドイツ大使館(注2)であった。その事は、一九三四年にはすでに、フォン・ディルクセン大使や大使館の領事であるコルト博士が、内閣総辞職や、日本の軍事政策や、ドイツの国際連盟脱退(注3)といったような件で、ゾルゲに意見を求めていたということからも証明される。ドイツ大使館と日本政府のあるグループが緊密に協力し合っていたことは、ソ連の粛清［訳注　スターリン時代の大粛清を指す］を免れるために、満州と極東シベリアの国境を密かに越境し、日本軍に投降して来たリュシコフ将軍(注4)との面談を一九三八年、それに再度一九四〇年に、ドイツの担当者に許したという驚くべき事実からもはっきり知られる。リュシコフは自分が言ったことが即刻モスクワに流されていたことを知ったら、さぞかし驚いたことだろう。ゾルゲにとって、尾崎秀実《ほつみ》はもちろん最も実の有る日本の情報源であり、提供した情報の量では、思ってもいないことだったが、ドイツ筋と競い合っていた。ゾルゲは入手した情報の一つ一つを、ディルクセンやオットや領事館員や、武官たちと検討していたのと同時に、尾崎とチェックしていたのは注目される。シュタインとブケリチは主として外国の通信社界隈《かいわい》から情報を得ており、――各連合国大使館での二番煎じの話を仲間の新聞記者を通じて得たものだったりだが――それらを多くの件について二次チェックに役立てていた。巷《ちまた》の情報に頼っていた宮城は、主に軍事情報や日本の国内状況に関する資料を、流していた。

情報源のリストは、情報源とは見なされてはいなかったクラウゼンを除いては、ゾルゲが諜報団内で直接接触するのを限定していたシュタイン、ブケリチ、尾崎、宮城といったグループのメンバー各人が行っていた証言を裏付けている。小代好信はこの原則の唯一の例外で、ゾルゲは二度会っている。ゾルゲは明らかに尾崎には一目置いており、多分、若干の怖れも有り、どこから情報を入手したかを尋ねたことはなかった。実際、彼は「尾崎は信頼できる男である。彼にどの程度まで尋ねて良いかは知っていたので、それ以上は尋ねられなかった。だから尾崎が近衛に近い誰かから資料を得たと言ったら、その言葉を丸呑みにした。それだけのことである」とはっきり言っていた。

『社会運動の状況』に載ったゾルゲの調査項目は、次の通りである。

日　付	調　査　項　目	情　報　源
1933. 8 ～1934 ～1935	北満州鉄道（北清鉄道）買収交渉（注5） 北満州鉄道移譲に関する交渉は必ず成立する 日本は鉄道絡みでソ連と戦うことはない 日本は満州の工業化に専念する 日ソは不可侵条約を検討しよう	 尾崎 尾崎、宮城 フォン・ディルクセン フォン・ディルクセン
1934. 7 . 3	齋藤内閣総辞職 これにより、日本の軍事独裁の可能性が高まり、議会制度と政党政治が終わりを告げよう	 駐日ドイツ大使　ヘルベルト・フォン・ディルクセン 大使館参事官　カール・クノール博士
1934. 7 . 8	岡田内閣成立 西園寺公望《きんもち》や大資本家たちの後盾はあるがこの内閣への右翼からの風当たりは並ではない	 ドイツ大使館筋

1934.10. 1	陸軍省パンフレット(国体の本義)(注6) に関する件 荒木貞夫大将らの提唱により、日本陸軍は政権支配をめざしている。元老、海軍、政党及び知識層はこの動きに反対するも、一般大衆、右翼分子及び実業界の一部の支持を得ている	 尾崎
1934	ドイツの国際連盟離脱と日独接近 ドイツの国際連盟離脱は、日独関係改善への第1歩である	 フォン・ディルクセン
1935. 8 .12	相沢事件 (注7) 相沢三郎中佐による軍務局長永田鉄山少将殺害の詳細 この事件は日本陸軍部内ののっぴきならぬ溝の存在を物語っている	 尾崎、宮城 ドイツ駐在武官オイゲン・オット
1935	日本の対ソ・対支問題 日本は対ソ問題や、北進よりも、支那問題に一層重きをおいている 日本の対支政策は、日ソ戦に進展し得る 日本は北支の植民地化を意図しているが、ソ連と戦う心構えは出来てはいない	 尾崎 宮城 フォン・ディルクセン オット
1936. 2 .26	2・26事件 (注8) ビラ:「陸軍の粛軍に関する意見書*1」 反乱軍、陸軍、海軍の状況 一般大衆の反応 反乱軍の状況 反乱軍将校の演説 反乱の背後にある政治状況 反乱部隊の共産並びにファシスト的思想*2 一般政治世論との、反乱部隊の見解の矛盾 事件落着後、日本は殊に支那及びソ連との関係で、内政及び外交政策の明確な見直しを行うだろう 海軍の反乱分子に対する投降要求	 ドイツ大使館 ドイツ大使館 宮城 宮城 宮城 宮城 尾崎 尾崎 ブケリチ
1936	2・26事件後の陸軍の粛軍 事件の背後にある、陸軍上層部たちの関係	

	広田内閣について	
	議会及び軍に関する広田内閣の政策	尾崎
	広田内閣はグループ間の対立解決に失敗しよう	尾崎
	広田内閣は無力な内閣である	宮城
	日ソ関係は好転し、支那事変の解決が期待されよう	フォン・ディルクセン
	広田内閣と抱えている農業問題	フォン・ディルクセン
	農林省調査報告及び経済雑誌の翻訳	ドイツ大使館
	米の収穫と肥料問題	宮城
	新聞記事より報告	ブケリチ
	予算上の問題	尾崎
1936.10	**日独防共協定**（注9）	
	大島浩駐在武官とリッベントロップ間にて防共協定の交渉が、秘密裡に行われている	フォン・ディルクセン
	ドイツ側は元々日本との軍事協定締結を狙っていたが、日本側がソ連との紛争を怖れているために防共協定の交渉が行われている	オット
1937. 1 .	**宇垣一成、組閣失敗**（注10）	
	宇垣内閣組閣に関して陸軍内には相対立する意見が存在している。	尾崎
	宇垣内閣に対して陸軍が反抗している理由	宮城
1937. 2 . 2	**林内閣組閣**	
	軍の政治支配に対する政党の反対	尾崎
	諸勢力の軍との関係	尾崎
1937. 6 . 4	**第 1 次近衛内閣発足**	
	近衛の出番以外には、軍と政党間の手詰まり状態解決の道なし	尾崎
	近衛の目論見は国会と軍を操作すること	尾崎
	国会、陸軍、海軍は近衛に追従が必須との基本的前提に同意	尾崎
1937. 7 . 7	**支那事変勃発**	
	日本の意図は、盧溝橋事件を利用して北支を日本の勢力圏に置くことで、北支那問題を一挙に解決することである	オット
	日本の北支政策の詳細	尾崎
	日本の予備役の動員状況	宮城

	日本は北支那問題を一挙に解決することは出来ない。問題は長期戦に発展しよう	尾崎
1937. 7	日高交渉 日高参事官が提示した南京国民政府に対する日本側要求と、蒋介石[注11]による拒否 北支での国民政府軍の増強が交渉決裂の一因	 尾崎 ドイツ大使館
1937. 8 .15	蒋介石政府との交渉拒否宣言 宇垣、広田[注12]、杉山[注13]は蒋介石との交渉がまとまるとは期待していなかったが、近衛は案をまとめて、杉山に代えて板垣[注14]を陸軍大臣に任命し、声明を発した	 尾崎 ドイツ大使館
1937.10.12	日本南進の噂 英国の対抗策、台湾と南支での日本軍隊の集結、日本の海南島占領 大英帝国は対日輸出の大幅制限と自国権益の保護に重大な関心を示す	 ギュンター・シュタイン ギュンター・シュタイン
1937.11.20	大本営設置 近衛は、天皇と軍の仲介役を務めることで、軍が近衛の同意なしには動けないようにするために、大本営を創設した	 尾崎
1937.12	ドイツの日支問題仲介 日本側の、事変に対するドイツの仲介希望とドイツの提案 日本の対支要求の増大化と南京占領が原因で、停戦協定は失敗する	 フォン・ディルクセン フォン・ディルクセン
1938. 6 . 3	日本陸軍内における勢力の変化 東条[注15]、杉山、石原[注16]など元関東軍関係の面々が、内閣で板垣や梅津[注17]の後継になろう	 ショル
1938. 7 . 1	リュシコフ事件 リュシコフとドイツ特殊秘密諜報機関長カナーリスが派遣した特使との面談内容の報告	 ドイツ大使館 ショル空軍武官
1938. 9 .21	日本の漢口進攻に関する各国の外交政策 進攻に関し、英・米・仏に対する日本側の方針の転換。天然資源の開発	 ドイツ駐在武官ゲルハルト・マツキー大佐[注18]
1938. 9 .30	宇垣外相の辞任 蒋介石との和平を願っていた宇垣は、近衛	 尾崎

	の方針に賛成出来なかった 宇垣に対する軍の反抗と興亜院の計画	 ドイツ大使館
1939. 1 . 4	第 1 次近衛内閣総辞職 近衛はとことん力尽きた 支那事変は長期戦となった 近衛は国内の改革を検討してきている	 尾崎 尾崎 尾崎
1939. 1 .	平沼内閣 近衛の対支那強硬政策を放棄した平沼内閣には、和平成立機会がより大である 国内問題には断固たる立場をとった平沼内閣は、多分反対派を制圧できよう	 尾崎 ドイツ大使館筋 尾崎
1939.春	平沼内閣と日独間交渉 ドイツは、日本が対ソ、対英協約に加わるように提唱した。大島大使は同盟関係を提案した。平沼、海軍、それに資本家たちの反対で提案は拒否された 日独間の交渉が挫折したので、独ソ不可侵条約が締結された。そして平沼内閣は 8 月18日に「欧州情勢は複雑怪奇」と声明して、退陣した	 尾崎 ドイツ大使館 ドイツ大使館
1939. 5 . ～9 .	ノモンハン事件 日本は当初より現地での解決を意図していたが、この事件は日ソ間全面戦争の種を宿していた	 尾崎
	日本軍の動員と部隊の派遣 新京（長春）の関東軍本部、ハルビン、チチハル、牡丹江からの部隊と、東部前線からの機械化部隊が派遣された。東京地区で新たに師団が編成され、現地に送られた。主力部隊は砲兵 2 個師団と騎兵半個師団である	 宮城
	ノモンハン事件に対する国民の受け止め方 当初、国民は勝利に沸き、事件を重大視しようとはしなかった。だが、ソ連軍の優勢を知るにつけ、本件をより真剣に受け止めた 双方が勝利を収めたと噂された。最初、日本国民はソ連側の言い分は無視して、日本側の宣伝のみに耳を貸していた。ソ連側の宣伝	 宮城 尾崎 ブケリチ ゾルゲグループの集約意見

	が徐々に浸透して来るや、失望が高まった	
	帰還兵士の印象 　日本軍はソ連の戦車と、火炎放射器の威力に驚愕した 　この苦い経験で日本軍は全軍を機械化し、ドイツ仕様での戦車の製造の必要性を確信した	宮城 マツキー 宮城
	ブケリチが現地で見たこと 　戦いは本格的に行われた 　ソ連軍の優勢と、日本軍の補強努力 　ソ連の宣伝不足 　関東軍参謀長磯貝は、東京と協議後に現地解決を決意して、満州に戻った 　日本軍兵士の上官への抵抗	 ブケリチ ドイツ大使館 宮城
1939. 5 .	満鉄から入手した資料	尾崎
	尾崎が満鉄用に執筆した資料	宮城
1939. 6 .	汪兆銘の日本訪問 　秘密裡の訪問計画は、1 週間前に分っていた	 尾崎
1939. 9 . 1	阿部内閣とその欧州戦争に対する見解 　阿部内閣と日本軍部内の動向	 マツキー
1939. 9 . 3	英仏の対独宣戦布告とその日本への影響 　日本の当面の課題は、支那事変の解決である。長期的には、日本はドイツに加担しようが、それには時間がかかる 　日本の態度は、将来戦争がどう展開するかにかかろう。日本が勝者側につく可能性はある	 尾崎 ドイツ大使館
1940. 1 . 7	阿部内閣に対する不信 　国会が阿部内閣を信頼していないことは、国民の声の反映であり、軍人政治にとっての脅威でもある	 尾崎
1940. 1 .16 ～7 .	米内内閣発足 　世論は新内閣が強力であることを期待した。反英感情が急激に高まり、末次、白鳥、大島、中野正剛、橋本欣五郎の率いる諸派が、大英帝国攻撃を真剣に研究し始めた	 尾崎 ドイツ大使館

1940.初頭	**兵器工場に関する報告** 人造石油関連会社、アルミの生産量 飛行機、戦車、自動車の製造会社リスト並びにそれぞれの生産能力	ドイツ大使館 マツキー
1940. 2 .16	**日本の兵器、航空機、自動車の生産量** トラック、戦車、軍事用特殊自動車エンジン、航空機製造工場及び製鉄、製鋼産出量に関する報告	
	日本陸軍部隊の状況 大阪編成101師団、14師団の状況 東部戦線の軍事状況に関する報告	
1940. 2 .19	**支ソ関係をにらんでの米国の動向** もし米国が日本に支那全体での政治的、経済的影響力の行使を許すなら、両国間で反ソ協約を締結する可能性があり得る。そうだとしても、両国が共同しての政策遂行は難しかろう **有田声明[注19]に対するオット大使の意見** 有田声明が期待はずれなので、ドイツ大使とドイツ国民が不快感を示す	オット オット
1940. 3 . 3	**日独海軍間の交渉** オーストラリア近辺でのドイツ艦隊への物資供給、南洋におけるドイツ海軍基地獲得への要求 ドイツ潜水艦に対する日本による石油供給の交渉	ドイツ空軍技官リーツマン大佐[注20] ドイツ海軍武官パウル・ベネケル
	日本陸軍部隊配備状況 第106、109、110、114、116各師団の所在	ドイツ大使館駐在武官 宮城
1940. 3 . 7	**欧州戦争とドイツの諸計画** 米・ソ及び「持てる国」と対抗するには、ドイツは自給経済を確立せねばならぬ	ドイツ海軍武官パウル・ベネケル
1940. 3 .25	**日本陸軍の再編** ノモンハン事件後の陸軍の機械化	ドイツ大使館駐在武官 宮城
1940. 3 . 30	**南京国民党政府の発足** 汪兆銘の目まぐるしい要求の変化が因《もと》で、交渉はかなり長引いた。外務省と経済界は汪	尾崎

	政権の成立に反対して、蒋介石との休戦呼びかけを願った 　日本は蒋介石と和平の意向	 ドイツ大使館
1940. 6 .15	仏の降伏と日本の仏印進駐 　ドイツはフランスとの和平交渉で領土保全を行ったため、日本は仏領インドシナへの進駐に関してドイツと相談した。ドイツ政府はフランスに日本の要求を受け入れるように話した	 ドイツ大使館経済担当官アロイス・ティヒ博士(注21) ドイツ領事ハンス・ウルリヒ・フォン・マルヒターラー博士
1940. 7 .14	日本陸軍第１・第２予備役動員	ドイツ大使館駐在武官、宮城
1940. 7 .22	第２次近衛内閣と３国同盟 　近衛の内政見直し声明で、第２次近衛内閣組閣が確実となった 　ドイツは英・米に対抗するための日・独・伊３国同盟を提唱せるも、ソ連は対象外とする	 尾崎 尾崎・ドイツ特使ハインリヒ・シュターマー(注22)
1940.11.30	日支基本条約締結 　条約案の内容 　汪政権の陶と高が暴露した、日支間条約提案を開示 　条約の内容（1940年５月）	 宮城 尾崎 尾崎
日付不明	日本陸軍内部の派閥関係を表した図	宮城
日付不明 1941. 1 .31	現在の日本国民の組織図 タイ及び仏印との休戦協定成立 　休戦には、秘密協定は一切存在しないが、将来、特別な問題がいくつか含まれる可能性あり	宮城 尾崎
1941.初	ドイツ、軍事特使を日本に派遣 　日ソ戦の可能性を探るために、特使が来日した	 オット
1941.	日本の参戦問題の経緯 　日本は対ソ戦の覚悟が出来ていない 　ドイツの進攻速度が予期ほどではないこと、またソ連の抵抗が強いことから、日本は対ソ戦には参戦しないだろう。またソ連国内には内紛の気配が無い 　ドイツは在京大使館を通じて、日本に参戦	 尾崎 尾崎 ドイツ大使館

	するよう、要望を繰り返し述べた 日本はドイツの対ソ進攻が満足したものであれば、参戦するだろう 日本の参戦は、ドイツの対ソ進攻の進行速度如何である 日本の参戦熱は冷めてしまった。日本の仏印進駐に対して、米国が予期せぬほどの、ただならぬ反応を示した	ドイツ大使館駐在武官 オット ドイツ大使館
1941.春	**日本陸軍師団に関する状況報告** 師団の数と師団長名のリスト	尾崎
	日本陸軍の暗号の取りまとめ 陸軍の暗号各種と手引き書	宮城
	新情勢が日本の政・財界に及ぼす影響	尾崎、宮城
	近時の労働事情に起因する諸問題	尾崎、宮城
1941. 3 . ～4 .	**松岡外相の訪欧** ヒトラーの招請で欧州を訪問した松岡外相には、非公式な保証を行う権限が与えられている。松岡の訪独目的はドイツの計画の進捗《しんちょく》状況を確認することである。ドイツとの政治折衝を始めることは許されていないが、ソ連との政治的確約を行いえる権限が与えられている	オット 尾崎
1941. 4 .13	**日ソ中立条約署名** ドイツは、日ソ間の紛争を見込んでいたので、中立条約の公表には驚かされた	オット
1941. 5 .10	**ヘス事件** 最後の拠り所として、ヒトラーは英国との和平、ソ連との戦争のお膳立て、という2つの目的を持たせてヘスを英国に派遣した	ドイツ大使館
1941. 5 .20	**ドイツの対ソ戦開始に関する事前情報** ドイツは6月20日ごろ、対ソ戦を全前線にわたって開始する 主力はモスクワ方面で、国境には170～190個師団が集結を終了している	ショル （在タイ・ドイツ駐在武官）
1941. 6 .頃	**日独貿易交渉** 日本はドイツより兵器を輸入し、生ゴム、	ドイツ特使ヘルムト・フォン・ウォルタート

	石油他をドイツ帝国に輸出する。日独共同管理の下に、日本に兵器工場を立ち上げる	フォス博士 シュピンドラー博士
1941. 6 .22	**独ソ開戦と日本の参戦の可能性** 開戦前にオット大使は、日本をドイツ側に立って参戦させるようにとの指示を受けた ドイツによる日本の参戦説得と、1・2ヵ月後に参戦するという日本陸軍の約束 日本海軍は対ソ戦参戦意向なし 松岡外相は、日本は中立条約が存在していても、ソ連に対して宣戦布告をするだろうとオット大使に述べた	オット 駐在武官 クレチメル ベネケル オット
1941. 6 . ～7 .	**独ソ戦に関する情報** ドイツによるソ連攻撃の報せを聞いて、日本政府は会議を開き、3国同盟と同時に日ソ中立条約の順守を決定した 6月23日、日本政府は陸・海軍省首脳を交えて会議を開き、国際情勢の急変に備えて、北・南両面戦略を採ることを決した 荒木大将の訪問者との会話	オット 尾崎 宮城 宮城
1941.春	**昨今の労働事情を取り巻く諸問題**	宮城・尾崎
1941.春	**現在の日本経済に及ぼす影響**	宮城・尾崎
1941. 6 . 下旬	**独ソ戦と、近衛グループに対する尾崎の働きかけ** 近衛は支那問題で手一杯であり、他の強国と戦う意欲はない。だが、もし戦争が不可避だと分かったら､彼は英米との戦いではなく、ソ連との戦いを選ぶだろう。 近衛は日本が開戦すべきかを決しかねているが、尾崎はゾルゲと相談後に、日本の経済状況から観て、ソ連と戦う可能性を懸命に阻止する論陣をはることにした	 尾崎 尾崎
1941. 7 . 2	**御前会議**（注23） 南進政策に従って、日本は仏領インドシナに進攻し、基地を種々確保しよう。日本は日ソ中立条約を順守するが、対ソ戦の可能性の見地から軍隊の大動員を行って備えよう	尾崎 宮城
	日本は南方拡大計画を実現しようが、機会到来の節は、対ソ宣戦布告をしよう。そして	クレチメル オット

	その線で準備をする	
1941.7.18	**第3次近衛内閣発足** 松岡を排除することで対米苦境を解決するために、近衛内閣は総辞職した。近衛公は第3次内閣を組閣した	尾崎 宮城 ドイツ大使館
1941.7.末	**日本軍の南方派遣** 東京と大阪から数個師団が南方に補強として派遣された タイ及びシンガポール進攻には、30万の兵を要するが、インドシナには4万しか配置されていない	宮城 尾崎
	日米交渉（注24） 米国の主たる要求は、日本軍の中支、南支からの撤退なので、交渉を満足裡にまとめ上げるのは難しい。日本が年末までに、さらなる南進は難しい	尾崎
	東条陸相とソ連問題 東条は軍の北進に関心がないので、オット大使は東条と突っ込んだ話し合いをしていない	オット
1941.7.～8.	**大動員** 動員された兵は約100万。その大部分は支那に送られた。ソ連との紛争に備えて、満州に送られたのはそのうち僅かである 8月に満州に増派部隊が送られた。だが、ソ連と戦うには時機が遅すぎた 動員された全兵力の約3分の1にあたる30個師団が満州に送られた ドイツは9月初旬に、日本が1941年中に参戦する望みを捨てた 東京、大阪、京都、北海道から師団が出発した 関東軍は今年はソ連との戦いを望んでいない	尾崎 宮城 尾崎 宮城 ドイツ大使館 ドイツ大使館 宮城 宮城
1941.8.末以降	**近衛親書と日本の対米交渉** ルーズベルトへの親書送付にあたり、近衛は太平洋での平和を願ったが、米国の回答（注25）は満足すべきものではなかった **日本の対米提案** 日本が米国と話し合いをすることは、ドイ	尾崎 オット

	ツにとって好ましくはない。松岡外相は3国協定でドイツとの了解に達したが、ドイツは豊田外相に関してはそのような高望みは覚束無《おぼつかな》いといった 米国の対日圧力は増大するが、日米の戦いは疑わしい 日米間の問題点は1時的には取り繕われようが、そのような状態は永続きはしない	 オット オット
1941. 8 .	**日本の石油備蓄量** 石油は、海軍が約2年間、陸軍が約6ヵ月間、国家の一般的需要のために約6ヵ月間供給出来る量である	ベネケル ティヒ
	日本の石油備蓄量 海軍 —— 8,000,000 トン 陸軍 —— 2,000,000 トン 民需 —— 6,000,000 トン	宮城
1941. 8 . 初旬	**日本陸軍の動員** 第1次動員40万人、7月29日から8月6日に引き続き第2次動員50万人 動員された兵員は補強として大陸に派遣、 清津及び羅津行き部隊が、新潟と敦賀から出航した。 他の部隊は神戸と広島から出発した。第1師団と第14師団は大陸に向かった。大部隊がインドシナと米国に対する攻勢に備えて南支に向かった	宮城 尾崎 尾崎 宮城
	ドイツの駐在武官は日ソ戦を喚起するために満州に旅した	
1941. 8 .23	**リュシコフ情報** ドイツ特別秘密情報機関長カナーリスとリュシコフの会見に関する報告	ショル
1941. 8 . 下旬	**日本の対ソ戦計画放棄**（注26） 日本政府と海軍は、今年はソ連とは戦わないことを決した。この決定は8月22日から8月25日の間に公式なものとされよう。もしソ連が予期せず崩壊した際は、対応策も変わろう	ベネケル

	日本のタイ進攻 仏領インドシナ侵攻と同時に、日本は10月にはタイの主要地域を占領して、ボルネオ占領に備えるだろう。陸軍の青年将校たちはこの動きには満足してはいない	ベネケル
	日本の日ソ中立条約に対する姿勢 豊田外相はオット大使に、日本は条約を忠実に守ることを誓約していると語った	オット
1941. 8 .末～9 .初旬	対ソ戦を睨《にら》んでの日本軍事力の備え 朝鮮に6個師団、満州に4個師団到着。朝鮮及び満州の兵力を30個師団に増強しよう 9月初めには準備は完了しようが、攻撃開始は決まってはいない 攻撃の中心はウラジオストク地域となろうが、ブラゴベシチェンスク地域に派遣されたのは僅か3個師団である	クレチメル クレチメル クレチメル
	日本の対ソ戦参戦の可能性 日本はソビエト・ロシアの壊滅的敗北を待つだろう。石油備蓄量不足のため、日本が参戦するのは、戦いが短期に決せられると確認した後である	オット
	日本の対ソ要求 総動員を踏まえて、日本は樺太全島の割譲をソ連に要求している	オット
1941. 9 .初頭	日本は対ソ戦見送りを決めた 尾崎は近衛に近い筋から、日本は今年はソ連と戦わないと決めたが、状況によってはこの姿勢も変わろう、との情報を得た 満州派遣軍は冬中、現在地を維持 状況の変化次第では、関東軍はソ連攻撃を実施しようが、補強部隊は前線から撤収した	尾崎 尾崎 尾崎
	対米妥協への日本の決意 近衛は対米妥協を決定した。これに失敗すると権力を失うが、成功しても国内での苦境に直面しよう	尾崎
	ドイツ外相の失望 ドイツ外相は、日本は対ソ戦実施せずとい	オット

	うオット大使の報告にいたく落胆した	
	日本軍の南進 9月10日以来、若干の補強部隊が台湾に派遣された	宮城
	防衛司令部増強のための動員 防衛司令部補強のために、9月15日から若干の部隊召集が行われよう	宮城
	近衛師団から各連隊派遣準備 連隊の中には出発準備をしているものもある。たぶん南方行きと思われる	ドイツ大使館 宮城
1941.7.17	**山下中将の満州転属**（注27） 山下が、格下と見られている満州送りとなったのは、その親独傾向のためである	宮城 尾崎 ドイツ大使館
1941.9.中旬	**日本の対ソ攻撃の可能性** 日本は多分、冬明け前に攻撃しよう 日本が対ソ攻撃を仕掛けるとしたら、それはソ連がシベリアから大部隊を引き揚げる時であり、ソ連に政治上の問題が生じた時であろう	オット ベネケル クレチメル
	日本軍の責任 関東軍の動員と増強があれば、政治、経済上の困難を引き起こそう。軍部の誰かがその責任を負わねばならぬ	オット クレチメル ベネケル
	日米交渉への望み 日本が対支政策を改め、3国協定を廃棄すれば、一時的な了解は多分得られよう	
1941.9.下旬	**防空演習** 実施時期が10月22日から10月12日に変更された	宮城
1941.9.末	**尾崎の満州旅行報告** 大動員の結果満州で経済困難が生じ、さらなる動員と戦争計画に明確に障害をもたらしている 満鉄は9月中ダイヤ通りに運行されていた。このことからも戦争体制が未だとられていないことが分かる 新規動員兵力は前線から引き揚げられ、内陸の兵舎に駐屯している	尾崎 尾崎 尾崎

1941.10. 初頭	**第３次動員の完了** 動員は一部、９月半ばに終った。月末にかけて25歳から35歳の男子が召集された。101師団に配属された者は、南方派遣軍に送られ始めた	ドイツ大使館 宮城
	日本の対米交渉提案詳細 （６項目）	宮城
	日米交渉に対する米国の反応 米国は日本の提案を軽視している。日本の陸・海軍は、近衛に与えた交渉完結期限切れを間近に控えて、緊張している	尾崎
	日本海軍の見解 もし10月第１週までに米国から満足すべき回答を得られねば、海軍は動こう。日本の南進にとって次の２、３週間は最も重大なものとなろう	
	関東軍関係の情報 関東軍は増強人員40万人を含め、70万人で構成されている。ソ連への敵対行為の放棄により、多くの部隊が前線から撤収された 満鉄は、来春のソ連との対決に備えて、鉄道と道路の建設命令を受けた 満鉄が警戒要員を3000人から50人に減らしたことは、ソ連との戦闘計画が中止となった事実を物語っている	尾崎 尾崎 尾崎
	日米交渉に関する近衛の見解 近衛は、日本が支那とインドシナで譲れば、予備協定締結が可能だと信じていたので、楽観的だった。近衛と海軍がドイツにそう重きを置かなかった所以《ゆえん》である	尾崎
	日米交渉とドイツの態度 ドイツは、日本に対して、対米交渉のために３国同盟を損なうことのないように求めた。ドイツは、日本より満足のゆく回答を得られなかったために、豊田とオットの関係は極めて緊張している	オット

	東京防空地図	宮城
1941.10. 下旬	対ソ問題と、山下将軍の関連 山下が戻り次第、日本はソ連に対する態度を決しよう	尾崎 宮城　　（発信せず）
	日本の各界における意見 荒木大将がソ連急襲の主唱者である 日米交渉と対米開戦の可能性 米国より満足な回答が来ないときには、日本に政治的激変が起ころう。それは米国との戦争を意味する。日本は一切の希望をグルー大使に託している	宮城 （発信せず） 尾崎 （発信せず）
	ソ連に関する日本の態度 日本は、ドイツの対ソ戦勝利次第だが、少なくとも春まで対ソ攻撃を遅らせよう。南方での攻勢が、北方でのそれより、一層重要と考えられている	ドイツ大使館 尾崎 （発信せず）
	12月と１月の動員は昨年を上回ろう	宮城　　（発信せず）

＊1 「陸軍の粛軍に関する意見書」というこのビラには、大きな意味がある。CIS 刊「The Brocade Banner（錦の御旗）」参照。

＊2 ある日本人はそれも共産主義者なのだが、戦前日本の過激派たちは「共産主義」と同様に「国家主義」の思想を掲げていたことを認めている。

右の表は、戦前日本の舞台の裏面で作用していた応力と重圧を、この上なく明確に示している。ゾルゲと尾崎は、その耳をドイツ大使と、近衛首相の側近たちの唇に当てていた。この両名が戦時中に、日本の警察と、法廷で率直に打ち明けたことはあらかた、反逆的行為である。彼らの供述、その意味したこと、またそれを打ち明けた心意気を軽んじてはならない。ゾルゲ及び彼の主だった協力者たちにとっては、絞首台が待っていたことは、はっきり分っていたはずなので、(打ち明けても)何も得るものはなかったのである。

一〇　教訓と結論

リヒアルト・ゾルゲ、尾崎秀実《ほつみ》及びその仲間たちは、自分らの活動と見解を率直に明かすことで、現在と将来、それに歴史的な意味を持つ過去に、重大な関わりのある数多《あまた》の教えを残した。

先ず第一にゾルゲ事件は、戦いの時のためにではなく、平和な時を目指して、入念に練り上げられ、見事に実行された高度な政治上のスパイ事件である。ゾルゲとその仲間たちは自分らがとった手段を事細やかに説明した。彼らの活動は余りにも巧みに計算され、その仕掛け通りに自然に行われていたので、何年もの間発覚することはなかった。彼らは、全体を覆う諜報網が、殊に英国、スカンジナビア、ルーマニア、フランス、ドイツ、米国、中国、満州、日本にまで張りめぐらされていたことを、明確に述べた。彼らは、外交、政治、軍事的に重要な国を主としてだが、世界の何処の国でも活動していた、と更なる広がりを明かした。ゾルゲ事件のようなことはどこの国でも起こり得るのだ。

第二に、ゾルゲとその追随者たちは、共産主義が色々な人たちに対して、過去になした種々な訴えを、生々しく描き出した。ゾルゲ、クラウゼン、ブケリチは欧州の第一次大戦後の混乱と社会不安の産物である。ブケリチはクロアチア独立運動に共産主義者が加担していることに惹かれた。混乱、苦悩それに民族主義者グループの国外での活動は、第一次世界大戦後よりも、今日一層拡大している。金が目当てで活動していた底辺の工作員が少なからずいたのに対して、宮城与徳が共産主義に引き寄せられたのは、一般的な人種差別や、殊にカリフォルニアでの日本人の処遇を嫌悪したからである。一味の他のメンバーも、世界中での社会的、政治的な病を治す手段としての共産主義の訴えに引き寄せられた。利己的な動機が全く無かった唯一のメンバーである尾崎秀実は、貧者や弱者に対する同情心や、平和で国際的な「一つの世界」という信念の虜《とりこ》になっていた。こういった要素の全ては、今日の世界でも通用する。

ゾルゲ自身は、共産主義者、コミンテルン、ソ連政府、ソ連及び諸国の共産党諜報機関の間の相違点を説明した。彼は、共産主義を擁護する上で、「今日、事実上共産主義労働運動の先陣となっているのはソ連共産党である…過去一〇年、今日、今後の一〇年間も、その卓越振りに疑念はない…自分の活動一切は、最初の内はコミンテルンに関連していた。後に自分はソ連のために直接活動するようになった。このことは…われわれが国際的な活動から、ソ連の発展という、同様に重要な分野に活動を移したことを意味する」と述べ、共産主義の国家主義的脅威を、間接的に、また意識することなく強調した。再度、ゾルゲは、「東京における反乱部隊の、共産主義者的、ファッシスト的思考」についてのモスクワ宛の報告で、一九三六年の二・二六事件後の、共産主義とファッシズムの親和性を、間接的に仄《ほの》めかした。戦争前の数年間に日本が辿《たど》るべき道筋に関しての、ゾルゲと尾崎の見方は、日・独・伊の三国協定の代わりに日・ソ・共産中国の三国同盟を置き換えた以外は、日本の国家主義指導者たちの見方とほぼ同様であった。

最後に、ドイツ大使館と近衛グループに、それぞれ近い関係にあったゾルゲと尾崎の意見や報告は、日本の政治、外交の舞台裏で進行中の申し分のない歴史的証拠となっている。この二人は、日本の警察及び非公開の法廷で戦時中に宣誓供述を行っている。正直に述べたからといって、彼らには一切損得はない。彼らの証言は、一九三二年から一九四一年までの日本の歴史理解に、重要な関わりを持つ。

概して、日本国民はゾルゲ事件が持つ意味合いに全く気付いていない。実際は、本筋から外れた方向に持って行かされているのだ。尾崎夫人が、夫の獄からの便りを本にまとめた『愛情はふる星のごとく』(注28)では、尾崎を愛する夫、人々の心に訴える英雄として描いている。この本は、戦後日本の三大ベストセラーの一つとなった。尾崎の友人たちは時折、新聞に感傷的な思い出を書いた。人気雑誌の『政界ジープ』の一九四七年七月号では、歴史家で参議院の左派である羽仁五郎(注29)は、「片山内閣」という記事を書き、その中で彼は「過ぎ去りし年の野蛮な政府、独占資本とその利益のために人民の生活を犠牲にした政府、戦争で若者たちを犠牲にした政府、山本宣治*1、野呂栄太郎*2(注30)、尾崎秀《ほっ》実《み》、それに三木清*3(注31)のような文明の代表者を殺害した政府、その政府に対する人民の怒りが片山内閣を成立させた」と述べた。尾崎を山本や、野呂や、三木と同列に並べた誤りは見過ごしてはならない。とどのつまり、尾崎は、川下での奴隷売買(注32)のように自国を外国勢力に売り渡した。彼は日本の法律に則《のっと》って正当に処刑されたのだ。彼自身、友人を裏切ったことを申し訳なく思い、その結果を十分わきまえていた。何と言おうと、背信行為者は背信行為者である。ゾルゲが聖人扱いされようと、何等の懸念もない。というのも、彼は異国の地で活動し、しかも、聖人たるにふさわしく、民族主義的背景の持ち合わせが無かったからである。もし尾崎が日本のプロレタリアたちにとっての国家的英雄とされるようなら、それは、まっとうな政治的思考から見れば、正義を茶番化したものである。

*1　山本宣治は労働農民党選出の国会議員として活躍。議会開催中の一九二九年三月五日、東京・神田の宿舎で右翼黒田保久二《ほくじ》に暗殺された。

*2　野呂栄太郎はマルクス経済学者。『日本資本主義発達史講座』の企画編集者の一人として、いわゆる「講座派」を主導。一九三三年一一月特高に逮捕され、一九三四年に獄死。

*3　三木清はリベラルな政治評論家で、昭和研究会に参画し、東亜共同体論を展開。一九四五年三月、共産党の高倉テル庇護のかどで検挙、同年栄養失調によって九月二六日に獄死した。

ゾルゲ事件の意味合いを、日本人及び世界に認識させようではないか。感傷的になることが相応《ふさわ》しくないような場では、誰しにも感傷的になってもらいたくはない。事実を直視し、傾注すべきだ。(完)

［訳注］「ゾルゲ事件」報告書出典ほか

（注1）［リヒアルト・ゾルゲ］　戦前の日本で諜報活動に従事したソ連の秘密軍事諜報員。ゾルゲ諜報団「ラムゼイ機関」を組織した。詳細は本書三二七～三四五ページ「二　リヒアルト・ゾルゲ」の項参照。

（注2）［マクス・クラウゼン］　ゾルゲ諜報団の無線通信技師兼会計担当。詳細は本書三八五～四〇〇ページ「六　マクス・クラウゼンとアンナ・クラウゼン」の項参照。

（注3）［アンナ・クラウゼン］　マクス・クラウゼンの妻。詳細は同右。

（注4）［宮城与徳］　ゾルゲ諜報団の有力メンバー。沖縄県出身の画家。詳細は本書三五一～三五七ページ「四　宮城与徳」の項参照。

（注5）［尾崎秀実《ほつみ》］　ゾルゲと並ぶゾルゲ諜報団の双璧。ゾルゲの諜報活動を全面的に支えた。朝日新聞記者出身の中国問題専門家。詳細は本書三五七～三八四ページ「五　尾崎秀実の政治見解」の項参照。

（注6）［西園寺公一］　昭和の元老だった西園寺公望の孫。尾崎とは太平洋問題調査会のヨセミテ会議（一九三六年）に出席したとき、親交を結んだ。オクスフォード大学を卒業し、近衛内閣のブレーンとして登用される。「日本・中華民国の日本軍隊の駐屯、撤退などに関する約定」ほか、御前会議で決定した、日本の「南進」の情報を尾崎秀実に洩らしたとして検挙され、懲役一年六カ月（執行猶予二年）の判決を受けた。これに伴い西園寺公爵家の相続人を辞退した。戦後、日中友好協会の設立にかかわり、民間大使として一二年間北京に滞在し、日中友好の架け橋になるなど、平和運動に献身した。一九九三年、死去。

（注7）［秋山幸治］　ゾルゲ諜報団員。詳細は本書四〇四～四〇五ページ「七　脇役を務めた人たち」の「秋山幸治」の項参照。

（注8）［船越寿雄］　同。詳細は本書四〇〇～四〇一ページ「七　脇役を務めた人たち」の「船越寿雄」の項参照。

（注9）［川合貞吉］　同。詳細は本書四〇一～四〇三ページ「七　脇役を務めた人たち」の「川合貞吉」の項参照。

（注10）［北林トモ］　同。詳細は本書四〇七ページ「七　脇役を務めた人たち」の「北林トモ」の項参照。

（注11）［九津見房子］　同。詳細は本書四〇五～四〇六ページ「七　脇役を務めた人たち」の「九津見房子」

の項参照。

（注12）［小代好信］　同。詳細は本書四〇九～四一一ページ「七　脇役を務めた人たち」の「小代好信」の項参照。

（注13）［水野成］　同。詳細は本書四〇三～四〇四ページ「七　脇役を務めた人たち」の「水野成」の項参照。

（注14）［田口右源太］　同。詳細は本書四〇八～四〇九ページ「脇役を務めた人たち」の「田口右源太」の項参照。

（注15）［ブランコ・ド・ブケリチ］　ゾルゲ諜報団の有力メンバー。外国通信記者。詳細は本書三四五～三四九ページ「三　ブランコ・ド・ブケリチ」の項参照。

（注16）［山名正実］　ゾルゲ諜報団員。詳細は本書四〇七～四〇八ページ「脇役を務めた人たち」の「山名正実」の項参照。

（注17）［安田徳太郎］　ゾルゲ諜報団のシンパ。開業医。詳細は本書四〇六～四〇七ページ「脇役を務めた人たち」の「安田徳太郎」の項参照。

（注18）［テオ将軍］　ソ連諜報機関長。本書一四四ページ（注39）、（注40）参照。

（注19）［モスクワから何年にもわたり相次いで帰国した日本の共産主義者たち］　非合法の日本共産党の幹部養成の目的で、コミンテルン（共産主義インタナショナル）は、上級幹部のために「レーニン・スクール」を、中堅幹部のために「クートベ」（東方労働者共産主義大学）を開設し、日本共産党に生徒の派遣を要請した。だが、連続する弾圧のために思うように生徒の派遣はできなかった。帰国した卒業生は党幹部となって活動したが、彼らは見るべき成果をあげることができず、党内のスパイによって、平均半年程度の活動歴で逮捕されてしまった。

（注20）［河村好雄］　ゾルゲ諜報団員。ジャーナリスト。一九一一年一〇月一七日生まれ。広島県出身。上海の東亜同文書院卒業生で、中西功、安齋庫治らと社会科学研究会のメンバーだった。卒業後、満州日々新聞社に入社。支局長を勤めた。三二年一二月三日、尾崎秀実とアグネス・スメドレーが提案した北京・天津を中心とする日本人と中国人の情報機関の新設を検討・合意した。満州事変（三一年九月）以来、日本の勢力が満州から北支に南下する傾向が強いので、その動向を探ろうというもの。そこで、尾崎が天津にいた川合貞吉を呼び寄せ、川合が信頼してい

た中国人を集めて、組織活動を始めた。河村もこの組織に参加したことから嫌疑を持たれて、四二年三月三一日に逮捕された。取調べの際、河村に対する拷問は熾烈を極め、中国と満州方面の情報活動の実情を自白するように迫った。その結果、河村は精神に異常をきたし、拘留執行停止となったが、四二年一二月一〇日死亡。三一歳。

（注21）［大審院］　戦前の明治憲法下の裁判所機構の中で、最高の位置にあった司法裁判所。一八七五年、設置。戦後の一九四七年廃止。現在の最高裁判所に相当するが、司法行政権は持たなかった。

（注22）［高田正］　裁判官。一八九九年、札幌市に生まれる。一九二四年、司法試験合格。東京帝大卒業後、東京地裁判事、対満事務事務官。企画院書記官などを経て、尾崎秀実を裁いた東京刑事地方裁判所第九部の裁判長を務めた。尾崎とは第一高等学校、東京帝大で同学年の学友であった。尾崎は接見禁止が解かれて、面会にやってきた親友松本慎一の薦めに応じて、獄中で減刑嘆願の『上申書(1)』を書き上げた。四百字詰め原稿用紙で、七〇枚にのぼった。しかし、裁判長高田が下した判決は極刑の死刑。しかも、高田は判決のあとで、こう付け加えた、と言われる。

「現在の尾崎秀実の立場も心境も十分みとめている。だが、その行為を国法は許すことができない。いのちをもって、国民に詫びよ」（風間太郎著『尾崎秀実伝』法政大学出版局、一九七七年）と。尾崎がこの言葉をどういう思いで聞いたか、その心境を綴った記録はない。

（注23）［マタハリ］　一八七六年～一九一七年。オランダ系だが、国籍不明。一九〇五年、ジャワ人の混血児と称してパリに現れ、美貌の踊り子、娼婦として上流社会にも出入りした。第一次大戦中ドイツのスパイとして、フランスで捕えられて銃殺された。

（注24）［ヨシフ・ピャトニツキー］　コミンテルン指導者の一人。一八八二年、大工の息子として生まれる。職業革命家としての活動中、（ロシアで）ピャトニツァ、（ドイツで）フライタークの名を使用した。一九〇二年には非合法な社会主義宣伝（プロパガンダ）文書のロシアへの秘密持ち込みを組織化した。〇三年の第二回ロシア社会民主労働者党（ＲＳＤＬＰ）に参加。ボリシェビキを支持した。〇六年から一三年にかけて逮捕歴三回。二一年六月から七月にかけて、開かれたコミンテルン第三回大会後のコミンテルン執行委員会（ＥＣＣＩ）常任幹部会で、国

際連絡部（OMS）と会計部の各部長に選任。その後、コミンテルン組織委員会、組織局、政治書記局の各局員。ロシア共産党（ボリシェビキ）内でも重要な地位を占め、二〇年の党大会で中央委員候補となり、のちに中央委員会と中央統制委員会の委員に。スターリン粛清期の三七年に逮捕されたが、三九年一〇月三〇日まで処刑されなかった。五六年にソ連共産党第二〇回大会後、死後に名誉回復。

（注25）［オットー・ウイルヘルム・クーシネン］一八八一～一九六四年。フィンランド出身のソ連の政治家。青年時代から革命運動に参加。フィンランド共産党の創立（一九一八年）に参画。コミンテルン（共産主義インタナショナル）解散（四三年）まで、コミンテルン書記の立場で国際共産主義運動の指導に当たった。ソ連・フィンランド戦（三九～四〇年）中は、ソ連軍占領地のテリヨキ人民政府首相となった。その後、ソ連最高会議副議長、ソ連共産党幹部会会員などを歴任。三一年に日本共産党テーゼの起草に参画。日本情勢に関する論文を発表している。妻のアイノ・クーシネンは、ゾルゲ諜報団員ではなかったが、ゾルゲが東京在勤のとき、「イングリッド」の暗号名でゾルゲとは別個に、諜報活動を行っていた。

（注26）［ジノビエフ］グリゴリー・エフセエビチ。ロシア下層のユダヤ人の家庭に生まれる。コミンテルン執行委員会議長を務め、一九二三年のロシア共産党第一二回大会では、病気で倒れたレーニンに代わって中央委員会を代表して政治報告を行った。レーニンの死後、ソ連共産党のトロイカ（三人）体制としてスターリン、カーメネフと並んで党政治局を率いた。その後、スターリン反対派に回った。一九三六年に古参のボリシェビキ最初の公開裁判で、カーメネフとともに死刑を宣告され、即刻銃殺された。八八年に名誉回復。

（注27）［アレクス］本名はレフ・アレクサンドロビチ・ボロビチ（ローゼンタール）。一八九六年～一九三七年。ゾルゲは尋問調書の中で「アレクスは自分と対等であった」と述べているが、クラウゼンによると、「アレクスは一九三〇年秋にヨーロッパに転出するまでリーダーで、その後任がゾルゲだ」と答えている。ゾルゲは「一九三〇年秋、アレクス夫妻は表向きの武器商人の偽装がばれそうになり、警察の監視が強化されたので、活動が出来なくなり上海を離れざるを得なくなり、私に後事が任された」

と述べている。一九三六年、タス通信上海支局長補佐に任命され、ゾルゲとの連絡業務を主要な任務として、再び中国の土を踏んだ。マクス・クラウゼンの本格的な無電送信と同時期である。アレクスの任務は翌年に彼が粛清されるまで続いた。

（注28）［ワインガルト］　ヨーゼフ。モスクワの無電学校を卒業。一九三〇年、ゾルゲとともに上海に派遣され、表向きは缶詰輸入業者を装って諜報活動をする。クラウゼンは上海で彼からゾルゲを初めて紹介された。ゾルゲがモスクワに帰った後も上海にとどまって活動を継続した。その後、独ソ戦でソ連から送り出されるスパイの到着を監視する任務についていた。その彼が逮捕されてドイツ側に寝返り、それ以後送り込まれるソ連のスパイはすべてドイツ側の手に落ちた。ドイツ側はすでにワインガルトの暗号コードを知っていたが、通信は打電に個人的なくせがあるので、二重スパイとして彼の身柄を必要とした。ワインガルトはドイツ防諜部やゲシュタポ（ヒトラー時代の国家秘密警察）からは「ゼップル」という名で呼ばれた。（雑誌「シュピーゲル」一九五一年七月二一日号）

（注29）［ミーシン］　ミーシャともいう。無線技師。詳細は本書一四三ページ（注38）参照。

（注30）［ポール］　パウルともいう。ソ連機関員。上海で諜報活動をしたゾルゲの後任者。詳細は本書一四二ページ（注30）参照。

（注31）［王夫妻］　スメドレーがゾルゲから頼まれて、中国人の有力な協力者として紹介した。ゾルゲの中国での最初の諜報団員。通訳と情報の収集に携わった。王は広東生まれの女性の汪や張などを組織した。その後、ゾルゲの中国人の協力者に対する要求と指令は、王を通じて行われた。こうした組織活動を総合すると、中共諜報団事件で中西功たちのグループと連絡をとっていた中共情報科の王学文の活動と全く同じことから、中国人ジャーナリスト揚国光はここで言う王と王学文は同一人物としているが、王は偽名であり、ゾルゲの通訳も務めており、別人である。ゾルゲの証言を総合すると陳翰笙と思われる。

（注32）［山上正義］　鹿児島県の出身。一九二一年、暁民共産党事件で検挙され、八カ月の懲役刑を受ける。一九二五年、上海日々新聞社に入り、新聞連合に移る。一九二九年に尾崎秀実と知り合いになった。尾崎秀実が日本へ帰国に際して、「ゾルゲに後釜として紹介したのは誰か」と追及され、尾崎秀実が山上

の名を出したことから、山上が尾崎秀実の後任者との見方が通説だが、これは誤りである。山上はゾルゲ事件以前の一九三八年に死去しているのであるから、尾崎は特高の追及に耐えかねて、苦し紛れに山上の名を出したのであろう。実際には単なる新聞情報の提供者として山上を紹介したにすぎなかった。

（注33）［ブルーノ・ベント］　ソ連赤軍第四部所属の無線技師。詳細は本書四六九ページ（注82）参照。

（注34）［ウリツキー将軍］　セミョーン・ペトロビチ。ソ連赤軍参謀本部諜報総局（ＧＲＵ）の長官で、ベルジンの後を継いだ。赤軍機甲部隊の司令部副司令官だった。ゾルゲは一九三五年一度モスクワに帰り、その時ウリツキーと初めて会った。ウリツキーは一九一二年にボリシエビキに入党し、プラウダ紙の記者にもなったことがあり、文学方面での才能が豊かで、短編小説がいくつかの雑誌に掲載されたことがある。また言語も母国語のほかに、フランス語、ドイツ語、ポーランド語を自由に操ったといわれている。さらに、数学と天文学の分野で研究者として知られていた。

（注35）［ギュンター・シュタイン］　英国籍ドイツ系ジャーナリスト。詳細は本書七六ページ（注52）参照。

（注36）［ヘルベルト・フォン・ディルクセン］　駐日ドイツ大使。駐ソ大使を五年間務めたあと、一九三四年一月に駐日大使を命ぜられて、東京に着任した。プロシャ貴族の出身。当時の広田弘毅外相と親交があり、ソ連に対抗して、日独両国関係を一段と緊密化する使命を帯びていた。軍事的にも経済的にも日独両国が共通の政策を行って、密接な提携の実現を図ろうとした。その関係で、日本の事情や情報に精通しているゾルゲの能力を高く評価。同時に信頼もして、ドイツ大使館のスタッフとして厚遇した。持病の喘息《ぜんそく》がひどくなって、大使の辞任を希望。三八年二月六日、本国から召還されて、帰国の途についた。その後任に在日ドイツ大使館付陸軍武官オイゲン・オットが軍籍を退いて、駐日大使に任命された。

（注37）［オイゲン・オット］　ディクルセンの後任の駐日ドイツ大使。詳細は本書七〇ページ（注28）参照。

（注38）［ジェームズ・Ｍ・コックス］　一八八四年に英国に生まれた。一九一〇年ロイター通信社経済部記者としてスタート。インドのボンベイ（現ムンバイ）支局総支配人、上海支局主筆を経て、ゾルゲ来日と同じ一九三三年に日本支局長として赴任。東京銀座の電通ビルにあったロイター通信事務所で執務。ブ

ケリチとは家族ぐるみの交際をした。ロシア人の先妻を交通事故で失い、アニーと再婚した。一九四〇年七月三〇日付朝日新聞は、英国情報相極東局レッドマン次長を長とする大規模なスパイ団の摘発を報じた。横浜に本拠をおく英国資本の企業が日本全国一一〇箇所の出張所を拠点として、日本の軍事情報の収集のため、航空機の発着する飛行場の調査や港湾の水深を調査するためにわざと貨物船を座礁させるなど諜報活動をしたという容疑である。これに関連して、ジェームス・コックスも東京憲兵隊に検挙されたが、逮捕五日後、三階の取り調べ室から飛び下り自殺をしてしまった。

（注39）［ロベール・ギラン］　パリ大学法学部卒業。一九三四年アバス通信（AFPの前身）に入り、上海特派員から東京に派遣され、太平洋戦争の時期を日本で送った。ブケリチは彼の補助者として働いていた。ギランの最高の特ダネの一つに、敗戦直後、府中刑務所を取材し、日本共産党の幹部（徳田球一）たちのインタビューに成功、世界に向けて発信した。著書には、『六億の民』（文藝春秋新社、一九五七年）、『日本人と戦争』（朝日新聞社、一九七九年）、『ゾルゲの時代』（中央公論社、一九八〇年）『アジア特電』（平凡社、一九八八年）などがある。

（注40）［ジョセフ・ニューマン］　ニューマンは大学で日本歴史を学んだ。日本製鉄の渋沢正雄に誘われて訪日し、最初、ジャパン・アドバタイザー紙の記者になり、ニューヨークヘラルド・トリビューン紙に転じた。彼の最大の特ダネは、日本の官憲の検閲をくぐり抜けるため、国際電話を使って五月三一日ニューヨークに、「六月の終わりまでにドイツはソ連に侵攻する。ナチスドイツは小麦の収穫時期にウクライナ地方に攻撃を計画している」という内容の記事を送ったこと。その情報源はゾルゲであった。ゾルゲはモスクワに独ソ戦の警告を繰り返し無電連絡しても、一向にその情報が信用されないことを憂慮、この情報をブケリチ経由で、彼と懇意だったニューマンに流した。ニューマンは休暇と称して一〇月一五日、横浜港を出航してハワイに向った。その日は尾崎秀実《ほつみ》の逮捕の日であり、同時にニューマンに逮捕状が出た日でもあった。乗船した龍田丸はすでに港を離れており、間一髪で逮捕を免れることができた。特高はニューマンがゾルゲグループの一員と見なしていたことは確かである。

（注41）［昭和研究会］　近衛文麿の第一商業学校時代の

友人、後藤隆之助が立ち上げた民間の国策研究団体。詳細は本書四五六ページ（注20）参照。

（注42）［一般情報を集めた］　川合は検挙直前の六月、尾崎の紹介で水野成夫が経営する再生紙会社に入社した。再生紙会社は古紙再生業だから元々秘密情報はなく、情報収集できるはずがない。また、川合はこのころすでに、グループからはずされていた。従って、これは単なる憶測に過ぎない。

（注43）［クレチメル］　駐日ドイツ大使館付陸軍武官。陸軍大佐。一九四〇年の来日に先立って、ドイツ陸軍首脳部から「ゾルゲを信頼してよい」とお墨付を得たので、ゾルゲと親交を結んだ。ゾルゲは「ドイツの対ソ戦準備完了」の情報をクレチメルから得て、ドイツ軍の集結状況地図とともにモスクワへ送った。

（注44）［ベネケル］　駐日ドイツ大使館付海軍武官。一九三四年、大佐として来日、武官のまま昇進してのちに中将になった。主たる使命は、日本海軍の航空兵力と飛行機生産に関する調査で、毎月報告書をまとめ本省へ提出していた。ゾルゲはのちに大使となる陸軍武官オットに紹介され、「大いに意気投合する間柄になった」と、検事の尋問に供述している。ゾルゲが東京を離れて旅行するとき、ベネケルは貴重品が入ったスーツケースを預かっていた。ゾルゲの逮捕後、そのスーツケースはドイツ大使館より、日本側に提供された。三七年に一旦帰国、装甲巡洋艦ドイチェラント艦長になった。四〇年、再度来日した。

（注45）［クラウゼンに暗号化を頼むようになった］　ゾルゲは一九三八年五月一三日にオートバイの自損事故で聖路加病院に入院し、諜報活動に支障ができた。そこで、暗号の組み立てについてクラウゼンに携わらせる許可をGRUから得た。

（注46）［ウラジオストクを「ウィスバーデン」、モスクワを「ミュンヘン」］　ウィスバーデンはドイツ国内を流れるライン川中流の、フランクフルト近郊にある欧州有数の保養地。ゾルゲ諜報団が使っていた、ウラジオストクの暗号名。ウラジオストクは、東京―モスクワ間の暗号無電の中継基地。送信機の出力の関係で、東京からモスクワへ直接送信でないため、ウラジオストク無線局が一度受信し、同地からモスクワへ送信していた。ウラジオストクの実名を使うと、日本の防諜機関に捕捉されやすいため、クラウゼンが上海にいたとき、ソ連との無線通信で使っていたウィスバーデンを、モスクワの承認を得たうえ

で、東京でも使うことになった。ゾルゲ諜報団は、無電の送受信に際して、モスクワをミュンヘンと読んだように、送発信の地名はすべて、ロシア名の代りにドイツ名を使っていた。

（注47）［スターリン］　ソ連の独裁政治家。詳細は本書七一ページ（注34）参照。

（注48）［ウォロシーロフ］　ソ連の軍人。一九三五年に、ソ連最初の元帥の称号を授与された。スターリン時代の国防人民委員（一九三四～四〇年）をへて、一九四〇年に副首相兼国家防衛委員会議長に就任。

（注49）［東方会］　政治家中野正剛が一九三六年に結成した国粋主義的な政治団体。東亜問題の研究実践を目的とし、一時は大政翼賛会に吸収されたが、中野が野に下ると同時に東条英機内閣と鋭く対立して、同内閣の推薦選挙に反対、四八人の候補者を立てた。しかし、六人しか当選できなかった。四五年一〇月二六日の中野の自決によって、事実上の崩壊に追い込まれた。いわゆる右翼団体とは性格を異にした議会主義的な色彩を持ち、機関誌『東方時論』などを発行していた。

（注50）［中野正剛］　政治家。一八八六～一九四三年。福岡県生まれ。早大政経卒、東京朝日新聞記者から東方時論社主筆、社長。一九二〇年、衆議院議員当選（以後連続八回）。憲政会に入党、左脚の整形手術に失敗、隻脚となる。九州日報社長。二九年一月、衆議院予算委員会で「満州某重大事件」（張作霖暗殺事件）で田中首相を追及して、総辞職に追い込む。浜口内閣成立により逓信政治次官に。その後、ファシズムに走り、東方会を組織して総裁となり、全体主義運動を推進、ヒトラー、ムッソリーニに心酔した。四三年一月一日付朝日新聞に「戦時宰相論」を執筆して東条内閣を批判。同内閣打倒の計画に失敗。一〇月二一日警視庁に検挙され、二六日釈放直後に自宅で自決した。著書に『明治民権史論』『国家改造計画網領』など。

（注51）［松岡］　洋右《ようすけ》。オレゴン州立法科大学を卒業、田中義一の推薦で満鉄に入社。のちに総裁となった。一九三二年、国際連盟の首席全権を務めたとき、満州国を否認する「リットン報告書」の採択に抗議する演説をして、退場した。日本は翌年、国際連盟を脱退した。外相時代、一九四一年四月、モロトフ・ソ連外相と日ソ中立条約を締結した。極東国際軍事裁判（東京裁判）でのA級戦犯の一人。一九四六年に死去した。

（注52）［野村］　吉三郎。海軍軍人。米国大使館付武官、パリ講和条約、ワシントン会議の全権随員を務め、軍令部次長となり、大将に昇任。駐米大使に起用され、日米会談に臨んだが、交渉は決裂した。著書に『米国に使いして』がある。

（注53）［豊田］　貞次郎。海軍大将。オクスフォード大学を卒業、英国大使館付海軍武官として勤務。連合艦隊参謀長。第二次近衛内閣の商工相、第三次近衛内閣では外相兼拓相となり、日米交渉の妥結に努力したが、果たさなかった。

（注54）［関東軍］　満州（中国東北地方）に駐留していた日本陸軍諸部隊。日露戦争後、関東州と南満州鉄道（満鉄）の権益を保護するために設置された関東都督府の守備隊を改編したもので、一九一九（大正八）年に独立した。敗戦に至るまで大陸侵略と満州国支配のため、中核的な役割を果たした。

（注55）［三国同盟］　一九四〇年九月に日本、ドイツ、イタリアの間で締結された軍事同盟。

（注56）［インドシナ進駐］　一九四一年六月六日、大本営は南方施策要綱を決定し、大本営・政府連絡会議は、六月二五日、欧州での戦線拡大で手薄になった南部仏印に進駐。

（注57）［大陸動員］　陸軍による関東軍特種演習（関特演）のこと。詳細は本書七〇ページ（注26）参照。

（注58）［海軍軍令部］　海軍の最高統帥部門。明治初期は陸海軍とも軍政・軍令の別なく陸海軍郷が一元的に統轄していたが、一八七八（明治一一）年に参謀本部条例によって参謀本部が置かれ、統帥権独立の発端となった。その後、参謀本部内に陸軍部、海軍部が置かれ、明治二八年海軍軍令部として独立、陸軍の参謀本部と対等の海軍の軍令統轄機関となった。一九三三（昭和八）年、軍令部と改称。軍令部長は軍令部総長となった。

（注59）［参謀本部］　陸軍の最高統帥部門。一八七八（明治一一）年、参謀本部が置かれ、陸軍省と参謀本部の所轄の分界を明らかにするため、軍政と軍令は画然と分離された。明治一一年に参謀本部が廃止されて一時「参軍」が置かれ、その下に陸軍参謀本部と海軍参謀本部ができたが、翌年再び参謀本部が復活。同二六年に海軍軍令部ができた。参謀総長は天皇に直隷し、帷幄《いあく》（作戦計画）の軍務に参画した。参謀本総長は陸軍大将または陸軍中将が親補され、参謀本部を統轄する一方、陸軍大学校、陸地測量部をも管轄した。なお、大本営が編成されたとき、参謀本部

は大本営陸軍部、軍令部は大本営海軍部となった。

（注60）［大島］浩。父は元陸軍大臣。陸軍大学校を卒業し、ドイツ大使館の駐在陸軍武官となり、次いでドイツ大使を務める。ドイツの軍事力を過大評価し、日独伊三国同盟の推進者となった。極東国際軍事裁判（東京裁判）で終身刑の判決を受けたが、一九五五年に釈放された。

（注61）［土肥原将軍］賢二。一八八三〜一九四八年。陸軍大学を卒業、奉天特務機関長となり、関東軍の政治謀略を担当。大本営直属の謀略機関として土肥原機関を設立したが、一九三九年、呉佩孚擁立工作に失敗して、解任された。その後航空総監となり、極東国際軍事裁判でA級戦犯として死刑を宣告され、絞首刑になった。

（注62）［日本の防諜法］国防保安法のこと。昭和一六（一九四一）年三月七日法律第四九号として公布、五月一〇日施行された。同法第四条に「国家機密を探知しまたは収集したる者之を外国に漏泄《ろうえい》し又は公にしたるときは死刑又は無期若《も》くは三年以上の懲役に処す」とある。

（注63）［市島刑務所長］成一。検察官。一八九九年二月二一日。新潟県新発田町（現在の新発田市）に生まれる。京都帝大卒。東京刑事地方裁判所で検事をしたあと、甲府、八日市場、東京の各区裁検事。岡山地裁検事、東京控訴院検事を経て、一九四四年四月から翌四五年八月まで、東京拘置所長。戦後は名古屋、横浜、京都各地検検事正、福岡、名古屋、東京各高検検事長を歴任。戦後の造船疑獄事件（五四年）では捜査陣を指揮して、事件の解決に手腕を発揮した。八七年一一月一日没。八八歳。『家廟之歌碑』『秋艸道人を語る』などの著書がある。

（注64）［エディット］ブランコ・ド・ブケリチの最初の妻。デンマーク人。ブケリチが母親と一緒にパリに出て、ソルボンヌ大学在学中の一九二九年夏ごろ、知り合った。二人は仮そめの恋をして別れたが、エディットが妊娠して、「結婚してほしい」と迫られて、ブケリチはパリで結婚式をあげた。三〇年三月、男の子が生まれ、ポールと名付けられた。三〇年一二月三〇日、一家三人はマルセイユからイタリア客船で出航、スエズ、シンガポール経由で日本に到着した。しかし、在日中の夫婦仲は良くなく、長らく別居生活が続き、三九年一二月一八日、二人は離婚した。エディットは離婚後、目黒区祐天寺にポールと一緒に住んでいたが、四一年九月二五日、息子を

伴って、西オーストリアのフレマントルにいる妹、ドレン・オルソンを頼って、横浜港を出航した。この日はゾルゲ諜報団の北林トモが逮捕される四日前で、諜報団の全員が特高警察によって監視もしくは尾行されていた緊迫していた時期。それにもかかわらず、エディット母子が無事、日本脱出ができたのは、当時のデンマーク大使ティリストの陰ながらの支援があったものと見られている。

（注65）［オルガ］　女流画家。一九三二年三月、パリでブランコ・ド・ブケリチに日本行きを指示したコミンテルン関係の秘密組織のメンバー。オルガの身分について、ディーキン・ストーリー共著『ゾルゲ追跡』は「ポーランドの出身。コミンテルンの中で最も重要で、秘密になっていた部門・OMS（国際連絡部）機構の部員だったようである」（一〇〇ページ）「パリのソ連機関の主任・ア・ティルデンの妹であったと考えられる」（一〇四ページ）と、書いている。

（注66）［ベルンハルト］　ベントともいう。ソ連赤軍第四部所属の無線技師。本書四六九ページ（注82）参照。

（注67）［ノモンハン］　現在のモンゴル共和国と中国東北部との国境地帯を流れるハルハ河沿岸地区の地名。

（注68）［山崎淑子］　ブケリチの二番目の妻。一九一五年六月一五日、東京に生まれる。津田英学塾卒。三五年四月十四日、父親のお供をして、東京・水道橋の能楽堂へ能見物に行ったとき、たまたま隣席に居合わせたブケリチと知り合った。エディットとの夫婦関係は冷え切っていたため、ブケリチは、淑子に一目惚れしてしまった。淑子の両親はブケリチその結婚に猛反対したが、最終的に折れて婚約が成立。ブケリチは三九年一二月一八日、エディットと離婚。翌四〇年一月二六日、淑子と結ばれた。四一年三月、長男ラボスラフ・洋《ひろし》が生まれた。ブケリチは同年一〇月一八日、ゾルゲらとともに特高警察に逮捕された。無期懲役の刑を受けたブケリチは四五年一月一三日、網走刑務所で獄死。わずか二〇カ月の短い結婚生活であった。戦後、占領軍や通信社で働き、五八年から在日チェコスロバキア大使館に勤めた。二〇〇六年五月三日、死亡。九〇歳。夫妻の往復書簡が『愛と死の書簡』（六六年、三一書房）として刊行された。二〇〇五年、『ブランコ・ヴケリッチ・獄中からの手紙』と改題、未知舎から新版が出た。

（注69）［エディットは結局、妹のいるオーストラリアに行くことにした］　この報告では「九月二九日に日本を去った」とあるが、ブケリチとエディット（エディス）の息子ポールのインタビューによると、「母と私が一九四一年九月二五日または二六日に横浜を発ち…」とある。つまり特高が監視下においていたゾルゲの通信基地の一つだったエディスが、日本を脱出したことが分かって、急遽、その二日後、和歌山県粉河の北林トモの検挙（九月二七日）に着手したわけである。（伊藤律の名誉回復を求める会会報『三号罪犯と呼ばれて』No.6掲載のポール・ブケリチ「ブランコ・ブケリチの回想」参照）これは前出のニューマンの日本脱出の時期と重なる貴重な証言である。

（注70）［ブケリチとクラウゼンの間で激しい争いが生じた］　これは誤認である。エディットの日本脱出は前述の通り緊急避難で、ゾルゲはエディットとブケリチの手切れ金と送別金として三〇〇ドルを本部に要求した。クラウゼンは少なすぎるとして、独自判断で請求額を五〇〇ドルに書き換えて暗号電報で送った。しかし、本部からの送金はエディットの脱出には間にあわなかった。クラウゼンが立て替えたのであろう。クラウゼンはこの金を在日ソ連大使館の諜報員ザイツェフから遅れて受け取っている。

（注71）［グルー大使］　ジョセフ・クラーク。米国の外交官。一八八〇年、ボストン市に生まれる。ハーバード大卒。一九〇四年、国務省に入り、一八年の対ドイツ休戦条約の予備交渉で活躍。駐デンマーク、スイス各公使、トルコ大使を経て、三二年から四一年まで、一〇年間、駐日大使を務めた。この間、日米関係が悪化する中で、日米親善と日米開戦の回避に努力。四四年国務次官となり、対日戦後政策立案に当たった。宥和《ゆうわ》的な対処の必要を強調、天皇制存続などに大きな影響を与え、国務省内での親日派を代表した。日本の敗戦と同時に国務省を退官。戦後も日米親善に貢献した。六〇年、勲一等旭日大綬章を贈られた。著書に『滞日十年』。

（注72）［満州国］　関東軍の軍事謀略である満州事変によって、日本が満州（中国東北地方）を武力制圧して一九三二年に建国した傀儡《かいらい》国家。清朝最後の皇帝溥儀《ふぎ》が、その執政となった。首都は新京（現在の長春）に置かれた。三四年に溥儀の皇帝即位によって帝国に。四五年八月、日本の敗戦とともに消滅した。

（注73）［石井・ランシング協定］　一九一七年一一月、

大隈内閣の外相石井菊次郎と米国国務長官ランシングとの間で調印された日米共同宣言。米国は日本の中国における特殊権益を承認し、両国は中国の独立、機会均等、門戸解放の尊重を約束した。一九二三年に廃棄。

（注74）［汪精衛］　中国の政治家。汪兆銘といい、精衛は字《あざな》。詳細は本書四六一ページ（注40）参照。

（注75）［屋部憲伝］　トルストイの文学から大きな影響をうけた在米日系人インテリ。

（注76）［又吉淳］　又吉淳は米国共産党日本人部の活動家だったが、小説や詩などを書いた。一九三二年一月一五日に南ロサンゼルスのロングビーチで開催された共産党地区大会で、不法集会として官憲に検挙された。いわゆる「ロングビーチ事件」である。検挙・告訴された者は四五人、うち日系人が九人にのぼった。市民権のない者は国外追放処分となったが、日本に帰国すれば、共産党員であるがゆえに直ちに監獄行きが待ち受けているので、国際救援組織などの支援活動によって、ソ連に亡命した。このときソ連に亡命した者のほとんどが、日本のスパイ容疑でスターリン粛清の犠牲となっている。又吉淳もその一人で、一九三八年三月二二日に逮捕され、五月二九日に銃殺された。

（注77）［幸地新政］　在米日系共産党員で、日系共産党機関誌「労働新聞」の後継紙「同胞」のスタッフの一人だった。日米開戦後、日系共産主義者は日本の侵略戦争に反対する立場から、政府機関の戦略事務局（ＯＳＳ）の活動にジョー・小出たちとともに参加し、中国の昆明に派遣され、鹿地亘らと連携しながら、日本軍に対する反戦工作を続けた。

（注78）［中村幸輝］　宮城と同郷の沖縄県名護の出身。宮城と前後して農業季節労働者として米国に渡り、米国共産党員となったが、一九三四年に矢野務の指導方針をめぐって党に紛争がおこり、矢野を支持した中村たちは党から除名された。（『宮城与徳の手記』参照）

（注79）［八巻千代］　一九〇六年、宮城県の旧家に生まれる。隣の福島県人で、父親と米国の小さなホテルを経営していた青年に迎えられて、一九二四年に渡米して結婚した。そのホテルに宮城与徳が宿泊客として、海の見える部屋に長期滞在中に、相愛の関係が生まれ、二人は一九二五年七月に駆け落ちをした。宮城与徳は二二歳、千代は一九歳だった。二人の結婚は内縁の関係で、子供には恵まれなかった。二人

の生活が破綻してからずっと後になって、千代は同じ沖縄県人の仲村伸義と再婚。生活の上でも余裕ができて文筆をとるようになり、文芸人としても開花した。宮城与徳の遺作に千代の肖像画がある。

（注80）［北林芳三郎］　ゾルゲ諜報団員で、元米国共産党員北林トモの夫。一九二〇年渡米したトモは、ロサンゼルス郊外で農園を営む和歌山県出身の芳三郎と「写真結婚」（在米の独身男性と内地に住む女性が写真と履歴書の交換によって結婚相手を見極めたうえで婚姻関係を結ぶこと）によって結ばれた。トモは洋裁の個人教授のかたわら、文化運動に参加するなかで、宮城与徳と知り合うが、トモは三六年一二月、単身帰国して東京・渋谷のエルエー洋裁学院に勤務。芳三郎はトモより遅れること、約三年後の三九年秋に帰国。二人は連れ添って芳三郎の郷里、和歌山県・粉河町の居宅に落着いた。それから二年たった四一年九月二八日、ゾルゲ事件関係の容疑で二人とも逮捕された。芳三郎は間もなくして容疑が晴れて釈放された。トモは懲役五年の判決を受け、服役中病気になり、釈放後五日くらいの四五年二月九日に死んだが、芳三郎は戦後も生き残り、四八年一二月二三日に亡くなった。六六歳。

（注81）［彼と新妻はロサンゼルスで北林芳三郎の家に住んだ］　これは誤りである。宮城与徳と千代の結婚生活は六年で破綻、一九三一年、千代は宮城与徳のもとを去った。宮城与徳が北林芳三郎・トモ夫妻のところに下宿するのは、その後である。

（注82）［ジョン・リード］　一八八七年、ポーランドに生まれる。ハーバード大学卒の米国の著名なジャーナリスト。ロシア革命を現地に見たルポールタージュ『世界を震撼させた一〇日間』が有名。ロシアから帰米後、共産主義労働党の結成に加わって、機関紙「労働者の声」を発行した。米国共産党の創立者の一人。赤狩りの米国を逃れて、再びモスクワに行って活動したが、一九二〇年にチフスのため客死。遺骨はクレムリンの壁に葬られた。

（注83）［片山潜］　一八五九年、岡山県の農家に生まれる。一八八四年サンフランシスコでキリスト教に入信し、米国の大学で学んだ。日本に帰国後、労働運動にかかわり、最初の労働者新聞「労働世界」を発刊し、日本社会民主党の結成に尽力した。一九一二年、政治活動のために九カ月の禁固刑に処せられ、翌一九一四年米国に亡命した。一九二〇年、メキシコ共産党の創立に関わる。一九二一年一二月、モス

クワで開かれた極東勤労者大会に参加し、コミンテルン執行委員会のメンバーに加えられ、常任幹部会員となった。一九三三年、死去した。遺骨はクレムリンの壁に葬られた。

（注84）［田口運蔵］　片山潜の米国時代の秘書を務めた。一九二二年、片山潜と一緒に極東勤労者大会に参加し、ロシア革命に干渉する日本のシベリア出兵に反対する宣伝活動を展開した。

（注85）［石垣栄太郎］　評論家石垣綾子と結婚した米国在住の有名な画家。米国共産党員。アグネス・スメドレーの友人であったため、連邦捜査局（ＦＢＩ）から喚問を受け国外追放となり、日本に帰国した。

（注86）［ハーバート・ハリス］　一九二五年当時、ロサンゼルス・ユービー鉄道の駅前でレストラン「梟《ふくろう》亭」を共同で経営していた屋部憲伝、又吉淳、幸地新政、中村幸輝、宮城与徳らが開いた社会問題研究会の講師として招いたロシア人の大学教授。

（注87）［フィスター］　同じく講師で、スイス人の男爵。

（注88）［監物貞一］　岡山県出身。早稲田大学商学部卒業。一九二四年に米国共産党に入党。一九二九年一二月に検挙され、一九三一年一二月にモスクワに出国した。一九三三年にモスクワのレーニンスクールに入ったのち、汎太平洋労働組合で活動。一九三八年に日本のスパイであるとして逮捕され、以後、不明。加藤哲郎一橋大学教授の「日本人粛清リスト」によると、健持貞一とされ、「剣持貞一」とする資料もあるという。

（注89）［赤木鉄］　在米日系共産党員。

（注90）［小林勇］　一九三一年五月、移民法に抵触する不良移民として日本に送還が決定されたが、救援活動により自由出国を勝ち取り、一九三二年六月下旬、ソ連に入る。一九三六年、コミンテルンの密命を帯びて、日本潜入を企てたが、大連で逮捕された。

（注91）［堀内鉄治］　一九三〇年、労働組合統一同盟がインペリアル・バレーに組織者として派遣した最初の日本人。一九三二年八月にソ連に入り、東方労働者共産主義大学（クートベ）で学び、一九三七年レニングラード東洋学院で日本語の講師をつとめたのち、一九四〇年に外国労働者出版所勤務の記録があるが、その後、行方不明となっている。

（注92）［山口栄之助］　一九三一年の失業反対のデモは、全米で一〇〇万人を動員した。日本人の著名な活動家や山口栄之助はこのとき逮捕され、一年八カ月の判決と罰金五〇〇ドルの判決のあと、国外追放にな

り、ソ連に入ったが、その後消息を絶つ。

(注93)［矢野務］　日系米国共産党員。本書七七ページ(注54)参照。

(注94)［ロサンゼルスのロイ］　宮城与徳を日本に派遣した人物のロイとは誰か、これまで長いこと疑問とされてきた。ゾルゲ事件研究家渡部富哉氏はモスクワで発掘された資料によって、これがのちにハワイ共産党のキャップとなった木元伝一であることを立証した。木元はマッカーシーズムの攻撃と闘った「ハワイ・セブン」の一人としても、有名になった。

(注95)［ソ連の将官リュシコフ］　一九三八年六月一三日、琿春東方のソ満国境を越えてリュシコフ三等大将(極東内務人民委員部長官)がソ連から亡命するという事件が起きた。関東軍は早速、リュシコフを尋問し、身柄を東京に移送、参謀本部第五課のロシア問題専門家甲谷《こうたに》悦雄少佐らが本格的に取り調べを行った。リュシコフはソ満国境のソ連軍の配備状況や暗号表などを日本側にもたらしたばかりか、極東ソ連軍はスターリン粛清によって大きな打撃を受けており、戦争になれば、軍隊に反乱がおきるだろうという情報を提供した。ゾルゲは、ドイツ軍事諜報部長のカナーリス海軍大将が日本に佐官クラスの防諜員を急派して、リュシコフから直接事情を聴取したことを駐日ドイツ大使館付武官エルビン・ショル少佐から聞き出し、大使館保存の報告書の写しを撮影して、モスクワに送った。ソ連はこれによって、日本及びドイツがソ連の軍事力に関する情報をどの程度把握しているかを知ることができた。ソ連赤軍は早速、防衛体制を変更し軍隊内反対分子を排除して日本軍の攻撃拠点を知り、その侵攻に備えることができた。ノモンハンにおける戦闘で、ソ連側はこうして圧倒的に有利な立場に立つことができた。のちにゾルゲ事件摘発の指揮をとった検事吉河光貞は、「ゾルゲが果たした八年間の活動のなかでこのことは最大の功績である」と証言している。リュシコフは敗戦直後の一九四五年八月二〇日、大連で大連陸軍特務機関長竹岡豊によって射殺された。

(注96)［杉本良吉］　東京出身の演出家。俳優とあるのは間違い。学生時代から演劇集団で活躍。早大露文科を中退。労働演劇部に入り、前衛座、前衛劇場を経て、東京左翼劇場に参加。一九三一年に共産党に入党。地下活動をし、検挙される。一九三二年に杉山智恵子と結婚。一九三五年に出所して、新協劇団で「北東の風」などを演出。井上正夫演劇劇場公演

の演出を通じて女優の岡田嘉子を知り、恋仲となる。コミンテルンとの連絡のため、一九三八年一月岡田を伴って、樺太の国境を越えて入ソ。スパイ容疑で無実の罪を着せられ、一九三九年一〇月二〇日に銃殺された。

（注97）［岡田嘉子］　東京女子美術学校を卒業。一九二二年、「髑髏の舞」で映画界にデビューした。一九三八年一月三日、愛人の演出家杉本良吉と樺太の日ソ国境を越えてソ連に亡命した。杉本は日本のスパイと疑われて逮捕された。岡田嘉子も強制収容所に送られた。一九四七年に釈放され、モスクワ放送局の日本向けの放送などを担当しながら、舞台の演出家になって、日本に里帰りして、話題となった。

（注98）［第三帝国］　ナチス・ドイツの自称。神聖ローマ帝国を第一帝国、ビスマルクのドイツ帝国を第二帝国とし、それに続く第三帝国の意。

［訳注］尾崎秀実《ほつみ》とその政治的見解ほか

（注1）［尾崎秀太郎］　尾崎秀実《ほつみ》の父親。雑誌「新少年」の編集主幹となり、名を秀真《ほつま》（通称）と改め、下宿の女主人野村きたと結婚した。報知新聞社会部に勤務のとき、白水と号し漢詩をよくした。のちに後藤新平の知遇を得て、台湾日日新聞の編集長となった。一九四三年一二月一七日秀真《ほつま》・秀実《ほつみ》父子は、獄中対面した。秀真《ほつま》は一九四九年一一月一五日に、飛騨・白川の故郷で七六歳の生涯を閉じた。

（注2）［東亜問題調査会］　満州事変以後、陸軍軍人の政治的意図が強まるにつれて、アジア問題の研究の必要に迫られ、一九三四年九月に、朝日新聞東京本社内に設立された。近い将来、満州・中国問題が重大化するであろうと予測。新聞製作の実務、研究、施設の必要に対応したもの。会長は朝日新聞副社長下村宏（のちに主筆緒方竹虎）。会員には尾崎秀実《ほつみ》と上海で一緒だった太田宇之助、嘉治隆一、益田豊彦らのほかに外務省、拓務省、陸軍新聞班、参謀本部、海軍報道部長、民間の三井物産、日本興業銀行、三菱経済研究所などからも参加した。尾崎秀実《ほつみ》は月刊誌『東亜問題』に「東亜新秩序論の現在および将来」と題する巻頭論文を書いている。

（注3）［吉野作造］　一八七八年、宮城県に生まれた。一九〇〇年に東大に入学。在学中に雑誌『新人』の編集に協力し、社会主義に関心をよせたが、自由神学に傾倒していたため、唯物論とは一線を画した。一九〇九年、東大助教授となり、政治史を担当。欧米留学を経て教授となり、『中央公論』に毎号のよ

うに執筆。一九一六年一月号に掲載した「憲政の本義を説いて其有終の美を済すの途を論ず」で民本主義を強調し、普通選挙と政党政治の実現をめざし、広範な民衆の支持を集め、大正デモクラシー運動の高揚に貢献した。一九三三年、死去。

（注4）［福田徳三］　日本における新古典派経済学の元祖。一八七四～一九三〇年。社会政策学会内の左派で、マルクスの剰余価値学説を紹介し、吉野作造らと黎明会を結成、大正デモクラシー運動の高揚につくした。一九二三年、内務省社会局参与となり、職業紹介所の改善など、労働問題に熱心に取り組んだ。関東大震災に際して、大杉栄の虐殺を新聞紙上で激しく非難した。また、京都帝大教授河上肇と有名な資本蓄積論争を展開。治安警察法の一七、三〇条の撤廃を要求し、河上の京大追放事件に際しては、朝日新聞紙上で当局を批判する論陣を展開した。

（注5）［森崎源吉］　一八九八年、岐阜県（現岐阜市）に生まれる。早稲田大学政経学部を卒業し、東大の新人会の向こうを張って組織された建設者同盟で、稲村隆一、浅沼稲次郎、三宅正一（岐阜中学で同級）らとともに、中心的な活動家となる。河野一郎や山上正義（上海時代の尾崎が後事を託した）とも親しかった。孫文の影響を受けて、学内の支那問題研究会（支那協会）に加入し、その頃からすでに農民運動の活動に入った。森崎は非合法に結成された日本共産党の農民運動機関誌「農民運動」社の中心的な活動家でもあった。一九二九年の「四・一六事件」（共産党検挙事件）で検挙され、執行猶予となるも、結核を患い、国立長良療養所で、三三歳の若さで死亡。

（注6）［大杉栄］　社会運動家。一八八五～一九二三年。陸軍将校の父のもとで教育され、陸軍幼年学校に入学したが、学友と喧嘩して退学処分となった。平民社とかかわって社会主義に目覚め、労働運動の活動に加わり、日本エスペラント協会を設立した。論文「青年に訴う」や「赤旗事件」などで検挙、投獄された。在獄中に大逆事件が起きた。日本社会主義同盟の発起人となり、極東社会主義者会議に参加。一九二三年、ベルリンの「国際アナキスト大会」に参加し、五月一日（メーデー）にパリ郊外で演説して検挙され、フランスから日本に強制送還された。同年の九月一六日、関東大震災後の混乱の中で、伊藤野枝と甥の橘宗一とともに、麹町憲兵隊に拉致され、甘糟正彦大尉らによって虐殺された。

（注7）「大森義太郎のセミナー」　大森は一八九八年に生まれた。尾崎より三歳年長。東京帝国大学経済学部一期生として入学、在学中は極左的傾向を嫌って新人会には入らなかったが、マルクス主義経済学・唯物論哲学を研究、助手を経て助教授になった。「大森義太郎のセミナー」とは、当時、東大の助教授だった大森が、大学構内の研究室で行っていた「ブハーリンの史的唯物論」研究会のこと。

（注8）［清家敏住］　愛媛県宇和島の豪農の一人息子として生まれる。早稲田大学政経学部を卒業して、報知新聞社に入社したが、政治運動に専念するために辞職した。宇和島で小学校の教員をしているとき知り合った代用教員の若松齢《とし》と結婚し、労働農民党の深川支部の書記となり、日本共産党の非合法機関誌「赤旗」の編集、発行、配布の活動家となる。一九二八年の「三・一五事件」後に検挙、起訴された。

（注9）［日本労働組合評議会］　日本労働組合評議会は総同盟の第一次分裂（一九二五年）を契機として、結成された。総同盟内部で革新運動を展開してきた左派は三二組合、一万二〇〇〇名を組織し、野田律太を委員長として、本部を大阪に置いて活発な活動を展開した。評議会が関係した有名な労働争議としては共同印刷争議、日本楽器（浜松）争議などがある。尾崎は評議会の印刷・出版労働組合に加入していた。評議会は「三・一五事件」（日本共産党弾圧事件）に際して、当局から解散を命じられた。

（注10）「オツォーチ」　尾崎秀実が上海在勤中に用いたペンネーム「欧佐起」の中国語発音表記。

（注11）［東亜同文書院］　一八九九年、中国留学生を対象として、東京・牛込に東京同文書院が誕生した。次いで、一九〇一年（明治三三年）、いわゆる興亜団体の一つである東亜同文会（会長は近衛篤麿貴族院議長。文麿の父）によって、まず南京同文書院として南京に設立された。学生の半分は外務省、南満州鉄道（満鉄）、各府県から推薦された給費生であり、その学力も高かった。校風はかなり自由で、軍事教練も一九三九年までなかったし、学内で左翼文献を容易に読むことができた。「日華の共存共栄」の立場から政治、経済の実務的エキスパートの養成を目的にしたが、日露戦争以後、日本の対アジア政策が帝国主義的傾向を強めるに伴って、日本の国策の手先を養成する教育機関と見られるようになった。創立以来、日本の敗戦までの四〇年間に四千数百人の学生が卒業した。

（注12）［ツァイトガイスト書店］　上海にあって、コミンテルン組織の前哨基地となった書店。詳細は本書二二八〜二三〇ページの「（g）ツァイトガイスト書店」と、二五一〜二五三ページの「（g）ツァイトガイスト書店」の項参照。

（注13）［ワイデマイヤー夫人］　上海の「ツァイトガイスト（時代の精神）書店」の経営者。詳細は本書一四三ページ（注33）、二二八〜二三〇ページの「ツァイトガイスト書店」、二五一〜二五三ページの「（g）ツァイトガイスト書店」の項それぞれ参照。

（注14）［アグネス・スメドレー女史］　アメリカ人女性ジャーナリスト。詳細は本書七六ページ（注51）参照。

（注15）［ジョンソン］　アレクス・ジョンソンといい、ゾルゲの上海時代に、米国の通信社と契約したときのペンネーム。

（注16）［太平洋問題調査会］　略称ＩＰＲ（インスティチュート・オブ・パシフィック・リレーションズ）。太平洋地域に利害関係を持つ諸国の相互理解と、関係改善のために作られた民間の国際調査機関。太平洋沿岸の一〇数か国が参加し、一年おきに会合を開いていた。尾崎秀実《ほつみ》は一九三六年に米国カリフォルニア州のヨセミテで開かれたこの会議に出席した。日本代表団長は芳澤謙吉、副団長は山川端夫（貴族院議員）で西園寺公一、牛場友彦、近衛文隆（近衛文麿の息子。戦後、捕虜としてシベリア抑留中に死去）らが団員として参加した。戦後、駐日米国大使となったライシャワーの夫人ハルも、このときアシスタントとして参加している。一九六〇年に三五年間にわたる長い歴史を閉じた。

（注17）［上海週報］　元東亜同文書院教授の西本白川（熊本県生まれ）が、一九一三年に中国・上海に創立・発刊した。西本の下には三林哲之助（長崎県生まれ）、菊地三郎（山形県生まれ）、日森虎雄（熊本県生まれ）らがいた。西本が病死したあとは、三林哲之助が後を継いだ。

（注18）［ギュンター・シュタイン］　英国籍のドイツ人ジャーナリスト。詳細は本書七六ページ（注52）参照。

（注19）［Ｊ・Ｍ・コックス］　イギリス人ジャーナリスト。詳細は本書四四一ページ（注38）参照。

（注20）［昭和研究会］　近衛文麿の第一高等学校時代の学友、後藤隆之助によって設立された民間の国策研究団体。一九三三年一〇月の後藤事務所の開設に始

まり、三五年に「昭和研究会」の看板を掲げた。設立趣意書に、「非常時局を円滑に収拾し、わが国力の充実発展を期する」とあり、外交、世界政策、経済、教育、国策などを研究調査し、適時、政府、関係方面に建言することをうたい、一二の部会（委員会）を設けて研究活動を行った。後藤文夫、滝正雄、風見章、佐々弘雄、蠟山政道、三木清、三輪寿壮、尾崎秀実、笠信太郎、大河内一男、和田博雄ら、当時の革新官僚や革新的な政治家、学者、ジャーナリストが会員となって、長期戦に対する革新的国策を練る一方、近衛文麿のブレーントラストとして、新体制運動の政策立案に寄与した。大政翼賛会発足に伴って、一九四〇年一一月に解散した。

（注21）［風見章］一八八六年、茨城県水海道町に生まれる。早稲田大学政治学科を卒業。朝日新聞社（大阪）に入社し、のちに信濃毎日新聞社に転じて主筆となった。労農運動への関心を深め、伊那電鉄争議や、林組争議などの支援に駆け回った。一九三〇年の衆議院選挙で立憲民主党（茨城三区）から出馬し初当選したが、翌年、国民同盟に参加し、東條英機と対立する中野正剛の東方会に属し、早稲田大学出身の三大政治家（中野正剛、緒方竹虎）の一人として、総理候補にたびたび擬せられた。一九三七年に近衛内閣の書記官長（官房長官）となり、日中戦争の不拡大につとめた。一九四〇年に近衛の新体制運動に加わり、第二次近衛内閣の法相となる。一九四一年、大政翼賛会の総務を務めたが、失望して辞任。ゾルゲ事件や三木清が検挙される原因となった高倉テルの脱走事件で、検事尋問を受け、政界を引退。

（注22）［牛場友彦］近衛文麿首相の秘書官。尾崎秀実の親友。一九〇九年一一月一六日、兵庫県に生まれる。尾崎とは一九二五年東京帝大を卒業するまで、同級だった。翌二六年、英オクスフォード大学に留学。当時、同大留学の日本人は、昭和の元老西園寺公望の孫、公一と二人だけだった。二九年帰国。太平洋問題調査会、三菱石油などに勤めたあと、第一次近衛内閣の首相秘書官に。以後、近衛側近の一人となった。尾崎は近衛成立後間もなく、書記官長風見章から官邸に呼ばれ、「今日支那問題が万事中心だから、内閣に入った」が、尾崎を首相秘書官に推薦したのは牛場だった、と言われている。戦後、実業界に入り、日本輸出入銀行幹事。アラスカパルプ副社長・相談役、日本不動産銀行顧問などを務めた。一九九三年一月一二日没。九一歳。

（注23）［岸道三］　第一次近衛内閣首相秘書官。一八九九年一二月一日、大阪市に生まれる。小樽中学から三年浪人して、第一高等学校に入学。在学五年、全寮委員長として、東京帝大総長古在由重と駒場への移転問題で折衝、諸懸案を解決させた経緯は史実として有名。二九年、三〇歳で東京帝大を卒業。名古屋製革常務、興日公司広東事務所長などを歴任。近衛首相を取り巻く政策ブレーンの集まる「朝飯会」のメンバー。戦後は四九年に同和鉱業副社長。五六年に日本道路公団総裁に就任。六二年三月一四日、在職中に死亡。六二歳。

（注24）［犬養健］　戦前、最後の政党内閣の首相犬養毅の長男として、一八九六年東京に生まれる。東大中退、白樺派の影響で小説家を目指すが、一九三〇年に父のあとを継いで、政友会から衆議院議員に当選。のちに、ゾルゲ事件に連座して検挙された。犬養は尾崎に日華基本条約並びにそれに付帯する秘密条項など極秘資料を見せたことで、軍機保護法違反に問われて起訴されたが、無罪となる。

（注25）［犬養毅首相］　一八五五年、岡山県に生まれる。明治、大正、昭和初期の政治家として、第一回総選挙以来当選一八回を数えた。普通選挙の実現を機に政界を引退したが、一九二九年に政友会総裁に選ばれ、翌年に組閣。満州事変勃発後の困難な政局に当たったが、一九三二年の五月一五日に暗殺された。（五・一五事件）これによって戦前の政党内閣は終わりを告げた。その意味で尾崎行雄とともに「憲政の神様」などと言われる。

（注26）［笠信太郎］　一九〇〇年、福岡県に生まれる。東京商科大学卒業後、大原社会科学研究所に入り、のちに同郷の緒方竹虎の推薦で朝日新聞社に入社、論説委員となる。昭和研究会の有力メンバー（政治動向研究会）として、近衛文麿の「朝飯会」にも参加して、尾崎らと意見を交わした。その活動と進歩的な思想は、次第に憲兵の弾圧の対象となり、一九四〇年七月八日の『戦争指導班機密戦争日記』には、笠信太郎が事情聴取を受けたことが記されている。緒方竹虎は笠の身柄拘束を避けるため、彼を特派員として急遽ドイツへ送った。笠はベルリン陥落の悲惨なドイツの敗戦状況を緒方竹虎（内閣顧問）に暗号電報で送り、スイスのベルンで敗戦を迎えた。一九六七年に死去。『笠信太郎全集』（八巻、朝日新聞社）がある。

（注27）［松方三郎］　ジャーナリスト、登山家。明治の

元勲、松方正義（公爵）の三男として、一八九九年東京に生まれる。本名は義三郎、通称三郎。一九二二年に京都大学経済学部に入り、河上肇のゼミで学んだリベラル派。卒業後、満鉄東亜経済調査局に入り、新聞連合（同盟通信の前身）に転じ、同盟通信の北支総局を振り出しに、各地の総局長を歴任し、長年にわたって日本山岳会会長を務めた。七〇年、エベレスト日本登山隊長として現地で総指揮をとり、日本隊初登頂の成功に導いた。

（注28）［松本重治］米国史研究家、ジャーナリスト。一八九九年、大阪に生まれる。一九二三年に東大法学部卒業後、一九二四～二七年までエール、ウィスコンシン、ジュネーブ、ウィーン各大学に留学。一九三三～三九年、新聞連合（のちの同盟通信社）上海支局長。四〇～四四年、同盟通信編集局長を経て、常務理事。五二～七〇年までアメリカ学会会長を務め、のちに国際文化会館理事長となった。

（注29）［蝋山政道］政治学者。昭和研究会の中心的メンバー。一八九五年、群馬県に生まれる。東京帝大卒。二八年、東大教授に。三六年、後藤隆之助の昭和研究会の創立に参画、その主要的役割を担う。近衛文麿と親交を結び、重要な政策の構想を近衛に進言する立場にあった。三九年に発表した「東亜共同体の理論」は、昭和研究会によってこの理論が活発に論議される契機となった。同年、河合栄治郎筆禍事件での大学側の処置に抗議して、東大教授を辞任。その後は、東京政治経済研究所を主宰、実際の政治活動に身を置き、大政翼賛会に入り、衆議院議員に当選した。戦後、議員を辞職。月刊誌『中央公論』の主筆を務めた。五四年から御茶ノ水女子大学学長。六〇年に結成された民主社会研究会議の理論的な中核として活躍した。八〇年五月一五日、死亡。八四歳。主著に『日本おける近代政治学の発達』。

（注30）［佐々《ささ》弘雄］ジャーナリスト。一八九七年、熊本市に生まれる。東京帝大卒。外務省嘱託を経て、九州大学教授になったが、一九二八年の九大事件で九大を追われ、三四年東京・大阪朝日の論説委員となり、東京朝日の副主幹。参与などを歴任後、熊本日日新聞社長に。尾崎秀実《ほつみ》は佐々《ささ》の紹介で昭和研究会に入り、同会内に支那問題研究部会を創設。のちの近衛内閣の書記官長風見章の後任の責任者を務めた。戦後、参議院議員（全国区）に当選、緑風会に属した。四八年一〇月九日、死亡。五一歳。

（注31）［平貞蔵］昭和研究会のメンバーの一人。一八

九四年、山形県・伊佐沢村（現在の長井市）に生まれる。東京帝大卒業後、農商務省に嘱託として入省。二一年、蝋山政道らと社会思想社をつくり、雑誌『社会思想』編集に当たった。その後、法政大学教授に。三四年、支那駐屯軍司令部調査班に少佐待遇として所属し、現地に渡って北支五省「独立」のための政経案作成を担当。翌三五年、南満州鉄道（満鉄）参事。三八年、内閣書記官長風見章らに促されて帰国、昭和研究会に入会。東亜政治部会（責任者尾崎秀実《ほつみ》）のメンバーになり、支那事変収拾第一次案を近衛内閣に建言。三八年、昭和塾創設に加わり、常任理事に。大政翼賛会発展にも尽した。戦後は、科学技術庁資源調査会委員。著書に『満蒙移民問題』など。七八年五月二六日死去。八三歳。

（注32）［渡邊佐平］　マルクス経済学者。一九〇三～一九九五年。東京帝大経済学部卒。日本のマルクス経済学の泰斗、大内兵衛の弟子の一人。戦後、法政大学経済学部教授から同総長に。著書に、『全融論』『インフレと暮し』など。

（注33）［南満州鉄道（満鉄）］　満州に設立された日本の半官半民の国策会社。詳細は本書六七ページ（注8）参照。

（注34）［ユダ］　キリスト教の始祖イエス・キリストの一二使徒の一人。イスカリオテ出身のユダ。『新約聖書』によれば、イエスならびに使徒たちの会計係を務めた。イエスを祭司長らに銀貨三〇枚で、売り渡した。のちに懺悔《ざんげ》して、自殺。

（注35）［支那事変］　一九三七年七月七日。北京郊外の盧溝橋周辺で始まった日中戦争に対する戦前・戦中の日本側の呼称。当時、中国を「支那」と呼んでいたので、この呼称がついた。戦争であるにもかかわらず「事変」と言ったのは、宣戦布告なしに日中二国間で戦闘行為が続けられたことによる。日本が敵に宣戦布告をしなかったのは、国際法上の戦争となれば、米国その他の国から禁輸措置を受けて、石油、鉄鉱石、原綿など重要物資の輸入を継続できなくなるため。

（注36）［大政翼賛会］　一九四〇年、第二次近衛内閣によって作られた官製的な国民統合組織。これにより既成政党を解散して、一国一党の全体主義国家の出現をめざした。近衛の側近である風見章、有馬頼寧らが国民の自発性を喚起国民の心を一つにして、三国同盟体制の支持の下に、いわゆる東亜新秩序と高度国防国家の建設をスローガンにした。この新体制

運動は軍部の独走を阻む狙いもあったが、失敗に終わった。

（注37）［コミンテルン］　モスクワに本部が置かれた国際共産主義運動の指導機関。詳細は本書七〇ページ（注25）参照。

（注38）［ソ連共産党］　ソ連（ソビエト社会主義共和国連邦）という国家を一党独裁によって権力支配していたマルクス・レーニン主義を標榜する政党。レーニンが指導した一九一七年の「一〇月革命」以来、党は政治権力すなわち立法、司法、行政の全権を掌握してソ連国家をとりしきってきた。ソ連の一九七七年憲法は、第六条で、「ソ連共産党は、ソビエト社会の指導的かつ指向的な力であり、その政治制度と国家的および社会的組織の中核である——」と規定し、マルクス・レーニン主義が党の基本原理であり、その行動の指針とした。党首レーニンの死後、反対派を次々と粛清して、党内闘争に打ち勝ったスターリンが個人独裁を確立。スターリン死後、権力を握ったフルシチョフが第二〇回党大会（五六年二月）で、「スターリン批判」を展開して国際共産主義運動を混乱させ、深刻な中ソ対立を招いた。フルシチョフ失脚後、党首はブレジネフ、アンドロポフ、チェルネンコと交代。ゴルバチョフがペレストロイカ（改革）に失敗、九一年一二月のソ連崩壊によって、ソ連共産党の後身であるロシア共産党は、政界における指導的立場を完全に失った。

（注39）［日本共産党］　マルクス・レーニン主義を指導理論とする日本の共産主義政党。一九二二年、コミンテルン日本支部として、非公然に創立された。戦前の治安維持法の下で、非合法状態に置かれ、激しい政治的な弾圧を受けた。戦後の四五年に、合法政党として再建された。

（注40）［汪兆銘工作］　汪兆銘《おうちょうめい》。字《あざな》は精衛。中国の政治家。広東省の番禺（広東）県の出身。法政大学に留学中、中国革命同盟会に加入し、国民党結党後は、同党左派の活動家になった。日中戦争が始まると、「親日・反共」を主張。日本は中国に親日政権を樹立するため、汪兆銘工作に力を入れた。一九四〇年三月、汪は日本と結んで傀儡《かいらい》政権「南京政府（汪兆銘政権）」を樹立して、政府主席となった。日本は同年末、正式にこれを承認、日華基本条約を結んだ。一九四四年、名古屋で客死。

（注41）［日華基本条約］　一九四〇年一一月三〇日、日本政府と汪兆銘の南京「国民政府」との間で結ばれ

た条約。正式には「日本国中華民国間基本関係に関する条約」と呼ばれた。日本側は全権大使阿部信行、中華民国側は「国民政府」行政院長汪兆銘が調印し、即日発効した。全文九ヵ条から成り、善隣友好関係の維持。主権領土の相互尊重（第一条）、一切の共産主義的破壊工作に対する共同防衛のための日本軍の蒙疆、華北駐兵（第三条）日本軍駐留中の治安維持協力（第四条）のほか、平等互恵による経済提携、華北・蒙疆資本の共同開発および日本への資源提供などが、取り決められている。

（注42）［東清鉄道］　東支鉄道（北満州鉄道）のこと。詳細は本書四八四ページ（注5）参照。

（注43）［五・一五事件］　一九三二年五月一五日、農村の窮乏や政治の腐敗に憤った海軍の青年将校らが、民間の愛郷塾などの右翼と結んで、首相官邸や日本銀行などを襲撃して、犬養毅首相が殺害された事件。これを契機にして、政党内閣の時代は終りを告げ、軍部の発言力が強くなった。

（注44）［二・二六事件］　陸軍青年将校らが引き起こしたクーデター。詳細は本書四八五ページ（注8）参照。

（注45）［日ソ中立条約］　日本とソ連との間で調印された相互不可侵と相互中立を定めた期限五年の条約。詳細は本書二六一（注8）参照。

（注46）［三国同盟］　本書二六四ページ（注21）参照。

（注47）［平館］　利雄。東京商科大学（現、一橋大学）を卒業。在学中に「一九二九年恐慌を予言した有名なバルガ著『世界経済年報』や、カウツキーの『農業問題』などを翻訳・出版した。一九三七年満鉄本社調査部北方調査室に勤務し、本格的なソ連研究を始めた。ゾルゲ事件に続く満鉄調査部事件で壊滅状態になった調査部の再建のため、満州に潜入したが果たせず、四五年五月、横浜事件で検挙され、家宅捜査のときに発見・押収された細川嘉六らと写った一枚の写真を証拠として、日本共産党再建計画がでっちあげられた。戦後、横浜国立大学教授となり、のち専修大学に移った。長周新聞（一九六二年四月二八日付）七回に亙って「ファシズムに抗して一戦時下の知識人の証言」を連載し、満州時代、ゾルゲ事件、横浜事件などについて詳述している。（参考文献　渡部富哉著『偽りの烙印』第六章警視庁職位録とゾルゲ事件公表の波紋二九〇ページ）

（注48）［西尾］　忠四郎。東京商科大学在学中大塚金之助モミに参加、一九三一年に治安維持法違反容疑者

として検挙され、起訴猶予処分となる。のち満鉄調査部大連本社、新東京支社勤務を経て三九年、上海事務所に転じ中西功、具島兼三郎、津金常知らと支那抗戦力調査委員会のメンバーとなった。四〇年に帰国し、満鉄東京支社調査部に勤務、平館利雄、西沢富夫（戦後日本共産党の副委員長）と交友。四三年横浜事件で検挙され、拷問が原因で死去したが、獄死の手間をはぶくため空襲のさなかに保釈出所させ、臨終に立ち会ったのは義姉のみだったという。（参考文献　渡部富哉著『偽りの烙印』第六章）

（注49）［仁木］　満鉄調査部の研究員だが、満鉄職員録に氏名の記載はなく、詳細は不明。

（注50）［田中慎次郎］　尾崎と同年の一九二六年に、東京朝日新聞社に入社、政治経済部長となる。住居も尾崎の家のすぐ近くで、親交があった。日米交渉の情報や、海軍の太平洋作戦と陸軍の対ソ軍事行動の二つの作戦を、同時に取り得るという陸海軍首脳部会議の決定などを尾崎に伝えた。ゾルゲ事件後、ゾルゲの暗号電報の解読によって、田中がニュースソースであることが判明し、一九四二年三月一五日に検挙された。この事件で田中は退社、東京本社編集局長野村秀雄、編集責任者緒方竹虎は解職処分となった。田中は戦後、朝日新聞社に復帰した。

（注51）［グルー大使］　米国外交官。詳細は本書四四八ページ（注71）参照。

（注52）［ルーズベルト大統領］　フランクリン・デラノ。一八九八年生まれ。米国の政治家。一九三三年、第三二代大統領に就任、ニューディール（新規巻き直し）政策によって、破局的な経済恐慌の建て直しに成功して、国民の支持を受けた。外相松岡洋右《ようすけ》が米国を牽制する目的で締結した日独伊三国同盟は、逆に米国の対日姿勢を硬化させた。日本軍の南部仏印進駐に抗議して、米国は一九四一年九月二六日、屑鉄の対日輸出を禁止、英国も援蒋ビルマルートを再開した。大統領選挙で四選を果たし、「米国は民主主義の大兵器廠になる」と、自由のために闘うすべての国家を援助することを声明した。しかし、戦争の終結を見ずに一九四五年四月一二日、死去した。

（注53）［野村提督］　野村吉三郎。海軍大将。詳細は本書四四四ページ（注50）参照。

（注54）［ハル長官］　コーデル。一八七一年〜一九五五年。米国の政治家。フランクリン・ルーズベルト米大統領の下で、国務長官を務めた。太平洋戦争開戦直前の日米交渉では、日本軍の中国大陸からの撤兵

などを強く求める「ハル・ノート」を最終提案として突きつけ、日本に拒否された。開戦後は国際連合の設立準備に貢献した。四五年にノーベル平和賞を受賞。

（注55）［松岡］洋右《ようすけ》。第二次近衛内閣の外相。詳細は本書四四四ページ（注49）参照。

（注56）［近衛内閣］貴族出身の近衛文麿が首相となった内閣。詳細は本書六六ページ（注10）、関連項目として同六八ページ（注14）参照。

（注57）［平沼］騏一郎。政治家。一八六七〜一九五二年。東京帝大卒。司法官僚の出身。検事総長・大審院長・法相・貴族院議員・枢密顧問官などを歴任。国家主義団体「国本社」を主宰。一九三九年一月五日、首相に就任。独ソ不可侵条約の抜き打ち的な締結（三九年八月二二日）に衝撃を受けて、「欧州の天地は複雑怪奇なり」との言葉を残して、内閣総辞職。戦後、A級戦犯として、終身禁固刑に処せられたが、病気になり仮釈放の直後に死去した。

（注58）［豊田貞次郎］海軍大将。詳細は本書四四四ページ（注51）参照。

（注59）［左近司政三］海軍中将。一八七九〜一九六九年。大阪生まれ。海軍大学卒・矢矧《やはぎ》艦長。長門艦長をへて、一九二七年軍務局長。三一年海軍次官。三二年第三艦隊司令長官。佐世保鎮守府長官。三四年予備役編入。四一年近衛第一次内閣商工相。貴族院議員。四五年四月鈴木内閣国務相。

（注60）［近衛の談話（メッセージ）］日本の南部仏印進駐は、米国の想定外の報復（中国への空軍の提供、日本資産凍結、石油の対日輸出の全面禁止）を招いた。第三次近衛内閣は八月七日、ルーズベルト大統領との会談を極秘に申し入れた。ところが、この秘密交渉の存在をワシントンの新聞がすっぱ抜いたので、近衛はこの事情を緊急閣議で説明せざるを得なくなった。新聞に載ったのは一九四一年八月三〇日で、日本国民は初めて米国との衝突を避けようとしている自国政府の動きを知らされた。

（注61）［日本の要求四点と米国の三点］日米関係打開のため両国が行った提案は、次の通り。

日本側提案

一　日本は仏印（現在のベトナム）以上に進駐の意思なく。仏印からは支那事変解決後撤収すること

二　比島（現在のフィリピン）の中立を保障すること

三　米国は南西太平洋の武装を撤廃すること

四　米国は蘭印（現在のインドネシア）における日本の資源獲得に協力すること
五　米国は日支直接交渉の橋渡しをし、又撤収後にも仏印における日本の特殊地位を容認すること
米国側提案
一　凡《あら》ゆる国の領土保全、主権の尊重
二　他国の内政に干渉せざる主義の支持
三　機会均等主義（商業上も含む）の支持
四　太平洋地域における現状維持―現状変更は平和的手段による
これによると両国の提案は大きくかけ離れており、やがて日米交渉が決裂のやむなきに至ったことが理解できる。（『近衛文麿（下）』近衛文麿傳記編纂刊行会発行）
（注62）［満鉄の私の同僚の酒井］　武雄。海軍予備大佐。満鉄東京支局調査部で、尾崎秀実《ほつみ》の同僚。
（注63）［一〇月初めまでに日米関係は重大な段階に達しました］　太平洋戦争開戦八ヵ月前の一九四一年四月一六日に、野村駐米大使とハル国務長官の間で始まった日米関係の外交調整は、日本の「北進（対ソ開戦）」か「南進（対米英開戦）」かに関わる重要な国策決定につながる問題であったため、ゾルゲ諜報団にとって総力をあげて取り組まねばならない課報活動の主要なテーマの一つとなった。日米交渉は、一方の提案に対して対案、また意見に対して反論という形で行われた。その間、第二次近衛内閣の総辞職（七月一六日）、米国による在米日本資産の凍結（同二五日）。日本軍の南部仏印進駐（同二八日）。米国による対日石油輸出の全面禁止（八月一日）などによって一時中断されたが、同年一一月二六日に決裂するまで、断続的に続いた。難航する交渉打開のため、近衛首相はルーズベルト大統領宛に八月二八日、太平洋洋上での日米首脳会談を申し入れたが、双方の主張の懸隔の大きいことが歴然としていたため、実現しなかった。日米交渉の最大の障害となったのは、米国が支那（現在の中国）から日本軍の即時全面撤兵を強硬に主張。これに対して、日本が断固全面拒否したため、撤兵問題が交渉決裂の引き金となってしまった。尾崎秀実《ほつみ》は日米交渉の早い段階から決裂が必至と見ていて、最大の注意を払っていたのは、むしろ日本政府がいつ日米交渉を打ち切るかということであった。政府は陸海軍から戦争準備の都合上、交渉期限を一〇月と切られ「それまでに妥結しなければ、交渉決裂もやむを得ない」との覚

悟を迫られていた。しかし、実際の交渉は決裂の回避を最後まで求めて、一一月二六日まで続けられた。

（注64）［大無量寿経《だいむりょうじゅきょう》］　浄土教の根本聖典。無量寿経と同じもの。浄土三部経の一つで、二巻から成る。二五二年、古代中国の国家、魏の康僧鎧訳と伝えられる。法蔵菩薩が四八願の大願成就して阿弥陀仏となり、一切衆生を救済して、極楽浄土に導くと説いた。

（注65）［三誓偈《さんせいけつ》］　仏説無量寿経《ぶっせつむりょうじゅきょう》に書かれている偈文《けつぶん》（経典の中で、詩句の形式をとり、教理や仏・菩薩をほめたたえた言葉）で、五字四四句から構成されている。法蔵菩薩が世自在王仏に出会い、すべての生きとし生ける者を救うための四八の願を説き、願を説き終わったのち、この四八願が確固たる願いであることを重ねて誓っているのがこの偈文《けつぶん》の前半部分で、四八願の要旨を三つの誓いにまとめ、それが実現できないときは、「私は仏にもなりません」と誓約するので、この点からも三誓偈と言われている。三誓偈《さんせいけつ》はこのほか、毎朝、夕のお勤めや、灰葬勤《かいぞうごん》行《ぎょう》の際にも使われる。

（注66）［竹内金太郎弁護人］　弁護士。一八七〇年、高田市（新潟県）に生まれる。東京帝大卒業後、農商務省官吏になったが、内相大浦兼武の疑獄事件に連座して辞任。毎日新聞の前身の東京日日新聞に入り、編集主幹に。その後、弁護士となって、戦前は阿部定事件、血盟団事件、二・二六事件、戦後は極東国際軍事裁判（東京裁判）の弁護人として活躍。ゾルゲ事件では尾崎の親友の松本慎一に懇請されて、上告審での尾崎の弁護人を引き受けた。その補佐役として、堀川裕鳳も弁護人となった。五七年一一月一一日、死亡、八七歳。

（注67）［妻英子］　尾崎秀実《ほつみ》の父秀真の姉・尾崎しげよは広瀬秋三郎と結婚する。英子は広瀬夫妻の長女として、一八九九年、徳島市に生まれた。秀実《ほつみ》より二歳年上の従姉弟同士。英子は最初、秀真の長男秀波と結婚したが、のちに離婚。尾崎が一九二七年一〇月末、東京朝日から大阪朝日に転勤したとき、その後を慕って下坂、豊中市で秀実《ほつみ》と結婚生活を始めた。尾崎が上海勤務をしていた二九年一一月一七日、長女楊子を出産した。

（注68）［カール・レッセ］　マクス・クラウゼンが一九二七年に、ドイツ共産党に入党したときのハンブルク支部船員細胞（党員三〇〇人位の細胞員がいた）の書記（支部長）をしていた。一九三一年、上海の

コミンテルン極東局が上海市租界警察によって手入れを受けて、責任者のイレーヌ・ヌーランが逮捕された。レッセはヌーランの後任として、コミンテルンから上海に送り込まれた。レッセは中国共産党のオルガナイザーの活動をしたあと、モスクワに帰って無線通信学校の校長を務めた。クラウゼンと同時期の無線通信士には上海のゾルゲ機関で活動したワインガルトがいる。

（注69）［ビノグラードフ］　当時六〇歳を越えた白髪の老人で、帝政時代からの知識階級の出身者だった。クラウゼンはジョージの申し出を了解して、支度金とモスクワまでの一等切符を受け取り、一九二九年二月、モスクワのアルバート広場の近くにあったビノグラードフの家を訪ねた。ジョージからの紹介状を見せると非常に喜んで、ボリショイ・ズナメンスキー街にあった赤軍第四部長官フォーガ（ベルジンの前任者）を紹介してくれた。（クラウゼンの上申書による）こうしてクラウゼンは一九二九年三月、諜報団としての訓練もなしにいきなり、上海のレーマン機関に配属されて、モスクワを出発した。

（注70）［トマス・マン］　ドイツの作家。一八七五〜一九五五年。一九三三年のナチス政権成立後、米国へ亡命。ヒューマニズムの立場から、ナチズム批判を続け、生と精神の対立、調和の問題を追及した。一九二九年にノーベル文学賞受賞。代表作に『ブッテンブローク家の人々』『魔の山』『ファウスト博士』など。

（注71）［ベルジン将軍］　イワン・アントノービチ。ソ連赤軍参謀本部第四部部長。ラトビアのレットランドの貧農の生まれ。一九〇五年、一四歳のときにロシア社会民主労働党に入党。錠前工などをしながら師範学校を卒業した。一九一七年の革命ではクレムリンで赤衛兵の指揮をとった。一九一九年ペトログラード歩兵師団のコミッサール（軍政治委員）となり、一九二〇年、赤軍情報部長直属に派遣され、一九二四年から第四部の指導に当たり、大将に昇進した。資本主義諸国の包囲の中で、社会主義の防衛のために世界各国に工作員を配置し、多くの優れた諜報員を育成した。

一九三一年の満州事変によってソ満国境に緊張が高まりを見せる中で、ゾルゲを日本に派遣することを決めた。一九三六年に誕生したスペインの反ファシズム統一戦線政府とドイツ、イタリアなどに支援されたフランコの反革命軍との間で内戦が始まった。統一戦線政府を支援する国際義勇軍が作られ、ソ連はベルジンを団長とする軍事顧問団をスペインに派遣。ベルジンはグリシンという名で、最前線のマドリッドの戦闘に参加した。この頃、NKVD（内務人民委員部）から送り込まれた諜報工作員が国際義勇軍の中の反ソ・反共主義者を摘発するとしてテロを加えていた。ベルジンは、NKVDの有害な活動についての意見書をスターリンに提出したが、これがスターリンの怒りを買って、一九三七年一一月にNKVD（長官はエジョフ）に逮捕され、一二月に銃殺された。スターリンが死去した三年後の一九五六年に名誉回復が成った。ベルジンが拷問によって「ゾルゲは二重スパイである」と供述させられた資料が残っている。

（注72）［レーマン］　ソ連赤軍参謀本部第四部が上海に作った最初の諜報組織「レーマン」機関の責任者。上海ではジム、またはウィリーと呼ばれた。上海とその他の地域と、モスクワを結ぶ無線通信基地を設置するために派遣された。レーマンは任務を完了して、アレクスとゾルゲに引き継いで帰任し、後に、モスクワ郊外のヒムキにあった無線学校長になり、多くの諜報員を育成した。クラウゼンの日本派遣に当たっては、細かい注意を与えている。

（注73）［ゴーブル］　ゴグル。ポーランド生まれの白系ロシア人。当時すでに共産主義を信奉して、レーマン機関に自宅を無電室として提供し、報酬を得ていた。

（注74）［アレクス］　ゾルゲが上海で引き継いだソ連諜報団の前団長。詳細は本書四三九ページ（注27）参照。

（注75）［ウィースバーデン］　ゾルゲ諜報団の無線中継基地ウラジオストクの暗号名。詳細は本書四四三ページ（注46）参照。

（注76）［テイコ・L・リリーストローム］　ハルビン在勤の米国領事。当時は支那とソ連は紛争のさなかにあって、官憲の監視が厳しくなり、ソ連側はリリーストロームをシンパに抱き込んで情報活動を行った。リリーストロームはすぐその後、米国に帰っている。一九四三年に死去して、非米活動調査委員会の追及を免れたから、活動の詳細は全く不明である。

（注77）［ジョン］　ソ連機関員。詳細は本書七八ページ（注60）参照。

（注78）［テオ将軍］　ソ連から上海に派遣されたフローリッヒ・フェルトマン諜報機関長。詳細は本書一四四ページ（注39）、（注40）参照。

（注79）［シュールマン・ハインリヒト］　シュールマン・ハインリッヒともいう。暗号の組み立てと解読を担当していた白系ロシア人。クラウゼンの奉天における活動の協力者としてテオから紹介された。一九三三年七月、モスクワへの帰還を指令され、奉天の領事館からソ連通過の査証を受け取って、クラウゼン夫妻と帰国した。

（注80）［ボルガ川沿岸のチュートニック・ソビエト共和国］　ロシア革命（一九一七年）後、ソビエト政権が少数民族政策の一環として創設した「沿ボルガ地方ドイツ人自治共和国」のこと。当初、「沿ボルガドイツ人先進コンミューン」と呼ばれていたが、呼称を改めた。

ドイツ出身の帝政ロシアの女帝エカテリーナII世（一七二九―一七九六年）は、一七六二年と一七六三年に国内改革を進めた二つの布告を発して、「自由地域」を許して、外国人の入植を呼びかけた。とりわけドイツ人には信教の自由、兵役免除、免税特権などが約束されたため、当時の先進技術を持ったドイツ人農民の入植が活発に行われた。ドイツ人が住み着いたのはベッサラビア（現在のモルドバ共和国）、黒海沿岸のオデッサ地域、北コーカサス地方、オレンブルク州、それにサラトフを中心とするボルガ川下流地方であった。一九四一年六月、独ソ戦が始まると、ソ連の「敵性国民」となったドイツ人に対するスターリン政権の弾圧が始まった。とりわけひどい仕打ちを受けたのは沿ボルガ・ドイツ人で、数一〇〇人の指導者が捕らえられて、銃殺された。続いて自治共和国は取り潰されて、ロシア共和国のサラトフ、スターリングラード両州に分割され、住民は中央アジアやシベリアなどに放逐された。ドイツ人が多数住むウクライナ、北コーカサス、オデッサなど他の地域でもドイツ人は追放の憂き目にあった。

（注81）［ウォロシーロフ将軍］　ソ連最初の元帥。詳細は本書四四四ページ（注48）参照。

（注82）［ブルーノ・ベント］　ブルーノ・ウエントまたはベルンハルトともいい、ハンブルクのドイツ共産党に所属していた。日本でクラウゼンの前任の無電係。小心者で、日本の電波監視を恐れて通信を怠った。ゾルゲは一九三五年にベルジンと交替したウリツキーと打ち合わせのためにモスクワに帰ったとき、上海時代に知り合ったクラウゼンと交替するように進言して、ドイツに派遣が予定されて準備中のクラ

ウゼンを、急遽ベントと交替させた。

（注83）［ウリツキー将軍］　ソ連軍参謀本部の諜報機関長。詳細は本書四四一ページ（注34）参照。

（注84）［合同国家政治部保安部（ＯＧＰＵ）］　ソ連の秘密警察機関。一九二三年一一月一五日、ソ連は国内の秘密警察機構の改編を行った。前年二月二六日に、「十月革命」後設置した反革命・サボタージュおよび投機取締非常委員会（チェカー）の廃止に伴って、内務人民委員部（ＮＫＶＤ）の中に国家政治保安部（ＧＰＵ）を新設したが、これはチェカーの改称に過ぎなかった。そこで、ＧＰＵをＮＫＶＤの管理から離して、人民委員会議（内閣）直属の合同国家政治保安部（ＯＧＰＵ）に改組することになった。チェーカーの創立以来、ポーランド貴族の長官ジェルジンスキーがソ連の秘密警察の総元締めになってきたが、一九二六年に死亡したため、同じポーランド貴族出身で、チェカー副長官だったメンジンスキーがＯＧＰＵ長官に就任した。ただし、実権はロシア人の副長官ヤーゴダが握っていた。ＯＧＰＵは国内ではスターリンの強引な農業集団化に反対・抵抗した農民を集団虐殺する一方、対外諜報活動の指導権を完全に掌握して、コミンテルンを通じて各国共産党に指令した。また、有能な対外諜報員を獲得して、活発な諜報活動を行わせ、ソ連の国家安全にとって、大きな寄与をした。

（注85）［国家社会主義ドイツ労働者党（ナチス）］　独裁者ヒトラーが権力支配した戦前ドイツの政党。一九二〇年、ドイツ労働者党を改称して発足した。翌年以降、ヒトラーが党首となり、三三年に政権を獲得。反民主・反共産・反ユダヤ主義を標榜、国民の支持を得て、全体主義的な独裁政治を推進。一方、ベルサイユ体制の打倒を目指して、再軍備を強行。第二次大戦を引き起こし、四五年のドイツ敗戦とともに消滅した。

（注86）［ビクトル・ザイツェフ］　父称はセルゲエビチ。暗号名はセルゲイ。駐日ソ連公使として、一九四〇年日本に赴任した。彼の任務はラムゼイ諜報団と接触し、無線連絡ではできない情報や資料と資金のやり取りに当てられた。

（注87）［Dr.フォイクト］　ドイツ人でゾルゲの親友だった。上海以来ゾルゲのシンパとしてゾルゲに協力してきた人物で、クラウゼンも上海時代にフォイクトと知り合っている。フォイクトがいつ、日本にやってきたのかは不明だが、一九三九年末ころ、クラウゼ

ンは西銀座の料理店「アラスカ」で、ゾルゲと一緒に会った。彼はその後、中国に渡り、間もなく再び日本に上陸し、一九四〇年ころドイツに行った。ドイツの諜報員という一面、共産党シンパという側面を持っている複雑な経歴だが、ゾルゲの諜報活動を手伝っていた。暗号名はコンマーサント（コメルサントともいう）。この人物について書かれたものは、ほとんど見当たらない。アイノ・クーシネン著『革命の堕天使たち』によると、「ゾルゲの配下の一人で、フォイクト博士と紹介された人物と会った。彼はドイツのシーメンス商会の上海における代理人ということだった」という記述がある。

（注88）［チェコスロバキア人］　正しくはユーゴスラビア人（クロアチア出身）。なぜチェコスロバキア人としたのか、理由は不明。

（注89）［イングリッド］　本名アイノ・クーシネンの暗号名。一八八六年、フィンランドに生まれる。一九二二年、モスクワに移り、その年にコミンテルン執行委員会の書記オットー・クーシネンと結婚、コミンテルンで働いた。一九三一年から三三年までエリザベート・ペーテルソン夫人の偽名で米国共産党の調査のために米国に派遣された。

一九三四年、赤軍第四部に移籍し、エリザベート・ハンソン（暗号名イングリッド、オリガ、シュベートキ）と名乗り、『微笑む日本』の著者で親日家と言うふれこみで、日本に派遣された。彼女の名はゾルゲやクラウゼンの調書にも出てくるが、深く追及されなかった。秩父宮らの上層部と関係をもったからだろうと言われている。

一九三八年にモスクワに召還されたアイノはスパイ容疑で逮捕、「反革命活動」の罪を着せられ、政治犯としてボルクタの強制収容所で八年間の強制労働に服した。一旦釈放されるが、一九四九年、再び逮捕されポチマ収容所に送られた。スターリンの死後一九五五年になって、再審の請願書に対して、「一九三九年と一九五〇年の特別法廷の貴殿に対する判決は無効である」との回答が得られて、ようやく自由の身となり、フィンランドへの出国が許可された。故郷のフィンランドで余生を送り、一九七〇年に八四歳で死去した。『革命の堕天使』（日本語版）の著者。

（注90）［M・クラウゼン商会］　クラウゼンは一九三七年夏ころから、M・クラウゼン商会を立ち上げて青写真複写機製造販売業を始め、東京・京橋区八重洲

口のビルに事務所を開いた。翌一九三八年四月に、芝区新橋二丁目三番地の烏森ビルに、事務所を移転した。一九三九年に麻布区宮村町一七番地に工場を設けて事業を拡張。一九四一年二月には資本金一〇万円の合資会社に成長した。従業員は一四人、ほかに数人の請け負いがいた。

クラウゼンに対する予審尋問調書によると、「最初はカモフラージュのために事業を始めたが、スパイの仕事が嫌になり、共産主義思想に動揺を来し、営業のほうに本気で力をそそぐ」ようになった。所持金のすべてを注ぎ込んで、一生懸命に働いたので成績が良くなり、一九三九年には純益は一万四〇〇〇円になった。事件発覚後、支配人と日本人出資者(各五〇〇〇円)さらに従業員が賃金の支払いや資産の処分を巡って、クラウゼンと民事訴訟となった。このためクラウゼンの秋田刑務所移監が遅れた。このことが彼が生き延びられた理由の一つに挙げる見方もある。

(注91)［ボルガ川沿いの一共和国］ ボルガ川沿岸のチュートニク・ソビエト共和国のこと。詳細は本書四六九ページ(注80)参照。

(注92)［セルゲイ・レオニードビチ・ブトケビチ］ ブトケビチが諜報活動に携わったのは、一九二〇年後半から四〇年の初めまでだった。駐日ソ連大使館三等書記官。

［訳注］脇役を務めた人たちほか

(注1)［野澤房二］ ヌーランが逮捕されたとき、彼の手帳に野澤のアドレスが書いてあったので、野澤は兵庫県御影警察署に検挙され、取り調べられている。戦後、ウイロビー機関によって通勤途上で拉致同然に連行され、スメドレーに関する供述を迫られたが、証言を拒否した。ウイロビー著『上海の陰謀』にはただ一行、野澤房二の名が出てくるだけだ。船越寿雄の判決文によると、「諸般の情報を前後数回航空郵便により在上海の前記野澤房二を介し『パウル』に報告するとともに」「諜報活動に野沢を自分の後任として勧誘し、これが承諾を得られたのでパウルに紹介して後事を託した」などと書かれているが、これは特高の全くのでっち上げに基づく判決文だった。渡部富哉著『ゾルゲ事件覚え書』(社会運動資料センター刊)には、野澤房二の遺稿に基づいて、その真相と野澤の孤高の闘いが明らかにされている。また、本書の「証言の分析」「吉河光貞検事報告と事件関係者の証言」にも詳述されている。

（注2）［支那問題研究所］　船越寿雄は一九三六年一一月、野沢房二の勧めによって天津で支那問題研究所を創立した。所員に川合貞吉、尾崎庄太郎、新庄憲光らのほか中国人も参加した。機関誌「支那問題研究所報」を発行。その寄稿者には中西功、安齋庫治、安田薫、太田遼一郎、村上知行らがいた。

（注3）［中西功］　一九一〇年、三重県の小地主の次男として生まれる。一九二九年、宇治山田中学を卒業後、県費留学生として上海の東亜同文書院に入学。一九三〇年に学内民主化闘争で安齋庫治らのストライキに加わり、のち「日支闘争同盟」に参加して検挙され、停学処分を受ける。尾崎秀実《ほつみ》の紹介で満鉄大連本社資料課調査係に就職。一九三九年、満鉄調査部支那抗戦力調査委員会で主要人物として活躍した。尾崎が検挙されると、中共地区に脱出を計画したが、逆に中共特科（情報部）の指令で日本での事情調査を命じられた。ゾルゲ・グループの検挙状況を探り、その過程で陸軍参謀本部で真珠湾攻撃の情報を掴み、中共特科へ通報したとされる。（中国側情報）その後、上海で検挙され、東京に護送。日本敗戦の一九四五年八月一五日、第一回公判で死刑を求刑され、無期懲役の判決が出たが、政治犯釈放令により出獄。一九四七年、共産党から参議院議員に立候補して当選。一九五〇年、日本共産党の方針に対してコミンフォルム（戦後、設立された国際共産主義運動の情報宣伝機関）批判をめぐり党を批判して、除名されたが、のちに復党した。

（注4）［尾崎庄太郎］　一九〇六年、徳島県板野郡板東村に生まれた。東京の木材問屋の丁稚奉公などの苦学生活ののち、一九二六年、上海の東亜同文書院に入学。学内の研究会活動に加わり、一九三〇年に卒業した。『プロレタリア科学』の支那問題の翻訳や研究活動に参加。一九三二年、神奈川県委員長となった。『プロレタリア科学』事件で安齋庫治、中西功、浅川謙次らとともに検挙、起訴される。一九三五年、再び上海に渡り、西里竜夫らと連絡をとりながら、満鉄北支調査所嘱託となり、中共諜報団事件で再検挙される。白井行幸、新庄憲光らとともに東京に護送され、築地署に留置され、懲役一〇年を宣告され、大阪刑務所で敗戦を迎えた。戦後、日本共産党に入党し、中国研究所理事となり、文化大革命の評価をめぐって所内で対立し、平野義太郎らとともに除名された。

（注5）［上海週報社］　第一次大戦前の上海で発行され

た日系週刊誌。詳細は本書四五六ページ（注17）参照。

（注6）［大迫特務機関］　満州事変当時の吉林特務機関長だった大迫通貞が作った特務機関。華北における特務工作の責任者となった。川合が出入りしたころは青木機関と称し、天津を拠点として情報、謀略、テロ、破壊活動なども行っていた。

（注7）［日本再生紙株式会社］　転向コミュニストで戦後、日本の財界で特異な存在として知られた水野成夫が創立した。一九二八年の普選で、東京の労働者農民党（共産党）から立候補した南喜一に誘われて古紙再生の事業に加わった。国策パルプとの合併を経て、水野は経営者としての手腕を発揮。戦後、産経新聞社長、フジテレビ社長となった。

（注8）［副島隆起］　一九三五年、川合が満州で起きた「国際諜報団事件」で一九三六年一月、検挙された。その端緒は、川合の諜報活動に協力していた関東軍憲兵隊嘱託の副島が、新京領事館警察に検挙されたことだ。検察側の論告によると「被疑者（川合）は国際共産党の命を受け、昭和六（一九三一）年一〇月、奉天に潜入し、副島隆起を憲兵隊に潜入せしめ、軍の機密を三七件にわたって諜知し、中国共産党員王学文及び姜某らに密告した」とある。この事件の端緒は副島の自首による。判決は川合が懲役一〇カ月、三年の執行猶予、副島は七カ月の実刑判決。

（注9）［小松重雄］　信州の出身。陸軍士官学校に在学中から、北一輝の思想に興味をもち、北の家に出入りしていた。任官してから朝鮮の羅南の連隊に赴任したが、大正天皇の死去の際、その追悼式に出席せず、兵士を集めて祝盃を挙げたという事件を起こして退官させられた。南京で橘樸の紹介で南満州鉄道（満鉄）に入った。そのあと上海にやってきて、日支闘争同盟のメンバーになった。

（注10）［日高為男］　一六歳で満州に渡り、その後七年間、北京で中国語と取り組んでいたので、中国語は得意だった。実践型の活動家。上海に着くとすぐに翻訳の仕事のために「上海週報社」に入った関係で川合とは関係が深かった。

（注11）［手島博俊］　東亜同文書院の社会科学研究会のメンバーで、彼らと一緒に活動した。

（注12）［日支闘争同盟］　中国経済学者田中忠夫や中国社会科学者王学文らが中心になって、一九三〇年八月、日本の中国侵略の動きに反対して、上海で組織した行動する団体。当初は読書会として活動してい

たが、研究と実践が相まって発展するとして、日本の侵略戦争に反対する実践団体に転化し、中国共産党の指揮下に入った。同盟には東亜同文書院の学生だった西里龍夫、手島博俊、副島隆起、白井行幸や楊柳青らのほか、のちにゾルゲ事件に連座した川合貞吉、船越寿雄、水野成らがいた。尾崎秀実《ほつみ》は川合からの紹介で同盟と結びつき、また、楊柳青の口利きで王学文と親しく交わるようになり、王学文を通じて中国共産党とも関係ができた。同年一二月、同盟に参加していた東亜同文書院の学生たちが、同校を訪れた四五〇人の日本海軍士官候補生に、戦争反対のビラをまいて一斉検挙されたため、壊滅状態に陥った。

（注13）［坂巻隆］　東亜同文書院で安齋庫治たちが作った社会科学研究会に参加した。同文書院の学生運動で弾圧されたとき、上海に踏み止まって組織の再建に奮闘したが、水野成と一緒に退学させられた。戦後、日本共産党長野県委員として活動した。

（注14）［北一輝］　国家社会主義運動の思想的指導者。一八八三年、新潟県・佐渡に生まれた。本名は輝次郎。早稲田大学の聴講生になり、『国体論及び純正社会主義』を執筆して、独自の社会主義論を展開した。幸徳秋水、堺利彦らと交わり、中国革命同盟会に参加し、一九一一年に辛亥革命がはじまると中国に渡ったのち、『支那革命外史』を執筆。のちに『日本改造法案大綱』を一九一九年に出版した。一九三一年、三月事件、一〇月事件に関わって、陸軍青年将校との関係が深まり、一九三六年の二・二六事件では皇道派の将校たちに助言を与え指導した。事件の黒幕として逮捕され、軍法会議で死刑判決がでると、直ちに処刑された。

（注15）『日本改造法案大綱』　戦前、日本の国家社会主義運動で、最も指導的な役割を果たした思想家北一輝の主要な理論的著作のひとつ。『国家改造法案大綱』を『日本改造法案大綱』と改題して、一部削除ののち刊行した。青年将校の間にその影響が広がった。

（注16）［磯部浅一］　日本を揺るがした陸軍青年将校らが引き起こしたクーデター、二・二六事件の首謀者の一人。一九〇五～一九三七年。山口県出身。陸軍一等主計。三四年に明るみに出た士官学校事件（青年将校によるクーデター未遂計画）に連座し、「粛軍に関する意見書」の配布によって免官。三六年の二・二六事件で、陸相官邸で片倉衷《ただし》少佐をピスト

ルで狙撃した。同年七月五日軍法会議で死刑判決。翌三七年八月一九日、刑死。

（注17）［村中孝次］　二・二六事件の首謀者の一人。陸軍大尉。一九〇三～三七年。北海道出身。父は陸軍少将。陸軍士官学校（三七期）卒。三二年、陸軍大学入校。三四年一一月、士官学校事件に連座、「粛軍に関する意見書」を配布して免官。二・二六事件で死刑判決。国家社会主義者北一輝らとの関係で、三七年八月一九日、処刑。獄中記『円心録』。

（注18）［禁制パンフレット］　青年将校によるクーデター計画の画策に関連して「士官学校事件」で、停職処分中の村中孝次大尉と磯部浅一一等主計（大尉相当）が連名で配った「粛軍に関する意見書」のこと。軍内攪乱の根元は中央の軍当局者にあると「幕僚ファッショ」を攻撃する一方、「天皇機関説」を排撃した。陸軍当局は衝撃に包まれた。当時「怪文書ナンバーワン」として、国内はもとより、海外まで大反響を呼んだ。そのために軍当局は村中、磯部を免官という重刑で軍籍から追放した。二人はのちに二・二六事件の首謀者として銃殺された。

（注19）［安齋庫治］　一九〇五年、福島県に生まれる。東亜同文書院に入学。王学文や尾崎秀実《ほつみ》とは中国問題研究会で知り合い、関係が生まれた。学内闘争の責任者として退学処分にあい、日本に強制送還された。一九三四年、全協東京支部（左翼労働組合）の活動に参加して検挙され、懲役四年の実刑判決を受けた。一九三七年に転向して出獄し、満鉄包頭分室嘱託となり、次いで張家口調査所に移った。四二年六月、新庄憲光らとゾルゲ事件で検挙されたが、満州特務機関員だった実兄の要請で釈放された。のちに満鉄調査部事件で検挙され併合審理されるも、無罪となり釈放された。戦後、日本共産党中央常任幹部会員となったが、のちに除名された。

（注20）［白井行幸］　岡山県に生まれる。上海の東亜同文書院在学中に安齋庫治、水野成らと中国共産主義青年団に加盟、学内闘争の中核的存在となる。一九三〇年反戦運動で検挙され、釈放後、プロレタリア科学研究所に入った。一九三六年、満鉄本社調査部に就職し、中西功らと中国共産党特科（情報部）と連絡をとって、諜報活動のメンバーとして活動したが、一九四二年に検挙され、治安維持法と刑法の外患に関する罪で起訴され、豊多摩刑務所で未決勾留中に獄死した。三四歳だった。

（注21）［日本領事館警察］　中国各地の日本領事館内に

設置された警察機構。

（注22）［上海市工部局警察］　上海租界警察ともいう。一九世紀後半から、解放前の中国の開港都市に、行政・警察権を持つ治外法権の租界ができた。工部局は租界内で行政・警察権を執行する組織。一八五四年の発足当初、主として租界内の建物や土木工事を行ったことから、この名称がついた。工部局警察は租界内の犯罪取り締まりを行った。

（注23）［大原社会問題研究所］　倉敷紡績社長だった大原孫三郎が一九一九（大正八）年二月、私財を投じて大阪に設立した民間の学術研究調査機関。戦後、法政大学に移管（現在、八王子校舎）。民間では最大規模の社会科学関係文献・資料を所蔵している。

（注24）［東洋協会］　東京麹町にあった大阪ビルディング内の社団法人東洋協会のこと。

（注25）［黒龍会］　日清戦争後の三国干渉に怒って一九〇一（明治三四）年二月、内田良平が右翼団体玄洋社から分かれて造った右翼団体。

（注26）［高田集蔵］　九津見房子と同郷で、親戚筋に当たる。岡山県勝山の商人の子として生まれ、仏教とキリスト教を混ぜ合わせたような思想の持ち主だった。

（注27）［三田村四郎］　日本共産党創立時の最高幹部の一人。一九二八年の第一回普通選挙では共産党（労働者農民党）から立候補して、北海道で選挙戦を闘った。一九二八年、三・一五事件で検挙され、獄中で転向したが、のちに転向の転向をし、非転向とされ、徳田球一や志賀義雄たちと一緒に、敗戦まで予防拘禁された。戦後一時、共産党に復党したが、脱党して反共の闘士となった。

（注28）［高橋貞樹］　大分県の出身。東京商科大学（現一橋大学）を中退して山川均の門下生となった。詩や絵画も堪能なうえ、英語、ロシア語、ドイツ語などに通じ、海外の革命思想の導入に尽力した。全国水平社が結成されると、その発祥の地奈良県に創立者の一人の坂本清一郎を訪ねて水平運動に参加し、主に教育宣伝活動を担当した。高橋が弱冠一九歳のときに著した『特種部落一千年史』は三五〇ページに及ぶ大著で、高橋の天才ぶりを示している。一九二六年にモスクワに留学し、レーニン学校に学び、日本の共産主義者を代表して、コミンテルン（共産主義インタナショナル）の活動に参加した。コミンテルンが日本共産党のために作成した「二七年テーゼ」のモスクワでの討議には通訳も兼ねて、徳田球

一、渡邊政之輔らとともに参加した。三・一五事件で検挙された党最高幹部の佐野学、鍋山貞親らが「転向声明」を発表すると、獄中にあった共産党員は大きな衝撃を受けて高橋は転向。小菅刑務所に服役中に結核が悪化し、執行停止され出獄後、重態となり天才的な生涯を閉じた。三〇歳だった。

（注29）［佐野学］　戦前の日本共産党委員長。鍋山貞親と連名で獄中の同志たちに呼びかけた転向声明が、日本の共産主義者の転向時代を現出したことで、日本共産党史上特に有名になった。

（注30）［鍋山貞親］　福岡県の巡査の家に生まれた。幼くして父と死別。姉とともにメリヤス工場で働きながら小学校卒後、社会主義運動に参加。総同盟の活動家となり日本共産党に入党して、最高幹部の一人となった。一九二六年の浜松楽器の争議では三田村四郎とともに争議の最高幹部として指導し、検挙された。コミンテルン第六回拡大執行委員会総会、第七回総会に出席し、「二七年テーゼ」の作成に参加した。一九二八年一月、上海の汎太平洋労働組合会議第二回委員会に出席、「三・一五事件」後の党再建に奮闘し、渡邊政之輔とともに上海に渡り、一九二九年二月に帰国、市川正一、三田村四郎と党指導部を組織して活動中に逮捕された。一九三二年一〇月、改悪された治安維持法により無期懲役の判決をうけた。一九三三年六月、獄中から佐野学と「共同被告諸君に告ぐ」を発表。転向時代の幕開けのきっかけを作った。一九三四年、控訴審で懲役一五年。

（注31）［国家社会主義］　一般に二つの意味がある。第一は国家の指導・統制によって、資本主義経済の行き過ぎを正し、富の公正な配分や労働条件の改善などを目指す思想。F・ラサールが代表的。第二は国家主義を基調とし、政治・経済に対する全面的な統制を主張する思想。全体主義のナチズムの立場がその典型と言える。

（注32）［社会大衆党］　一九三二（昭和七）年七月、社会民衆党と全国労農大衆党が合同して結成した無産者政党。一九四〇年七月六日、社会大衆党は解党。

（注33）［河上肇教授］　京都帝国大学経済学部教授。マルクス主義経済学を研究し『貧乏物語』『第二貧乏物語』などの著作で大衆啓蒙をはかった。日本共産党の「三二年テーゼ」の翻訳者としても知られる。

（注34）［山本宣治］　生物学者・政治家。京都府生まれ。京都大学、同志社大学の講師。一九二八年、労働農民党から第一回普通選挙に立候補して当選。治安維

持法改悪に反対し活動中、右翼によって刺殺された。日本共産党は党籍を追贈。『山本宣治全集』全八巻（新興出版社）

（注35）［北林芳三郎］ゾルゲ諜報団員北林トモの夫。詳細は本書四五〇ページ（注80）参照。

（注36）［伊藤律］元日本共産党政治局員。一九一三年、岐阜県に生まれる。岐阜県立恵那中学四年修了で第一高等学校に入学、共産青年同盟に入り、一高から放校処分。三四年三月、共産党に入党、大崎署に検挙され、東京地裁から懲役二年執行猶予三年の判決を受ける。三九年八月から南満州鉄道（満鉄）の嘱託となり、尾崎秀実《ほつみ》と知り合う。満鉄勤務中に東京商大事件に連座して、目黒署に検挙され、起訴留保で釈放。その後、東京地裁で懲役四年の判決が下って上告。同地裁の再判決で懲役三年の刑を受け、四四年一二月に下獄。戦後、日本共産党に入党。中央委員、政治・書記局員、農民部長と党機関紙『アカハタ』主筆代理を兼務、書記長徳田球一に次ぐ実力者にのしあがる。四九年二月一〇日、米陸軍省が『極東におけるスパイ事件報告書』（ウィロビー報告）を発表。伊藤がゾルゲ事件摘発に関与したと暴露。伊藤は「私は関係なし」と否定の談話を発表した。五〇年の連合国軍最高司令官総司令部（ＧＨＱ）による追放で、徳田らとともに地下に潜行。五一年秋、長崎から北京に密出国し、北京機関で日本向けの自由日本放送の指導に当たった。徳田が病気で倒れると、野坂参三の査問を受け、特高警察のスパイだとされて共産党から除名。北京郊外の秦城監獄に投獄され、二七年間の幽閉生活を強いられた。八〇年九月三日、北京から帰国したが、八九年八月七日没。著書に『伊藤律回想録　北京幽閉二七年』（文藝春秋）など。

（注37）［徳田球一］弁護士、政治家。一八九四年、沖縄県・名護に生まれる。日本共産党の創立者の一人。一九二八年の三・一五事件で検挙され、一八年間獄中にあて非転向を貫いた。志賀義雄との共著『獄中十八年』で知られる。敗戦後、政治犯釈放令によって解放され、共産党を再建して、書記長となった。一九五〇年、朝鮮戦争が勃発する直前に米占領軍によって公職追放となり、中国に潜行して北京機関を作る。一九五三年に死去。

（注38）［渡邊政之輔］日本共産党の書記長。南葛労働組合の指導者として有名、浜松楽器争議を指導した。福本和夫が作成したテーゼ（福本イズム）をもとに、

一九二六年一二月、五色温泉大会（第三回）で書記長に選出されて、党再建に邁進した。戦前、最大の共産党弾圧事件、「三・一五事件」による逮捕を免がれ、コミンテルンの党命を帯びて、上海経由で再び日本への帰途、台湾の基隆で官憲に怪しまれ、銃撃戦の末ピストル自殺をした。

（注39）［堺利彦］　社会運動家。枯川と号した。一八七一年、福岡県・豊津に生まれた。一高中退、小学校教員を経て「万朝報」の記者となり、日露戦争を前に非戦論を展開。以後、「平民新聞」などで非戦・社会主義運動に専念した。一九〇八年、赤旗事件で千葉監獄に収容され、大逆事件の連座を免れる。一九一〇年、出獄後、大逆事件後の「冬の時代」に自由主義知識人の協力を得て、抵抗を組織した。日本で最初にマルクスの『共産党宣言』を訳出した。一九二二（大正一一）年、日本共産党の創立に参加して委員長となり、翌年、「第一次共産党事件」で禁固一〇カ月。出獄後は社会民主主義に転じ、日本大衆党の中央委員となる。のちに全国大衆党顧問となり、一九三一年、同党内に設置された対支出兵反対闘争委員会の委員長に就任。満州事変を支持する同党代議士松谷与二郎の処分を主張した。「諸君の帝国主義戦争絶対反対の声を聞きつつ死ぬることを光栄とする」との最後のメッセージを残して、二年後に永眠した。著書に『堺利彦自伝』（全六巻）がある。

（注40）［共産党の三・一五事件］　一九二八年三月一五日、当時の田中義一内閣によって行われた日本共産党弾圧事件。日本共産党員などの全国的規模の検挙事件。一道三府二七県にわたって、一五六八人の共産党員やその支持者が検挙された。

（注41）［時政会］　東京・虎ノ門にあった政、財、軍部関係者の親睦会。宇垣一成陸軍大将秘書の矢部周が主宰した。政治、経済、軍部の情報が集まったので、新聞記者や憲兵、私服の警察官などが常時出入りしていた。日本農民組合の書記で、東方会所属の山名正実は時政会のメンバーだった。田口右源太も時政会に出入りして、陸軍省詰めの都新聞記者の菊地八郎と知り合い、宮城与徳に紹介し、満州や樺太などの軍備状況などの情報を入手した。

（注42）［綏遠《すいえん》］　現在の中国・モンゴル自治区のパオトゥ、フホホトを中心とする地区。

（注43）［喜屋武保昌］　沖縄県出身。浦和高校、東大文学部卒。東大新人会に入って活動した。宮城は喜屋

武とは沖縄師範学校時代からの友人で、日本に帰国しても東京は初めての土地柄だったので、喜屋武を頼って、下宿が決まるまでの長逗留をした。

（注44）［ノモンハン事件］　一九三九年五月一二日から九月にかけて旧満州国とモンゴル人民共和国の国境線をめぐって、日本・満州国軍とソ連・モンゴル軍の間で戦われた国境紛争。短期間ながら実質的な近代戦であった。ソ連・モンゴル側の呼び名はハルハ河戦争（ハルヒン・ゴル会戦）という。ノモンハンとは大興安嶺の西側モンゴル草原にあり、内モンゴル自治区ハイラルの南方にあるハルハ河東方の小部落。一九三二年に成立した（偽）満州国は、ノモンハン付近の国境線はハルハ河沿いにあると主張し、対してモンゴル側はハルハ河東方約二〇キロの低い稜線上にあると主張していた。両国が戦争状態にまで突入したのにはいろいろな原因があるが、国境が自然の地形（この場合はハルハ河）に沿って引かれているのが当然だとの関東軍の思い込みや、とりわけ関東軍の好戦的な姿勢が大きく禍したことは確かだろう。関東軍参謀辻政信少佐が作成した「満ソ国境紛争処理要綱」には、「国境線明確ならざる地域に於いては防衛司令官に於いて自主的に国境線を認定し」「万一衝突せば、兵力の多寡、国境の如何にかかわらず必勝を期す」とうたわれており、関東軍の好戦的姿勢が読み取れる。

（注45）［満州国防衛計画］　日本の傀儡《かいらい》国家である満州国を共産主義の脅威と治安の悪化から守る計画。日本と満州は一九三二年九月に調印された日満議定書によって、両国の防衛を共同で当たるとともに、日本軍の満州国駐屯が取り決められた。満州国は北方でソ連と国境を接し、日本から見ると防共の第一線に立っており、日本は満州国を軍事的に梃《てこ》入れせばならぬ立場にあった。日本は三六年一一月二五日、共産主義の脅威に対する防衛を目的として、ドイツとの間に防共協定を締結。イタリアも翌三七年一一月六日、これに参加して、アジアと欧州にまたがる反共陣営が築かれた。一方、満州国は日本と協同防衛の立場にあり、三七年一一月二九日にイタリアが満州国を承認。次いで翌三八年二月二〇日にドイツが満州国を承認した機会に、満州国も日独伊防共協定に参加することを取り決めて、日満独伊の四カ国間で三九年二月二四日、「満州国の共産インタナショナル協定参加に関する議定書」の調印が行われた。また、満州国の治安については、北支の軍事情勢な

らびに日ソ関係も予断をゆるさなくなってきたため、満州国が独力で治安確保することになり、三七年六月に民政部の警務団と軍政部とを統合して治安部を新設、軍警の統一によって、不穏な事態に対処することになった。

（注46）［暗号の組み立て方］　暗号文の組み立てには、あるまとまりのある語や句を他で置き換える方法（コード）と、通信文の文字を一対一で別の文字または数字で置き換える方法（サイファー）がある。たとえば、「航空母艦」を五九八〇とする。ＡＴＭＬでもかまわない。これがコードである。真珠湾攻撃命令の「ニイタカヤマノボレ」もコードである。サイファーの方式は置換と換字の二方式がある。置換方式では通信文中の文字の配列が変化することになる。換字方式では、通信文における平文の文字が別の文字や数字で置き換えられることになる。サイファーは手書きで作成することも可能であるが、サイファーといえば機械暗号を指す。第二次大戦中の米軍の「Sigaba」（一九六〇年代まで使用された）、英軍の「タイペックス」、ドイツ軍の「エニグマ」、日本軍の「九七式欧文印字機」がある。皮肉なことに、インターネット社会の到来で、情報の暗号化技術は益々重要になってきている。

（注47）［第四部極東局］　ゾルゲ諜報団がモスクワのソ連軍参謀本部の諜報機関第四部（のちの諜報総局＝ＧＲＵ）へ暗号電報を送信するときの中継ステーション。ウラジオストクに設置されていた。ウランジオストクの暗号名はウィスバーデン。

（注48）［乱数字］　〇から九の数字を何処をとっても数字の確率が同じになるように無秩序に並べた表を乱数表という。暗号の組み立て・解読に使用するのは、疑似乱数表で、暗号解読のキーとなる。日本陸軍の関係者は、一回の使用ごとに代わる無限乱数表方式を使っていたから、陸軍の暗号が解読されることは絶対にありえないと思い込んでいた。

（注49）［ドイツ帝国統計年鑑］　ゾルゲが電文の暗号化に使用した疑似乱数表は、ドイツ人であれば身近に置かれていても疑いを持たれない『ドイツ帝国統計年鑑』であった。マーダー、シュフリック、ベーネルト共著『ゾルゲ諜報秘録』（朝日新聞社、一九六七年）［原著 **Dr.Sorge funkt aus Tokyo : Deutscher Militarverlag, Berlin.** 一九六六］の中で、ゾルゲ諜報団の暗号がどのように組まれたかを、実際に、一九三五年版の『ドイツ帝国統計年鑑』を利用して披露

している。

（注50）［モールス信号］　一八三七年、ニューヨーク市立大学の美術教授モールス（Samuel Finley Breese Morse）は、苦心の末、それまで使われていた腕木通信機に代わる電磁式通信機を発明した。文字を長短の電流で断続的に組み合わせて符号化（モールス信号）し、電流の断続を機械的運動に転換するための継電器、それに記録装置からできていた。鉄道網が急速に発達し、産業が伸びていく時代の要請もあって、送信速度が速く、確実なモールス式電信機はまたたく間に市場を制覇した。救難信号ＳＯＳは・・・《トトト》　―　―　―《ツーツーツー》　・・・《トトト》と発信する。一九〇一年一二月一二日、大西洋横断通信の成功で無線電信が開始されると、モールス信号が大気中を飛び交うことになった。衛星通信が普通になった今日、モールス信号通信はその役割を終えて、廃止された。

（注51）［オット大使］　駐日ドイツ大使オイゲン・オットを指す。詳細は本書七〇ページ（注28）参照。

（注52）［ベネケル提督］　在日ドイツ大使館付海軍武官。
　詳細は本書四四三ページ（注44）参照。

［訳注］ゾルゲの狙いほか

（注1）［内務省警保局］　戦前の内務省の部局の一つ。全国にわたる警察行政を統轄した。特に高等警察・特別高等警察（特高）を使って、治安維持法に基き、反政府的活動の弾圧や思想の取り締まりを行った。戦後、内務省の解体に伴って、警保局も消滅した。

（注2）［ドイツ大使館］　日本におけるゾルゲの諜報活動の拠点になった。戦前の在日ドイツ大使館は、東京・麹町区永田町1―10―11にあった。その跡地に今、国立国会図書館が建っている。ゾルゲが来日した一九三三年当時のドイツ大使館は、新任大使ディルクセンのほか、参事官ネーベル、書記官四人、書記生とタイピスト各二人の少人数の陣容だった。その後日独関係が、政治・軍事・経済的に深化していくにつれて、大使館の組織・規模も拡大して行った。オットが大使になって以降の各部署は次の通り。
　括弧内は該当部署の長または責任者。①大使　大使館内の政治、宣伝情報文化、一般組織などのあらゆる部署を統轄・指揮・監督し、監督外のゲシュタポ（国家秘密警察）部ならびに各武官と連絡を蜜にとり、駐日領事館を指揮・監督し、総統ヒトラーの代表としてナチス党支部を統轄する②政治部（オット）③宣伝情報部（ミルバッハ）④文化部（シュルツェ）⑤一般組織部（メンネル）⑥経済部（ティヒ）

⑦暗号部（大使直属）⑧ゲシュタポ部（マイジンガー）⑨本国直属　陸軍武官クレチメル、海軍武官ベネケル、空軍武官グロウナウ。大使館では毎朝、大使室で一時間ないし一時間半、連絡会議が開かれた。主たる出席者は大使、コルト（参事官）、各部長・武官ら。

主な議事は、日本のドイツに対する態度、日本の諸外国に対する態度、日本の政治・外交、軍事、経済上の諸問題などで、各人が入手した日々の情報や出来事を報告して研究した。ディルクセンならびにオットの信頼が厚かったゾルゲは、大使館の顧問格として、館内に一室を与えられ、毎朝の連絡会議に出席するかたわら、本国と大使館の暗号電報や秘密資料にも目を通して、ドイツや日本の国家機密を密かに入手して、モスクワへ通報していた。

（注3）［ドイツの国際連盟脱退］　一九三三年一〇月一四日、ドイツはジュネーブ軍縮会議及び国際連盟から脱退を表明した。欧州の政治体制の現状維持体制に抗したもので、のちにベルサイユ条約破棄とドイツ再軍備の布石となった。

（注4）［リュシコフ将軍］　本書四五二ページの（注95）参照。

（注5）［北満州鉄道（北清鉄道）買収交渉］　一九三二年三月一日、日本の傀儡《かいらい》国家満州国は建国を宣言した。形だけの独立国ではあったが、その領土内に日本が仮想敵国とするソ連が経営権をもつ東支鉄道（北満州鉄道）の存在は好ましくないとして、一九三三年五月の閣議は満州国に買収させる方針を決定した。同年六月、内田康哉《こうさい》外相が斡旋して外務省で北満州鉄道の譲渡のための第一回会議が開催された。ソ連の中国政策などの関係が絡んで、交渉はなかなか進まなかったが、ドイツでヒトラーが首相に就任すると、ソ連はこれに対応せざるを得なくなり、ソ満国境の安定を優先するようになった。交渉は七カ月間も足踏みしたが、一九三四年四月に会議が再開され、一九三五年一月になってようやく満ソ両国の間で北満州鉄道の譲渡に関する協定が成立し、三月二三日、日満ソ三国間で正式調印にこぎつけた。

（注6）［陸軍省パンフレット（国防の本義）］　一九三四年一〇月一日、陸軍省新聞班は「国防の本義とその強化の提唱」と題するパンフレットを配付した。これによって、いわゆる広義国防と国内改革の必要を主張した。軍部による露骨な政治干渉だとして、大問題になった。執筆者は池田純久、清水盛明両少

佐で、当時の新聞班長は根元博中佐であった。

（注7）［相沢事件］　一九三五年八月一二日、陸軍省軍務局長永田鉄山少将が勤務室内で、皇道派の相沢三郎中佐に斬殺された事件。これにより林銑十郎陸相は辞任したが、この事件が翌年の二・二六事件の引き金となった。

（注8）［二・二六事件］　一九三六年二月二六日に二〇数名の青年将校、民間人を含む一五〇〇名余の下士官、兵士の参加の下に、首相や天皇を輔弼《ほひつ》する侍従官や内大臣、重臣たちを襲撃して殺害し、「維新政府」を樹立しようとした空前のクーデター未遂事件のことをいう。事件の首謀者の野中四郎陸軍大尉が作成・署名した「決起趣意書」によると、「国民を苦しめている腐敗堕落した政治勢力から国家権力を奪還して、軍部の手で天皇親政の新しい政府、国家を作ろうというものだ」と説明している。青年将校らによるクーデターは失敗に終わり、首謀者は銃殺され、皇道派は徹底的に粛清された。

（注9）［日独防共協定］　正式名称は「共産インタナショナルに対する日独協定」。一九三六（昭和一一）年一一月二五日に、締結された。協定は本文のほかに付属議定書、秘密付属協定および関係交換公文から成っている。本文は共産インタナショナル（コミンテルン）の目的が暴力手段による既存国家の破壊と暴圧によることを認めて、共産主義的破壊に対する防衛協力を謳い、（第一条）共産インタナショナルの活動についても相互通報、必要なる措置の協議および達成、（第二条）共産インタナショナルの破壊工作により安寧を脅やかされる第三国に対して、防衛措置の実施、または本協定への参加の勧告を規定している。

（注10）［宇垣一成、組閣失敗］　陸軍大将、陸相、外相、拓相、朝鮮総督などを歴任した陸軍の実力者。一九二九（昭和四）年、再び陸相となったとき、四個師団廃止を含む大軍縮を断行して、軍政家としての手腕を発揮、宇垣時代を作った。政治的野心も盛んで、一九三一（昭和六）年の三月事件では「宇垣首班」かつぎだしに乗る決意を見せ、宇垣派の永田鉄山軍事課長がクーデター計画書を執筆した。その後の宇垣は穏健派に転じた。このため、四個師団削減の恨みを買った軍の反対で、首相になりそこねた。

（注11）［蒋介石］　中華民国の独裁政治家。詳細は本書二七二ページ（注56）参照。

（注12）［広田］　弘毅。玄洋社社員。外務省に入り、駐

米大使館一等書記官を経て国際連盟総会全権代理。その後、ソ連大使となり、日ソ漁業交渉で一九三二年、広田・カラハン協定を成立させた。一九三三年一月の斉藤内閣の外相となり、岡田内閣でも留任、ソ連との東支鉄道の買収交渉を成立させた。二・二六事件後、組閣して、準戦時体制の推進をはかった。第一次近衛内閣で三度外相を務めた。「爾後国民政府を相手にせず」との近衛声明による高圧的外交のなかで解決の道が掴めず、外交は行き詰まった。重臣に列せられ、東条英機を後継内閣に推すなどした。一九四五年、広田・マリク会談によるソ連仲介の和平交渉などを計画したが、失敗した。戦後、A級戦犯として南京大虐殺事件の責任をとらされ、文官中ただ一人絞首刑になった。

（注13）〔杉山〕元《はじめ》。昭和期の陸軍軍人、元帥。第一次近衛内閣の陸相となり、日中戦争の拡大派を支持した。一九四〇年参謀総長となり、小磯内閣の陸相を務め、一九四五年本土決戦に備えた第一総軍の司令官となったが、敗戦直後の九月、自決した。

（注14）〔板垣〕征四郎。昭和期の陸軍軍人、大将。関東軍の高級参謀となり、石原莞爾とともに満州の武力占領を企て、満州事変を起こし、「満州国」の樹立のために活動した。満州国皇帝の愛親覚羅溥儀《ふぎ》の最高顧問となる。第一次近衛内閣の陸相となった。近衛は板垣を日中戦争の不拡大派とみて、陸軍の戦争拡大派を抑える役割に期待したが、東条英機（陸軍次官）によってロボットとされ、支那派遣軍参謀長になった。極東国際軍事裁判（東京裁判）でA級戦犯となり、一九四八年に絞首刑になった。

（注15）〔東條〕英機。陸軍大将。内閣総理大臣。

（注16）〔石原〕莞爾。陸軍中将。陸大の教官を務め、一九二八年に関東軍参謀となり、板垣征四郎とともに満州（中国東北地方）の武力占領を計画し、一九三一年、柳条湖事件をきっかけに、関東軍による武力攻撃をしかけ（満州事変）、日本軍による全満州の占領、満州国樹立の立役者となる。その後、参謀本部作戦課長、第一部長。一九三七年、広田内閣が倒れたあと、宇垣一成内閣の成立を阻み、軍部の意図に沿う林銑十郎内閣の実現をめざした。日中戦争については、対ソ戦略の観点から不拡大を主張したため、軍部内で次第に孤立した。関東軍参謀副長に転じたが、参謀長東条英機と対立し、軍の中枢部からはずされた。

（注17）〔梅津〕美治郎《よしじろう》。陸軍大将。支那駐屯司令官と

なり、一九三五年梅津・何応欽協定を結び、日本の華北進出の政策を露骨に進めた。二・二六事件後陸軍次官として粛軍人事を進め、軍部の政治進出を決定的にした。杉山陸相のもとで戦争の拡大を推進した。一九三九年、ノモンハン事件の敗北による、関東軍首脳の更迭により、関東軍司令官。一九四〇年、参謀総長となった。東京裁判でA級戦犯として終身刑となり、一九四九年に病死した。

（注18）［ドイツ駐在武官ゲルハルト・マッキー大佐］マッキーは日本に赴任するとき、ドイツ国防軍トーマス将軍から「ゾルゲを信頼してよい」と言われた。これ以後の在日ドイツ大使館武官は、このお墨付きを信頼して、ゾルゲと親交を結ぶようになった。後任のクレチメルをゾルゲに紹介した。のちに少将に昇進した。

（注19）［有田声明］　有田八郎は一九三六年から四〇年にかけて、広田弘毅、近衛文麿（第一次）、平沼騏一郎、米内光政と四代の歴代内閣の外相を務めた。この間、日本の外交は日中国交調整ができず、日独防共協定の締結と防共協定強化問題の紛糾、日中戦争の処理も不能に終始、南方への進出を巡る様々なトラブルなど、重要問題が山積みしていた。有田はこうした中で、日本の全面戦争突入への危機を極力避けるべく、必死の外交努力を続けた。とりわけ平沼内閣および米内内閣によっては、包括的な日独伊三国同盟に反対したことが特筆されねばならない。ゾルゲの調査項目表に記載された、有田声明がいつ出され、その内容がいかなるものか不明であるが、有田が三国同盟反対の態度を何らかの形で表明、オット大使とドイツ国民がこれに反発して不満を現したことは十分理解できる。なお、日独伊三国同盟は有田が外相を辞めた二ヵ月後の四〇年九月二七日、ベルリンで調印された。

（注20）［ドイツ空軍技官リーツマン大佐］　ベネケル海軍武官が一九三八年に一時帰国したときから一九四〇年終わり頃まで、ドイツ大使館付海軍武官。

（注21）［ドイツ大使館経済担当官アロイス・ティヒ博士］　一九三六年からドイツ大使館経済課主任として、赴任していた参事官。

（注22）［ドイツ特使ハインリヒ・シュターマー］　ドイツ外相リッベントロップの片腕とも言われた人物。日独軍事同盟締結交渉に際して、オット駐日ドイツ大使を助けるようにという使命を帯びて日本の政界、軍部の工作のために来日。彼の努力にも関わらず、

平沼内閣が総辞職したため、対日工作は実らなかった。

（注23）［御前会議］　戦前の日本で、国家の重大事に際して天皇の臨席の下に元老、主要閣僚、軍部首脳によって開かれる国家最高会議のこと。御前会議は通常、その直前の大本営政府連絡会議で、議案についての説明、質疑応答がなされ、そこでほぼ合意された内容をそのまま承認する機関と化していて、その実情は到底、会議とは言えない性格のものである。一九四一年は昭和期のなかでも激動、波瀾の年で、四回も御前会議が開かれている。七月二日、九月六日、一一月五日、一二月一日である。その結果として、日本は太平洋戦争に突入していった。ゾルゲは日本の最高機密情報である前二つの御前会議の内容を確実に掴んで、モスクワに通報していた。

（注24）［日米交渉］　近衛首相は、米国との交渉のために松岡外相を辞任させ、南進の中止か、対英米戦かの決断を迫られた。八月七日、近衛は米国にルーズベルト大統領との会談を申し入れた。九月三日の米国の対日回答は「南進の中止」を求めた。陸軍はこれを拒否した。政府は阿部内閣の外相で対米接近で実績のある野村吉三郎海軍大将を駐米大使に任命した。渡米した陸軍省前軍事課長岩畔豪雄と井川忠雄は①日本軍の撤兵、②汪・蒋両政権の合流、③米国の中国に対する和平勧告などを柱とする「日米了解案」を作成した。これに対してハル国務長官は、①あらゆる国家の領土保全、②内政不干渉、③経済的機会均等、④太平洋の現状維持、をまず日本が受け入れること、その上で会談を始める用意があるとした。

　野村はハル四原則抜きでハルの回答を日本に伝えた。日本は「帝国国策要領」に従ってハル国務長官に日本側の提案を手交したが、これに対する一〇月二日の米国の回答は、「日本軍の中国からの全面撤退」であった。東条陸相は中国からの撤兵は絶対に譲れないとして反対し、近衛内閣は総辞職した。首相になった東条英機は陸相、内相を兼務し、以後、一〇月一八日、一一月五日の御前会議はすべて戦略の調整にあて、日米開戦は時間の問題になった。

（注25）［米国の回答］　一一月二六日、日本側に手交された米国の最終回答「ハルノート」は、「事態を満州事変前の状態に戻すこと」を指す。日米交渉の最終段階で、ハル国務長官が対日提示した。その主たる内容は、中国および仏印からの日本軍の全面撤退、

蒋政権以外の中国の政権の否認、日独伊三国同盟条約の廃棄など。一一月二七日、政府大本営連絡会議は「ハルノート」を米国の最後通牒と認め、開戦の準備にとりかかった。

（注26）［日本の対ソ戦計画放棄］　早期、対ソ戦に固執する陸軍参謀本部は「関東軍特種演習」の名で、大規模な動員に踏み切った。当時の関東軍は一四個師団、三五万人で、ソ連軍の半数にもおよばなかった。そこで五〇万人を新たに内地から動員し、開戦はソ連軍が西部戦線に半数以上移動する八月中旬と想定された。ところが、西部戦線ではドイツ軍の進撃目標がモスクワからウクライナに転じたため、ソ連軍は態勢を立て直し、加えて日本の南部仏印進出が米国の予想外の報復を招いたため、八月九日、大本営陸軍部は年内の対ソ開戦を断念し、南進方針を採択した。

（注27）［山下中将の満州転属］　山下奉文《ともゆき》大将は二・二六事件のとき、皇道派に同調的だったと言われる。一九四〇年にドイツ派遣航空視察団長となり、機甲部隊を調査した。一九四一年七月一七日、関東防衛軍司令官となった。太平洋戦争開戦時、シンガポール攻撃作戦を指揮。英軍司令官パーシバル中将から降伏文書を受領した会見が有名。戦後、マニラで戦犯として刑死。

（注28）［『愛情はふる星のごとく』］　尾崎秀実《ほつみ》が家族と交わした獄中書簡集のこと。一九四六年九月に世界評論社から出版され、ベストセラーになり、わずか一年間に五版が出版された。今日まで何回も版を重ねている。

（注29）［羽仁五郎］　三木清とともに「新興科学の旗のもとに」を創刊、数多くの論文を発表した。三木清らと「プロレタリア科学研究所」を創立した。また、「日本資本主義発達史講座」の編集に関わった。

（注30）［野呂栄太郎］　慶応大学理財科に在学中から、野坂参三が主宰した産業労働調査所や三田社会科学研究会、日本労働組合　総同盟の労働学校に関係して活動した。一九二六年、京都学連事件に連座して起訴された。著書に『日本資本主義発達史』など。三〇年一月、日本共産党に入党した。共産党の大検挙後、地下に潜行して中央委員会の責任者として活動中、一九三三年一一月に特高に検挙され、品川警察署で拷問を受けて品川病院で絶命した。

（注31）［三木清］　哲学者、羽仁五郎や大内兵衛との交友を通じて、マルクス主義に触れた。法政大学教授

となる。マルクス主義哲学者として注目を集める。一九三〇年、共産党のシンパ事件で検挙された。「昭和研究会」の常任委員であり、「世界政策研究会」「文化問題研究会」「政治動向研究会」のそれぞれメンバーでもあった。三木が悲惨な獄死をとげたのには、高倉テルとの関わりがあった。高倉テルはゾルゲ事件が発覚してから当局に自首し、四〇日間の取り調べ後に釈放された。その後、一九四四年一一月二三日、久保田無線農場事件で再度検挙されたが、一九四五年三月六日、警視庁の正門から脱走し、かねて知り合いの山崎謙（哲学者）宅を訪ね、三月一二日に三木清宅に逃れた。三木宅から高倉は衣服を無断借用して逃がれたが、高倉は逮捕されて自供し、三木は逮捕された。高倉の逃亡は当局のマルクス主義派の知識人を一掃するための謀略だとする説がある。これによって山崎、三木は検挙され、獄死した。

（注32）［川下での奴隷売買］　米国ではかつて、アフリカ各地から拉致・強制連行した多数の黒人奴隷の売買を、たとえばミシシッピ川など南部の川沿いに開設された市場で行っていた。それは人道的に見て非難されるべき蛮行であった。ゾルゲの諜報活動に対する尾崎秀実《ほつみ》の献身的とも言える協力は、当事の治安維持法や国防保安法から見れば違法行為とされてもやむを得ないもので、こうした見地から、ゾルゲに対する尾崎の諜報協力を厳しく批判した一節である。これに対して、ゾルゲの諜報活動については、好意的に見ており、この両者に対する評価のバランスは、尾崎にとって一方的に不利となっていることは、必ずしも公平とは言えない。

【解題】米国の国益擁護と対ソ戦略の形成に利用された「報告書」

来栖宗孝

空襲で多数焼失したゾルゲ事件関係資料

「ゾルゲ諜報団の活動の全容」は、戦後日本を占領した連合国軍最高司令官総司令部（GHQ）民間諜報局（CIS）がまとめた「ゾルゲ事件報告書」のことである。以下、本報告書を「四七年報告書」と呼ぶ。第二次世界大戦の東方戦線で闘われた日本対米英戦、いわゆる太平洋戦争の終結後わずか二年未満で、ゾルゲ諜報団の活動の全容をここまで詳細に記述した文書は、これを嚆矢《こうし》とする。

英語で書かれた「四七年報告書」の原文は、A四版で全文が一〇五ページにおよぶ厖大なものである。通常、国際スパイ事件というものは、官憲に摘発されても、それ自体が国家の安全に関わる重大事であるばかりか、取り締まり当局の責任問題が絡んでいることもあって、闇から闇へ葬られて、その実情の詳細は、一般には知らされない場合が多い。

その点、日本の特高警察が摘発したゾルゲ事件は異なる。非公開であったが事件そのものは裁判に付されたため、ゾルゲや尾崎をはじめとする被疑者・被告に対する警察官、検事、予審判事の尋問調書のほか、判決文、ゾルゲの『獄中手記』、尾崎の『減刑上申書』などがほぼ完全な形で残されており、しかも、それらの多くはみすず書房が現代史資料『ゾルゲ事件』（全四巻）として刊行したため、だれでも自由に読むことができる。

だが、ゾルゲ事件関係の記録は、これ以外にもまだたくさんあった。それが、太平洋戦争末期の米国空軍B二九戦略爆撃隊による空襲によって、尾崎秀実が獄中で書いた随想『白雲録』などゾルゲ事件関係の資料はかなり焼失してしまったのが実情である。「四七年報告書」は戦後日本を占領したGHQ・CISがゾルゲ事件の存在をいち早く聞き及んで、警察や検察庁などで戦災を免れて密かに保管されていた関係資料を押収して、諜報関係のベテランが中心になって、その内容を専門的に分析かつ解明して、ワシントンの国務省に「ゾルゲ事件報告書」として送ったものである。

「四七年報告書」が編まれたのは、日本の敗戦間もない一九四七年八月五日。それから今日まで六〇年の歳月が流れたが、日本のゾルゲ事件研究者の多くは、こういう報告書が存在すること自体、つい最近まで知らなかった。それが、日露歴史研究センターによってこの報告書が入手されるようになったのには、次のようないきさつがある。

ゾルゲの有力な諜報仲間で沖縄出身の画家宮城与徳には、姪が一人いる。現在ロサンジェルスに在住している徳山敏子さんである。彼女は常々ゾルゲ事件に強い関心をもっていて、たまたまインターネットでゾルゲ事件を検索をしていたとき、東京・神田の古書店が「四七年報告書」のオリジナルを売り出しているのを知った。そのことを日ごろ連絡を取り合っている当センター幹事の上里祐子さんに知らせてきた。上里さんは、社会運動資料センター代表で日露歴史研究センター会員でもある、ゾルゲ事件研究家の渡部富哉氏にこの旨連絡した。思いも寄らない情報に接した渡部氏は、ただちに古書店に購入の申し入れを伝えて、入手したのであった。あと一日遅れていたら、だれか他の人の手に渡っていたかもしれなかった。もし特定の大学図書館とか、社会科学関係の研究所などに買われていたら、恐らくその全容は日の目を見ることなく、一部の専門家だけの利用に留まっていたに違いない。

渡部氏からいきさつを聞いた日露歴史研究センターは、「四七年報告書」の持つ歴史的な意義を考えて、同氏からこれを譲り受けた。そして、ゾルゲ事件研究者だけではなく、ゾルゲ事件に興味と関心を寄せる一般の人たちも含めて、その「共有財産」とすることを考えて、直ちに全文を訳出して、『ゾルゲ事件関係外国語文献翻訳集』に連載することを機関決定したのであった。

本報告書の内容上の検証

「四七年報告書」は序文にあるように、ゾルゲ事件は「高度な諜報活動の古典的な事例」と把えて、「そこでは共産主義思想のある種の並々ならぬ面を率直に浮かび上がらせている」と述べている。このことは、ゾルゲたちの諜報活動をとくにイデオロギーとからめて「研究用」として分析することが重要であることを示唆している。

「四七年報告書」が書かれた一九四七年夏は、戦争中に連合国として日独伊三ヵ国と戦った米国とソ連が、戦後、それぞれ資本主義陣営と社会主義陣営の盟主として、イデオロギーをめぐって対立、「米ソ冷戦」が本格化した時期である。ソ連軍部が「仮想敵国・日本」に派遣して諜報活動に当たらせたゾルゲは、いわば共産主義の申し子。ゾルゲ諜報団の活動とその手練手管を実態に即して解剖し、冷戦の相手である社会主義国・ソ連の国家としてのビヘービアを解明、その打倒のための対応策を打ち出して、米国が最終的に冷戦に勝利を収める大きな足がかりとなるに違いない——CISのゾルゲ事件に対するアプローチは、このような米国の国益擁護と対ソ戦略の形成を目指して確立されたとみて、差し支えあるまい。

だが、そうした政治的状況を考慮しても、この「四七年報告書」はその割りには、対ソ悪感情にとらわれることなく、事実は事実として客観的な立場で記述が行われていると評価できる。そればかりではない。戦後の混乱期にCISがこれだけの報告書をたった二年そこそこでまとめたのは、とくに作業の迅速さ、内容の(ほぼ)的確さの両面から、高く評価されてしかるべきであろう。

本報告書の構成は

1　前文として序言及び出典
2　簡単な事件参加者に対する探知・逮捕・裁判(判決)のまとめ
3　刑罰を判決された者の列伝(これが主文)
4　ゾルゲが使った暗号
5　まとめ

となっている。

列伝は、リヒアルト・ゾルゲ、ブランコ・ド・ブケリチ、宮城与徳、尾崎秀実、マクス・クラウゼン、アンナ・クラウゼン、このほかに「脇役を務めた人たち」として川合貞吉ら一〇人が、それぞれ記述されている。

I　「探知・逮捕・裁判」の章

最初にここで指摘されるべきことを四つ列記する。

1　この「四七年報告書」は、後年、大きな歴史上、政治上の問題となった戦後、合法化された日本共産党中央委員（政治局員）伊藤律に絡む、いわゆる「伊藤律スパイ説」を事実上否定していることである。

ゾルゲ事件発覚の端緒は、伊藤律が自供したことにより元米国共産党員北林トモが検挙され、これが引き金となって芋蔓式《いもづるしき》に宮城与徳をはじめゾルゲ・グループが一斉に摘発された、とされてきた。ところが、この報告書は、「伊藤は北林のことを何か知る立場ではなかった」「実のところ、伊藤はゾルゲ諜報団のもっとも重要な一員であった尾崎秀実と同じ南満州鉄道（満鉄）の組織内で働いていたが、尾崎の策謀的な活動に関しては一切関知してはいなかった」と述べている。（本書三二四ページ上段）

これは、伊藤律スパイ説を真っ向から否定するものである。にもかかわらず、一九四九年二月の「ウィロビー報告」では、ゾルゲ事件発覚の端緒は伊藤律の自供から始まった、とされてしまった。（わずか二年で、米占領軍の対日占領政策が反ソ・反共へ転換したことによる）

2　ゾルゲ事件関係者のうち、逮捕者と判決を受けた者との間で、前者にある河村好雄が後者ではまったく出てこない。河村好雄は拘留中、拷問によって発狂、仮釈放後に狂死したからである。（本書三二四ページ下段、三二六ページ上段）

3　「ゾルゲは金銭のために諜報活動をしていた訳ではない」（本書三二六ページ下段）

このことはゾルゲ諜報団の活動を考えるうえで、非常に重要なことであり、繰り返し述べられている。ゾルゲだけではなく、他のメンバーも同様であった。「ゾルゲは自分やその仲間は、大義のために働いているのであり、決して金銭目的ではないことをこの上なく強調した」（本書三三九ページ上段、三五五ページ下段、三六七ページ上段、三九六ページ下段）

4　本報告書中、「ゾルゲ自身には男性版マタハリのような資質があった」（本書三二六ページ下段）というのは、正確な表現ではない。

なるほど、ゾルゲの女性関係は多人数に及んだといわれているが、彼はそれを通して情報を得ようとしたわけではない。マタハリは第一次大戦中、娼婦としてフランス軍将校に近づき、ドイツのためにスパイを働いたとして、処刑された女性である。「男性版マタハリのような資質」とは、一体どんな資質なのか。この表現は理解に苦しむ。

以下、Ⅱ章からⅦ章までは、ゾルゲ諜報団メンバーの列伝である

Ⅱ　リヒアルト・ゾルゲ

この「四七年報告書」に述べられているゾルゲの工作は、以下のようにまとめられるであろう。

1　情報収集・取得のための心得

これは、全部で一一項目から成っている。全部をここで繰り返す必要はあるまい。特に重要なことを、以下に摘記する。

（一）世間の疑惑を招かぬため、グループ全員は、何かまともな仕事に従事すること
（二）グループ員は、日本の共産主義者あるいはそのように見られる人間と交際してはならない
（三）無線の暗号は一回ごとに変更して、異なる乱数を使用すること
（四）発信機は一回使用ごとに解体して、スーツケースにしまって持ち運ぶこと
（五）送信は場所を変えて行わねばならない
（六）書類はその役目が終ったら、直ちに廃棄すること

（七）いかなる場合でも、ロシア人［注　正しくはソ連人］を仲間に入れてはならない（本書三三九ページ上段）

しかしながら、これらの順守事項のうち、（二）は守られなかった。逮捕されたメンバーのうち、九津見房子、水野成、川合貞吉、田口右源太、山名正実らはいずれも、かつての共産党員、もしくは左翼運動の経験者であったからである。もっとも、そのためにゾルゲ諜報団の発覚が早まったことはなかった。だが、それにしてもスパイ活動の取り締まりが厳しい日本では、諜報団の組織を維持して活動を続けること自体が、外国人にとっていかに困難だったかを示してもいる。ゾルゲの第一のパートナーである尾崎秀実もまた、情報収集についての行動原則を持っていた。（後述、V　尾崎秀実《ほつみ》とその政治的見解）

2　情報の取材源

ゾルゲは、第一級の諜報活動家として、以下の通り実に広い情報源を築き上げていた。（順不同）

（一）ドイツ大使館、駐日ドイツ大使H・フォン・ディルクセン、駐在武官からその後任の大使になったオイゲン・オット及び歴代駐在武官のクレチメル、ベネケル、ショル、マッキーらからドイツの外交・軍事上の秘密事項を入手。しかも、これは信頼を得ていたゾルゲに、ドイツ外交部がそれを提供していたのである

（二）ドイツ以外の外国公館から。例えば、ブケリチが得た英国大使館付武官F・ピゴット少将からの情報（本書三三六ページ上段）

（三）多数の外国人特派員記者からの情報（本書三四七、三四八ページ）

（四）尾崎秀実から得た日本政府の機密情報

（五）尾崎以外のメンバー（主として宮城与徳）からの情報

これらゾルゲの協力者から収集された情報（全部ではない）は、四一七〜四三二ページの一六ページにわたって一覧表として示されている。圧倒的にドイツ大使館関係からのものが多く、ついで尾崎が、そのあとは宮城や外国人新聞記者からのものとなっている。

しかし、これらの取材源のうち、ドイツ大使館駐在武官と友好関係にあった日本陸軍中央部の高官の名や、スウェーデンの伯爵夫人エリザベート・ハンセンと称して、日本の皇族や最上層の人々の間で工作していたアイノ・クーシネン（コミンテルンの最高幹部オットー・クーシネンの妻）のことは、ただの一語も出てこない。これは、日本の官憲がこれらについての情報を禁止したためであろう。アイノ・クーシネンについて、この「四七年報告書」では、Ⅵ、マクス・クラウゼンとアンナ・クラウゼンの部で、単に名前だけが「イングリッド」（本書三九四ページ上段）として出ているだけである。

3　ゾルゲの諜報工作活動の目的

目的はひとつであり、一貫していた。ソ連と日本との間の戦争の回避がその狙いであって、日本の軍事侵略からソ連を擁護することであった。そのため、一九四一年六月二二日の、ヒトラーによるソ連奇襲攻撃の前には、「ドイツ軍の侵攻近し」と電報を打ち続けた。また、独ソ戦が熾烈化してからは、日本がソ連を背後から攻撃することを防ぎ、南進政策（対米英戦）の情報を（尾崎から）入手することに、全力をあげたのであった。（本書三三九ページ下段、三五六ページ下段〜三五七ページ上段）ゾルゲは「ソ日戦争はありそうもない」と結論付けたとき、自分たちの使命は完了したと思ったほどであった。（本書三四二ページ下段）

ゾルゲの方法とは、上述の情報源から集められたあらゆる情報の断片や個々の情報を、ジグソーパズルに嵌《は》め込むように構成して、ひとつの判断を導き出し、それによって日本政府の政策の動向を判断することであった。（本書三三七ページ上、下段）

また、この「四七年報告書」には記されていないが、ゾルゲは日本歴史、日本文化に関する一〇〇〇冊余の書籍を熱心に読んで得た該博な知識を駆使して、的確な情報分析を行って、モスクワに報告を送った。

4　入手した情報の質について

ゾルゲが収集した情報は、全体として秘密でも何でもなかった。また、官憲から罰せられるような策略を使ったり、人を騙したり、無理をさせたりして情報を入手したことは「決してしなかった」と繰り返し言っている。入手したのは外国特派員なら誰でも知っているようなニュースや、情報であったと強調している。（本書三四三ページ下段、三四四ページ上段）

しかし、これは自分にかぶせられる罪を軽くすることを狙った一種の弁明であって、独ソ戦の開戦期日の特定や御前会議による日本の「南進」の決定は、当時としては最高の極秘情報もしくは国家機密であった。それだけに、ゾルゲの発言を必ずしも鵜呑《うの》みにすることはできないことを、指摘しておきたい。

そうした中で、重大かつ重要な情報を入手することができたのは、「自分と尾崎の二人のみである」と断言。ただし、尾崎の情報は大半が「朝飯会」で得ていたもので、「朝飯会自体は公式の会合ではない」とゾルゲは述べている。

ただ、このような自供は、ゾルゲが手に入れた情報の質は低くて、重要でないものと官憲に思わせて、振りかかってくる罪と罰とを少しでも軽減しようとする意図から述べられたとも考えられて、必ずしもゾルゲの発言を額面通りに受け取るわけにはいかない。

5　ゾルゲの派遣元

ゾルゲは、彼の所属と派遣元を「モスクワ本部」と故意に曖昧《あいまい》に答えている。（本書三三一ページ下段）これは察するに、本来の所属先である赤軍参謀本部第四部の名称を自供すれば、特高警察ではなく憲兵隊に回されて、拷問など過酷な取り調べを受けることを恐れたためで、コミンテルン（共産主義インタナショナル）に関連づければ治安維持法関連で特高警察に回され、憲兵隊による拷問を回避できる思惑があったためと見られる。

6　ゾルゲの豪語

ゾルゲは「この種の仕事（諜報活動）をかくも長期（一九三三〜一九四一年）にわたって、成功裡に成し遂げたのは私が初めての男であり、私以外にはいなかった」と豪語している。（本書三一七ページ上段、三三二ページ上段）

確かにこのことは認めざるを得ない。ゾルゲも尾崎秀実も（さらには、「中共諜報団事件」の主要報告の中西功も*）全面的に、かつ詳細に自供し、供述書を記したのは、極刑を覚悟して、死後それらの記録が世に公表されることを期待したからであろう、と推測される。

＊『中西功訊問調書—中国革命に捧げた情報活動』（光永源槌資料　亜記書房　一九九六年）

7　ゾルゲに関する「四七年報告書」の誤り

（一）「リヒアルト・ゾルゲの大叔父アドルフ・ゾルゲはマルクスの第一インタナショナル時代の組織で、カール・マルクスの秘書をしていた」（本書三二七ページ下段）と記されている。しかし、一九五一年（当時）に西ドイツの週刊誌「シュピーゲル」に連載されたゾルゲ特集記事によると、このリヒアルト・ゾルゲと大叔父アドルフ・ゾルゲの血縁関係は否定されている。これは、後者の方がドイツ国内の調査をした上での記事であることを考慮して、その記述にしたがう方が正しいと思われるからである。

（二）「彼は、一九一九年のドイツ共産党結成時にはハンブルグ支部の一員となった」（本書三二八ページ下段）とあるが、正確には、ドイツ共産党の結成は一九一八年一二月三一日、一方、ゾルゲの入党は一九一九年一〇月である。「リヒアルト・ゾルゲとフランクフルト研究所」(『ゾルゲ事件関係外国語文献翻訳集』第一号所収の来栖宗孝論文三五ページ参照)。

Ⅲ　ブランコ・ド・ブケリチ

列伝ブケリチの記述については、特に解題すべきことはない。ここでは若干の補遺を記すことにする。

1　米国下院非米活動調査委員会公聴会の吉河光貞検事の証言(一九五一年八月九日)及び前米国対日占領軍司令部情報部長チャールズ・ウィロビー少将の証言(同月二二～二三日)では、ゾルゲ諜報団につき、このブケリチのことが、一言も語られていない。ブケリチはアバス通信(のちのフランス通信)の東京特派員で、ゾルゲ諜報団の重要メンバーの一人であった。米国下院非米活動調査委員会公聴会での吉河・ウィロビー証言は、「四七年報告書」の四年後だから、同諜報団のことはもっと調査が進んでいるはずであった。それなのに、ブケリチの存在やその諜報活動がすっぽり抜け落ちているのは、どう考えても解せない。(本書の来栖宗孝論文「解題　ウィロビー証言の意義とその限界」本書三〇九ページ参照)

2　本報告書によると、「ブケリチは、一九四五年一月一三日に獄死した」。(本書三四九ページ下段)彼は、日本最北の網走刑務所で厳寒期に栄養失調で体力が低下、肺炎にかかって死亡した。ブケリチは生前、恰幅《かっぷく》が良かったと伝えられている。刑務所の待遇が良くなかったのではないか？いわば、「漸次的な死刑」にされたといってよい。

3　ブケリチの妻山崎淑子は、夫の下獄中に一人息子洋《ひろし》を出生した。戦後、山崎母子はソ連とユーゴスラビア(当時)で、「平和の戦士」の遺族として優遇され、年金を与えられた。洋はユーゴスラビアのベオグラード大学大学院を卒業して、同大学教授となった。

尾崎秀実《ほつみ》は処刑されたが、その一人娘揚子は東京大学を卒業し、横浜市立大学教授今井清一と結婚した。父親はともに非業の死に仆《たお》れたが、その子らが幸福になれたことは、心温まることである。

Ⅳ　宮城与徳

宮城与徳については、次の四点を補完的に記すこととする。

1　宮城与徳は米国から日本へ派遣されたが、それはコミンテルンの指令にしたがったものである（本書三五四ページ）。米国で行われたコミンテルンによる宮城のこの対日派遣工作について、日本共産党代表としてコミンテルン執行委員会のメンバーとなっていた野坂参三が加担していたという説がある。だが、宮城の対日派遣が決まったのは一九三二年であり、野坂が米国へ渡ったのは一九三四年なので、これは明らかな誤りである。

一橋大学加藤哲郎教授によれば、コミンテルンにとって米国共産党は国内的には政治的影響は微弱だが、対外工作上はまことに便利な存在であったという。米国は、建国以来多民族・多人種の人々を受け容れてきた。人種混淆国《こんこうこく》（melting pot）とか、サラダ鍋（salad bowl）といわれてきた。米国共産党は、一九三〇年代には、組織として民族別・人種別の内部組織を認め、各国言語部を設置していた。それは、世界中の諸国にその国の言葉のできる同民族・同人種を派遣するのに便宜であったからである。派遣先の取り締まり官憲に名も顔も知られていない人物を米国から派遣できるのは、コミンテルンにとって願ってもないことであった。

こうして宮城は、当初二ヵ月間という約束で日本に送り込まれてきた。地下活動や組織活動の経験もなく、単に画家として身を立てることを望んでいた沖縄出身の病弱な青年が、知人も居住経験もない東京に送られたのである。しかも、一九三三年一〇月から八年もの長期間日本に滞在した末、検挙され獄死してしまったのであった。宮城を対日諜報工作員に仕立てあげた人選に、ミスはなかったのか？コミンテルンにとっては大きな反省材料のひとつであったはずだ。

2　宮城は、ゾルゲ・グループの中では、ゾルゲ、尾崎に次ぐ第三の重要な人物であった。前二者はそれぞれ職業的に独立して仕事をしており、日常接触する人々は高位高官が多かった。（尾崎の場合本書三六四ページ下段）

これに反して、宮城は一般国民の中から情報を収集するとともに、自から多くの情報員を組織して、これを動かしたという才能と功績を持っていた。「四七年報告書」において、日本人として独立の章で取り上げられているのは、尾崎秀実と彼の二人だけである。他の日本人メンバーはⅦ章、「脇役を務めた人たち」（本書四〇〇ページ以下）として一括して記述されているのに比べて、宮城の存在の大きさが改めて、理解されるであろう。

3　ゾルゲ・グループのメンバーは誰も、金のために諜報活動をしたのではなくて、自己の信念にしたがって行動したことは、前述した。宮城は、ゾルゲから受け取った金は、諜報活動に使った。（本書三五五ページ下段）ただ、彼が組織したメンバーが、左翼運動の経歴者だったことは、組織原則に反していた。（既述、リヒアルト・ゾルゲの章の一）だが、治安維持法がとりわけ猛威を揮《ふる》う日本では、この選択もやむを得ないことだった。

4　宮城は日ソ両国間の戦争回避のために、またソ連に対する日本の態度を探ぐるためにあらゆる努力をした。「自分たちのやっていることは、日本のソ連攻撃を回避させることだった」。（本書三五七ページ上段）宮城は、この信念の下で努力して逮捕された。病弱で結核を病んでいた彼は、未決拘留中に獄死してしまった。

V　尾崎秀実《ほつみ》とその政治的見解

ゾルゲ諜報団の中で、ゾルゲに次ぐ重要な活躍をした尾崎秀実《ほつみ》は、ゾルゲに与えた重要かつ貴重な情報を取得した点で、ゾルゲを第一バイオリンとすれば、第二バイオリンの地位以上の働きをしたと断言しても、決して過言ではなかろう。

「四七年報告書」においても、「V　尾崎秀実《ほつみ》とその政治的見解」という標題で、彼の見解、当時の日本の政治・外交の動向について尾崎が把握したことを系統的に紹介している。ゾルゲの記述が一九ページ（本書三二七～三四五ページ）なのに対して、尾崎が二八ページ（本書三五七～三八四ページ）もあるのは、尾崎を重視した現われと見られる。

1　尾崎秀実《ほつみ》は、何よりも中国問題専門家として日本の論壇に登場した。

中国問題に対するその優れた学識により、「東亜問題調査会」だけでなくて、近衛文麿公爵（その後直ぐ首相就任）が後援する「昭和研究会」にも入会し、さらに近衛内閣成立後一九三八年四月から一九三九年一月まで、内閣嘱託の地位を与えられた。

近衛内閣が辞職した一九三九年六月以降は、南満州鉄道（満鉄）調査部の高級嘱託に任ぜられた。（本書三六五ページ上段）

その尾崎が声威を高めたのは、一九三六年一二月勃発した「西安事件」に絡んで、第二次国共合作による抗日民族統一戦線の確立を予測。それが日本の政界・財界及び知識層を驚愕《きょうがく》させたからである。「四七年報告書」では触れていないから、ここで若干の補足をしておく。

中国国民党の蔣介石は、政敵中国共産党を陝西省北部の山中に追いつめていたが、反共の彼は共産党を撃滅する狙いで、これを包囲していた張学良軍と楊虎城軍を督戦するため、一九三六年一二月、西安に直接督励に出向いた。ところが、張、楊両将軍は中共が主張する「日本軍の侵略反対」「中国は統一して祖国の難に当たれ」の政策に内心同意して、中共軍へ攻撃をこれ以上続けるのを不服として、督励のため南京からやってきた蔣介石を監禁してしまった。中国流にいえば「兵諫」である。これが有名な「西安事件」である。この思いがけない突発事件に、蔣介石の運命は如何に？と、日本も世界も（コミンテルンも含む）デマと憶測に周章狼狽していたときに、尾崎は（一）蔣介石は殺されず、身柄は解放されて、（二）これによって国共両党の抗日民族統一戦線が成立するであろうこと、（三）蔣は「滅共先決」から「抗日先決」に移るであろう、と大胆に指摘した。この尾崎の「予言」がのちに的中したために、彼の中国専門家としての声威は一挙に高まったのであった。

2　尾崎は「近衛のブレーン・トラスト」（一九三九年四月～一九四〇年一一月）と呼ばれていた「朝飯会」のメンバーとなって、そこで交わされる政界最上層部の情報を継続的に入手した。

朝飯会のメンバーは、すなわち尾崎の第一高等学校―東京帝国大学の同窓である牛場友彦、岸道三はじめ松方三郎、松本重治、西園寺公一らは当時の日本の既成の支配階級に連なるメンバーで、このほかに多くの著名な大学教授や知識人が随時加わって、（三六四ページ下段）政治、経済、外交、軍事問題の討議や情報の交換をしたので、尾崎はまさに居ながらにして新しい知識を仕入れることができた。この点、国家機密や秘密の決定事項を「スパイ」したのとは訳がちがうことを、認識しておかねばならない。

3　情報収集の方法と判断。ゾルゲが情報収集の方法を述べたことと、ほぼ同様の方法を尾崎も採っていた。（本書三六六ページ下段～三六七ページ上段）

（一）　情報の収集に当たって、尾崎は「私は特別なことは一切行わないで活動していたのがその特徴である」と言っている。尾崎は生まれつき人懐っこい性格で、付き合いを好み、多くの友人を作り、さらに人に親切にしていた。だから、尾崎を取り巻く人々は、彼の人柄にぞっこん惚れ込んで、何でも喋《しゃべ》った。こうして、尾崎は労せずして情報を得ることができたのであった。さらに言うならば、尾崎は特定の情報を追い求めるようなことは決してしなかった。情報を与えた者は誰しも、彼が情報を漁《あさ》っているなどとは思いもしなかった。むしろ彼らの方こそ、尾崎から情報を与えられたと感じていたのである。

（二）　情報収集のための行動原則として、尾崎は九の原則をあげている。（本書三六六ページ下段〜三六七ページ上段）これを全部ここで紹介するまでもなく、読者は九原則を読まれたい。社交上、交際上当然のことが、自覚的かつ意識的に説かれている。例えば、相手方の信頼を得ること、相手方に情報を入手したがっているなどと思わせないこと、一緒に夕食をとっているときの会話の中に非日常的な情報が語られること、などは世間一般の処世術に属する類《たぐい》のものである。また、そもそも何かの専門家であることは、相談をもちかけられたり、資料を与えられたりする特点がある。

こうして、自分より相手の方が詳しいと感ずると、人は自分の情報や考えを話してくれるものなのである。さらに、相手の方がより多くの情報を持っていると感ずると、人はその相手に自己の情報を話してくれると期待を寄せる。そのためにも、常日頃の研究と豊富な経験が必要なのである。

こうして、尾崎の情報源になった人々は、自分らが尾崎に利用されているとは気付かず、むしろ尾崎から情報を得ている方が多かった、と感じていたのである。

（三）　尾崎は、ゾルゲの判断形成と同じく、個々の情報に捉われず、諸方面から得た知識と関連する資料とを照らし合わせ、自己の評価基準によって、一国（特に日本、ソ連、米国）の政策の一般的な傾向を確認した。その上で、尾崎はゾルゲに対して、最終的な自分の判断（例えば日本はソ連を攻撃しないで、南方に向う）を教えたのである。

そうした中で、尾崎が唯一の重要情報と信じていたのは、日本の対ソ攻撃の正確な時期の予測であった。彼は、第二次世界大戦は不可避であり、日本を救う道はソ連や革命中国との協力以外にはないと信じていた。（本書三六九ページ上段）

4　思想と信念。尾崎は上述のとおり、日本はソ連と戦争をしてはならぬという信念と、共産主義者の義務としてソ連を防衛するという思想を堅持して、行動していた。（本書三七一ページ上段）この思想・信念の上に立って、支那事変（日中戦争）以降日本の論壇及び政策として喧伝されてきた「東亜新秩序論」すなわち「東亜協同体論」（一九四一年一二月八日以降「八紘一宇論」＝大東亜共栄圏（co-prosperity）を唱えてきたが、実質は大日本帝国が支配する東亜ブロック論）とは質も次元も異なる「東亜協同体論」を説いたのである。それは上述したとおり、すでに社会主義を建設したソ連と今次大戦を闘い抜いて日英米、西欧諸国の疑似植民地から自由を獲得し、共産党が政権を握った中国及び国内変革を成し遂げた日本の三国が、協同する「社会主義新秩序圏」の確立であった。

「一五年戦争」とも言われた先の戦争遂行中、治安維持法、国防保安法をはじめ多くの治安立法によってがんじがらめの厳しい言論統制の中で、堂々とこういう自論を公表していた尾崎の信念の堅固さに、もっと留意してもよいのではないだろうか。特高警察が彼の言動を疑い、監視を強め、遂に逮捕するに至ったのも当然であったのである。尾崎は裁判を超越しており、必ずしも死刑を恐れてはいなかった。彼は自分が迷惑をかけた友人、知人たちへ謝罪の言葉を遺して、従容として処刑台に上がったのであった。（本書三八三ページ下段～三八四ページ上段）

5　補遺

（一）　一九四一年一二月八日、日本が米国に奇襲攻撃をかけ、戦争が現実のものとなるまでのぎりぎりの日米交渉で、「日本の要求四点と米国の三点」は「大きな隔たりがあった」（本書三八〇頁下段）と、記されている。この四点と三点について日本史を理解するためには詳説が求められるであろうが、ここでは割愛せざるを得ない。（本書四六四ページ〈注61〉参照）

（二）「平沼（首相）の在任中でさえ、日本は駐日大使グルーを通じて米国に接近しようとしていた」。（本書三七八ページ下段）

日米開戦直前までの日米交渉、さらに戦争末期に敗戦を覚悟した日本の（対ソ連への和平の仲介斡旋依頼などののちに）国務次官となった前駐日米国大使グルーへの期待は、戦争へと狂奔した軍部とは異なる日本のエスタブリッシュメント（既成の権力組織）の志向を表していることに、注目しておかねばならない。（鳥居民著『原爆を投下するまで日本を降伏させるな—トルーマンとバーンズの陰謀』第Ⅱ章、草思社刊、二〇〇五年）

Ⅵ　マクス・クラウゼンとアンナ・クラウゼン

ゾルゲ諜報団の無線通信士及び会計係として働いていたマクス・クラウゼンと夫人アンナについては、「四七年報告書」の記述のとおりで、その他に特記すべきことはない。ただ、次の四点を補足的に追記しておく。（記述順）

1　ソ連協力者の存在

ソ連協力者の在ハルビン（中国東北地方、黒龍江省首都）米国領事館勤務員への言及がある。一九二九年当時、クラウゼンはハルビンで秘密の無線通信士をしていた。その際、協力者である米国副領事ティコ・L・リリーストロームの家に、無線機を設置したのだ。（本書三八八ページ下段）

『ゾルゲ事件関係外国語文献翻訳集』No.２に米国下院非米活動調査委員会公聴会（一九五一年八月九日）で、吉河光貞検事は「ハルビンの米国領事館内に（傍点、引用者）クラウゼンは無線通信機を設置したが、その米人協力者の名前を覚えていない」と証言している。（本書六一ページ上、下段）

吉河検事もクラウゼンを取り調べた伊尾宏検事も、この米国人協力者の副領事の名を覚えていないといったのは、「忘れた」ことにして、とぼけたのであろう。ところが、米国下院非米活動調査委員会公聴会（一九五一年八月二一～二三日）では、ウィロビー少将を証人に呼んだ捜査官オウエンスは、このリーストロームにつき調査報告をしている。（本書一七〇ページ上段）アメリカ人公務員が、ソ連諜報団に協力したことに神経質となった下院非米活動調査委員会の心情が、読み取れよう。

2　メンバーの仕事振り

会計係としてのクラウゼンの仕事は、本書三九六ページ上、下段に記されている。そこでも、結論として、「グループのメンバーそれぞれが、金のために働いているのではなく、心底仕事に打ち込んでいた」ことが如実に物語られている。（同上）

3　クラウゼンの倦怠

クラウゼンは一九三七年に青写真用の印刷機販売会社マクス・クラウゼン商会を設立した。（本書三九四ページ下段～三九五ページ上段）事業は順調に発展して、会社は支店を構えるようになった。やがて、秘密の共産主義活動に嫌気をさすようになり、秘密の通信活動の仕事を厄介に思うようになった。こうして彼は一九四一年には、通信量をそれ以前に比べて半分以下に落としてしまった。ゾルゲの命じた電文で通信しないものもあった。（本書三九九ページ下段）

4　クラウゼン夫妻のその後

ゾルゲ諜報団の最後の時期に、任務怠慢に陥ったクラウゼンは無期懲役の刑を受けて服役中の一九四五年八月一五日に、日本が降伏し、妻のアンナとともに同年一〇月に身柄を釈放された。その後、二人は在日ソ連大使館の工作によって日本を脱出、ソ連経由でドイツ民主共和国（東ドイツ）に帰り、ゾルゲの再評価とともに、「平和の戦士」として表彰され、年金を与えられた。

主要メンバーであるゾルゲと尾崎は死刑に処せられ、宮城、ブケリチらも獄中で病死した。それに比べて、諜報活動の手を抜いたクラウゼン夫妻は生き残って、国家から表彰され、余生を安楽に過したことは、まさに歴史の皮肉と言えよう。

Ⅶ　脇役を務めた人たち

この章では、ゾルゲ諜報団に協力した人物の小列伝が、述べられている。

船越寿雄、川合貞吉、水野成、秋山幸治、九津見房子、安田徳太郎、北林トモ、山名正実、田口右源太、小代好信の一〇人である。

このうち、北林トモは到底、ゾルゲ諜報団の一員として活動したとはいえない。また、彼女が刑期をつとめあげて釈放された（本書四〇七ページ下段）とあるのは、誤りである。彼女は、獄中で重態となり、仮釈放後、ほどなく死亡した。

宮城が組織した人々について、（船越、北林、九津見、安田を除き）、宮城自身がこれらの人物像評を一部述べている。その中で、彼は特に川合貞吉を厳しく批判している。一般的に、彼の人物論は妥当であるといってよい。川合は戦後、米占領軍の協力者となった。つまり尾崎のいう「大陸浪人」の性格は、一向に変わらなかったのである。

Ⅷ ゾルゲが使った暗号

「四七年報告書」の最大の圧巻は、ゾルゲ諜報団が使用していた暗号のすべてを詳述した、本章である。すなわち、ゾルゲ諜報団の使用した暗号の組み立て方、同時にその解読法の詳細な解説である。

これは、ドイツの週刊誌『シュピーゲル』（鏡）の一九五一年六月一三日号〜一〇月三日号に連載された「ゾルゲ特集」記事（一七回）の終りでも、触れられている。しかし、そこでの解説は不十分で、読者はその内容をほとんど理解できないものであった。それが本章の解説によって、読者は初めてゾルゲ諜報団の暗号について、明確に理解できるようになったのである。

通常の暗号法である乱数表を利用したものであるが、乱数表の種本として一九三五年版『ドイツ帝国統計年鑑』が使用されたため、日本の官憲は容易に解読することができなかった。

ゾルゲ諜報団の暗号解読の鍵は、この引用側の場合は01191という数字である。（本書四一三ページ下段）これについては、四一三ページから四一四ページ下段で本数字の出し方が後で説明されている。これさえ把握できれば、その全体を理解することができる。

ゾルゲ諜報団が使った暗号の解読を読んだ感想として、筆者が一九四四年当時、日本陸軍の対空通信用として使用されていた暗号よりも洗練されたものであることを付記しておきたい。もっとも、機上任務遂行中の搭乗員に対して複雑な暗号を使用することは、もともと困難であったことを考慮する必要がある。

Ⅸ　ゾルゲのねらい

ゾルゲは、Ⅴの二に記述したように、幅広い情報源を持っていた。本章では、ゾルゲが日本並びに極東でいかに政治、外交、軍事、経済、社会など諸般の問題を綿密に調べていたかを示している。内務省警保局の、一九四一年「社会運動の状況」に掲載されたゾルゲの調査状況は、本書四一七～四三二ページに一覧表として示されている。

その時期は、一九三三年八月から逮捕直前の一九四一年一〇月半ばまでの七年二ヵ月に及び、また、調査件数は一二〇件を超えている。

ゾルゲは、これらの諸調査項目について彼の判断でまとめた通信文をモスクワに送っていた。その中には①ソ連国境に一七〇～一九〇個師団のドイツ軍が集結。ドイツの対ソ攻撃予告及び②独ソ戦開始後、日本はソ連を攻撃するか、あるいは戦略資源（石油、鉄、錫、ゴムなど）の確保を求めて、東南アジアへ侵攻するか日本は迷ったすえに、最終的に「北守南進」の決定をしたという国家機密情報の通信が含まれている。

Ⅹ　教訓と結論

「四七年報告書」はこの最終章で、GHQ、すなわち米国の立場で総括を述べている。そのため国益と個人の信念・信条の間で矛盾を示している。後者の側面から、ゾルゲを「聖人」とすることに異議を申し立てていないのに、（本書四三五ページ）尾崎に対しては、共産主義の信念に立ち「個人的な動機」（例えば、金銭利得、地位、名誉など）が全く無かった唯一のメンバーと断定したにもかかわらず、尾崎を「山本宣治や野呂（栄太郎）や三木（清）と同列に並べた誤り」（本書四三五ページ）と否定的な評価を下したことを見過ごすべきではない。「背信者は背信者である」と切って捨てているからである。コミュニストとして、ゾルゲの諜報活動に自分の命を賭けて協力した尾崎の殉教者的精神は、公平に見て賞讃に値するものであった。ゾルゲと尾崎の供述は、歴史の証言であり、日本の政治・外交の舞台裏で何が進行していたかを申し分なく開示している。彼らの供述は、一切の損得抜きの供述であった。

最後に、ゾルゲ諜報団は諜報団として見事な諜報活動を立派に遂行した。それは第二次大戦中、同じくソ連のためにジュネーブを本拠地として諜報活動を行ったソ連秘密諜報員レオポルト・トレッパー指揮の「赤い合唱団」(der roter Chor)に比しても劣らぬものであったことを、最後に指摘しておく必要があろう。

リヒアルト・ゾルゲ及び尾崎秀実に対する死刑執行命令書

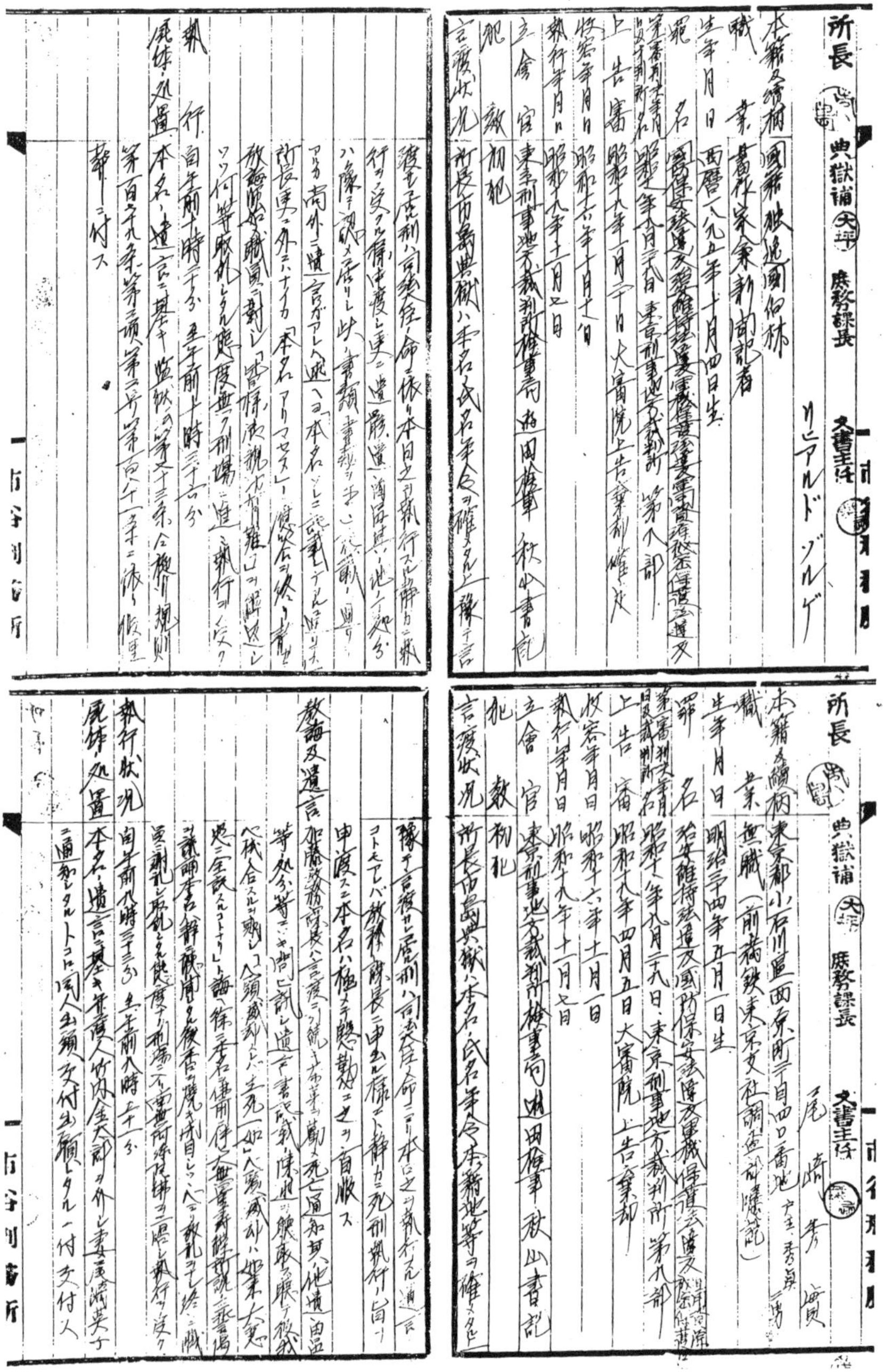

所長　典獄補　庶務課長　文書主任

本籍及續柄　國籍 独逸國伯林
職業　著作家兼新聞記者
生年月日　西暦一八九五年十月四日生
罪名　國防保安法違反、治安維持法違反、軍機保護法違反…
第一審判決年月日及裁判所名　昭和十八年九月二十九日　東京刑事地方裁判所　第八部
上告審　昭和十九年一月二十日　大審院上告棄却確定
收容年月日　昭和十六年十月十八日
執行年月日　昭和十九年十一月七日
立會官　東京刑事地方裁判所検事局　検事　秋山書記
教誨師
言渡状況　所長市島典獄ハ本名ノ氏名年令ヲ確メタル上…

リヒアルド・ゾルゲ

所長　典獄補　庶務課長　文書主任

本籍及續柄　東京都小石川區西原町二丁目四十番地　戸主、秀真二男
職業　無職（前満鉄東京支社調査部嘱託）
生年月日　明治三十四年五月一日生
罪名　治安維持法違反及國防保安法違反及軍機保護法違反
第一審判決年月日及裁判所名　昭和十八年九月二十九日、東京刑事地方裁判所第八部
上告審　昭和十九年四月五日大審院上告棄却
收容年月日　昭和十六年十一月一日
執行年月日　昭和十九年十一月七日
立會官　東京刑事地方裁判所検事局　検事　秋山書記
教誨師
言渡状況　所長市島典獄ハ本名ノ氏名年令本籍地等ヲ確メタ上

尾崎秀実

「市谷刑務所及び東京拘置所における1932年から1945年の間の死刑並びに同執行記録台帳」より抜粋

あとがき

日露歴史研究センターが、ほぼ三カ月に一回の割合で刊行している『ゾルゲ事件関係外国語文献翻訳集』（以下『翻訳集』）は、非常にユニークな専門誌である。世界広しといえども、「国際スパイ」リヒアルト・ゾルゲや、日本の特高警察が摘発した「ゾルゲ事件」に焦点を絞った、内外の研究報告や研究論文のみを集めて編集した刊行物は、過去に刊行された一部の特定雑誌の特集号を除いて、これまで一度もお目にかかったことがない。『翻訳集』が毎号、ゾルゲやゾルゲ事件の研究者・専門家から待ち望まれているのは、至極当然のことと言えよう。

本書を編むもとになった、ゾルゲ事件に関する「米国下院非米活動調査委員会公聴会聴聞全記録」（『米国の赤狩り旋風とゾルゲ事件』）ならびに「連合国軍最高司令官総司令部（ＧＨＱ）民間諜報局（ＣＩＳ）編　ゾルゲ事件報告書」（『ゾルゲ諜報団の活動の全容』）とこれらの関係論文などは、すべて既刊の『翻訳集』に掲載されたものである。このため本書を読まれた読者の多くは、『翻訳集』が取り上げるのは、米国が関わったゾルゲやゾルゲ事件の文献・資料のみと思われるかもしれない。しかし、筆者に言わせると、それは勘違いも甚だしい。実は、『翻訳集』で紹介されているゾルゲやゾルゲ事件関係の海外文献・資料は、数量のうえでは原文はロシア語で書かれたものが圧倒的に多いのだ。にもかかわらず、本書を米国関係の文献・資料などで構成したのは、米国物とロシア物が一緒くたになったら、特色がなくなって、インパクトに欠けること夥《おび》ただしいからだ。分量的にもまた、米国文献だけでかなり大部なものになることが分かったので、思い切ってそれぞれ別個に出版することが、版元との話し合いで決まったのであった。

既刊一〜一五号に及ぶ『翻訳集』で紹介したロシア語文献・資料の多くは、一九九七年四月の創立以来、当センターが交流を続けてきた、ロシアの研究組織ならびに研究者・専門家などから入手したものである。新聞・雑誌などの定期刊行物に発表されたものもあれば、長年、公開されることなく公文書館（アーカイブ）に保管されてきたものもある。いずれにしても、そのほとんどはこれまで、日本語に一度も翻訳・発表されたことがないものばかりだ。従って、その文献・資料的価値は、極めて高いと言えよう。もし、『翻訳集』にこれらの日本語訳文の掲載がなければ、ロシア語ができない研究者・専門家の目に留まることなく、永久に顧みられることがなかったに違いない。その意味で、『翻訳集』は社会的貢献に当たって、一定の役割を果たしているもの、と自負している。

既刊の『翻訳集』に掲載されたものの中では、日本におけるゾルゲの諜報活動を密かに監視して、その詳細な報告をゾルゲが所属するソ連軍参謀本部諜報総局（ＧＲＵ）に送っていた、ミハイル・イワノフ退役中将の回想記「『ラムゼイ』は応信する」（連載五回）は、これまで一般に知られていなかった事実がふんだんに盛り込まれていたため、「非常に読みごたえがあった」と評判になった。

また、ゾルゲは一九六四年一一月五日付のソ連最高会議幹部会令によって、非軍人として初めて「ソ連邦英雄」の称号を授与された。ゾルゲには「二重スパイ」の疑惑があったが、事前にゾルゲの諜報活動の功績調査とその評価が行われて、「ゾルゲは有能な軍事諜報員であった」との判定が下ったのだ。このとき国家保安委員会（ＫＧＢ）がまとめた秘密調査報告書の結論部分の全訳の掲載も、これまで一般にはまったく知られていなかったため、「凄い資料だ」と賞賛された。

現段階ではいつになるか未定だが、今回の米国編に続いて、当センターとしてはこれらの文献・資料を集めたロシア編も刊行すべく、近く具体的な検討を始めるところである。引き続き、読者の皆様方のご愛顧を期待したい。

本書の制作に当たって、とくに「米国下院非米活動調査委員会公聴会聴聞全記録」と「CIS編ゾルゲ事件報告書」の翻訳をたった一人で担当した当センター幹事で、商社マン出身の篠崎務氏に、再度、訳文の入念なチェックをしていただいて、一段と正確を期した。翻訳量が厖大なため、この点検作業は大変だったと思われる。そのご苦労に対して、心からのお礼を申し上げたい。また、多忙な身であるにもかかわらず、厖大な注の主たる執筆を喜んで引き受けていただいた、当センター幹事で社会運動資料センター代表でもある渡部富哉氏の労苦を非常に多とする次第である。

本書のゲラの校正は、当センター事務局長川田博史氏のほか、幹事の来栖宗孝、渡部富哉、村井征子、上里佑子、帯谷れい子の諸氏に手伝っていただいた。篠崎氏とともに、これらの人たちの協力に対しても深甚なる謝意を表したい。とりわけ来栖氏の校正に関する様々な助言や指摘は大変参考になり、かつまた有益であった。ここに合わせて、感謝の言葉を記すことにする。

最後になったが、昨今の厳しい出版事情にもかかわらず、本書の出版を快く引き受けていただいた社会評論社の松田健二代表取締役に、感謝の言葉を述べたい。同社は経営規模こそ決して大きいとは言えないが、社会的に有益と判断した書籍については、万難を排して発行する勇気を持っている。今後も引き続きその志を失うことなく、だからこそ同社が着実に営業の基礎を一段と固めて、発展されることを祈っている。

二〇〇七年五月

日露歴史研究センター代表　白井久也

【米国公文書】ゾルゲ事件資料集

2007年6月15日　初版第1刷発行

編著者――白井久也
装　幀――桑谷速人
発行人――松田健二
発行所――株式会社社会評論社
東京都文京区本郷2-3-10
☎03(3814)3861　FAX03(3818)2808
http://www.netlaputa.ne.jp/~shahyo
印　刷――ミツワ印刷
製　本――東和製本

編著者略歴

白井久也（しらい・ひさや）

1933年，東京に生まれる。58年，早稲田大学第1商学部卒業後，朝日新聞社に入社。広島支局を振り出しに，大阪・東京本社経済部，同外報部を経て，75年から79年まで，モスクワ支局長。帰国後，編集委員（共産圏担当）。93年，定年退職。94年から99年まで，東海大学平和戦略国際研究所教授。現在は日露歴史研究センター代表，杉野服飾大学客員教授。

著書に『危機の中の財界』『新しいシベリア』（以上，サイマル出版会），『現代ソビエト考』（朝日イブニングニュース社），『モスクワ食べ物風土記』『未完のゾルゲ事件』（以上，恒文社），『ドキュメント　シベリア抑留―斎藤六郎の軌跡』（岩波書店），『明治国家と日清戦争』（社会評論社）など。また，共著に『シベリア開発と北洋漁業』（北海道新聞社）『松前重義―わが昭和史』（朝日新聞社）『体制転換のロシア』（新評論）『日本の大難題』（平凡社）など。

編著書に『ゾルゲはなぜ死刑にされたのか』（小林峻一と共編）『国際スパイ・ゾルゲの世界戦争と革命』（以上，社会評論社）

執筆者

来栖宗孝（くるす・むねたか）

1920年，中国吉林省延吉市に生まれる。43年，東京帝国大学経済学部卒業。法務省仙台矯正管区長，東海大学文明研究所・同法学部教授などを務める。

著書に『刑事制政策の諸問題―矯正施設論』（東京プリント出版）。共著に『検証・内ゲバ』『検証・党組織論』（以上，社会批評社）。その他，刑事政策関係共著・論文および日本左運動関係論文や新刊書紹介など多数。

渡部富哉（わたべ・とみや）

1930年，東京に生まれる。1946年，郵政省東京貯金局に勤務。50年，日本共産党に入党。レッドパージで職場を追われ，共産党の非公然活動に入る。55年，六全協による同党の路線転換に伴い，工員となって労働組合運動に身を投じ，60年安保闘争を闘う。61年，石川島播磨田無工場に研磨工として勤務。同時に「田無反戦」を組織し，ベトナム反戦や成田空港反対闘争，数度にわたる造船合理化と闘う。

85年，『徳田球一全集』（全6巻）の編集事務局長となり，五月書房により刊行。伊藤律の遺言執行者として，文藝春秋社から『伊藤律回想録』を出版。93年，『偽りの烙印』（五月書房）を刊行し，定説化されていた伊藤律のスパイ説を覆した。以後，ゾルゲ事件研究に携わっている。

翻訳担当

篠崎　務（しのざき・つとむ）

1934年，東京に生まれる。58年，早稲田大学第1商学部卒業。江商に入社，9年間貿易実務に携わる。その後，凸版印刷国際部長，トッパンムーアシステム常務などを歴任。米国，オーストラリアなど英語圏に19年間住む。

訳書にパトリック・ハミルトン著『二つの脳を持つ男』（小学館）。現在，『ジョージ・オウエル評論集』を英訳中。このほか米大リーグ関連書4冊を英訳。

人名索引

ゾルゲ諜報団の主要メンバーであるリヒアルト・ゾルゲ，尾崎秀実，ブランコ・ド・ブケリチ，マクス・クラウゼン，宮城与徳の５名とチャールズ・A・ウイロビー，吉河光貞，アグネス・スメドレーの３名は多岐にわたるため，「全編」とした。

ア行

アーネスト・W・ブルンディン　188
アール・ブラウダー　82, 85, 86, 109, 113, 125, 200, 203, 206, 219, 220, 227, 232, 233, 242, 244, 249, 308, 313
相沢三郎　418
アイスラー,G　14, 82, 85, 86, 113〜115, 122, 123, 125, 204, 210, 214, 224, 234, 237, 238, 244, 308
アイスター大佐　285
アイノ・クーシネン　498
青山　400
赤尾敏　375
赤木鉄　352
秋山幸治　322, 324, 326, 343, 355, 404, 405, 510
アグネス・スメドレー　全編
浅原健三　133
アチソン国務長官　19
アドルフ・ゾルゲ　327, 500
阿部信行　372
荒木貞夫　417, 432
アリス・リード　206, 232
アルジャー・ヒス　19, 294
アルセーヌ・アンリ　347
アルバート・アインシュタイン　225, 247
アルバート・エドワード・スチュアート　242
アレクス　233, 332, 388, 389
アロイス・ティヒ　424
安齋庫治　403
アンジャス,M　204, 244
アンドルー・ロス　295
アンナ・クラウゼン　135, 280, 322, 324, 325, 331, 391, 392, 394, 397, 415, 494, 498, 508
アンナ・ルイーズ・ストロング　186, 193, 215, 241, 294, 319
アンナ・ワレニウス　390〜392
アンリ・バルビュス　200, 246, 249, 251
有馬頼寧（ありまよりやす）　370
伊尾宏　25, 34, 61, 509
生垣佳年　44, 45, 55
石垣綾子　293
石垣栄太郎　293, 351
石堂清倫　297, 298
石原莞爾　420
磯部浅一　402
板垣征四郎　420
市島刑務所所長　345, 385
伊藤律　289, 291, 292, 324, 407, 495
犬養健　364, 372
犬養毅　364
今井清一　501
イレーヌ・ヌーラン　207, 209, 225, 234〜236, 244, 247
岩村通世　32
イワン・クジオフ　201
イングリッド　394, 498
インソン　412
インテリ（宮城与徳の暗号名）　338, 393
インベスト（尾崎秀実の暗号名）　337, 393
ウイテカー・チェンバーズ　187, 196, 215
ウィリアム・ウエザースプーン　189
ウィリアム・B・シンプソン　281
ウイリー・レーマン　60
ウイリアムズ,G　237
ウォルター・H・ジャッド　22, 27, 220
ウォロシーロフ　339, 391
牛馬友彦　295, 364, 376, 380〜382, 505
内山完造　313

梅津美治郎　420
ウリツキー　334, 339, 391
エディット・ド・ブケリチ　345～347, 394, 395, 396
エドガー・スノー　193, 247, 309, 318, 319
エドガー・フーバー　293
エドモンド・イーゴン・キッシュ　200, 227, 248, 249
エドワード・ワレニウス　390
エマ・ケーニヒ　392
エマーソン　206, 234
エマニー・カンター　173
エリザベート・ハンセン　498
エレン・ウィルキンソン　251
エンゲルス　328, 346, 358, 386
オイゲン・オット　37, 39, 40, 45, 46, 150, 152, 335, 337, 342, 343, 415, 418, 419, 423～426, 428, 429, 430, 497
王夫妻　332
オウエンス　509
汪兆銘（字は精衛）348, 422, 423
オーエン・ラティモア　19, 282, 294, 314
大島浩　38, 283, 342, 376, 419
大杉栄　358
大橋秀雄　43, 45, 60, 168
大森義太郎　358
大宅壮一　298
大山郁夫　133
岡田嘉子　356
尾崎庄太郎　401
尾崎秀樹　291
尾崎英子　385, 434
尾崎秀実　全編
尾崎秀真（秀太郎）357, 384
尾崎揚子　501
小代好信　322, 324, 326, 334, 336, 394, 409, 416, 510
オズワルド・ガリゾン・ビラード　225, 247
オズワルド・デーニッツ　200
織田　377
オツォーチ　358
オットー（尾崎秀実の暗号名）193
オット・グリュンベルク　169, 388
オット・グロンバーグ　119
オット・ベルニング　338
オットー・ウィルヘルム・クーシネン　328, 329, 331
オットー・クーシネン　498
小俣健　291
オルガ　345, 346

カ行

カール・クノール博士　417
カール・マルクス　327, 328, 346, 358, 386
カール・ラーテク　187
カール・レッセ　121, 385
賀川豊彦　133
風見章　283, 363, 364, 369, 370
柏村博雄　63
片山潜　129, 351
加藤哲郎　502
加藤咄堂　133
カナーリス提督　37, 428
カニングハム　163, 283
カリン課長　391
ガルトルード・ルユッグ　244
河上肇　406
河村又助　298
河村好雄　180, 201, 324, 334, 336, 495
賀竜　202
川合貞吉　51, 52, 103, 179, 181, 194, 196, 200, 286, 289, 290, 292, 309, 311, 322～324, 326, 333, 334, 336, 361, 362, 367, 373, 401～403, 497, 510
川仁央　16
川仁宏　16
姜　179
キーナン主席検事　283
岸道三　364, 376, 505
北一輝　402
北林トモ　30, 31, 131, 322, 324, 326, 334, 336, 343, 352, 354, 355, 405, 407, 495,

510
北林芳三郎　350, 407
鬼頭銀一　351, 359, 361, 403
木村毅　133
キャサリン・ハリソン　126, 206, 219, 232, 242
喜屋武保昌　298, 409
キャロル・キング　114, 214
仇鰲（キュウガウ）　202
ギュンター・シュタイン　14, 52, 59, 97, 104, 134, 135, 226, 254, 287, 293～296, 308, 315, 317, 311, 322, 334, 347, 362, 394, 395, 416, 420
キリスト　216
草野源吉　358
グスタフ　334
久原房之助　369, 370
九津見房子　322, 324, 326, 335, 337, 343, 355, 405, 407, 409, 497, 510
クライトン, J　232
クラウス・フックス　19
クラウゼン夫妻　282
グラス, C・フランク　193, 196, 200
グラニッチ兄弟　227
クララ・ツェトキン　246
グリーン, P　237
クーリン・B・ボース　189
グルー大使　340, 348, 378, 432, 508
クレイグ・トンプソン　214
グレース・グラニッチ　249
クレチメル　37, 45, 151, 152, 337, 342, 426, 429, 430, 497
ゲオルギー・アリボビチ・ポポフ　390
ゲルハルト・マツキー大佐　420, 422, 497
ケレンスキー　220
監物貞一　130, 352
コージ・有吉　295
ゴードン・プランゲ　286, 297
ゴーブル　388, 389
康克清　202
幸地新政　350
幸徳秋水　129
呉紹国　229, 252
胡適　250
近衛文隆　295
近衛文麿　31, 32, 35, 152, 153, 161, 369, 370, 375, 376, 378, 379, 419, 420, 421, 424, 426, 427, 429, 431
小林勇　352
小林健治　302, 304
小林俊三　287, 301
小松重雄　401
コルト博士　416
是枝恭二 297
コンスタンチン・ミーチン　117, 332, 387, 388
コンマーサント（Dr.フォィクトの暗号名）393

サ行
西園寺公一（さいおんじきんかず）　295, 322, 327, 364, 372, 375～382, 505
西園寺公望（さいおんじきんもち）417
左権　202
蔡元培（サイゲンバイ）　250
酒井武雄　383
堺利彦　407
坂巻隆　402, 403
櫻井四郎　360
佐々弘雄（さっさひろお）364
左近司政　379
佐野学　406
サム・ダーシー　82, 86, 130
サリンドラナト・ゴース　189
ジェイコブ　57, 111～113, 332
ジェームズ・H・ドルセン　204, 219, 234, 242, 244
ジェームズ・M・コックス　336, 362
ジェサップ・フィールド　294
志賀義雄　288, 289
ジゴロ（暗号名）393
篠田正浩　300

篠塚虎雄　367
ジノビエフ　330
島盛栄　133
ジム　110, 115, 116
ジャック・ドリオ　206, 232
シュールマン・ハインリヒト　389
シュターマー　40
ジュデア・コッドキンド　234
周恩来　197, 201, 220, 317
周建屛　201
朱徳　183, 197, 201, 296
シュビィツ夫妻　173
シュピンドラー博士　425
シュミット　346
ジュリアス・ローゼンバーク夫妻　19
ジョー・マッカーシー　19
ジョージ・ハーディー　234
聶栄臻（ジョーエイシン）　202
蔣介石　193, 253, 340, 381, 420, 504, 505
肖克　202
ジョウ（宮城与徳の暗号名）　393
ジョセフ・ウォールデン（マキシム・リボシュ）　196
ジョセフ・デュクール　209, 236, 244
ジョセフ・ニューマン　336, 347～349
ショル　151, 336, 343, 420, 425, 428, 497
ジョン　58, 223, 332, 389
ジョン・M・マレー　229
ジョン・ドス・パソス　225, 247
ジョン・フォレスター・ダレス　19
ジョン・リード　351
ジョンソン　176, 359, 360, 362
白井行幸　403
白川次郎　358, 360, 361
白鳥敏夫　335
シンクレア・ルイス　225, 247
末次信政　370
杉本良吉　356
杉山元　420
鈴木文治　133
スターリン　38, 288, 318, 339, 376
スタインバーグ,A　210, 237
スチュアート,A・E　219, 234, 244
スピンラー　151
角田　353
清家敏住　358
西功　401
宋慶齢（孫文夫人）　246, 250
セオドア・ドライサー　225, 247
セルゲイ（ザイツェフの暗号名）　393
セルゲイ・レオニードビチ・ブトケビチ　398
セルジュ・ルフラン　209, 236, 244, 245
ソープ,E・R　281, 282
ゾーホム,K・A　200
副島隆起　401
ソロモン・アブラモビチ・ロゾフスキー　125, 219, 242, 329
ソトフ,V・N　229, 252
孫文　253
孫文未亡人　253

タ行

平貞蔵　364
高杉一郎　360
高田集蔵　405
高田正　24, 325
高根義三郎　301
高橋　352
高橋貞樹　405
田口右源太　323～325, 326, 336, 337, 408, 497, 510
竹内金太郎　385
田口運蔵　351
立花隆　300
田中真次郎　377
田原春次　133
タフト　19
タベナー,F・S・Jr　27
玉澤光三郎　30, 32, 299
タラック・ナト・ダース　189
チャーチル　380

チャールズ・A・ウィロビー　全編
チャントプンダーヤー　196
チャルマーズ・ジョンソン　291
張学良　504, 505
丁玲（テイレイ）　201
陳　332
陳膺（チンコウ）　202
津金常知　297
ディビス,T・P中佐　282
テイコ・L・リリーストローム　170, 388, 508, 509
ティヒ　428
デービッド・D・パレット　295
テオ将軍　120, 323, 389
手島博俊　402
出淵勝治　335
土肥原将軍　342
東条英機　39, 152, 420, 427
鄧小平　202
徳田球一　407
Dr.フォイクト　393, 394
徳山敏子　492
トマス・マン　387
ドミトリー・ザハロビチ・マヌイリスキー　328, 329, 331
トム・マン　206, 232
豊田貞次郎　340, 341, 379, 429
ドラブキン　237
鳥居民　508
トルーマン大統領　18, 306, 307
トレッパー　513
トロツキー　328, 346

ナ行

ナオム・カッツェンバーグ　226
中西功　401, 500
中野正剛　340
長浜秀吉　133
中村登音夫　30
中村光三　286, 311
中村稔　286
中村幸輝　350
永田鉄山　418
中理子　360
鍋山貞親　406
仁木　376, 435
ニクソン　294
ニコライ・ブハーリン　187
西尾　376
西田信春　297
西田天香　133
西村直已　63
西村銘吉　133
西村義雄　351
ニム・ウェールズ　193, 309, 319
任弼宇（ニンヒツジ）　202
ヌーラン　114, 115, 125, 200, 207, 224, 232, 236, 245
ヌーラン夫人　208
ノーブル,H・T　282
野澤房二　196, 201, 401
野坂参三　292, 295
野村提督　340, 378
野呂栄太郎　435, 512

ハ行

バーガー,H　210, 237, 238
バード　208, 235
バートランド・ラッセル　227
ハーバート・ハリス　129, 351
ハインリッヒ・シュターマー　424
パウエル,J・B　247
パウル　58, 233, 244, 388
パウル・ベネケル　336, 337, 341, 342, 415, 423, 426, 428, 429, 430, 497
パウル・ルユッグ　207, 208, 224, 234, 235, 247
箱森改造　133
ハスケル,W・A　204, 206, 233
服部卓四郎　23
花村仁八郎　298
羽仁五郎　435

浜清　130
ハリー・カーハン　173
ハリー・バーガー　82, 86, 201, 207, 210, 233
ハリー・パクストン・ハワード　201
ハル・ライシャワー　295
ハロルド・アイザックス　192, 193, 195, 200, 224, 229, 236, 247, 248, 252, 317
ハロルド・L・イッキーズ　181～184, 187, 202, 215
ハンブルグ　111, 112, 332
ビクトル・セルゲエビチ・ザイツェフ　393
ビクトル・フランツ・ノイマン　200
ビクトル・ムジック　201
ピゴット,F・S少将　327, 336, 497
日高為男　402
日高参事官　420
ビッソン　294
ヒトラー　38, 150, 151, 161, 287, 425
ビノグラードフ　387
ビャチェスラフ・モロトフ　201
平館　376
平沼　378, 379, 508
ビリ・ミュンツェンベルク　200, 213, 224, 228, 241, 246, 249, 250, 251
ビレンド・ラナーハ・チャントプンダーヤー　190, 199, 359
広田弘毅　420
フィクスまたはインソン（ゾルゲの暗号名）　393
フィスター　351
フィリップ・O・キーニー　255, 294
フィリップ・ジャッフェ　294
フェルディナンド・バンデルクルイゼン　224, 245
フォス博士　425
フォレスタール　284
フォン・ディルクセン大使　416, 418～420, 497
フォン・ペータースドルフ　283
福田徳三　358
福永麦人　133
布施健　34
船越寿雄　179, 196, 200, 201, 289, 322, 324～326, 333, 334, 336, 361, 362, 400, 402, 510
冬野猛夫　297
ブラウン　237
フランケンシュタイン　81
ブランコ・ド・ブケリチ　全編
フランシス・X・ウオルドロン　206, 233
ブルーノ・ベント　333, 391, 393
ブルーマ・ザルニック　189
フリッツ（クラウゼンの暗号名）　393
古川苞（シゲル）　297
古橋敏雄　63
フレダ・リプシッツ　238
フレッド・エリス　201, 241
フレッド・バンデルクルイゼン　236, 244, 245, 247
フレッド・ローズ　237
フロイド・デル　225, 247
ヘーデ・グンペルツ　238
ヘーデ・マッシング　122
ベジル・スミス駐ソ米国大使　284
ヘス　150, 425
ベチューン　319
ベッシー・ミンスター　173, 201
ペトロイコス夫人　190, 208, 235
ベネディクト　169, 388
ベルジン将軍　387
ヘルベルト・フォン・ディルクセン　335, 417～419, 497
ヘルムート・ケーテル　398
ヘルムト・フォン・ウォルタート　425
ベルンハルト　333, 334, 346, 347, 393, 395
ヘレン・フォスター　319
ポーラ　415
ポール　58, 332, 333
ポール&イレーヌ・ルエグ（ルユッグ）（ヌーラン夫妻）　14, 308, 313
ポール&ゲルトルート・ルユッグ　192, 194,

200
ポール・ウォルシュ　108, 206, 207, 233, 237
ボール・フォス　151
ポール・ラッシュ　49
彭徳懐　197, 201
ボイト医師　234
茅盾　200, 296
堀内鉄治　352
本多大使　340, 341

マ行

マーガレット・アンジャス　219, 234, 242
マーク・ゲイン　294
マーレー卿　251
マクス・クラウゼン　全編
マクス・ヒル　347
マタハリ　326, 495, 496
又吉淳　133, 350
松岡洋右　38, 150, 340, 341, 348, 374, 375, 378, 379
マッカーサー元帥　21, 80, 182, 186, 198, 280, 284, 306, 307, 315
マッカーシー　293, 296
松方三郎　364, 505
マックス　233, 249
マックス・グラニッチ　249
松阪宏政　299
松崎正一　300
松本重治　364, 376, 380, 381, 505
マルグリット・ガンレンバイン　394
マルヒターラ　40
ミス・リー・ベネット　169, 171
ミハイル・イワノフ　516
ミハイロフ, B　237
三木清　435, 512
水野成　32, 33, 200, 322〜324, 326, 333, 334, 336, 361〜363, 367, 402〜404, 497, 510
水野成夫　298
三田村四郎　337, 405, 406
南隆一　362
宮城（与三郎）　133
宮城与徳　全編
三宅正太郎　29
宮下弘　286, 289
ムッソリーニ　156
村中孝次　402
メドゥーサ　81
モイセイ・J・オイギン　187
毛沢東　197, 318
モッテ　245
森崎源吉　358
モロトフ　173

ヤ行

矢田　130, 131, 352
安田徳太郎　323, 324, 326, 334, 336, 355, 406, 510
八巻千代　350
屋部憲伝　350
柳川　379
矢野努　56, 130, 131, 352, 353, 407
山川瑞夫　295
山口栄之助　352
山崎淑子　347, 501
山崎洋　501
山上正義　200, 333, 361, 401
山下奉文　430, 432
山名正実　323, 324, 326, 334, 337, 355, 407, 497, 510
山本五十六　23
山本懸蔵　359
山本宣治　406, 435, 512
楊虎城　504, 505
楊柳青　358, 359, 403
ユーアート, A　237
ユージン・デニス　82, 85, 86, 107, 108, 113, 206, 207, 219, 233, 308, 313
ユージン・ドゥーマン　327, 336, 348, 349, 350
ユダ　367

ユリウス・マーダー　297
吉岡正一（照二郎）133
吉河光貞　全編
芳澤謙吉　295
吉野作造　297, 358
ヨシフ・ピャトニツキー 328, 329, 331
ヨセフ・ワインガルト　388
ヨハン・クラウゼン　385

ラ行

ラムゼイ（ゾルゲの偽名）412, 516
ラングストン・ヒューズ　201, 215, 216, 241
李　333
リーツマン　423
リオン・フォイヒトバンガー　225, 247
リッベントロップ　38, 419
リヒアルト・ゾルゲ（父親）327
リャザノフ, D　328
劉少奇　248, 318
笠信太郎　364
劉伯承　202
リュシコフ将軍　46, 356, 416, 420, 428
林語堂　250
林彪　197, 202
ルーズベルト大統領　249, 378, 380
ルート・ウェルナー　308
ルート・フィッシャー　123
ルドルフ・ヘルマン　201
ルユッグ夫妻　225, 247
ルユッグ夫人　245
レウィ・アレイ　319
レーニン　358
レーマン　115, 116, 117, 169～171, 388, 389, 414
レオン・ミンスター　173, 201
レガッテンハイン　59
ロイ　56, 131, 206, 232, 354, 407
ロイフ・オードアール　200
ロイヤル陸軍長官　162, 181, 182
蝋山政道　364
ローゼンバーグ夫妻　288
ロード・マーレイ卿　249
ロッジー, O・J　91, 186
魯迅　200
ロバート・ミンスター　173
ロバート・モース・ロベット　183, 187
ロベール・ギラン　336, 347, 348
ロマン・ローラン　246

ワ行

ワイス　125
ワイデマイヤー　112, 175, 193～195, 200, 204, 205, 208, 219, 224, 228, 229, 231, 234, 242, 246, 248, 252, 253, 308, 313, 359
ワインガルト　172, 332, 389
ワシリエフ検事　283
ワシリエフ将軍　163
若杉　382
渡邊佐平　364, 376
渡邊政之輔　359, 407

事項索引

共産主義インタナショナル（コミンテルン），米国下院非米活動調査委員会（HUAC），ソ連陸軍（赤軍）参謀本部第四部は多岐にわたるため，「全編」とした。

ア行

『愛情はふる星のごとく』 323, 434
アイスラー事件 127
アイスラー擁護委員会 246
赤い合唱団 513
「赤い戦線」 281
赤狩り 13, 17, 18, 19, 22, 25, 293, 314
朝日新聞 336, 357, 358, 360
朝飯会 31, 96, 344, 364, 375, 376, 379, 499, 505
『アジアの闘い』 318
『アジアに於ける列強の力』 363
「新しい大衆」 175, 193
網走刑務所 501
アバス通信社 347
「アメラシア」 294
アメラシア事件 294
『アメリカの暗黒』 294
『アメリカ共産党とコミンテルン』 296
『嵐に立つ支那』 363
石井・ランシング協定 348
イズベスチヤ紙 192
市谷刑務所 384
『偽りの烙印』 283, 289, 291
伊藤律端緒説 291
稲野村 181
インタナショナル・リテラチヤ 229, 241, 252
インド国家主義者グループ 189
インドシナ進駐 341
ウィスバーデン 339, 388, 413, 414
ウイテカー・チェンバーズ事件 186
『ウィロビー報告』 284, 288, 296, 299, 311
内山書店 313
ウラジオストク 339
FBI 257, 293
エルエー洋裁学校 407
延安 295
汪兆銘工作 372
大原社会問題研究所 404
『尾崎・ゾルゲ事件』 286, 291
尾崎の満州旅行報告 430
『尾崎秀実伝』 301
『女一人大地を行く』 361

カ行

海運労働者産業組合 132
「階級戦」 352
階級戦線社 352
海軍軍令部 341
「改造」 358
改造社 361
「解放」 358
片山内閣 435
川下での奴隷売買 435
関東軍 341, 378, 431
関東軍特種演習（関特演） 374
偽造旅券 194
北朝鮮 221
機密漏洩法 343
共産前線・反戦・反ファシズム米国連盟 249
『共産中国の挑戦』 334
『共産党史覚書』 288
共同租界 315
極東軍総司令部 53, 149, 202
極東国際軍事裁判＝東京裁判 156, 163, 283
キリスト教矯風会 352
「禁制パンフレット」 402
クレスティンテルン 213, 240
クレムリン 85, 115, 315
クロアチア独立運動 433

軍機保護法　384
経済封鎖　380, 381
ゲティスバーグ大学　305
ケメラー委員会　178
『源氏物語』　335
『現代史資料（ゾルゲ事件）』　291, 300, 492
『現代支那批判』　363
『現代支那論』　363
「現代日本」　363
『原爆を投下するまで日本を降伏させるな』　508
憲兵隊　499, 500
古事記　335
五・一五事件　374
合同国家政治保安部（OGPU）　392
抗日民族統一戦線　504, 505
国際革命運動犠牲者救援会（MOPR）　115, 121, 124, 125, 177, 192, 195, 209, 213, 214, 216, 224, 235, 240, 245, 246, 312
国際革命作家同盟（IURW）　184, 187, 196, 214, 216, 228, 241, 251, 252, 313
国際救護協会　175
国家社会主義　406
国家社会主義ドイツ労働者党（ナチス）　393
国際社会主義労働組合　240
国家政治保安部（GPU）　123
『国際スパイ・ゾルゲの真実』　300
国民精神総動員中央連盟　369
国民精神総動員運動　369
「国際諜報網一覧表」　300
「国際文芸」　193, 195
国際連盟脱退　416
国際労働者救援会　132, 213
国際労働者擁護連盟　124, 125, 132, 246
国防保安法　384, 507
国民党　250, 316, 504
国民党政府　217
御前会議　377, 426, 499
黒龍会　404
近衛グループ　159, 160, 434
近衛内閣　32, 309, 342, 358, 363, 364, 365, 369, 370, 372, 378～380, 383, 419～421, 424, 427, 504
近衛の談話（メッセージ）　380, 381
「呉佩孚（ゴハイフ）と汪兆銘の活動」　363
コミンテルン　全編
「今日の中国」　294

サ行
在日朝鮮人連盟　298
「サタデイ・イブニングポスト」紙　254
左翼文芸協会　358
『さらばわがアメリカ』　293
三・一五事件　297, 407
三カ国条約　157
三国同盟　341, 375
三二年テーゼ　317
産業別労働組合会議（CIO）　87
産児制限医療所　360
参謀本部　37, 342
参謀第二部（G2）　284
GHQ　111, 512
時政会　408
支那事変　340, 348, 368, 374, 376～378, 383, 419, 507
支那事変勃発　419
『支那社会経済論』　363
支那問題研究会　363
支那問題研究所　336, 401
ジム・グループ　117
『社会及び国家』　301
社会主義新秩序圏　507
社会大衆党　355, 406
ジャパン・アドバタイザー　166, 167, 333
上海市工部局警察　404
上海市警察　14, 84, 88, 89, 103, 104～109, 119, 123, 167, 173, 193, 194, 196, 199, 203～205, 208～220, 230～232, 235, 254, 309, 311
上海租界警察　82
上海事変　361
「上海週報」社　361, 401

女性クリスチャン禁欲連盟　407
昭和研究会　336, 363, 404, 504
『昭和史探訪』　301
『昭和十七年外事警察概況』　288
「シュピーゲル」　310, 500, 511
シンガポール攻撃作戦計画　37, 38
「新国家構造」　363
真珠湾攻撃　154～156
真珠湾攻撃計画　33, 34
『新人会員の足跡』　298
新体制運動　369
「人民日報」　296
巣鴨刑務所　384
スターリン（政権）　38, 339, 376
スターリン・ヒトラー協定　82, 231
西安事件　504, 505
「政界ジープ」　435
『赤色スパイ団の全貌』　284, 287
赤色農民インタナショナル（KRESTINTERN）　213, 240, 312
赤色労働組合インタナショナル（PROFINTERN）　212, 219, 240, 242, 312, 244
全ソ対外文化連絡協会（VOKS）　213, 240, 312
全ソ労働組合中央評議会　215, 241
全中国労働連合　192, 208, 235
全日本労働総同盟　406
創造社　358
「ゾチオロギュシェ・マガジン」　332
ソ日戦争　342
『ソビエト勢力の形態』　318
ソビエト友の会　104, 132, 192, 195, 200, 208, 235, 248, 249, 312
『「ゾルゲ」世界を変えた男』　285
『ゾルゲ・東京を狙え』　286, 297
『ゾルゲ事件の真相』　297
『ゾルゲ事件関係外国語文献翻訳集』　12, 493, 508, 515
「ゾルゲ事件報告書」　13
『ゾルゲ事件獄中記』　289
「ゾルゲ情報網の一覧」　300
『ゾルゲ―ソビエトの大スパイ』　287, 311
『ゾルゲの手記』　99, 109, 114, 299, 300
ゾルゲの出納簿　396
ソ連共産党　220, 330, 332, 371
ソ連極東局（FEB）　204, 244, 245, 247
ソ連大使館　111
ソ連陸軍（赤軍）参謀本部第四部　全編

タ行

第一次世界大戦　367
第三インタナショナル　153, 191
第三帝国　356
大審院　325, 384
大政翼賛会　369
『大地の娘』（白川次郎訳『女一人大地を行く』）　360
大東亜共栄圏　507
『大東亜戦争全史』　23
第二次近衛内閣と三国同盟　424
第二次世界大戦　363, 368, 372, 491, 507
大日本青年党　404, 406
太平洋戦争　314, 371
太平洋問題調査会（IPR）　294～296, 360
「タイム」誌　107, 209, 210
大陸動員　341
「台湾日々新聞」　357
「戦いに抗する人々―尾崎秀《ほつ》実《み》とゾルゲ」　290
治安維持法　384, 500, 507
「チャイナ・ウィークリー・レビュー」　192
「チャイナ・トゥデイ」紙　227
「チャイナ・フォーラム」　193
「中央公論」　363, 364, 368
中共諜報団事件　302, 304, 500
『中国共産軍の行進』　193
中国共産党　20, 121, 122, 179, 180, 236, 248 , 318, 358, 504
中国共産党新四軍　197
『中国紅軍は前進する』（櫻井四郎訳『中国紅軍は前進する』）　360
中国国民党　504

中国三S研究会　319
中国人民義勇軍（実体は中国人民解放軍）　306, 314
「中国人民の友」　319
『中国の赤い星』　318
『中国の運命』（中理子訳『中国の運命』）　360
『中国の逆襲』（高杉一郎訳『中国は抵抗する―八路従軍記』）　360
「中国の声」　254
中国友の会　226, 248
『中国白書』　254
中国八路軍　186, 197
中国民権保証同盟　208, 235, 250, 313
中ソ友好協会　248
朝鮮戦争　19, 306, 314, 318
ツァイトガイスト書店　175, 200, 205, 229, 251, 252, 253, 313, 359
「デイリー・ワーカー」紙　220, 237
「デモクラシー」　193
東亜共同体論　507
東亜建設連盟　370
東亜新秩序論　507
東亜同文書院　358, 403
東亜問題調査会　358, 363, 504
東京拘置所　48, 49, 302, 344, 384
東京中央郵便局私書箱　398
東条内閣　32
東清鉄道　374
東大新人会　297
東方会　340, 408
同盟通信　381
東洋協会　404
ドイツ革命　317
ドイツ共産党　252, 281, 500
ドイツ人顧問　333
ドイツ大使館　335, 338, 340, 343, 416, 422, 424, 425, 427, 430, 431, 432, 434, 498
『ドイツ帝国統計年鑑』　33, 41, 42, 396, 412, 511
ドイツ民主共和国（東ドイツ）　510
『特権諜報員』　281
特高警察　491, 499, 500, 507
「特高警察員に対する褒賞上申書」　291
『特高の回想』　289
独ソ戦　376
独ソ不可侵条約　151, 374
「トルード」（勤労）紙　201, 215

ナ行

内務省警保局「社会運動の状況」　323, 415, 417, 511, 512
『中西功訊問調書―中国革命に捧げた情報活動』　500
ナチのドイツ支配　368
南京事件　364
南京政府　333
南進政策（対米英戦）　498
日華基本条約　372
日支闘争同盟　402
日ソ中立条約　150, 374, 375, 379, 425
日ソ中立条約と署名　425
『ニッポン日記』　294, 295
日独防共協定　374, 419
二・二六事件　374, 418, 434
二・二六事件後の陸軍の粛軍　418
日米交渉　340, 381
日米交渉に関する近衛の見解　431
日米交渉に対する米国の反応　431
日米交渉と対米開戦の可能性　432
日米通商交渉　378
『日本改造法案大綱』　402
日本共産党　317, 358, 371
『日本書紀』　335
『日本占領革命』　294
日本の総動員　374
日本の方向探知機　395
日本の共産主義者たち　323
『日本の近代外交史』　283
『日本のディレンマ』　295
日本の陸海軍参謀　335

日本の要求四点　380, 508
「日本はソ連を攻撃する意向はない」 376
『日本法律概論』 29
日本領事館警察　403
日本労働組合評議会　358, 408
「ニューヨーク・スター」紙　198
「ニューヨーク・タイムズ」紙　114
「ニューヨーク・ヘラルド・トリビューン」紙　347
ヌーラン事件　127, 175
ヌーラン擁護委員会　104, 105, 194, 200, 208, 224, 235, 245, 246, 252, 313
『ノーマンの死とその背景』 294
ノモンハン事件　46, 347, 375, 409, 421

ハ行

ハースト系　115
バイブル　216
パウル及びゲルトルード・ルユック擁護委員会　225, 247
『白雲録』 492
八紘一宇論　507
『ハリウッドとマッカーシズム』 294
『ハル・ライシャワー』 295
バルビュス・ミッション　251
ハルビン・グループ　25, 61, 118, 119
ハワイ（真珠湾）奇襲攻撃　23
汎太平洋労働組合書記局（PPTUS） 125, 191, 200, 204, 206, 207, 218, 220, 232, 234, 240, 242～244, 247, 313
反帝国主義戦争アジア会議　251
反帝国主義同盟　132, 250, 312
反帝国主義同盟中央委員会　246
ヒス事件　238
ヒトラーのソ連奇襲攻撃　498
フィリップ・キーニー事件　255
HUAC聴聞記録　22
「フォーリン・アフェアズ」 149
『フォーリン・アフェアズ年鑑』 164
梟（ふくろう） 350, 351
仏領インドシナ　379
「フランクフルター・ツァイトゥンク」紙　105, 107, 175, 190～192, 194, 235, 340, 359
「プレイン・トーク」 185
フローリヒ・フェルトマン・グループ　119, 120
プロレタリア科学研究所　406
プロレタリア革命　368
米軍極東軍総司令部　49, 53
米国下院非米活動調査委員会(HUAC)　全編
米国共産党　41, 82, 85, 86, 125, 131, 132, 176, 235, 252, 308, 371, 502
米国共産党書記長　313
米国作家同盟　216
米国作家同盟国家協議会　187
米国の三点　380, 508
米国青年共産主義連盟　132
米国青年パイオニア　132
米国戦略諜報局（OSS） 294
米国中央情報局（CIA） 88, 288, 318
米国中国友の会　227
米国防総省　284
ヘス事件　425
「ヘラルド・トリビューン」紙　114, 115, 336
ベルリン・インド革命協会　208, 235
ベルリン・インド協会　208
「ベルリン日報」 334
ボイス　213, 240
「ボイス・オブ・チャイナ」 227
『法曹風雲録』 287, 302
防諜法（日本） 344
北支新人民協会　336
「北守南進」の決定　512
ボルガ川沿岸のチュートニック・ソビエト共和国　391

マ行

マイクロフィルム　338, 397
マクス・クラウゼン商会　394, 509
マッカーサー情報部　82, 85

マッカーシー委員会　314
マッカーシー旋風（マッカーシズム）　13, 19, 292, 293
満州国　348, 369
満州国協和会案　369
満州国防衛計画　409
満州事変　317, 353, 360, 368, 373, 374, 402
満鉄から入手した資料　422
ミート・ザ・プレス　182
南満州鉄道（満鉄）　31, 96, 324, 358, 365, 375, 378, 381, 383, 422, 495, 504
宮城刑務所　404
ミュンヘン　339
民間諜報局（CIS）　282
「民衆の友」　290
モスクワ　339
「モスクワ・デイリー・ニュース」紙　193, 241
モスクワ本部　331, 355, 499
「求む浮世絵」　346
モールス信号　414

ヤ行

ヤルタ会談　294
「ユーゴスラビア政治日報」　333
ユナイテッド・プレス　347
「ユマニテ」紙　200, 251

ラ行

ラムゼイ機関　13
『ラムゼイの声』　285
乱数字　412, 413
乱数表　511
陸軍省　378
陸軍省パンフレット（国体の本義）　417
リットン使節団　251
『留置場の仲間たち』　189
リュシコフ事件　420
「ルモンド」紙　200, 251
レーマン・グループ　117, 170
黎明会　352
レッドパージ　293
連合国軍最高司令官（SCAP）　64, 326
連合国軍最高司令官総司令部（GHQ）　13, 17, 111, 491, 513, 515
「聯合通信」　361
連邦捜査局（FBI）　87, 221, 256, 257, 284, 293
「ローテ・ファーネ」（赤旗）　193, 386
労働協会　352
労働組合統一連盟　132
「労働新聞」　352
盧溝橋事件　31
ロシア革命　328
ロボットカメラ　338, 347

ワ行

『わが異端の昭和史』　298
『私の昭和史』　286